■ 高等学校理工科数学类规划教材

最优化方法

OPTIMIZATION METHODS

主编 庞丽萍 肖现涛

编者 庞丽萍 肖现涛 郭方芳 张 旭
吴 佳 刘永朝 郭少艳

大连理工大学出版社
DALIAN UNIVERSITY OF TECHNOLOGY PRESS

图书在版编目(CIP)数据

最优化方法 / 庞丽萍，肖现涛主编. -- 大连 ：大连理工大学出版社，2021.12
ISBN 978-7-5685-2929-7

Ⅰ. ①最… Ⅱ. ①庞… ②肖… Ⅲ. ①最优化算法 Ⅳ. ①O242.23

中国版本图书馆 CIP 数据核字(2021)第 000378 号

大连理工大学出版社出版
地址：大连市软件园路 80 号　邮政编码：116023
电话：0411-84708842　邮购：0411-84708943　传真：0411-84701466
E-mail：dutp@dutp.cn　URL：http://dutp.dlut.edu.cn
辽宁泰阳广告彩色印刷有限公司印刷　　大连理工大学出版社发行

幅面尺寸：185mm×260mm　　印张：12　　字数：274 千字
2021 年 12 月第 1 版　　2021 年 12 月第 1 次印刷

责任编辑：王　伟　　责任校对：李宏艳
封面设计：宋　蕾

ISBN 978-7-5685-2929-7　　定　价：32.00 元

前 言

最优化是从所有可能方案中，依据某种指标选择最合理方案的数学分支，是运筹学的一个重要组成部分。生产实际、工程设计和现代管理中的许多核心问题最终都可归结为最优化问题。决策者若想做出科学决策需要依靠最优化方法，通过优化理论与算法研究各种系统的优化途径，从而获得最优解。随着社会的进步以及科学技术的发展，最优化方法也越来越被人们重视和肯定，成为工程技术人员必不可少的计算工具，广泛地应用到工程建设、经济管理、国防等领域。

最优化方法作为运筹学方法在数学领域的一个重要分支，在实际应用中要考虑系统的整体优化、多学科的配合以及模型方法的运用。首先，通过收集和问题相关的数据和资料来确定决策变量，列出目标函数和约束条件，提出最优化问题并建立数学模型；其次，分析所建数学模型，找到适合的最佳求解方法；最后，编制程序，利用计算机进行求解，并对结果进行检验和实施。因此，伴随着实际需求的迅速发展，最优化方法的应用越来越灵活，应用范围也越来越广泛。特别是随着计算机科学和人工智能等领域的发展，最优化方法不仅已成为目前高等院校普遍开设的一门数学课程，也是工程技术人员及数值优化工作者迫切希望了解和掌握的知识工具。

“最优化方法”是信息与计算科学、数学与应用数学、统计学等相关专业的专业基础课。其目的是培养学生综合各学科知识并利用运筹学的方法对实际问题进行数学建模和定量分析，为高年级专业课程奠定理论基础，使学生具有系统优化的思维方法和逻辑推理能力，能够将对数学与最优化技术的认识与理解作为一种理念融入实际应用，从而全面提升学生应用优化方法解决实际问题的能力。本书以数学专业高年级本科生和工科研究生所具备的数学基础知识为起点，综合教学团队多年“优化方法”课程的教学经验，详细介绍最优化问题、模型与算法，具有以下特色：

(1)在内容的安排上，不仅由浅入深给出线性规划、无约束规划、约束规划、多目标规划中的经典优化问题的基本理论与数值算法，同时也介绍了近年来大量涌现并得到广泛关注的随机规划和机器学习中涉及的凸优化方法等。

(2)在内容的讲述上，详细介绍模型求解的一般原理与算法，淡化理论推导和计算过程，侧重透彻讲解算法背景来源、算法框架、算法的计算实现过程及应用。读者可以通过优化算法以及功能强大的数学软件进行模型求解，突出解决实际问题的“实用性”，使优化算法与计算机和工具软件紧密结合。每个知识点都配有直观的例题讲解，使读者更快速地掌握抽象的理论内容以及算法的迭代过程。

(3)适当增设数字化资源，在核心概念或算法介绍的难点处配有微课，读者可以根据需要，扫描相应的二维码自主学习。

(4)力求使读者既能理解最优化的理论思想，又能掌握常用的优化算法，并能运用算法解决科学研究与实践中的最优化问题。

本书适用于计算数学、应用数学、运筹学等应用理科专业和管理工程、系统工程、电子信息、机械制造等工科专业的本科生与研究生的学习，还可以满足从事运筹优化应用的工程技术人员和管理人员的需要。本书第 1、5 章由庞丽萍、郭少艳编写，第 2 章由郭方芳编写，第 3 章由张旭编写，第 4 章由吴佳编写，第 6 章由刘永朝编写，第 7 章由肖现涛编写。全书由庞丽萍和肖现涛组织编写、统稿，并最终定稿。

本书出版得到大连理工大学教材建设出版基金项目和大连理工大学研究生精品课程建设项目的支持，在完成过程中得到许多同事的关心与帮助，参阅了许多文献和专著，对此编者表示衷心感谢。限于编者的水平，书中难免会有不当之处，恳请读者与同行批评指正。

编　者

2021 年 11 月

目　录

第1章 概 论

最优化问题广泛应用于工程、经济、金融、国防和管理科学等许多重要领域.例如,工程设计中参数的选择、生产计划的安排、金融领域的投资组合、交通运输规划等都涉及最优化问题.最优化理论给我们提供了科学而有效的方法,使我们在解决复杂问题时,能从各个方案中找出尽可能完善的或最适合的解决方案,达到最优目标,具有明显的经济效益和社会效益.如今随着计算机科学的发展,人工智能的快速兴起,作为其基础核心思想的最优化理论与方法日益成为科学工作者、工程技术和管理人员必备的基础知识之一.

本章从实际问题出发,给出了最优化模型,介绍了最优化问题的基本概念和最优化问题的简单分类,以及 MATLAB 中的最优化方法.

1.1 最优化问题

使用最优化方法解决实际问题,一般需要下列步骤:

(1)分析所要解决的具体问题,提出最优化问题,收集相关数据和资料.

(2)确定变量,选择目标函数,列出约束条件,建立最优化模型.

(3)设计解决问题的最优化方法,给出最优解的检验准则,实施最优方案.

其中最优化模型的建立是研究理论、使用方法的基础,本节首先介绍如何从实际问题入手,经过简单抽象,建立其数学模型.

1.1.1 最优化模型

【例 1-1】 (用料配比问题)一塑料厂利用四种化工原料合成一种塑料产品.这四种原料含 A,B,C 三种成分,见表 1-1.这种塑料产品要求含 A 为原料总投放量的 20%,含 B,C 都不得少于原料总投放量的 30%,而且原料 1 和原料 2 两种原料的用量不得超过原料总投放量的 30%和 40%.若原料总投放量为 100 kg,试问各种原料投放多少能使成本最低?

表 1-1

原料	成分含量/%			原料价格/(元/kg)
	A	B	C	
原料 1	30	20	40	20
原料 2	40	30	25	20
原料 3	20	60	15	30
原料 4	15	40	30	15

分析 首先根据问题的需要设置变量，然后用所设置的变量把所追求的目标和所受到的约束用数学语言表述出来，就可以得到该问题的数学模型.

解 设 $x_i(i=1,2,3,4)$ 表示原料 i 的投放量(单位：kg)，问题追求的目标是成本最低，用 x_1,x_2,x_3,x_4 可将成本表示为

$$z=20x_1+20x_2+30x_3+15x_4$$

成本最低表示为

$$\min z=20x_1+20x_2+30x_3+15x_4$$

为达到目标所受到限制的数学描述是：

(1)原料总投放量的限制

$$x_1+x_2+x_3+x_4=100$$

(2)A、B、C 三种成分含量的限制

成分 A：

$$0.3x_1+0.4x_2+0.2x_3+0.15x_4=100\times 0.2$$

成分 B：

$$0.2x_1+0.3x_2+0.6x_3+0.4x_4\geqslant 100\times 0.3$$

成分 C：

$$0.4x_1+0.25x_2+0.15x_3+0.3x_4\geqslant 100\times 0.3$$

(3)原料 1、原料 2 的用量限制

$$x_1\leqslant 100\times 0.3,\quad x_2\leqslant 100\times 0.4$$

(4)自然限制

$$x_1\geqslant 0,\quad x_2\geqslant 0,\quad x_3\geqslant 0,\quad x_4\geqslant 0$$

整理后，得到该问题的数学模型为

$$\begin{cases}\min z=20x_1+20x_2+30x_3+15x_4\\ \text{s. t. } x_1+x_2+x_3+x_4=100\\ \qquad 3x_1+4x_2+2x_3+1.5x_4=200\\ \qquad 2x_1+3x_2+6x_3+4x_4\geqslant 300\\ \qquad 4x_1+2.5x_2+1.5x_3+3x_4\geqslant 300\\ \qquad 0\leqslant x_1\leqslant 30,0\leqslant x_2\leqslant 40,x_3\geqslant 0,x_4\geqslant 0\end{cases}$$

该模型所涉及的函数均为线性函数.

【例 1-2】 (货物运输装载问题)一运输公司现有 m 种运输工具，v_i,w_i 分别表示一

台第 $i(i=1,2,\cdots,m)$ 种运输工具运输体积和载重量的最大限制，$c_i(i=1,2,\cdots,m)$ 表示调度一台第 i 种运输工具运货的费用. 运输公司将承运 n 种货物，各种货物的数量、每箱货物的体积、每箱货物的质量见表 1-2.

表 1-2

货物	货物的数量/箱	每箱货物的体积/m^3	每箱货物的质量/kg
货物 1	d_1	a_{11}	a_{21}
货物 2	d_2	a_{12}	a_{22}
⋮	⋮	⋮	⋮
货物 n	d_n	a_{1n}	a_{2n}

在运输公司必须把所有货物运完的情况下，问公司如何调度，可以使总成本最小？

解　根据运输需要，公司调度包括使用哪些运输工具，调度某种运输工具的台数，以及调度各种运输工具装载这 n 种货物的箱数. 因此，设 $y_i(i=1,2,\cdots,m)$ 表示调度第 i 种运输工具的台数，$x_{ij}(i=1,2,\cdots,m;j=1,2,\cdots,n)$ 表示一台第 i 种运输工具承运第 j 种货物的数量，相应的运输成本为

$$z=c_1y_1+c_2y_2+\cdots+c_my_m$$

运输体积和载重量限制为

$$a_{11}x_{i1}+a_{12}x_{i2}+\cdots+a_{1n}x_{in}\leqslant v_i,i=1,2,\cdots,m$$

$$a_{21}x_{i1}+a_{22}x_{i2}+\cdots+a_{2n}x_{in}\leqslant w_i,i=1,2,\cdots,m$$

运量限制为

$$y_1x_{1j}+y_2x_{2j}+\cdots+y_mx_{mj}\geqslant d_j,j=1,2,\cdots,n$$

自然限制是 $x_{ij},y_i(i=1,2,\cdots,m;j=1,2,\cdots,n)$ 是非负整数. 问题的数学模型可表示为

$$\begin{cases}\min z=c_1y_1+c_2y_2+\cdots+c_my_m\\ \text{s.t.}\ \sum\limits_{j=1}^{n}a_{1j}x_{ij}\leqslant v_i,i=1,2,\cdots,m\\ \qquad\sum\limits_{j=1}^{n}a_{2j}x_{ij}\leqslant w_i,i=1,2,\cdots,m\\ \qquad\sum\limits_{i=1}^{m}y_ix_{ij}\geqslant d_j,j=1,2,\cdots,n\\ \qquad x_{ij},y_i\ \text{是非负整数}\end{cases}$$

此模型的运量限制中的函数不再是线性函数，并且变量均有整数要求，是离散型的变量.

【例 1-3】　(定址问题)一个以某城市为基地的广播公司给该城市所在国家的南部的大部分城镇提供广播服务，该公司计划将其服务扩展到北部和西部的四个城市. 各城市现有发射塔位置二维坐标(x,y)见表 1-3. 为了提供高质量的服务，该公司需要建立一个新发射塔，将无线电频率传输到这些城市中的现有发射塔. 问如何确定新发射塔的位置，使新发射塔到现有发射塔的距离最小？

表 1-3

城市	城市现有发射塔位置二维坐标	
	x	y
城市 1	30	45
城市 2	15	25
城市 3	20	20
城市 4	55	20

解 设需要确定位置的新发射塔的坐标为(x,y)，新发射塔到城市 1,2,3,4 现有发射塔的距离分别为

$$d_1=\sqrt{(x-30)^2+(y-45)^2}$$
$$d_2=\sqrt{(x-15)^2+(y-25)^2}$$
$$d_3=\sqrt{(x-20)^2+(y-20)^2}$$
$$d_4=\sqrt{(x-55)^2+(y-20)^2}$$

总距离 $d=d_1+d_2+d_3+d_4$，问题可以表述为

$$\min_{(x,y)} d=\sqrt{(x-30)^2+(y-45)^2}+\sqrt{(x-15)^2+(y-25)^2}+\sqrt{(x-20)^2+(y-20)^2}+\sqrt{(x-55)^2+(y-20)^2}$$

这显然是一个没有约束的最优化问题.

【例 1-4】 (生产计划问题)某工厂生产 A_1，A_2 和 A_3 三种产品以满足市场的需要，该工厂每周的生产时间不超过 40 h，且规定每周的能耗不超过 20 000 kg，其数据见表 1-4. 问每周生产三种产品 A_1，A_2 和 A_3 的小时数各为多少时，才能使该工厂的利润最多而能耗最少？

表 1-4

产品	生产效率/(kg/h)	利润/(元/kg)	最大销量/(kg/周)	能耗/(kg/kg)
A_1	20	500	700	24
A_2	25	400	800	26
A_3	15	600	500	28

解 设该工厂每周生产三种产品 A_1，A_2 和 A_3 的小时数分别为 x_1,x_2,x_3，令 $\boldsymbol{x}=(x_1,x_2,x_3)^{\mathrm{T}}$. 由各种产品的生产效率可得，生产 A_1，A_2 和 A_3 的质量(单位：kg)分别为 $20x_1,25x_2,15x_3$. 由各种产品的单位利润可知总利润 $f_1(\boldsymbol{x})$为

$$f_1(\boldsymbol{x})=500\times20x_1+400\times25x_2+600\times15x_3=10\ 000x_1+10\ 000x_2+9\ 000x_3$$

从而在生产过程中产生的能耗 $f_2(\boldsymbol{x})$可表示为

$$f_2(\boldsymbol{x})=24\times20x_1+26\times25x_2+28\times15x_3=480x_1+650x_2+420x_3$$

根据问题的要求，使工厂的利润最多而能耗最少，显然目标即为极大化 $f_1(\boldsymbol{x})$，极小化 $f_2(\boldsymbol{x})$.

达到目标受到的时间约束为

$$x_1+x_2+x_3\leqslant 40$$

能耗限制为

$$480x_1+650x_2+420x_3\leqslant 20\ 000$$

为不使工厂产生额外的库存成本，还需考虑销量限制，即

$$20x_1\leqslant 700,\quad 25x_2\leqslant 800,\quad 15x_3\leqslant 500$$

同时加上生产时间的非负性，建立该问题的数学模型为

$$\begin{cases}\max\ f_1(\boldsymbol{x})=10\ 000x_1+10\ 000x_2+9\ 000x_3\\ \min\ f_2(\boldsymbol{x})=480x_1+650x_2+420x_3\\ \text{s. t.}\ \ x_1+x_2+x_3\leqslant 40\\ \qquad 480x_1+650x_2+420x_3\leqslant 20\ 000\\ \qquad 20x_1\leqslant 700\\ \qquad 25x_2\leqslant 800\\ \qquad 15x_3\leqslant 500\\ \qquad x_1,x_2,x_3\geqslant 0\end{cases}$$

与其他模型不同的是，该问题的优化目标不是唯一的.

1.1.2 最优化问题的基本概念

最优化问题的数学模型可表示为

$$(\mathrm{P})\ \begin{cases}\min\ f(\boldsymbol{x})\\ \text{s. t.}\ \ \boldsymbol{x}\in\Omega\end{cases}\tag{1-1}$$

其中 $\boldsymbol{x}=(x_1,x_2,\cdots,x_n)^{\mathrm{T}}\in\mathbf{R}^n$ 称为**决策向量**，其每个分量称为**决策变量**. 有时在不引起误会的情况下，$\boldsymbol{x}$ 也称为决策变量. $f:\mathbf{R}^n\to\mathbf{R}^p$ 称为目标映射. 若 $p=1$，(P)称为单目标规划，此时 $f(\boldsymbol{x})$ 也称为目标函数；若 $p>1$，(P)称为多目标规划. 本节为方便起见，多目标映射记作 $\boldsymbol{F}(\boldsymbol{x})$. 称 $\Omega\subset\mathbf{R}^n$ 为问题(P)的约束集或可行域(可行集)，$\boldsymbol{x}\in\Omega$ 为问题(P)的可行点或可行解. 通常可行域 Ω 可以由一些等式或不等式刻画.

$$\Omega=\{\boldsymbol{x}\in\mathbf{R}^n:g_i(\boldsymbol{x})\leqslant 0(i=1,2,\cdots,m);h_i(\boldsymbol{x})=0(i=1,2,\cdots,l)\}$$

此时称 $g_i(\boldsymbol{x})\leqslant 0(i=1,2,\cdots,m)$ 为不等式约束，$h_i(\boldsymbol{x})=0(i=1,2,\cdots,l)$ 为等式约束. 不等式约束和等式约束统称为约束条件. 相应地，问题(P)也可以表示为

$$(\mathrm{P})\ \begin{cases}\min\ f(\boldsymbol{x})\\ \text{s. t.}\ \ g_i(\boldsymbol{x})\leqslant 0(i=1,2,\cdots,m)\\ \qquad h_i(\boldsymbol{x})=0(i=1,2,\cdots,l)\end{cases}\tag{1-2}$$

定义 1-1 设 $\boldsymbol{x}^*\in\Omega$，若对任意的 $\boldsymbol{x}\in\Omega$，都有 $f(\boldsymbol{x})\geqslant f(\boldsymbol{x}^*)$，则称 $\boldsymbol{x}^*$ 为最优化问题(P)的全局最优解(点)或全局极小解(点).

定义 1-2 设 $\boldsymbol{x}^*\in\Omega$，若存在 $\boldsymbol{x}^*$ 的一个 δ-邻域($\delta>0$)

$$N(\boldsymbol{x}^*,\delta)=\{\boldsymbol{x}\in\mathbf{R}^n:\|\boldsymbol{x}-\boldsymbol{x}^*\|\leqslant\delta\}$$

对于任意的 $\boldsymbol{x}\in\Omega\cap N(\boldsymbol{x}^*,\delta)$，有 $f(\boldsymbol{x})\geqslant f(\boldsymbol{x}^*)$，则称 $\boldsymbol{x}^*$ 为最优化问题(P)的局部最优解(点)或局部极小解(点). 若对任意的 $\boldsymbol{x}\in\Omega\cap N(\boldsymbol{x}^*,\delta)$ 且 $\boldsymbol{x}\neq\boldsymbol{x}^*$，有 $f(\boldsymbol{x})>f(\boldsymbol{x}^*)$，则称 $\boldsymbol{x}^*$ 为最优化问题(P)的严格局部最优解(点)或严格局部极小解(点).

注意：定义中 $\|x-x^*\|$ 表示向量 $x-x^*$ 的模. 不特别说明时，$\|x\|=\sqrt{\sum_{i=1}^{n}x_i^2}$.

【例 1-5】 求最优化问题

$$\begin{cases}\min\ f(\boldsymbol{x})=x_1^2+x_2^2-2x_2\\ \text{s.t.}\ \ x_1^2+2x_1+x_2^2\leqslant 8\\ \qquad x_1+x_2\geqslant 2\\ \qquad x_1\geqslant 0,x_2\geqslant 0\end{cases}$$

的最优解.

解 （1）首先画出问题的可行域. 可行域为图 1-1 中的阴影部分.

（2）取一系列的常数 $c_i(i=1,2,\cdots)$，做等值线族 $f(\boldsymbol{x})=c_i$. 等值线族 $f(\boldsymbol{x})=c_i$ 是以(0,1)为圆心，以 $\sqrt{c_i}$ 为半径的圆族.

（3）观察图 1-1，建立等值线族与可行域的关系，确定 $\boldsymbol{x}^*=\left(\frac{1}{2},\frac{3}{2}\right)^{\mathrm{T}}$ 是使得等值线半径的平方最小的可行域的点，即为问题的最优解.

有时也把这种求最优化问题的方法称为图解法.

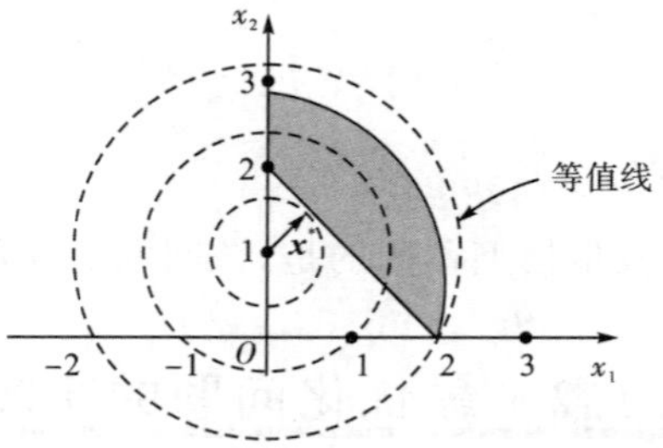

图 1-1

1.2 几类重要的最优化问题

1. 线性规划

如果最优化问题的目标函数与约束函数都是决策变量的线性函数，则该优化问题称为线性规划. 线性规划是数学规划中研究较早、发展较快、理论与方法最为成熟的一个重要分支. 由于在实际问题中所出现的大量的约束函数与目标函数经常是线性的，因此线性规划广泛应用于军事作战、经济分析、经营管理和工程技术等方面. 与非线性问题相比较，线性问题相应的数学是精确的，理论是丰富的，而且计算简单，同时线性规划的求解方法还可以用于某些非线性最优化问题的求解过程.

2. 非线性规划

如果最优化问题的目标函数与约束函数至少有一个是非线性的，则该优化问题称为非线性规划. 如果最优化问题中无任何约束条件，则该优化问题称为无约束非线性规划，也称为无约束最优化问题；如果最优化问题中至少有一个约束条件，则该优化问题称为约束非线性规划，也称为约束最优化问题. 特别地，如果目标函数是决策变量的二次函数，约束函数是决策变量的线性函数时，则该最优化问题称为二次规划. 无约束最优化问题是最优化理论的基础. 无约束最优化可以用来直接解决一些实际问题，同时也是解决约束最优化问题的工具，但即使某些约束最优化问题可以转化为无约束最优化问题，实际中仍有许多问题，特别是复杂问题需要用有约束的问题来描述.

3. 非光滑最优化

如果最优化问题的目标函数和约束函数都是连续的，但至少有一个函数的导数（或微分）不存在或不连续，则该最优化问题称为非光滑最优化问题. 非光滑最优化问题具有广泛的工程与应用背景，如结构设计中使结构的最大应力最小化而归结为的极小极大（minimax）模型，经济学中的分片线性税收模型等. 另外，约束最优化问题的一些求解方法，如精确罚函数法等也可以产生非光滑最优化问题. 即使问题本身是光滑的，但由于获取的数值是不光滑的，如噪声输入数据和"sitff"问题，处理起来也类似于非光滑最优化问题.

4. 整数规划

如果最优化问题中决策变量全部或部分有整数限制，则该最优化问题称为整数规划. 如果最优化问题中所有函数都是线性的，则该最优化问题称为线性整数规划，否则，就称为非线性整数规划. 如果全部决策变量都要求取整数值，这类问题称为纯整数规划，否则称为混合整数规划. 特别地，如果决策变量取值只能是 0 或 1，这类问题就称为 0－1 规划. 整数规划问题往往看上去很简单，数学模型也不复杂，甚至绝大部分整数规划的可行域只有有限多个可行点，枚举所有的可行点即可求得最优点. 但整数规划的困难在于问题规模越来越大时，算法的计算时间急剧增加，而根据问题中函数的不同，求解的难易程度也会大为悬殊，所以整数规划的算法讨论中，常要考虑计算的工作量.

5. 多目标规划

前面提出的几类问题的目标均是一个函数，这类问题也可统称为单目标最优化问题. 而在一定的约束条件下，极小化或极大化多个目标函数，就是多目标最优化问题或向量最优化问题，这种数学模型也称为多目标规划. 多目标规划的起源可以追溯到经济学中 A. Smith（1776 年）对经济平衡和 F. Edgeworth（1874 年）对均衡竞争的研究. 在 19 世纪与 20 世纪之交，著名经济学家 V. Pareto 不仅提出了多目标最优化问题，并且还引进了 Pareto最优的概念. 多目标最优化问题的目标函数由于可能没有一个统一的度量标准，而难于进行比较，或在采用一个决策方案去改进某一个目标函数值时，会使另外的目标函数值变坏，因此往往不能简单地把多目标规划归结为单目标规划，从而也不能直接使用单目标最优化问题的求解方法去解决多目标最优化问题.

6. 随机规划

经典数学规划模型都建立在一个非常重要的假设基础之上，即假定参数均为确定性数据，也就是研究问题所处的环境是确定的，即关于模型中参数的信息是完全确定的. 而在实际中经常遇到的决策问题是决策者希望优化目标，且做出决策之前并不知道参数的取值，当把未知参数考虑成随机变量时，由此导致的最优化问题即为随机规划. 随机规划主要包括涉及随机规划的最优值或最优解的概率分布的分布问题；在期望约束下使目标函数的期望值达到最优的期望值模型；以及允许决策在一定程度上不满足约束条件，但该决策满足约束条件的概率不小于某个足够大的置信水平的机会约束规划等. 随机规划在许多场合下比确定的数学规划模型更贴近实际情况.

1.3 MATLAB 中求解最优化问题的函数

为了帮助人们方便地求解最优化问题,基于相关的最优化方法,目前已经有很多公司开发了强大的优化软件包,例如,商用软件 Gurobi 和 CPLEX、求解凸规划的软件包 CVX、Julia 语言环境的优化软件包 JuliaOpt 等. MATLAB 作为当今最流行的科学计算软件之一,也是目前最常用的求解最优化问题的软件之一,用户可以利用其中集成的函数来求解常见的优化问题,也可以基于已知的优化方法,编写 MATLAB 代码来更有针对性地求解优化问题.

下面我们介绍 MATLAB 中用于求解本书相关的最优化问题的函数.

(1)函数

x=linprog(c,A,b,Aeq,beq,lb,ub)

用于求解如下的线性规划问题:

$$\begin{cases}\min \boldsymbol{c}^{\mathrm{T}}\boldsymbol{x}\\ \text{s. t. } \boldsymbol{A}\cdot\boldsymbol{x}\leqslant\boldsymbol{b}\\ \qquad \boldsymbol{Aeq}\cdot\boldsymbol{x}=\boldsymbol{beq}\\ \qquad \boldsymbol{lb}\leqslant\boldsymbol{x}\leqslant\boldsymbol{ub}\end{cases}$$

(2)函数

x=quadprog(G,c,A,b,Aeq,beq,lb,ub)

用于求解如下的二次规划问题:

$$\begin{cases}\min \dfrac{1}{2}\boldsymbol{x}^{\mathrm{T}}\boldsymbol{G}\boldsymbol{x}+\boldsymbol{c}^{\mathrm{T}}\boldsymbol{x}\\ \text{s. t. } \boldsymbol{A}\cdot\boldsymbol{x}\leqslant\boldsymbol{b}\\ \qquad \boldsymbol{Aeq}\cdot\boldsymbol{x}=\boldsymbol{beq}\\ \qquad \boldsymbol{lb}\leqslant\boldsymbol{x}\leqslant\boldsymbol{ub}\end{cases}$$

(3)函数

x=fminunc(f,x_0)

以 $\boldsymbol{x}_0$ 为初始点,尝试寻找如下无约束优化问题的局部极小点:

$$\min f(\boldsymbol{x})$$

(4)函数

x=fmincon(f,x_0,A,b,Aeq,beq,lb,ub,NONLCON)

以 $\boldsymbol{x}_0$ 为初始点,求解如下形式的非线性规划问题:

$$\begin{cases}\min f(\boldsymbol{x})\\ \text{s. t. } \boldsymbol{A}\cdot\boldsymbol{x}\leqslant\boldsymbol{b},\boldsymbol{Aeq}\cdot\boldsymbol{x}=\boldsymbol{beq}\\ \qquad g(\boldsymbol{x})\leqslant 0,h(\boldsymbol{x})=0\\ \qquad \boldsymbol{lb}\leqslant\boldsymbol{x}\leqslant\boldsymbol{ub}\end{cases}$$

其中 *NONLCON* 用来定义问题中的非线性函数 $g(\boldsymbol{x})$ 和 $h(\boldsymbol{x})$.

(5)函数

x=fminimax(f,x_0,A,b,Aeq,beq,lb,ub,NONLCON)

以 $\boldsymbol{x}_0$ 为初始点，求解如下形式的极小极大问题：

$$\begin{cases}\min\limits_{\boldsymbol{x}} \max\limits_{i} F_i(\boldsymbol{x}) \\ \text{s.t. } \boldsymbol{A}\cdot\boldsymbol{x}\leqslant\boldsymbol{b}, \boldsymbol{Aeq}\cdot\boldsymbol{x}=\boldsymbol{beq} \\ \qquad g(\boldsymbol{x})\leqslant 0, h(\boldsymbol{x})=0 \\ \qquad \boldsymbol{lb}\leqslant\boldsymbol{x}\leqslant\boldsymbol{ub}\end{cases}$$

其中 f 用来定义问题中的一组目标函数 $F_i(\boldsymbol{x})$，$NONLCON$ 用来定义问题中的非线性函数 $g(\boldsymbol{x})$ 和 $h(\boldsymbol{x})$.

（6）函数

```
x= intlinprog(c,intcon,A,b,Aeq,beq,lb,ub)
```

用于求解如下形式的整数线性规划问题：

$$\begin{cases}\min \boldsymbol{c}^{\mathrm{T}}\boldsymbol{x} \\ \text{s.t. } \boldsymbol{A}\cdot\boldsymbol{x}\leqslant\boldsymbol{b} \\ \qquad \boldsymbol{Aeq}\cdot\boldsymbol{x}=\boldsymbol{beq} \\ \qquad \boldsymbol{lb}\leqslant\boldsymbol{x}\leqslant\boldsymbol{ub} \\ \qquad \boldsymbol{x}(intcon)\text{是整数}\end{cases}$$

其中 $intcon$ 用来存贮自变量 $\boldsymbol{x}$ 中要求为整数的分量的指标.

习题　1

1. 设市场上可以买到 n 种不同的食品，每种食品含有 m 种营养成分，设每单位的 j 种食品含有 i 种营养成分的数量为 $a_{ij}(i=1,2,\cdots,m;j=1,2,\cdots,n)$. 第 j 种食品的单位价格为 $c_j(j=1,2,\cdots,n)$，再设每人每天对第 i 种营养成分的需求量为 $b_i(i=1,2,\cdots,m)$，试建立在保证营养需求条件下的经济食谱的数学模型.

2. 用某类钢板制作 m 种零件 $\mathrm{A}_1,\mathrm{A}_2,\cdots,\mathrm{A}_m$，根据既要省料又容易操作的原则，人们在一块钢板上，已设计出 n 种不同的下料方案，设在第 $j(j=1,2,\cdots,n)$ 种下料方案中，可得到零件 $\mathrm{A}_i(i=1,2,\cdots,n)$ 的个数为 a_{ij}，第 i 种零件的需要量为 $b_i(i=1,2,\cdots,m)$. 问应如何下料，才能既满足需要，又使所用钢板的总数最少？试建立数学模型.

3. 已知两个物理量 x 和 y 之间的依赖关系为

$$y=a_1+\frac{a_2}{1+a_3\ln(1+\mathrm{e}^{x-a_4})}$$

其中 a_1,a_2,a_3,a_4 是待定系数. 为确定这些参数的值，对 x 和 y 测得 m 个实验点：$(x_1,y_1),(x_2,y_2),\cdots,(x_m,y_m)$. 试将确定参数的问题表示成最优化问题.

4. 画出如下优化问题的可行域和目标函数的等值线图.

$$\begin{cases}\min f(\boldsymbol{x})=(x_1-6)^2+(x_2-2)^2 \\ \text{s.t. } 0.5x_1+x_2\leqslant 4 \\ \qquad 3x_1+x_2\leqslant 15 \\ \qquad x_1+x_2\geqslant 1 \\ \qquad x_1\geqslant 0, x_2\geqslant 0\end{cases}$$

5. 用图解法求解

(1) $\begin{cases} \min\ z=10x+y \\ \text{s.t.}\ \ 2x-y\geqslant 0 \\ \quad\ 3x+2y\leqslant 7 \\ \quad\ x-y\leqslant \dfrac{2}{3} \\ \quad\ x\geqslant \dfrac{1}{2} \\ \quad\ x\geqslant 0, y\geqslant 0 \end{cases}$.　(2) $\begin{cases} \max\ z=3x+2y \\ \text{s.t.}\ \ 2x-y\geqslant 0 \\ \quad\ 3x+2y\leqslant 7 \\ \quad\ x-y\leqslant \dfrac{2}{3} \\ \quad\ x\geqslant \dfrac{1}{2} \\ \quad\ x\geqslant 0, y\geqslant 0 \end{cases}$.　(3) $\begin{cases} \min\ z=(x_1-1.5)^2+x_2^2 \\ \text{s.t.}\ \ x_1^2+x_2^2\leqslant 1 \\ \quad\ 2x_1+x_2\geqslant 1 \\ \quad\ x_1\geqslant 0, x_2\geqslant 0 \end{cases}$.

第2章　线性规划

线性规划是优化方法中的一个重要分支，在工农业生产、商业活动、军事行动和科学研究等领域内都有重要的应用. 尤其是随着电子计算机的普及以及计算能力的逐步大幅提升，线性规划在实际中的应用日益广泛与深入.

线性规划最早的模型与求解可以追溯到苏联数学家 L. V. Kantorovich 在其《生产组织与计划的数学方法》一书中提出的“解乘数法”. Dantzig 于 1947 年夏天提出了线性规划模型和单纯形方法，一般被认为是线性规划研究领域的一个标志性成果. 单纯形方法得到了广泛而成功的应用. 但不久人们就发现单纯形方法具有指数级的时间复杂性. 事实上，单纯形方法甚至不具有有限性，不能保证有限步终止. 1979 年，苏联数学家 L. G. Khachiyan 提出了求解线性规划问题的第一个多项式算法——椭球法. 虽然椭球法在实际计算中的效果并不理想，但在理论上是一个重大的突破. 1984 年，N. Kamarkar 提出了一个具有多项式时间复杂性的内点算法，且在数值实验中有非常好的表现，引起了广泛的关注，并引发了内点算法的研究热潮. 内点算法在大规模的稀疏的线性规划问题求解上具有很大的优势. 同时，单纯形方法在近些年也有一定的发展，如 J. J. Forrest 和 D. Goldfarb(1992)给出了最陡边规则的若干变形和相应的递推公式，得到了很好的数值实验结果.

总体来说，单纯形方法和内点法是求解线性规划问题的两大常用方法，也都有相应的成熟的数学应用软件. 两种方法在求解线性规划问题中各有优势与不足：单纯形方法能快速高效地求解中小规模的实际问题，而内点法在大规模线性规划问题，尤其是具有稀疏特征的问题中具有优势. 近年来，也有一些单纯形方法与内点法相结合的方法. 研究者试图结合两个方法各自的优势，得到更具普适性的高效方法.

2.1　线性规划的基本概念

2.1.1　引　例

如§1.1 中例 1-1 所归结的如下优化模型，就是一个典型的线性规划问题：

$$
\begin{cases}
\min\ z = 20x_1 + 20x_2 + 30x_3 + 15x_4 \\
\text{s. t.}\ \ x_1 + x_2 + x_3 + x_4 = 100 \\
\qquad 3x_1 + 4x_2 + 2x_3 + 1.5x_4 = 200 \\
\qquad 2x_1 + 3x_2 + 6x_3 + 4x_4 \geqslant 300 \\
\qquad 4x_1 + 2.5x_2 + 1.5x_3 + 3x_4 \geqslant 300 \\
\qquad 0 \leqslant x_1 \leqslant 30,\ 0 \leqslant x_2 \leqslant 40,\ x_3 \geqslant 0,\ x_4 \geqslant 0
\end{cases}
$$

【例 2-1】 (运输问题)设某运输公司承接了在 n 个城市之间运输货物的项目,项目总价值 c 万元.设从第 i 个城市到第 j 个城市的单位运费为 c_{ij} 万元每吨,第 i 个城市的运入需求为 d_i^+ 吨,运出需求为 d_i^- 吨,且已知总运力是充裕的.运输公司应该如何分配运力,才能在满足运输需求的前提下使得收益最大化?

解 设在城市 i 到城市 j 间需分配 x_{ij} 吨的运力,为满足每个城市的运量需求,有

$$\sum_{i=1}^{n} x_{ij} \geqslant d_j^+, j = 1,2,\cdots,n$$

$$\sum_{j=1}^{n} x_{ij} \geqslant d_i^-, i = 1,2,\cdots,n$$

目标可以表示为最大化总收益

$$\max\left(c - \sum_{i=1}^{n}\sum_{j=1}^{n} c_{ij}x_{ij}\right)$$

也可表示为最小化总花费

$$\min \sum_{i=1}^{n}\sum_{j=1}^{n} c_{ij}x_{ij}$$

因此问题可以归结为如下形式的线性规划问题:

$$\begin{cases} \min z := \sum_{i=1}^{n}\sum_{j=1}^{n} c_{ij}x_{ij} \\ \text{s.t. } \sum_{i=1}^{n} x_{ij} \geqslant d_j^+, j = 1,2,\cdots,n \\ \qquad \sum_{j=1}^{n} x_{ij} \geqslant d_i^-, i = 1,2,\cdots,n \\ \qquad x_{ij} \geqslant 0, i,j \in \{1,2,\cdots,n\} \end{cases}$$

2.1.2 线性规划的标准形式

线性规划是指一类以决策变量的线性函数为目标函数,以线性等式或线性不等式为约束的极大或极小化问题.不失一般性,一个线性规划可以表述为

$$\begin{cases} \min z := c_1x_1 + c_2x_2 + \cdots + c_nx_n \\ \text{s.t. } a_{11}x_1 + a_{12}x_2 + \cdots + a_{1n}x_n = b_1 \\ \qquad \vdots \\ \qquad a_{m1}x_1 + a_{m2}x_2 + \cdots + a_{mn}x_n = b_m \\ \qquad x_j \geqslant 0, j = 1,2,\cdots,n \end{cases} \tag{2-1}$$

式(2-1)称为**线性规划的标准形式**.

任何线性规划问题都可等价地改写为标准形式.我们将可能出现的一些情况对应的改写方法总结如下:

(1)目标的极大化可以等价地转化为目标的极小化,即

$$\max g(x) \Leftrightarrow -\min\{z =: -g(x)\}$$

(2)情况①:某决策变量 x_j 没有非负要求.

存在 $x_j^1 \geqslant 0, x_j^2 \geqslant 0$，使得 $x_j = x_j^1 - x_j^2$，因此可做变量代换，用具有非负要求的两个决策变量的差 $x_j^1 - x_j^2$ 代替 x_j.

情况②：某决策变量 x_j 要求是非正的，即有约束 $x_j \leqslant 0$.

令 $x_j' = -x_j$，则 $x_j \leqslant 0 \Leftrightarrow x_j' \geqslant 0$.

(3)不等式约束可分为"$\geqslant$"与"$\leqslant$"两种情况.

若有 $a_{i1}x_1 + a_{i2}x_2 + \cdots + a_{in}x_n \geqslant b_i, i \in \{1,2,\cdots,m\}$，可通过添加**剩余变量** $y_i \geqslant 0$，将该约束等价地写为

$$a_{i1}x_1 + a_{i2}x_2 + \cdots + a_{in}x_n - y_i = b_i$$

若有 $a_{i1}x_1 + a_{i2}x_2 + \cdots + a_{in}x_n \leqslant b_i, i \in \{1,2,\cdots,m\}$，可通过添加**松弛变量** $y_i \geqslant 0$，将该约束等价地写为

$$a_{i1}x_1 + a_{i2}x_2 + \cdots + a_{in}x_n + y_i = b_i$$

例如，如下的线性规划问题

$$\begin{cases} \max\ z := 0.4x_1 + 0.5x_2 + 0.3x_3 \\ \text{s.t.}\ \ 40x_1 + 10x_2 + 25x_3 \leqslant 2\,000 \\ \qquad 20x_1 + 30x_2 + 25x_3 \leqslant 1\,600 \\ \qquad 35x_1 + 15x_2 + 20x_3 \leqslant 2\,500 \\ \qquad x_i \geqslant 0, i = 1,2,3 \end{cases} \tag{2-2}$$

其具有极大化目标且具有线性不等式约束. 该线性规划问题就可以改写为

$$\begin{cases} \min\ v := -0.4x_1 - 0.5x_2 - 0.3x_3 \\ \text{s.t.}\ \ 40x_1 + 10x_2 + 25x_3 + y_1 = 2\,000 \\ \qquad 20x_1 + 30x_2 + 25x_3 + y_2 = 1\,600 \\ \qquad 35x_1 + 15x_2 + 20x_3 + y_3 = 2\,500 \\ \qquad x_i \geqslant 0, i = 1,2,3 \\ \qquad y_j \geqslant 0, j = 1,2,3 \end{cases}$$

【例 2-2】 将优化问题

$$\begin{cases} \min\ z := x_1 - x_2 \\ \text{s.t.}\ \ 2x_1 - x_2 \leqslant 3 \\ \qquad x_1 + x_2 \geqslant 1 \\ \qquad x_2 \leqslant 0 \end{cases}$$

改写为标准形式.

解　令 $x_2' = -x_2$，则 x_2' 需满足非负要求；将没有非负要求的决策变量 x_1 改写为 $x_1 = x_1^1 - x_1^2$，其中 $x_1^1 \geqslant 0, x_1^2 \geqslant 0$. 第一个约束添加非负的松弛变量 y_1，第二个约束添加非负的剩余变量 y_2，可得标准形式为

$$\begin{cases} \min\ z := x_1^1 - x_1^2 + x_2' \\ \text{s.t.}\ \ 2x_1^1 - 2x_1^2 + x_2' + y_1 = 3 \\ \qquad x_1^1 - x_1^2 - x_2' - y_2 = 1 \\ \qquad x_1^1 \geqslant 0, x_1^2 \geqslant 0, x_2' \geqslant 0, y_1 \geqslant 0, y_2 \geqslant 0 \end{cases}$$

2.1.3 线性规划的矩阵形式

设问题(2-1)中目标函数的系数构成的向量为 $\boldsymbol{c}=(c_1,c_2,\cdots,c_n)^{\mathrm{T}}$，决策变量构成的向量记为 $\boldsymbol{x}=(x_1,x_2,\cdots,x_n)^{\mathrm{T}}$，约束中常数项构成的向量记为 $\boldsymbol{b}=(b_1,b_2,\cdots,b_m)^{\mathrm{T}}$，系数阵记为

$$\boldsymbol{A}=\begin{pmatrix} a_{11} & \cdots & a_{1n} \\ \vdots & \ddots & \vdots \\ a_{m1} & \cdots & a_{mn} \end{pmatrix}$$

则问题可以简化地写成如下的矩阵形式：

$$\begin{cases} \min z := \boldsymbol{c}^{\mathrm{T}}\boldsymbol{x} \\ \text{s. t. } \boldsymbol{A}\boldsymbol{x}=\boldsymbol{b} \\ \qquad \boldsymbol{x}\geqslant \boldsymbol{0} \end{cases} \tag{2-3}$$

其他形式的线性规划模型也可写成矩阵形式. 如问题(2-2)中，可令 $\boldsymbol{c}=(0.4,0.5,0.3)^{\mathrm{T}}$，决策变量记为 $\boldsymbol{x}=(x_1,x_2,x_3)^{\mathrm{T}}$，约束中常数向量记为 $\boldsymbol{b}=(2\,000,1\,600,2\,500)^{\mathrm{T}}$，系数矩阵

$$\boldsymbol{A}=\begin{pmatrix} 40 & 10 & 25 \\ 20 & 30 & 25 \\ 35 & 15 & 20 \end{pmatrix}$$

则问题(2-2)的矩阵形式可写为

$$\begin{cases} \max \boldsymbol{c}^{\mathrm{T}}\boldsymbol{x} \\ \text{s. t. } \boldsymbol{A}\boldsymbol{x}\leqslant \boldsymbol{b} \\ \qquad \boldsymbol{x}\geqslant \boldsymbol{0} \end{cases}$$

用矩阵形式表达线性规划问题，将更方便推导、分析线性规划问题的相关理论结果.

2.1.4 线性规划的几何意义

这里以仅含两个决策变量的线性规划为例，简单介绍线性规划的直观几何意义. 这些直观几何意义，将有助于我们理解求解线性规划方法的基本思想.

【例 2-3】 考虑如下两个具有相同可行域的线性规划问题

$$\begin{cases} \min -2x_1+x_2 \\ \text{s. t. } x_1+x_2\leqslant 2 \\ \qquad x_1\leqslant 1 \\ \qquad x_1,x_2\geqslant 0 \end{cases} \tag{2-4}$$

$$\begin{cases} \min -2x_1-x_2 \\ \text{s. t. } x_1+x_2\leqslant 2 \\ \qquad x_1\leqslant 1 \\ \qquad x_1,x_2\geqslant 0 \end{cases} \tag{2-5}$$

从图 2-1 可以看出，两个问题的可行域都是由 $x_1=1$，$x_1+x_2=2$，$x_1=0$，$x_2=0$ 这四条直线所围成的区域[图 2-1 中阴影部分表示可行集(可行域)，虚线表示目标函数对应的

等值曲线族]. 当目标函数为 $z=-2x_1+x_2$ 时,最优值在点 $(1,0)^{\mathrm{T}}$ 点处达到;当目标函数为 $z=-2x_1-x_2$ 时,最优值在点 $(1,1)^{\mathrm{T}}$ 处达到. 这是因为:随着 c 的缩小,第一族等值线 $-2x_1+x_2=c$ 沿着 $(2,-1)^{\mathrm{T}}$ 的方向,向右下方平移,且当 $c=-2$ 时与可行域边界相切;随着 c 的缩小,第二族等值线 $-2x_1-x_2=c$ 沿着 $(2,1)^{\mathrm{T}}$ 的方向,向右上方平移,且当 $c=-3$ 时与可行域边界相切. 如果继续沿这一目标函数值下降方向平移,则直线都会远离可行集(可行域),因此,两个问题的最优值分别为 -2, -3.

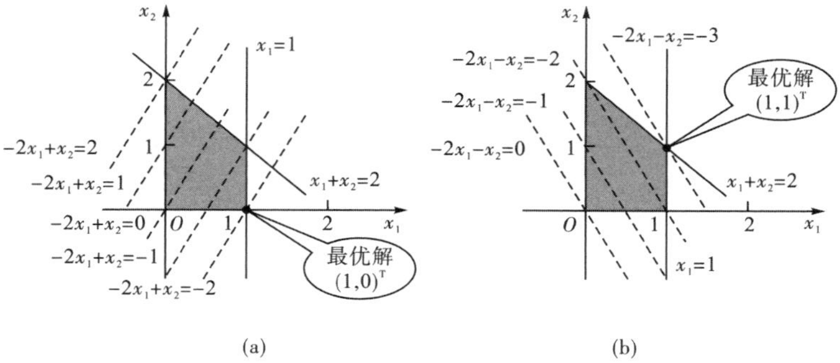

图 2-1

特别的,若可行域无界,而目标函数值的某个下降方向恰好是可行域无界的方向,则该优化问题是无界的. 例如,问题(2-6)就是一个没有最小值的无界问题[图 2-2(a)]:

$$\begin{cases} \min\ x_1-x_2 \\ \text{s. t. }\ x_1+x_2\leqslant 2 \\ \qquad x_1+2x_2\leqslant 4 \\ \qquad x_2\geqslant 0 \end{cases} \tag{2-6}$$

但若目标函数改为 $-x_1+x_2$,则问题的最优值可在 $(2,0)^{\mathrm{T}}$ 处达到[图 2-2(b)]. 可见可行域无界的最优化问题可能存在最优解.

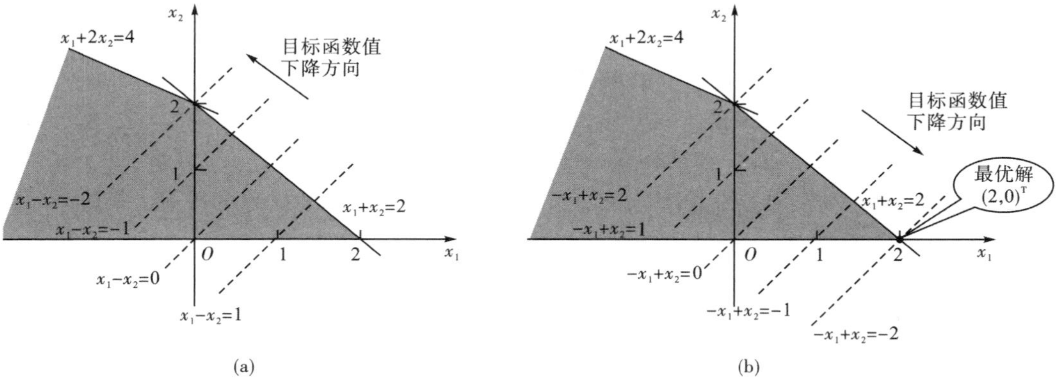

图 2-2

2.2 线性规划基本思想原理

2.2.1 凸集与多面凸集

称 $\mathbf{R}^n$ 空间中的集合 C 是凸集，若 C 满足：$\forall \boldsymbol{x},\boldsymbol{y}\in C,\lambda\in[0,1]$，都有 $\lambda\boldsymbol{x}+(1-\lambda)\boldsymbol{y}\in C$. 从几何上可以理解为：连接集合中任意两点的线段仍包含在集合内. 如图 2-3 所示，图 2-3(a)中的集合是凸集，图 2-3(b)中的集合是非凸集.

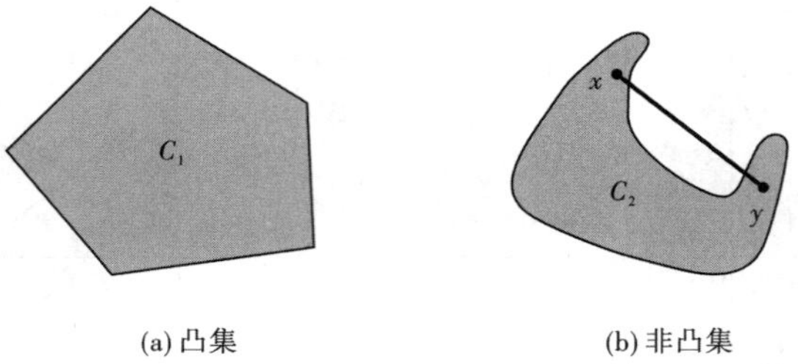

图 2-3

【**例 2-4**】 根据凸集的定义不难验证，下列集合都是凸集：

(1)$C_1=\{(x_1,x_2,x_3)^{\mathrm{T}}\in\mathbf{R}^3:x_1+x_2+x_3=1\}$.

(2)$C_2=\{(x_1,x_2)^{\mathrm{T}}\in\mathbf{R}^2:x_2\geqslant x_1^2\}$.

(3)$C_3=\{\boldsymbol{x}\in\mathbf{R}^n:\boldsymbol{A}\boldsymbol{x}=\boldsymbol{b},\boldsymbol{x}\geqslant\boldsymbol{0}\}$，其中 $\boldsymbol{A}\in\mathbf{R}^{m\times n},\boldsymbol{b}\in\mathbf{R}^m$.

称形如 $\{\boldsymbol{x}\in\mathbf{R}^n:\boldsymbol{a}^{\mathrm{T}}\boldsymbol{x}=\beta\}$ 的集合为**超平面**，其中 $\boldsymbol{0}\neq\boldsymbol{a}\in\mathbf{R}^n,\beta\in\mathbf{R}$. 这一概念是三维空间中一般平面在 n 维空间的推广. 超平面 $\{\boldsymbol{x}\in\mathbf{R}^n:\boldsymbol{a}^{\mathrm{T}}\boldsymbol{x}=\beta\}$ 把空间分成两个部分，即 $\{\boldsymbol{x}\in\mathbf{R}^n:\boldsymbol{a}^{\mathrm{T}}\boldsymbol{x}\geqslant\beta\}$ 与 $\{\boldsymbol{x}\in\mathbf{R}^n:\boldsymbol{a}^{\mathrm{T}}\boldsymbol{x}\leqslant\beta\}$. 这两个集合称为由超平面 $\{\boldsymbol{x}\in\mathbf{R}^n:\boldsymbol{a}^{\mathrm{T}}\boldsymbol{x}=\beta\}$ 所分成的两个**闭半空间**. 显然，超平面、闭半空间都是凸集. 称有限个闭半空间的交为一个**多面凸集**（有界的多面凸集称为**凸多面体**）. 一般的，一个多面凸集可以表示为

$$\{\boldsymbol{x}\in\mathbf{R}^n:\boldsymbol{a}^{1^{\mathrm{T}}}\boldsymbol{x}\geqslant\beta_1,\boldsymbol{a}^{2^{\mathrm{T}}}\boldsymbol{x}\geqslant\beta_2,\cdots,\boldsymbol{a}^{p^{\mathrm{T}}}\boldsymbol{x}\geqslant\beta_p\}$$

其中 p 是正整数，$\boldsymbol{a}^j\neq\boldsymbol{0}(j=1,2,\cdots,p)$. 容易验证线性规划的可行集（可行域）是一个多面凸集.

设 P 是一个凸集，若点 $\boldsymbol{x}\in P$ 满足：对任意 $\boldsymbol{x}^1,\boldsymbol{x}^2\in P,\boldsymbol{x}^1\neq\boldsymbol{x}^2,\lambda\in(0,1)$，都有 $\lambda\boldsymbol{x}^1+(1-\lambda)\boldsymbol{x}^2\neq\boldsymbol{x}$，则称 $\boldsymbol{x}$ 为 P 的一个**极点（顶点）**.

【**例 2-5**】 例 2-3 中问题(2-4)与(2-5)的可行域

$$X=\{\boldsymbol{x}\in\mathbf{R}^2:x_1+x_2\leqslant2,0\leqslant x_1\leqslant1,x_2\geqslant0\}$$

是一个凸多面体. 两个问题的最优解 $(1,0)^{\mathrm{T}},(1,1)^{\mathrm{T}}$ 都是凸多面体 X 的极点. 除了这两个点之外，$(0,2)^{\mathrm{T}},(0,0)^{\mathrm{T}}$ 也是 X 的极点.

设 P 是 $\mathbf{R}^n$ 中的一个凸集，称 $\boldsymbol{d}\in\mathbf{R}^n$ 是 P 的一个**极方向**，若 $\forall\boldsymbol{x}\in P,\forall t>0$，有 $\boldsymbol{x}+t\boldsymbol{d}\in P$. 极方向事实上描述的是凸集的无界方向. 所有极方向构成的集合，称为凸集 P 的**回收锥**，记为 P^{∞}. 例如，考虑例 2-4 中的集合 $C_2=\{(x_1,x_2)^{\mathrm{T}}\in\mathbf{R}^2:x_2\geqslant x_1^2\}$，不难验证，这是一个凸集，且它的所有极方向都可以表示为 $\boldsymbol{d}=(0,d_2)^{\mathrm{T}}$[图 2-4(a)]，其中 $d_2\geqslant0$，即

$$D_1:=C_2^{\infty}=\{\boldsymbol{d}=(0,d_2)^{\mathrm{T}}:d_2\geqslant0\}$$

考虑问题(2-6)的可行域，不难得到其回收锥 $D_2:=\{\boldsymbol{d}=(d_1,d_2)^{\mathrm{T}}:d_1+2d_2\leqslant 0,d_2\geqslant 0\}$，如图 2-4(b)所示.

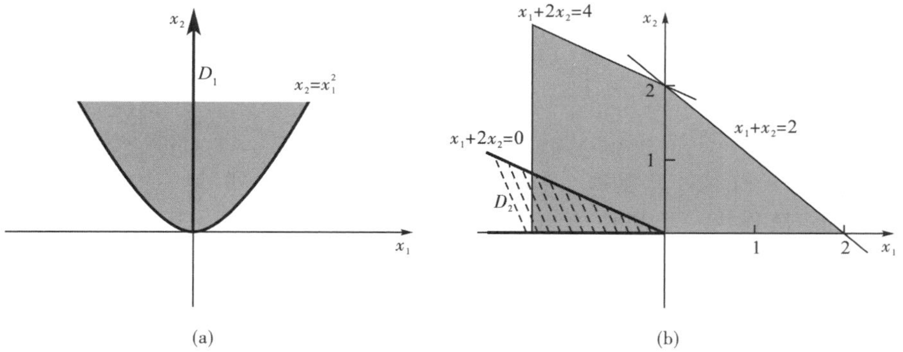

图 2-4

事实上，对任意一个多面凸集 $P=\{\boldsymbol{x}\in\mathbf{R}^n:\boldsymbol{A}\boldsymbol{x}=\boldsymbol{b},\boldsymbol{x}\geqslant\boldsymbol{0}\}$，其回收锥可以表示为 $D:=\{\boldsymbol{d}\in\mathbf{R}^n:\boldsymbol{A}\boldsymbol{d}=\boldsymbol{0},\boldsymbol{d}\geqslant\boldsymbol{0}\}$. 这是因为：首先，对任意 $\boldsymbol{d}\in D$，$\forall\,\boldsymbol{x}\in P$，$\forall\,t>0$，$\boldsymbol{A}(\boldsymbol{x}+t\boldsymbol{d})=\boldsymbol{A}\boldsymbol{x}+t\boldsymbol{A}\boldsymbol{d}=\boldsymbol{b}$，且 $\boldsymbol{x}+t\boldsymbol{d}\geqslant\boldsymbol{0}$，因此，$\boldsymbol{d}\in P^{\infty}$. 反之对任意 $\boldsymbol{d}\in P^{\infty}$，$\forall\,\boldsymbol{x}\in P$，$\forall\,t>0$，有

$$\boldsymbol{A}(\boldsymbol{x}+t\boldsymbol{d})=\boldsymbol{A}\boldsymbol{x}+t\boldsymbol{A}\boldsymbol{d}=\boldsymbol{b}\Rightarrow\boldsymbol{A}\boldsymbol{d}=\boldsymbol{0}$$

且 $\boldsymbol{d}\geqslant\boldsymbol{0}$. 否则，$\exists\,d_i<0$，则对充分大的 t(可设 $t:=1-x_i/d_i$)，$x_i+td_i<0$，这与 $\boldsymbol{x}+t\boldsymbol{d}\in P$ 矛盾. 因此 $\boldsymbol{d}\in D$.

2.2.2　基本解与基本可行解

考虑最优化问题(2-3)，问题的可行域为 $X:=\{\boldsymbol{x}\in\mathbf{R}^n:\boldsymbol{A}\boldsymbol{x}=\boldsymbol{b},\boldsymbol{x}\geqslant\boldsymbol{0}\}$. 集合 X 显然是一个多面凸集. 下面我们将分析多面凸集 X 的极点的另一种代数表达形式——基本可行解.

这里我们不妨设 $\boldsymbol{A}\in\mathbf{R}^{m\times n}$ 是行满秩的，即 $r(\boldsymbol{A})=m$，且约束中的常数向量 $\boldsymbol{b}\geqslant\boldsymbol{0}$. 在此假设下，从 $\boldsymbol{A}$ 的列向量组中能找到 m 个线性无关的列向量，这些列向量构成的 $\boldsymbol{A}$ 的子阵，称为**基底**. 一个 $m\times n$ 型线性方程组，最多有 C_n^m 个基底. 设 $\boldsymbol{B}$ 是其中一个基底. 为方便书写，不失一般性，假设这 m 个列向量恰好在前 m 列. 则系数阵 $\boldsymbol{A}$ 可写成分块形式$(\boldsymbol{B},\boldsymbol{N})$. 对应地，将决策变量所构成的向量也写成前 m 个元与后 $n-m$ 个元的分块形式$\begin{pmatrix}\boldsymbol{x}_B\\ \boldsymbol{x}_N\end{pmatrix}$，则线性方程组 $\boldsymbol{A}\boldsymbol{x}=\boldsymbol{b}$ 可以改写为

线性规划
基本可行解

$$\boldsymbol{B}\boldsymbol{x}_B+\boldsymbol{N}\boldsymbol{x}_N=\boldsymbol{b}$$

令 $\boldsymbol{x}_N=\boldsymbol{0}$，则 $\boldsymbol{x}_B=\boldsymbol{B}^{-1}\boldsymbol{b}$，则显然 $\boldsymbol{x}(\boldsymbol{B}):=\begin{pmatrix}\boldsymbol{B}^{-1}\boldsymbol{b}\\ \boldsymbol{0}\end{pmatrix}$是线性方程组 $\boldsymbol{A}\boldsymbol{x}=\boldsymbol{b}$ 的一个解. 这样的解称为对应于基底 $\boldsymbol{B}$ 的**基本解**. 若还满足 $\boldsymbol{x}_B=\boldsymbol{B}^{-1}\boldsymbol{b}\geqslant\boldsymbol{0}$，则称$\begin{pmatrix}\boldsymbol{B}^{-1}\boldsymbol{b}\\ \boldsymbol{0}\end{pmatrix}$为一个**基本可行解**. $\boldsymbol{x}(\boldsymbol{B})$的包含在 $\boldsymbol{x}_B$ 中的分量称为**基分量**，其余的分量称为**非基分量**.

例如，考虑例 2-3 中的问题(2-4). 首先将其写成标准形式，添加松弛变量 x_3, x_4，约束可改写为

$$\begin{pmatrix}1 & 1 & 1 & 0\\ 1 & 0 & 0 & 1\end{pmatrix}\begin{pmatrix}x_1\\ x_2\\ x_3\\ x_4\end{pmatrix}=\begin{pmatrix}2\\ 1\end{pmatrix},\quad x_i\geqslant 0\quad (i=1,2,3,4)$$

前两列所构成的子阵是一个基底. 同时也可以取矩阵的 1，3 列，或 1，4 列，或 2，4 列，或 3，4 列构成的子阵作为一个基底. 但不能取 2，3 列构成的子阵作为基底，因为这两列线性相关. 当选取前两列构成子阵作为基底 $\boldsymbol{B}_1$ 时，可令 $x_3=x_4=0$，则有

$$\boldsymbol{x}_{\boldsymbol{B}_1}=\begin{pmatrix}1 & 1\\ 1 & 0\end{pmatrix}^{-1}\begin{pmatrix}2\\ 1\end{pmatrix}=\begin{pmatrix}1\\ 1\end{pmatrix}$$

$\boldsymbol{x}(\boldsymbol{B}_1)=(1,1,0,0)^{\mathrm{T}}$ 是对应该基底的基本解. 并且注意到 $\boldsymbol{x}_{\boldsymbol{B}_1}\geqslant\boldsymbol{0}$，因此，$\boldsymbol{x}(\boldsymbol{B}_1)$ 也是基本可行解. 当取 1，4 列构成子阵作为基底 $\boldsymbol{B}_2$ 时，容易验证 $\boldsymbol{x}(\boldsymbol{B}_2)=(2,0,0,-1)^{\mathrm{T}}$ 是对应该基底的基本解. 但该基本解有负的分量，不是可行解，因此 $\boldsymbol{x}(\boldsymbol{B}_2)$ 不是基本可行解.

引理 2-1 设线性规划问题(2-3)的可行域非空，记为 $X:=\{\boldsymbol{x}\in\mathbf{R}^n:\boldsymbol{A}\boldsymbol{x}=\boldsymbol{b},\boldsymbol{x}\geqslant\boldsymbol{0}\}$. 可行解 $\boldsymbol{x}^*$ 是 X 的极点的充要条件是 $\boldsymbol{x}^*$ 的非零分量对应的系数阵 $\boldsymbol{A}$ 中的列向量构成一组线性无关的向量组.

证明 先证充分性. 设 $\boldsymbol{x}^*$ 有 s 个分量 $x_{i_1}^*,\cdots,x_{i_s}^*$ 非零，其余 $n-s$ 个分量都为零，对应系数阵 $\boldsymbol{A}$ 的列构成的子阵记为 $\boldsymbol{A}_s=(\boldsymbol{a}_{i_1},\cdots,\boldsymbol{a}_{i_s})$，$\boldsymbol{A}_s$ 是一个列满秩阵. 假设 $\boldsymbol{x}^*$ 不是 X 的极点. 则必存在 X 中的两个不相等的点 $\boldsymbol{x}^1,\boldsymbol{x}^2$ 及 $\lambda\in(0,1)$，使得 $\boldsymbol{x}^*=\lambda\boldsymbol{x}^1+(1-\lambda)\boldsymbol{x}^2$. 注意到 $\boldsymbol{x}^*,\boldsymbol{x}^1,\boldsymbol{x}^2$ 都是可行解. 一方面三个向量的分量都是非负的，因此不难得到 $x_i^1=x_i^2=0,\forall i\notin\{i_1,i_2,\cdots,i_s\}$. 另一方面，记 $\boldsymbol{x}_{A_s}^1,\boldsymbol{x}_{A_s}^2$ 分别为 $\boldsymbol{x}^1,\boldsymbol{x}^2$ 的 $i_1,i_2,\cdots,i_s$ 这 s 个分量构成的子向量，则这两个向量满足 $\boldsymbol{A}_s\boldsymbol{x}_{A_s}^1=\boldsymbol{A}_s\boldsymbol{x}_{A_s}^2=\boldsymbol{b}$. $\boldsymbol{A}_s$ 是列满秩，$\boldsymbol{A}_s\boldsymbol{x}=\boldsymbol{b}$ 有唯一解，因此 $\boldsymbol{x}_{A_s}^1=\boldsymbol{x}_{A_s}^2$，这与 $\boldsymbol{x}^1\neq\boldsymbol{x}^2$ 矛盾. 因此假设不成立，$\boldsymbol{x}^*$ 必是 X 的极点.

下面证明必要性. 设 $\boldsymbol{x}^*$ 是 X 的极点，若 $\boldsymbol{A}_s$ 列降秩，则线性方程组 $\boldsymbol{A}_s\boldsymbol{y}=\boldsymbol{0}$ 存在非零解，不妨记为 $\boldsymbol{y}^*\in\mathbf{R}^s$. 取充分小的 $t>0$，按如下的方式定义向量 $\boldsymbol{x}^1=(x_1^1,x_2^1,\cdots,x_n^1)^{\mathrm{T}}$，$\boldsymbol{x}^2=(x_1^2,x_2^2,\cdots,x_n^2)^{\mathrm{T}}$：

$$x_i^1=\begin{cases}x_i^*+ty_i^*, & i\in\{i_1,i_2,\cdots,i_s\}\\ x_i^*, & \text{否则}\end{cases},\quad x_i^2=\begin{cases}x_i^*-ty_i^*, & i\in\{i_1,i_2,\cdots,i_s\}\\ x_i^*, & \text{否则}\end{cases}$$

则 $\boldsymbol{x}^1\neq\boldsymbol{x}^2$，$\boldsymbol{x}^1,\boldsymbol{x}^2\geqslant\boldsymbol{0}$，且满足 $\boldsymbol{A}\boldsymbol{x}^1=\boldsymbol{b}$，$\boldsymbol{A}\boldsymbol{x}^2=\boldsymbol{b}$. 注意到 $\boldsymbol{A}_s\boldsymbol{y}^*=0$，$\boldsymbol{A}\boldsymbol{x}^*=\boldsymbol{b}$，因此有

$$\boldsymbol{A}\boldsymbol{x}^1=\boldsymbol{A}_s(\boldsymbol{x}_s^*+t\boldsymbol{y}^*)+\boldsymbol{A}_{n-s}\boldsymbol{x}_{n-s}^*=\boldsymbol{A}\boldsymbol{x}^*+\boldsymbol{A}_s\boldsymbol{y}^*=\boldsymbol{A}\boldsymbol{x}^*=\boldsymbol{b}$$

其中，$\boldsymbol{x}_s^*:=(x_{i_1}^*,\cdots,x_{i_s}^*)^{\mathrm{T}}$，$\boldsymbol{x}_{n-s}^*$ 是由 $\boldsymbol{x}^*$ 的其余分量构成的向量，$\boldsymbol{A}_{n-s}$ 是由 $\boldsymbol{A}$ 中除 $\boldsymbol{a}_{i_1},\cdots,\boldsymbol{a}_{i_s}$ 之外列向量构成的子阵，类似可得 $\boldsymbol{A}\boldsymbol{x}^2=\boldsymbol{b}$. 以上的分析说明 $\boldsymbol{x}^1,\boldsymbol{x}^2\in X$. 另一方面，显然有

$$\frac{1}{2}\boldsymbol{x}^1+\frac{1}{2}\boldsymbol{x}^2=\boldsymbol{x}^*$$

这与 $\boldsymbol{x}^*$ 是 X 的极点矛盾. 因此假设不成立，$\boldsymbol{A}_s$ 列满秩，即向量组 $\boldsymbol{a}_{i_1},\cdots,\boldsymbol{a}_{i_s}$ 线性无关. 证毕.

定理 2-1　设线性规划问题(2-3)的可行域非空,记为 $X:=\{\boldsymbol{x}\in\mathbf{R}^n:\boldsymbol{A}\boldsymbol{x}=\boldsymbol{b},\boldsymbol{x}\geqslant\boldsymbol{0}\}$. $\boldsymbol{A}\in\mathbf{R}^{m\times n}$行满秩,即 $r(\boldsymbol{A})=m\leqslant n$. 则向量 $\boldsymbol{x}^*$ 是问题(2-3)的基本可行解的充要条件是 $\boldsymbol{x}^*$ 是 X 的一个极点.

证明　先证充分性. 设 $\boldsymbol{x}^*$ 是可行域 X 的一个极点. 根据引理 2-1 可得,$\boldsymbol{x}^*$ 的非零分量所对应的 $\boldsymbol{A}$ 的列向量 $\boldsymbol{a}_{i_1},\boldsymbol{a}_{i_2},\cdots,\boldsymbol{a}_{i_s}$ 线性无关. 若非零分量个数 $s=m$,则显然 $\boldsymbol{x}^*$ 是基本可行解. 否则,根据引理 2-1,必有 $s<m$. 此时,必可通过添加 $\boldsymbol{A}$ 中 $m-s$ 个列向量,将 $\boldsymbol{a}_{i_1}$, $\boldsymbol{a}_{i_2},\cdots,\boldsymbol{a}_{i_s}$ 扩充为一组线性无关的向量组,从而可得 $\boldsymbol{x}^*$ 是基本可行解.

下面证明必要性. 设 $\boldsymbol{x}^*$ 是问题(2-3)的一个基本可行解,对应的基底为 $\boldsymbol{B}$. 则 $\boldsymbol{x}^*$ 非零分量对应的列向量必包含在 $\boldsymbol{B}$ 的列向量中,因此必线性无关. 根据引理 2-1 知,$\boldsymbol{x}^*$ 是可行域 X 的一个极点.

2.2.3　线性规划的基本定理

引理 2-2　设非空多面凸集 $P=\{\boldsymbol{x}\in\mathbf{R}^n:\boldsymbol{A}\boldsymbol{x}=\boldsymbol{b},\boldsymbol{x}\geqslant\boldsymbol{0}\}$,其中 $r(\boldsymbol{A})=m$,$\boldsymbol{A}\in\mathbf{R}^{m\times n}$,则 P 有有限个极点 $\boldsymbol{z}^i(i=1,2,\cdots,K)$,且

$$P=\left\{\sum_{i=1}^{K}\lambda_i\boldsymbol{z}^i+\boldsymbol{d}:\lambda_i\geqslant 0,\sum_{i=1}^{K}\lambda_i=1,\boldsymbol{d}\in P^\infty\right\}$$

证明　根据定理 2-1 知,可行域的极点必为基本可行解,而基本可行解至多有 C_n^m 多个,因此有限.

由 P 的凸性与极方向的定义,不难得到

$$\left\{\sum_{i=1}^{K}\lambda_i\boldsymbol{z}^i+\boldsymbol{d}:\lambda_i\geqslant 0,\sum_{i=1}^{K}\lambda_i=1,\boldsymbol{d}\in P^\infty\right\}\subseteq P$$

下证 P 中任意点都可表示为极点的凸组合加上一个极方向的形式. 设 $\boldsymbol{x}\in P$,若 $\boldsymbol{x}$ 是一个极点,则结论成立. 否则,根据引理 2-1 可得,$\boldsymbol{x}$ 的非零分量(设为 s 个)所对应的系数阵 $\boldsymbol{A}$ 的列向量线性相关,记相应列向量构成的子阵为 $\boldsymbol{B}$. 则 $\boldsymbol{B}\boldsymbol{y}=\boldsymbol{0}$ 有非零解,记其中某非零解为 $\boldsymbol{d}_{\boldsymbol{B}}$. 令 $\boldsymbol{d}:=\begin{pmatrix}\boldsymbol{d}_{\boldsymbol{B}}\\ \boldsymbol{d}_{\boldsymbol{N}}\end{pmatrix}$,其中 $\boldsymbol{d}_{\boldsymbol{N}}=\boldsymbol{0}\in\mathbf{R}^{n-s}$,则有

$$\boldsymbol{A}\boldsymbol{d}=\boldsymbol{B}\boldsymbol{d}_{\boldsymbol{B}}+\boldsymbol{N}\boldsymbol{d}_{\boldsymbol{N}}=\boldsymbol{0}$$

其中 $\boldsymbol{N}$ 是 $\boldsymbol{A}$ 中除 $\boldsymbol{B}$ 外其余列向量构成的子阵. 下面分两种情况讨论:

(1)若 $\boldsymbol{d}\geqslant\boldsymbol{0}$,则 $\boldsymbol{d}$ 是一个极方向,令

$$t:=\min\left\{\frac{x_i}{d_i}:d_i>0,i=1,2,\cdots,n\right\}$$

则 $\boldsymbol{x}-t\boldsymbol{d}\geqslant\boldsymbol{0}$,$\boldsymbol{A}(\boldsymbol{x}-t\boldsymbol{d})=\boldsymbol{b}$. 从而可得 $\boldsymbol{x}-t\boldsymbol{d}\in P$ 且比 $\boldsymbol{x}$ 至少多一个零分量. 若 $\boldsymbol{d}\leqslant\boldsymbol{0}$,则 $-\boldsymbol{d}$是一个极方向,也可得类似结果.

(2)若存在 $\boldsymbol{d}$ 的不同分量,分别严格大于零和小于零,则可令

$$t_1:=\min\left\{\frac{x_i}{d_i}:d_i>0,i=1,2,\cdots,n\right\},\quad t_2:=\min\left\{\frac{-x_i}{d_i}:d_i<0,i=1,2,\cdots,n\right\}$$

$\boldsymbol{x}^1=\boldsymbol{x}-t_1\boldsymbol{d}$,$\boldsymbol{x}^2=\boldsymbol{x}+t_2\boldsymbol{d}$. 不难得到$\boldsymbol{A}\boldsymbol{x}^1=\boldsymbol{A}\boldsymbol{x}^2=\boldsymbol{b}$,$\boldsymbol{x}^1\geqslant\boldsymbol{0}$,$\boldsymbol{x}^2\geqslant\boldsymbol{0}$. 同时注意到 $\boldsymbol{x}^1$,$\boldsymbol{x}^2$ 都比 $\boldsymbol{x}$ 至少多一个零分量. 令 $\lambda:=t_1/(t_1+t_2)$,可得$\boldsymbol{x}=(1-\lambda)\boldsymbol{x}^1+\lambda\boldsymbol{x}^2$.

综合两种情况，若 $\boldsymbol{x}-t\boldsymbol{d}$，$\boldsymbol{x}^1$，$\boldsymbol{x}^2$ 都是极点，则证明结束. 否则，这样继续下去，不断减少非零分量，直到对应的系数阵中列向量线性无关，即得到极点. 证毕.

引理 2-2 给出了线性规划问题可行域的结构. 下面将利用可行域的这一特殊结构推得线性规划基本定理.

定理 2-2 （**线性规划基本定理**）设线性规划问题(2-3)中约束的系数阵 $\boldsymbol{A}$ 是行满秩的，且问题(2-3)的最优值存在并有界，则其最优值必可在可行域的某一极点处达到.

证明 记可行域为 $X:=\{\boldsymbol{x}\in\mathbf{R}^n:\boldsymbol{A}\boldsymbol{x}=\boldsymbol{b},\boldsymbol{x}\geqslant\boldsymbol{0}\}$. 首先证明集合 X 的极点（基本可行解）的存在性. 设 $\boldsymbol{x}$ 是问题(2-3)的可行解，其非零分量对应的系数阵子阵为 $\boldsymbol{B}$. 若 $\boldsymbol{B}$ 列满秩，则由引理 2-1，$\boldsymbol{x}$ 是一个基本可行解. 否则，可类似引理 2-2 证明中的方法，存在常数 t 与向量 $\boldsymbol{d}$，使得 $\boldsymbol{x}^1=\boldsymbol{x}+t\boldsymbol{d}$ 仍为可行解，且非零分量个数相较 $\boldsymbol{x}$ 减少. 若 $\boldsymbol{x}^1$ 的非零分量对应的系数阵 $\boldsymbol{A}$ 的列向量线性无关，则 $\boldsymbol{x}^1$ 是一个基本解，否则，这样下去，必可得到一个基本可行解.

因为 X 是非空闭集，且目标函数为线性函数，在最优值是有限值的情况下，最优解存在. 设 $\boldsymbol{x}^*$ 是问题(2-3)的一个最优解，根据引理 2-2，$\boldsymbol{x}^*$ 可以表示为

$$\boldsymbol{x}^*=\sum_{i=1}^{K}\lambda_i\boldsymbol{z}^i+\boldsymbol{d}$$

其中 $\sum\limits_{i=1}^{K}\lambda_i=1,\lambda_i\geqslant 0,\boldsymbol{z}^i(i=1,2,\cdots,K)$ 是 P 的极点，$\boldsymbol{d}\in P^{\infty}$. 因此可得，$\boldsymbol{c}^{\mathrm{T}}\boldsymbol{x}^*=\sum\limits_{i=1}^{K}\lambda_i\boldsymbol{c}^{\mathrm{T}}\boldsymbol{z}^i+\boldsymbol{c}^{\mathrm{T}}\boldsymbol{d}$，其中 $\boldsymbol{c}^{\mathrm{T}}\boldsymbol{d}\geqslant 0$. 因为若 $\boldsymbol{c}^{\mathrm{T}}\boldsymbol{d}<0$，则令 $\boldsymbol{x}(t)=\boldsymbol{x}^*+t\boldsymbol{d}$，显然有 $\forall t>0$，$\boldsymbol{x}(t)\in P$，从而当 $t\to+\infty$，$\boldsymbol{c}^{\mathrm{T}}\boldsymbol{x}(t)\to-\infty$，这与最优值有界矛盾. 所以，必有某一 $i_0\in\{1,2,\cdots,K\}$，使得 $\boldsymbol{c}^{\mathrm{T}}\boldsymbol{z}^{i_0}\leqslant\boldsymbol{c}^{\mathrm{T}}\boldsymbol{x}^*$. 否则会导出如下矛盾的不等式：

$$\boldsymbol{c}^{\mathrm{T}}\boldsymbol{x}^*=\sum_{i=1}^{K}\lambda_i\boldsymbol{c}^{\mathrm{T}}\boldsymbol{z}^i+\boldsymbol{c}^{\mathrm{T}}\boldsymbol{d}>\sum_{i=1}^{K}\lambda_i\boldsymbol{c}^{\mathrm{T}}\boldsymbol{x}^*=\boldsymbol{c}^{\mathrm{T}}\boldsymbol{x}^*$$

因此可得极点 $\boldsymbol{z}^{i_0}$ 也是该线性规划问题的最优解. 证毕.

注意到，当线性规划问题的最优解不唯一时，最优解集是一个凸集. 且当最优解集有界时，最优解可以表示为所有最优极点的凸组合的形式. 例如，将最优化问题(2-6)的目标函数改为 $\min z:=-x_1-x_2$，即考虑问题：

$$\begin{cases}\min z:=-x_1-x_2\\ \text{s. t. } x_1+x_2\leqslant 2\\ \qquad x_1+2x_2\leqslant 4\\ \qquad x_2\geqslant 0\end{cases}\tag{2-7}$$

则问题的最优值为-2，达到最优值的可行域的极点有两个：$\boldsymbol{y}^1=(2,0)^{\mathrm{T}}$，$\boldsymbol{y}^2=(0,2)^{\mathrm{T}}$. 而最优解集可以表示为$\{\boldsymbol{x}=(x_1,x_2)^{\mathrm{T}}:x_1+x_2=2,0\leqslant x_1\leqslant 2\}=\{\lambda\boldsymbol{y}^1+(1-\lambda)\boldsymbol{y}^2:\lambda\in[0,1]\}$，显然为一个凸集.

当线性规划问题的可行域无界时，问题也可能是无界的，即无法取得有限的最优值. 例如，当问题(2-7)的目标函数改为 $z:=x_1-2x_2$ 时，问题即为无界的. 注意到$\boldsymbol{d}=(-2,1)^{\mathrm{T}}$ 是可行域的一个极方向，对任意可行解 $\boldsymbol{x}$，我们有 $\boldsymbol{x}(t)=\boldsymbol{x}+t\boldsymbol{d}\in X$，$\forall t>0$. 对此时的 $\boldsymbol{c}=(1,-2)^{\mathrm{T}}$，因此可得

$$c^{\mathrm{T}}x(t)=c^{\mathrm{T}}x+tc^{\mathrm{T}}d=c^{\mathrm{T}}x-4t\to-\infty\quad(t\to+\infty)$$

根据线性规划基本定理,要得到问题的最优解,只需在可行域的有限个极点中,找到对应目标函数值最小的那个极点.这是否意味着,求解线性规划问题需要逐个验证每个极点对应的目标函数值呢?下面介绍的单纯形方法,将给出如何在有限个极点中找出最优解的一个有效的方法.

2.3 单纯形方法

2.3.1 单纯形方法的基本思想

1. 迭代的基本思想

最优化问题的数值求解方法,通常是从一个可行解 $\boldsymbol{x}^0$(初始迭代点)出发,在当前迭代点 $\boldsymbol{x}^k$,先找一个前进的方向 $\boldsymbol{d}^k$,再沿着这个方向找到一个适当的前进长度 α_k(称为步长),从而得到下一个迭代点

$$\boldsymbol{x}^{k+1}=\boldsymbol{x}^k+\alpha_k\boldsymbol{d}^k$$

通常要求下一个迭代点满足:(1)是可行解.(2)对应的目标函数值优于当前迭代点的函数值.

下面结合这一思想与线性规划基本定理,来介绍单纯形方法的基本思想.根据线性规划基本定理,最优值若存在,必可在某个可行域的极点处达到.因此,求解线性规划问题的基本方法的思想是:从某一基本可行解(可行域极点)出发,找到一个可行的、且对应目标函数值下降的方向与步长,到达下一个基本可行解,最终找到使得目标函数值达到最小的基本可行解.

假设已知 $\boldsymbol{x}$ 是标准形式的线性规划问题(2-3)的一个基本可行解,对应的基底为 $\boldsymbol{B}$.下面首先讨论从当前的基本可行解 $\boldsymbol{x}$ 出发,什么样的方向 $\boldsymbol{d}$ 是可行的?即沿该方向前进充分小的步长,得到的仍是可行解.设步长为 $\alpha>0$,要使得 $\boldsymbol{A}(\boldsymbol{x}+\alpha\boldsymbol{d})=\boldsymbol{b}$ 成立,则必有 $\boldsymbol{Ad}=\boldsymbol{0}$.同时,要满足 $\boldsymbol{x}+\alpha\boldsymbol{d}\geqslant\boldsymbol{0}$,则对于向量 $\boldsymbol{x}=(x_1,x_2,\cdots,x_n)^{\mathrm{T}}\in\mathbf{R}^n$ 中为零的分量 x_i $(=0)$,方向向量 $\boldsymbol{d}=(d_1,d_2,\cdots,d_n)^{\mathrm{T}}$ 中对应的分量 d_i 要满足 $d_i\geqslant 0$.即 $I(\boldsymbol{x}):=\{i\in\{1,2,\cdots,n\}:x_i=0\}$,$\forall i\in I(\boldsymbol{x})$,$d_i\geqslant 0$.对于满足这两个条件的向量 $\boldsymbol{d}$,以及充分小的 α,则 $\boldsymbol{x}+\alpha\boldsymbol{d}$ 仍是一个可行解.

为了方便讨论,下面给出非退化假设.称基本可行解 $\boldsymbol{x}=\begin{pmatrix}\boldsymbol{x}_B\\ \boldsymbol{x}_N\end{pmatrix}$ 是**非退化**的,若其中基分量全部为正值,即 $\boldsymbol{x}_B>\boldsymbol{0}$;否则称 $\boldsymbol{x}$ 是退化的基本可行解.

非退化假设:假设问题(2-3)的每一个基本可行解都是非退化的.

根据之前的分析,从基本可行解 $\boldsymbol{x}$ 出发的方向 $\boldsymbol{d}$ 是可行的充要条件是:

$$\boldsymbol{Ad}=\boldsymbol{0},d_i\geqslant 0,\forall i\in I(x)$$

在非退化假设条件下,该充要条件可以等价地写为

$$\boldsymbol{Bd}_B+\boldsymbol{Nd}_N=\boldsymbol{0},\boldsymbol{d}_N\geqslant\boldsymbol{0}$$

其中 $\boldsymbol{B}$ 为 $\boldsymbol{A}$ 中对应 $\boldsymbol{x}$ 的基底，$\boldsymbol{N}$ 为 $\boldsymbol{A}$ 中除基底外其余列向量构成的子阵. 注意到，若有系数阵 $\boldsymbol{A}$ 的行满秩假设，则 $\boldsymbol{B}$ 是可逆阵，因此有 $\boldsymbol{d}_B=-\boldsymbol{B}^{-1}\boldsymbol{N}\boldsymbol{d}_N,\boldsymbol{d}_N\geqslant\boldsymbol{0}$.

另一方面，希望保证下一个迭代点仍是基本可行解. 基本可行解的迭代变换也可以理解为将原基底 $\boldsymbol{B}$ 换成另外一个基底 $\boldsymbol{B}'$. 比较简单的方式是将 $\boldsymbol{B}$ 中的一个列向量换作原非基分量对应的一个列向量，并仍保持线性无关. 对应地，当前基本可行解的某一基分量变为非基分量，将其称为**离基分量**. 同时选取一个非基分量变为基分量，将其称为**进基分量**. 结合以上可行方向的分析，由于非基分量仅有一个从零变为非零，即 $\boldsymbol{x}_N=\boldsymbol{0}$ 且 $\boldsymbol{x}_N+\alpha\boldsymbol{d}_N$ 仅有一个分量非零，因此，这里选取的 $\boldsymbol{d}_N\geqslant\boldsymbol{0}$ 应仅含一个非零分量. 为方便讨论，不失一般性，这里仍假设原基底 $\boldsymbol{B}$ 是由系数阵 $\boldsymbol{A}$ 的前 m 列构成. 则存在 $j\in\{m+1,m+2,\cdots,n\}$，使得可取 $\boldsymbol{d}_N$ 为

$$\boldsymbol{d}_N=\widehat{\boldsymbol{e}_j}=(0,0,\cdots,1,\cdots,0)^{\mathrm{T}}\in\mathbf{R}^{n-m}$$

其中 $\widehat{\boldsymbol{e}_j}$ 表示第 $j-m$ 个分量为 1，其余分量为 0 的 $n-m$ 维实向量. 则可行方向 $\boldsymbol{d}$ 可以表示为

$$\boldsymbol{d}=\begin{pmatrix}\boldsymbol{d}_B\\ \boldsymbol{d}_N\end{pmatrix},\quad \boldsymbol{d}_B=-\boldsymbol{B}^{-1}\boldsymbol{N}\widehat{\boldsymbol{e}_j}=-\boldsymbol{B}^{-1}\boldsymbol{a}_j,\quad \boldsymbol{d}_N=\widehat{\boldsymbol{e}_j}\tag{2-8}$$

其中，$\boldsymbol{a}_j$ 表示 $\boldsymbol{A}$ 的第 j 列.

例如，考虑如下线性规划问题：

$$\begin{cases}\min\ x_1+3x_2+2x_3\\ \text{s. t.}\ \ x_1+x_2+x_3=2\\ \qquad -x_1+2x_2+x_3=3\\ \qquad x_i\geqslant 0,i=1,2,3\end{cases}\tag{2-9}$$

取约束系数阵 $\boldsymbol{A}$ 的前两列作为基底 $\boldsymbol{B}=\begin{pmatrix}1&1\\-1&2\end{pmatrix}$，对应的基本可行解为 $\boldsymbol{x}=\left(\frac{1}{3},\frac{5}{3},0\right)^{\mathrm{T}}$. 该基本可行解满足非退化假设. 根据如上分析，可得

$$\boldsymbol{d}_N=(1)$$

$$\boldsymbol{d}_B=-\boldsymbol{B}^{-1}\boldsymbol{N}\widehat{\boldsymbol{e}_j}=-\begin{pmatrix}1&1\\-1&2\end{pmatrix}^{-1}\begin{pmatrix}1\\1\end{pmatrix}=-\begin{pmatrix}\frac{1}{3}\\ \frac{2}{3}\end{pmatrix}$$

从而可得 $\boldsymbol{d}=-\frac{1}{3}(1,2,-3)^{\mathrm{T}}$. 容易验证，方向 $\boldsymbol{d}$ 满足 $\boldsymbol{A}\boldsymbol{d}=\boldsymbol{0},\boldsymbol{d}_N=(1)\geqslant\boldsymbol{0}$，显然是一个可行的方向.

2. 进基分量与离基分量的选取

首先考虑离基分量的选取. 这个过程同时也是确定步长的过程. 为保持可行性，α 需满足 $\boldsymbol{x}+\alpha\boldsymbol{d}\geqslant\boldsymbol{0}$. 对于非基分量部分，根据以上可行方向 $\boldsymbol{d}$ 的选取方式，可得 $\boldsymbol{x}_N+\alpha\boldsymbol{d}_N=\alpha\boldsymbol{d}_N\geqslant\boldsymbol{0}$，非负性显然成立. 对于基分量部分，应满足 $\forall\, i=1,2,\cdots,m,x_i+\alpha d_i\geqslant 0$. 对于给定的其中某个指标 i，若 $d_i\geqslant 0$，则不等式显然成立；若 $d_i<0$，则步长 α 需满足 $\alpha\leqslant -x_i/d_i$. 因此，步长可选取

$$\alpha=\min\left\{-\frac{x_i}{d_i}:d_i<0,i=1,2,\cdots,m\right\} \tag{2-10}$$

选取指标

$$i^*\in\arg\min\left\{-\frac{x_i}{d_i}:d_i<0,i=1,2,\cdots,m\right\} \tag{2-11}$$

其中 arg min 表示使得$-\frac{x_i}{d_i}$达到最小的指标 i 的集合. 则必有

$$x_{i^*}+\alpha d_{i^*}=x_{i^*}-\frac{x_{i^*}}{d_{i^*}}d_{i^*}=0$$

也就是说,对于已经确定的方向 $\boldsymbol{d}$,若按式(2-10)的方法确定步长,则根据式(2-11)得到的指标 i^* 对应的 $\boldsymbol{x}$ 的分量从非零变为零. 因此 x_{i^*} 就是离基分量. 例如,考虑上面的线性规划问题(2-9),确定了方向 $\boldsymbol{d}=-\frac{1}{3}(1,2,-3)^{\mathrm{T}}$,则可按公式(2-10)计算步长,可得

$$\alpha=\min\left\{-\frac{1/3}{-1/3},-\frac{5/3}{-2/3}\right\}=1$$

再根据式(2-11)可得,此步的离基分量指标为 $i^*=1$,因此 x_1 为离基分量. 根据方向和步长可得下一个迭代点为

$$\boldsymbol{x}'=\boldsymbol{x}+\alpha\boldsymbol{d}=\left(\frac{1}{3},\frac{5}{3},0\right)^{\mathrm{T}}-\frac{1}{3}(1,2,-3)^{\mathrm{T}}=(0,1,1)^{\mathrm{T}}$$

事实上,$\boldsymbol{x}'$是对应于基底 $\boldsymbol{B}'=[\boldsymbol{a}_2,\boldsymbol{a}_3]$的基本可行解,其中 $\boldsymbol{a}_2,\boldsymbol{a}_3$ 表示系数阵 $\boldsymbol{A}$ 的 2,3 两列.

当按如上方法确定了方向 $\boldsymbol{d}$,并确定步长 α, 一定可以得到 $\boldsymbol{x}+\alpha\boldsymbol{d}$ 仍是一个基本可行解. 这是由于在非退化假设条件下,新迭代点的非零分量指标为 $1,2,\cdots,i^*-1,j,i^*+1,\cdots,m$. 对应系数阵的列向量构成的子阵为

$$\boldsymbol{B}':=(\boldsymbol{a}_1,\cdots,\boldsymbol{a}_{i^*-1},\boldsymbol{a}_j,\boldsymbol{a}_{i^*+1},\cdots,\boldsymbol{a}_m)$$

其中 $\boldsymbol{a}_i$ 表示约束的系数阵 $\boldsymbol{A}$ 的第 i 列,$i=1,2,\cdots,n$. 不难得到

$$\boldsymbol{B}^{-1}\boldsymbol{B}'=(\boldsymbol{e}_1,\cdots,\boldsymbol{e}_{i^*-1},\boldsymbol{B}^{-1}\boldsymbol{a}_j,\boldsymbol{e}_{i^*+1},\cdots,\boldsymbol{e}_m)$$

根据式(2-8)和式(2-11),d_{i^*}(即$-\boldsymbol{B}^{-1}\boldsymbol{a}_j$ 的第 i^* 个分量)严格小于零,因此 $\boldsymbol{B}^{-1}\boldsymbol{B}'$是满秩阵. 从而得到 $\boldsymbol{B}'$也是满秩阵. 再根据引理 2-1,可得 $\boldsymbol{x}+\alpha\boldsymbol{d}$ 是基本可行解.

现在考虑如何选取进基分量,即$\hat{\boldsymbol{e}}_j$ 的指标 j 的选取. 这里,根据迭代点对应目标函数值逐步下降的思想,$\boldsymbol{d}$ 需满足:

$$\boldsymbol{c}^{\mathrm{T}}\boldsymbol{x}\geqslant\boldsymbol{c}^{\mathrm{T}}(\boldsymbol{x}+\alpha\boldsymbol{d})\Rightarrow\boldsymbol{c}^{\mathrm{T}}\boldsymbol{d}\leqslant\boldsymbol{0}$$

根据式(2-8)中方向 $\boldsymbol{d}$ 的选取,有

$$\boldsymbol{c}^{\mathrm{T}}\boldsymbol{d}=\boldsymbol{c}_{\boldsymbol{B}}^{\mathrm{T}}\boldsymbol{d}_{\boldsymbol{B}}+\boldsymbol{c}_{\boldsymbol{N}}^{\mathrm{T}}\boldsymbol{d}_{\boldsymbol{N}}=c_j-\boldsymbol{c}_{\boldsymbol{B}}^{\mathrm{T}}\boldsymbol{B}^{-1}\boldsymbol{a}_j<0 \tag{2-12}$$

因此,只需选取满足式(2-12)的 $j\in\{m+1,m+2,\cdots,n\}$,就可以保证迭代过程中目标函数值的下降性. 例如,上面的线性规划问题(2-9), 在当前的基本可行解 $\boldsymbol{x}=\left(\frac{1}{3},\frac{5}{3},0\right)^{\mathrm{T}}$ 处,根据如上规则确定的方向 $\boldsymbol{d}$ 满足:

$$\boldsymbol{c}^{\mathrm{T}}\boldsymbol{d}=(1,3,2)\begin{pmatrix}-\dfrac{1}{3}\\ -\dfrac{2}{3}\\ 1\end{pmatrix}=-\frac{1}{3}<0$$

因此，$\boldsymbol{d}$ 是一个使得目标函数值下降的方向. 这里选取 $j=3$ 为进基分量指标，x_3 为进基分量.

3. 最优性的判定

下面我们来讨论单纯形方法的终止条件，也就是如何判定当前的迭代点是否为最优解.

定理 2-3 设$\bar{\boldsymbol{x}}$是线性规划问题(2-3)的一个基本可行解，$\boldsymbol{B}$(仍假设为由 $\boldsymbol{A}$ 的前 m 列构成)是对应的基底. 若对任意 $j\in\{m+1,m+2,\cdots,n\}$，都有 $c_j-\boldsymbol{c}_B^{\mathrm{T}}\boldsymbol{B}^{-1}\boldsymbol{a}_j\geqslant 0$，则当前的基本可行解就是问题(2-3)的一个最优解.

证明 记 $\boldsymbol{N}$ 为系数阵$\boldsymbol{A}$ 中除 $\boldsymbol{B}$ 外其余列向量构成的子阵，则决策向量 $\boldsymbol{x}$ 可相应地写为 $\boldsymbol{x}^{\mathrm{T}}=(\boldsymbol{x}_B^{\mathrm{T}},\boldsymbol{x}_N^{\mathrm{T}})$. 任意可行解 $\boldsymbol{x}$ 都必满足 $\boldsymbol{A}\boldsymbol{x}=\boldsymbol{B}\boldsymbol{x}_B+\boldsymbol{N}\boldsymbol{x}_N=\boldsymbol{b}=\boldsymbol{B}\,\bar{\boldsymbol{x}}_B$. 因此有 $\boldsymbol{x}_B-\bar{\boldsymbol{x}}_B=-\boldsymbol{B}^{-1}\boldsymbol{N}\boldsymbol{x}_N$. 从而可得

$$\begin{aligned}\boldsymbol{c}^{\mathrm{T}}\boldsymbol{x}-\boldsymbol{c}^{\mathrm{T}}\,\bar{\boldsymbol{x}}&=\boldsymbol{c}_B^{\mathrm{T}}(\boldsymbol{x}_B-\bar{\boldsymbol{x}}_B)+\boldsymbol{c}_N^{\mathrm{T}}\boldsymbol{x}_N\\&=-\boldsymbol{c}_B^{\mathrm{T}}\boldsymbol{B}^{-1}\boldsymbol{N}\boldsymbol{x}_N+\boldsymbol{c}_N^{\mathrm{T}}\boldsymbol{x}_N\\&=(-\boldsymbol{c}_B^{\mathrm{T}}\boldsymbol{B}^{-1}\boldsymbol{N}+\boldsymbol{c}_N^{\mathrm{T}})\boldsymbol{x}_N\end{aligned}$$

由定理条件，对任意 $j\in\{m+1,m+2,\cdots,n\}$，都有 $c_j-\boldsymbol{c}_B^{\mathrm{T}}\boldsymbol{B}^{-1}\boldsymbol{a}_j\geqslant 0$，所以，$-\boldsymbol{c}_B^{\mathrm{T}}\boldsymbol{B}^{-1}\boldsymbol{N}+\boldsymbol{c}_N^{\mathrm{T}}\geqslant\boldsymbol{0}$. 因为 $\boldsymbol{x}$ 是可行解，所以 $\boldsymbol{x}_N\geqslant\boldsymbol{0}$. 因此，任意可行解都满足 $\boldsymbol{c}^{\mathrm{T}}\boldsymbol{x}-\boldsymbol{c}^{\mathrm{T}}\,\bar{\boldsymbol{x}}\geqslant\boldsymbol{0}$. 这说明$\bar{\boldsymbol{x}}$是一个最优解. 证毕.

称 $\boldsymbol{r}^{\mathrm{T}}:=\boldsymbol{c}^{\mathrm{T}}-\boldsymbol{c}_B^{\mathrm{T}}\boldsymbol{B}^{-1}\boldsymbol{A}$ 为对应于基本解 $\boldsymbol{x}$ 的**检验数向量**，$\boldsymbol{r}$ 的每一个分量称为**检验数**. 容易验证，检验数向量对应基分量的部分 $\boldsymbol{r}_B^{\mathrm{T}}:=\boldsymbol{c}_B^{\mathrm{T}}-\boldsymbol{c}_B^{\mathrm{T}}\boldsymbol{B}^{-1}\boldsymbol{B}=\boldsymbol{0}$. 也就是说，对应基分量部分的检验数一定为零. 因此，根据定理 2-3，只要有 $\boldsymbol{r}_N^{\mathrm{T}}:=\boldsymbol{c}_N^{\mathrm{T}}-\boldsymbol{c}_B^{\mathrm{T}}\boldsymbol{B}^{-1}\boldsymbol{N}\geqslant\boldsymbol{0}$，就可以判定，当前的基本可行解就是问题的一个最优解. 因此，算法的终止条件可为：所有检验数非负，即判断是否有 $\boldsymbol{r}\geqslant\boldsymbol{0}$，或$\boldsymbol{r}_N\geqslant\boldsymbol{0}$.

例如，在问题(2-9)中，当迭代到基本可行解 $\boldsymbol{x}=\left(\frac{1}{3},\frac{5}{3},0\right)^{\mathrm{T}}$，对应的检验数向量为

$$\boldsymbol{r}^{\mathrm{T}}=\boldsymbol{c}^{\mathrm{T}}-\boldsymbol{c}_B^{\mathrm{T}}\boldsymbol{B}^{-1}\boldsymbol{A}=(1,3,2)-(1,3)\begin{pmatrix}1&1\\-1&2\end{pmatrix}^{-1}\begin{pmatrix}1&1&1\\-1&2&1\end{pmatrix}=\left(0,0,-\frac{1}{3}\right)$$

其中第三个分量$r_3=-\dfrac{1}{3}<0$. 因此，当前迭代点不是最优解. 当迭代到下一个迭代点 $\boldsymbol{x}'=(0,1,1)^{\mathrm{T}}$，对应的基底为

$$\boldsymbol{B}'=\begin{pmatrix}1&1\\2&1\end{pmatrix}$$

$\boldsymbol{c}_{B'}^{\mathrm{T}}=(3,2)$，对应的检验数向量为

$$\boldsymbol{r}'^{\mathrm{T}}=\boldsymbol{c}^{\mathrm{T}}-\boldsymbol{c}_{B'}^{\mathrm{T}}\boldsymbol{B}'^{-1}\boldsymbol{A}=(1,3,2)-(3,2)\begin{pmatrix}1&1\\2&1\end{pmatrix}^{-1}\begin{pmatrix}1&1&1\\-1&2&1\end{pmatrix}=(1,0,0)\geqslant\boldsymbol{0}$$

此时所有的检验数都非负，因此当前迭代点 $\boldsymbol{x}'=(0,1,1)^{\mathrm{T}}$ 就是问题(2-9)的最优解.

需要说明的是，若当前迭代点不是最优解，则根据定理 2-3，存在检验数 $r_j<0$，选取进基分量 x_j，方向 $\boldsymbol{d}$ 按式(2-8)计算确定. 此时 $\boldsymbol{d}$ 必为一个下降方向，即 $\boldsymbol{c}^{\mathrm{T}}\boldsymbol{d}<0$. 若出现 $\forall i\in\{1,2,\cdots,m\}$，$d_i\geqslant 0$ 的情况，则此时对任意 $\alpha>0$，容易验证 $\boldsymbol{x}+\alpha\boldsymbol{d}\geqslant\boldsymbol{0}$，$\boldsymbol{A}(\boldsymbol{x}+\alpha\boldsymbol{d})=\boldsymbol{0}$. 这说明 $\boldsymbol{d}$ 是可行域的一个极方向，同时又是一个目标函数值下降的方向. 因此，该线性规划问题不能取得有限的最优值.

4. 单纯形方法概述

(1)单纯形方法的基本思想

从某一个基本可行解出发，计算检验数 $r_j=c_j-\boldsymbol{c}_{\boldsymbol{B}}^{\mathrm{T}}\boldsymbol{B}^{-1}\boldsymbol{a}_j$，$j=m+1,m+2,\cdots,n$. 若所有检验数非负，则当前基本可行解就是最优解. 否则，选取一个负的检验数对应的分量为进基分量，根据式(2-8)的方法构造可行方向 $\boldsymbol{d}$，并依据式(2-10)计算步长 α，进而得到新的基本可行解 $\boldsymbol{x}+\alpha\boldsymbol{d}$. 这样迭代下去，直到所有检验数都非负，则可得到一个最优的基本可行解.

(2)单纯形方法的计算步骤

算法 2-1　单纯形方法

对一个标准形式的线性规划问题，已知初始基本可行解 $\boldsymbol{x}^0$，设 $k=0$，记当前的迭代点为 $\boldsymbol{x}=\boldsymbol{x}^k$，设对应的基底为 $\boldsymbol{B}$，系数阵 $\boldsymbol{A}=(\boldsymbol{a}_1,\boldsymbol{a}_2,\cdots,\boldsymbol{a}_n)$ 中除 $\boldsymbol{B}$ 外其余列向量构成的子阵为 $\boldsymbol{N}$.

步骤 1　计算当前迭代点对应的检验数向量 $\boldsymbol{r}^{\mathrm{T}}:=\boldsymbol{c}^{\mathrm{T}}-\boldsymbol{c}_{\boldsymbol{B}}^{\mathrm{T}}\boldsymbol{B}^{-1}\boldsymbol{A}$. 若 $\boldsymbol{r}\geqslant\boldsymbol{0}$，则算法终止，当前迭代点即为最优解. 否则选取 $\boldsymbol{r}$ 中最小的负分量对应的分量为进基分量，记进基分量指标为 j.

步骤 2　计算迭代方向：$\boldsymbol{d}=\begin{pmatrix}\boldsymbol{d}_{\boldsymbol{B}}\\ \boldsymbol{d}_{\boldsymbol{N}}\end{pmatrix}$，其中 $\boldsymbol{d}_{\boldsymbol{B}}=-\boldsymbol{B}^{-1}\boldsymbol{a}_j$，$\boldsymbol{d}_{\boldsymbol{N}}=\hat{\boldsymbol{e}}_j$.

步骤 3　计算迭代步长：$\alpha=\min\{-x_i/d_i:d_i<0,i\in I(\boldsymbol{B})\}$，其中 $I(\boldsymbol{B})$ 表示基底 $\boldsymbol{B}$ 所含列向量在系数阵 $\boldsymbol{A}$ 中的列指标所构成的集合[$I(\boldsymbol{B})$ 也称为基分量指标集]. 若 $\forall i\in I(\boldsymbol{B})$，$d_i\geqslant 0$，则问题无界，停止计算. 否则选取 $i^*\in\arg\min\{-x_i/d_i:d_i<0,i\in I(\boldsymbol{B})\}$ 为离基分量指标.(若有多个指标满足上式，可任取其中的一个指标).

步骤 4　计算下一个基本可行解：$\boldsymbol{x}^{k+1}=\boldsymbol{x}^k+\alpha\boldsymbol{d}$. 更换当前迭代点为 $\boldsymbol{x}=\boldsymbol{x}^{k+1}$，$k=k+1$. 更新对应的 $\boldsymbol{B}$，$I(\boldsymbol{B})$，$\boldsymbol{c}_{\boldsymbol{B}}$，返回步骤 1.

注意到线性规划问题的基本可行解个数是有限的，因此，只要依据适当的进、离基指标选取规则，单纯形方法是有限步终止的.

注释　(1)选取检验数向量最小的负分量对应的指标为进基分量指标，在指标集合 $\arg\min\{-x_i/d_i:d_i<0,i\in I(\boldsymbol{B})\}$ 中任选指标为离基分量指标，这种选取方法称为 Dantzig 规则. 通常意义下的单纯形方法在进基和离基分量选取中遵循这一规划. 对于其他的选取规划，将在后面小节中介绍.

(2)单纯形方法对于退化的情况(某一基本可行解的基分量中有零分量)仍可执行，但可能会产生循环的现象，我们将在下面的章节中专门讨论.

2.3.2 修正的单纯形方法

根据以上对单纯形方法思想的分析可知，在每一步迭代的过程中，需要计算的量主要有：检验数向量 $\boldsymbol{r}$，方向 $\boldsymbol{d}$ 与步长 α. 根据这些量和当前的基本可行解，可以迭代计算下一个基本可行解. 而这几个量的迭代，关键取决于当前的基本可行解所对应的基底 $\boldsymbol{B}$ 的逆阵. 如果能清楚地分析当前基本可行解所对应的 $\boldsymbol{B}^{-1}$ 与下一个迭代点所对应的基底（记为 $\boldsymbol{B}'$）的逆 $(\boldsymbol{B}')^{-1}$ 的关系，则对应迭代的量都将比较容易计算.

这里，不失一般性，仍假设基底 $\boldsymbol{B}$ 是由系数阵 $\boldsymbol{A}$ 的前 m 列构成，设

$$\boldsymbol{B}':=(\boldsymbol{a}_1,\cdots,\boldsymbol{a}_{i^*-1},\boldsymbol{a}_j,\boldsymbol{a}_{i^*+1},\cdots,\boldsymbol{a}_m)$$

即 x_{i^*} 为离基分量，x_j 为进基分量. 记 $\hat{\boldsymbol{a}}_j:=\boldsymbol{B}^{-1}\boldsymbol{a}_j$，容易得到

$$\boldsymbol{B}^{-1}\boldsymbol{B}'=(\boldsymbol{e}_1,\cdots,\boldsymbol{e}_{i^*-1},\hat{\boldsymbol{a}}_j,\boldsymbol{e}_{i^*+1},\cdots,\boldsymbol{e}_m)$$

因此，对上式两端取逆可得

$$(\boldsymbol{B}')^{-1}\boldsymbol{B}=(\boldsymbol{e}_1,\cdots,\boldsymbol{e}_{i^*-1},\hat{\boldsymbol{a}}_j,\boldsymbol{e}_{i^*+1},\cdots,\boldsymbol{e}_m)^{-1}=(\boldsymbol{e}_1,\cdots,\boldsymbol{e}_{i^*-1},\tilde{\boldsymbol{a}}_j,\boldsymbol{e}_{i^*+1},\cdots,\boldsymbol{e}_m)$$

其中 $\tilde{\boldsymbol{a}}_j:=(\tilde{a}_{1j},\tilde{a}_{2j},\cdots,\tilde{a}_{mj})^{\mathrm{T}}$，且

$$\tilde{a}_{ij}:=\begin{cases}-\hat{a}_{ij}/\hat{a}_{i^*j}, & i\neq i^*\\ \dfrac{1}{\hat{a}_{i^*j}}, & i=i^*\end{cases}$$

记 $\widetilde{\boldsymbol{E}}_{i^*j}:=(\boldsymbol{e}_1,\cdots,\boldsymbol{e}_{i^*-1},\tilde{\boldsymbol{a}}_j,\boldsymbol{e}_{i^*+1},\cdots,\boldsymbol{e}_m)$，可得

$$(\boldsymbol{B}')^{-1}=\widetilde{\boldsymbol{E}}_{i^*j}\boldsymbol{B}^{-1} \tag{2-13}$$

根据式(2-13)，并明确进基分量指标 j 与离基分量指标 i^*，则单纯形方法可以按如下方式进行更简便的计算.

算法 2-2　修正单纯形方法

已知初始基本可行解 $\boldsymbol{x}^0$，设 $k=0$，记当前的迭代点为 $\boldsymbol{x}=\boldsymbol{x}^k$，设对应的基底为 $\boldsymbol{B}$，系数阵 $\boldsymbol{A}=(\boldsymbol{a}_1,\boldsymbol{a}_2,\cdots,\boldsymbol{a}_n)$ 中除 $\boldsymbol{B}$ 外其余列向量构成的子阵为 $\boldsymbol{N}$.

步骤 1　计算当前迭代点对应的检验数向量 $\boldsymbol{r}^{\mathrm{T}}:=\boldsymbol{c}^{\mathrm{T}}-\boldsymbol{c}_B^{\mathrm{T}}\boldsymbol{B}^{-1}\boldsymbol{A}$. 若 $\boldsymbol{r}\geqslant\boldsymbol{0}$，则算法终止，当前迭代点即为最优解. 否则选取 $\boldsymbol{r}$ 中最小的负分量对应的分量为进基分量，记进基分量指标为 j.

步骤 2　计算 $\hat{\boldsymbol{a}}_j:=\boldsymbol{B}^{-1}\boldsymbol{a}_j(=-\boldsymbol{d}_B)$.

步骤 3　确定离基分量：选取 $i^*\in\arg\min\{x_i/\hat{a}_{ij}:\hat{a}_{ij}>0,i\in I(\boldsymbol{B})\}$ 为离基分量指标.（若集合中有多个指标，可任取其中一个作为离基分量指标）；若 $\forall\, i\in I(\boldsymbol{B}),\hat{a}_{ij}\leqslant 0$，则问题无界. 计算 $\widetilde{\boldsymbol{E}}_{i^*j}$.

步骤 4　更新 $\boldsymbol{B}^{-1}$ 为 $(\boldsymbol{B}')^{-1}=\widetilde{\boldsymbol{E}}_{i^*j}\boldsymbol{B}^{-1}$，$I(\boldsymbol{B})$，$\boldsymbol{c}_B$，计算下一个基本可行解的基分量部分：$\boldsymbol{x}_B=\boldsymbol{B}^{-1}\boldsymbol{b}$，返回步骤 1.

【例 2-6】　用修正单纯形方法求解线性规划问题

$$
\begin{cases}
\min\ -0.4x_1-0.5x_2-0.3x_3 \\
\text{s. t.}\ 40x_1+10x_2+25x_3+x_4=2\ 000 \\
\quad 20x_1+30x_2+25x_3+x_5=1\ 600 \\
\quad 35x_1+15x_2+20x_3+x_6=2\ 500 \\
\quad x_i\geqslant 0, i=1,2,\cdots,6
\end{cases}
$$

解　首先注意到，这是一个标准形式的线性规划问题，而且不难得到一个初始的基本可行解 $\boldsymbol{x}=(0,0,0,2\ 000,1\ 600,2\ 500)^{\mathrm{T}}$，对应的基底为 $\boldsymbol{B}=\boldsymbol{E}_3$，$I(\boldsymbol{B})=\{4,5,6\}$，系数阵 $\boldsymbol{A}$ 可表示为

$$
\boldsymbol{A}=\begin{pmatrix} 40 & 10 & 25 & 1 & 0 & 0 \\ 20 & 30 & 25 & 0 & 1 & 0 \\ 35 & 15 & 20 & 0 & 0 & 1 \end{pmatrix}
$$

(1)第一次迭代

①注意到 $\boldsymbol{c}_{\boldsymbol{B}}^{\mathrm{T}}=\boldsymbol{0}$，因此容易计算 $\boldsymbol{r}_{\boldsymbol{N}}^{\mathrm{T}}=\boldsymbol{c}_{\boldsymbol{N}}^{\mathrm{T}}-\boldsymbol{c}_{\boldsymbol{B}}^{\mathrm{T}}\boldsymbol{B}^{-1}\boldsymbol{N}=(-0.4,-0.5,-0.3)$. 可取 $j=1$ 为进基分量指标(按 Dantzig 规则取 $j=2$，这里为了减少迭代次数，选 1).

②计算 $\hat{\boldsymbol{a}}_1=\boldsymbol{B}^{-1}\boldsymbol{a}_1=(40,20,35)^{\mathrm{T}}$.

③选取 $i^*\in\arg\min\left\{\frac{2\ 000}{40},\frac{1\ 600}{20},\frac{2\ 500}{35}\right\}=\{1\}$ 为离基分量指标[事实上，这里 x_4 为离基分量. 因为 x_4 对应当前的系数阵中的列为 $\boldsymbol{e}_1$ 形式，这里记为 $i^*=1$ 是为了与前面讨论中假设 $I(\boldsymbol{B})=\{1,2,\cdots,m\}$ 相一致.]计算

$$
\widetilde{\boldsymbol{E}}_{11}=\begin{pmatrix} 1/40 & 0 & 0 \\ -1/2 & 1 & 0 \\ -7/8 & 0 & 1 \end{pmatrix}
$$

④更新

$$
(\boldsymbol{B}')^{-1}=\widetilde{\boldsymbol{E}}_{11}\boldsymbol{B}^{-1}=\begin{pmatrix} 1/40 & 0 & 0 \\ -1/2 & 1 & 0 \\ -7/8 & 0 & 1 \end{pmatrix}\boldsymbol{E}_3=\begin{pmatrix} 1/40 & 0 & 0 \\ -1/2 & 1 & 0 \\ -7/8 & 0 & 1 \end{pmatrix}
$$

令 $\boldsymbol{B}=\boldsymbol{B}'$，$I(\boldsymbol{B})=\{1,5,6\}$，$\boldsymbol{c}_{\boldsymbol{B}}=(-0.4,0,0)^{\mathrm{T}}$，计算下一个基本可行解的基分量部分得

$$
\boldsymbol{x}_{\boldsymbol{B}}=\boldsymbol{B}^{-1}\boldsymbol{b}=\begin{pmatrix} 1/40 & 0 & 0 \\ -1/2 & 1 & 0 \\ -7/8 & 0 & 1 \end{pmatrix}\begin{pmatrix} 2\ 000 \\ 1\ 600 \\ 2\ 500 \end{pmatrix}=\begin{pmatrix} 50 \\ 600 \\ 750 \end{pmatrix}
$$

(2)第二次迭代

①计算 $\boldsymbol{r}_{\boldsymbol{N}}^{\mathrm{T}}=\boldsymbol{c}_{\boldsymbol{N}}^{\mathrm{T}}-\boldsymbol{c}_{\boldsymbol{B}}^{\mathrm{T}}\boldsymbol{B}^{-1}\boldsymbol{N}=(-0.4,-0.05,0.01)$. 取 $j=2$ 为进基分量指标，因此 x_2 是进基分量.

②计算

$$
\hat{\boldsymbol{a}}_2=\boldsymbol{B}^{-1}\boldsymbol{a}_2=\begin{bmatrix} \frac{1}{40} & 0 & 0 \\ -\frac{1}{2} & 1 & 0 \\ -\frac{7}{8} & 0 & 1 \end{bmatrix}\begin{pmatrix} 10 \\ 30 \\ 15 \end{pmatrix}=\begin{pmatrix} 1/4 \\ 25 \\ 25/4 \end{pmatrix}
$$

③选取 $i^* \in \arg\min\left\{\frac{50}{1/4}, \frac{600}{25}, \frac{750}{25/4}\right\}=\{2\}$ 为离基分量指标，对应系数向量为 $\boldsymbol{e}_2$ 的分量 x_5 为离基分量，计算

$$\widetilde{\boldsymbol{E}}_{22}=\begin{pmatrix}1 & -1/100 & 0\\ 0 & 1/25 & 0\\ 0 & -1/4 & 1\end{pmatrix}$$

④更新

$$(\boldsymbol{B}')^{-1}=\widetilde{\boldsymbol{E}}_{22}\boldsymbol{B}^{-1}=\begin{pmatrix}1 & -1/100 & 0\\ 0 & 1/25 & 0\\ 0 & -1/4 & 1\end{pmatrix}\begin{pmatrix}1/40 & 0 & 0\\ -1/2 & 1 & 0\\ -7/8 & 0 & 1\end{pmatrix}=\begin{pmatrix}3/100 & -1/100 & 0\\ -1/50 & 1/25 & 0\\ -3/4 & -1/4 & 1\end{pmatrix}$$

令 $\boldsymbol{B}=\boldsymbol{B}'$，$I(\boldsymbol{B})=\{1,2,6\}$，$\boldsymbol{c}_{\boldsymbol{B}}=(-0.4,-0.5,0)^{\mathrm{T}}$，计算下一个基本可行解的基分量部分，得

$$\boldsymbol{x}_{\boldsymbol{B}}=\boldsymbol{B}^{-1}\boldsymbol{b}=\begin{pmatrix}3/100 & -1/100 & 0\\ -1/50 & 1/25 & 0\\ -3/4 & -1/4 & 1\end{pmatrix}\begin{pmatrix}2\,000\\ 1\,600\\ 2\,500\end{pmatrix}=\begin{pmatrix}44\\ 24\\ 600\end{pmatrix}$$

(3)第三次迭代

计算

$$\boldsymbol{r}_{\boldsymbol{N}}^{\mathrm{T}}=\boldsymbol{c}_{\boldsymbol{N}}^{\mathrm{T}}-\boldsymbol{c}_{\boldsymbol{B}}^{\mathrm{T}}\boldsymbol{B}^{-1}\boldsymbol{N}=(-0.3,0,0)-(-0.4,-0.5,0)\begin{pmatrix}3/100 & -1/100 & 0\\ -1/50 & 1/25 & 0\\ -3/4 & -1/4 & 1\end{pmatrix}\begin{pmatrix}25 & 1 & 0\\ 25 & 0 & 1\\ 20 & 0 & 0\end{pmatrix}$$

$$=(-0.3,0,0)-(-0.002,-0.016,0)\begin{pmatrix}25 & 1 & 0\\ 25 & 0 & 1\\ 20 & 0 & 0\end{pmatrix}$$

$$=(0.15,0.002,0.016)\geqslant\boldsymbol{0}$$

此时，所有检验数非负，所以当前迭代点就是最优的基本可行解. 原问题的最优解为 $\boldsymbol{x}^*=(44,24,0,0,0,600)^{\mathrm{T}}$，最优值为 $\boldsymbol{c}_{\boldsymbol{B}}^{\mathrm{T}}\boldsymbol{x}_{\boldsymbol{B}}=(-0.4,-0.5,0)(44,24,600)^{\mathrm{T}}=-29.6$.

2.3.3 求解线性规划的单纯形表格

在这一小节中，我们首先将上一小节介绍的单纯形方法，对应为矩阵的初等行变换(线性方程组的高斯消元)的计算形式. 然后通过例题来演示如何用单纯形表格求解线性规划问题.

首先，添加一个辅助决策变量 z，并将约束的线性方程组 $\boldsymbol{Ax}=\boldsymbol{b}$ 添加一个方程 $-z+\boldsymbol{c}^{\mathrm{T}}\boldsymbol{x}=0$. 当 $\boldsymbol{x}^0$ 为一个可行解时，令 $z_0=\boldsymbol{c}^{\mathrm{T}}\boldsymbol{x}^0$ 是对应 $\boldsymbol{x}^0$ 的目标函数值. 则显然$(z_0;\boldsymbol{x}^0)$满足新添加的方程. 添加了新方程的线性方程组的矩阵形式可以表示为

$$\begin{pmatrix}1 & \boldsymbol{c}_{\boldsymbol{B}}^{\mathrm{T}} & \boldsymbol{c}_{\boldsymbol{N}}^{\mathrm{T}}\\ \boldsymbol{0} & \boldsymbol{B} & \boldsymbol{N}\end{pmatrix}\begin{pmatrix}-z\\ \boldsymbol{x}_{\boldsymbol{B}}\\ \boldsymbol{x}_{\boldsymbol{N}}\end{pmatrix}=\begin{pmatrix}0\\ \boldsymbol{b}\end{pmatrix} \tag{2-14}$$

其中 $\boldsymbol{B}$ 为可逆阵，是某个基本可行解的基底. 问题(2-3)可以等价地写为

$$\begin{cases}\min z \\ \text{s. t.}\quad \begin{pmatrix}1 & \boldsymbol{c}_B^{\mathrm{T}} & \boldsymbol{c}_N^{\mathrm{T}} \\ \boldsymbol{0} & \boldsymbol{B} & \boldsymbol{N}\end{pmatrix}\begin{pmatrix}-z \\ \boldsymbol{x}_B \\ \boldsymbol{x}_N\end{pmatrix}=\begin{pmatrix}0 \\ \boldsymbol{b}\end{pmatrix} \\ \qquad \boldsymbol{x}\geqslant \boldsymbol{0}\end{cases}$$

其中的决策变量为$\begin{pmatrix}-z \\ \boldsymbol{x}\end{pmatrix}$，则$\begin{pmatrix}1 & \boldsymbol{c}_B^{\mathrm{T}} \\ \boldsymbol{0} & \boldsymbol{B}\end{pmatrix}$可以作为一个基底，则对应的基本解为

$$\begin{pmatrix}-z \\ \boldsymbol{x}_B\end{pmatrix}=\begin{pmatrix}1 & \boldsymbol{c}_B^{\mathrm{T}} \\ \boldsymbol{0} & \boldsymbol{B}\end{pmatrix}^{-1}\begin{pmatrix}0 \\ \boldsymbol{b}\end{pmatrix}=\begin{pmatrix}1 & -\boldsymbol{c}_B^{\mathrm{T}}\boldsymbol{B}^{-1} \\ \boldsymbol{0} & \boldsymbol{B}^{-1}\end{pmatrix}\begin{pmatrix}0 \\ \boldsymbol{b}\end{pmatrix}=\begin{pmatrix}-\boldsymbol{c}_B^{\mathrm{T}}\boldsymbol{B}^{-1}\boldsymbol{b} \\ \boldsymbol{B}^{-1}\boldsymbol{b}\end{pmatrix},\quad \boldsymbol{x}_N=\boldsymbol{0}$$

这个求基本解的过程，可以等价地由对线性方程组(2-14)的增广阵做初等行变换得到，即相当于左乘$\begin{pmatrix}1 & \boldsymbol{c}_B^{\mathrm{T}} \\ \boldsymbol{0} & \boldsymbol{B}\end{pmatrix}^{-1}=\begin{pmatrix}1 & -\boldsymbol{c}_B^{\mathrm{T}}\boldsymbol{B}^{-1} \\ \boldsymbol{0} & \boldsymbol{B}^{-1}\end{pmatrix}$得到，如图 2-5 所示.

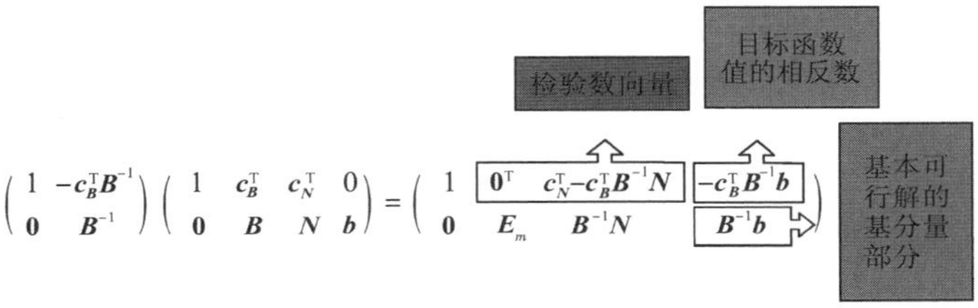

图 2-5

从图 2-5 中右侧变换后的增广阵中，可以读出当前的基本可行解，以及其对应的当前目标函数值、对应的检验数向量. 注意到，左乘$\begin{pmatrix}1 & \boldsymbol{c}_B^{\mathrm{T}} \\ \boldsymbol{0} & \boldsymbol{B}\end{pmatrix}^{-1}$等价于对增广阵进行一系列的初等行变换. 这些初等行变换将$\begin{pmatrix}1 & \boldsymbol{c}_B^{\mathrm{T}} \\ \boldsymbol{0} & \boldsymbol{B}\end{pmatrix}$变换为$\begin{pmatrix}1 & \boldsymbol{0}^{\mathrm{T}} \\ \boldsymbol{0} & \boldsymbol{E}_m\end{pmatrix}$. 在变换后的后 $n+2$ 列中，可以读出所需的数据，而其中的第一列不起关键作用，可以在计算中省略. 其余部分的计算过程可用如图 2-6 所示的矩阵表格的形式表达. 矩阵表格的第一行通常称为检验数行. 检验数行与常数向量列交叉位置，为当前基本可行解对应的目标函数值的相反数.

$\boldsymbol{c}_B^{\mathrm{T}}$	$\boldsymbol{c}_N^{\mathrm{T}}$	0
$\boldsymbol{B}$	$\boldsymbol{N}$	$\boldsymbol{b}$

→

$\boldsymbol{0}^{\mathrm{T}}$	$\boldsymbol{c}_N^{\mathrm{T}}-\boldsymbol{c}_B^{\mathrm{T}}\boldsymbol{B}^{-1}\boldsymbol{N}$	$-\boldsymbol{c}_B^{\mathrm{T}}\boldsymbol{B}^{-1}\boldsymbol{b}$
$\boldsymbol{E}_m$	$\boldsymbol{B}^{-1}\boldsymbol{N}$	$\boldsymbol{B}^{-1}\boldsymbol{b}$

图 2-6

下面我们考虑从当前的基本可行解出发，达到下一个基本可行解的过程，如何用对增广阵的初等行变换来表达. 这个过程事实上是选取新的基底，并将基底部分变换为同阶单位阵的过程. 根据上面的分析，不妨设 x_j 是进基分量，x_{i^*} 是离基分量，用 $\boldsymbol{B}$ 表示当前基本可行解所对应的基底. 为方便书写，仍假设 $\boldsymbol{B}$ 是由系数阵的前 m 列向量构成. 从图 2-6 的右侧表格出发，则新的基底 $\boldsymbol{B}'$ 在变换后表格中对应列向量构成的子阵为 $\widehat{\boldsymbol{B}}=(\boldsymbol{e}_1,\cdots,\boldsymbol{e}_{i^*-1},\boldsymbol{B}^{-1}\boldsymbol{a}_j,\boldsymbol{e}_{i^*+1},\cdots,\boldsymbol{e}_m)$，表格中的第 j 列仍记为 $\widehat{\boldsymbol{a}_j}=\boldsymbol{B}^{-1}\boldsymbol{a}_j$. 从当前的基本可行解出发，得到下一个基本可行解的过程，对应于对增广阵一系列特定的初等行变换，这些行变

换要将$\begin{pmatrix} 1 & \boldsymbol{r}_{\hat{B}}^{\mathrm{T}} \\ \boldsymbol{0} & \hat{\boldsymbol{B}} \end{pmatrix}$变为同阶单位阵，其中$\boldsymbol{r}_{\hat{B}}$ 表示当前基本可行解检验数向量 $\boldsymbol{r}$ 中对应$\hat{\boldsymbol{B}}$ 的分量部分. 注意到，该矩阵除$\hat{\boldsymbol{a}}_j = \boldsymbol{B}^{-1}\boldsymbol{a}_j$ 对应的这一列外，其余列都等于同阶单位阵的相应的列. 因此变换可以理解为：将图 2-6 右侧表格对应增广阵中的第 j 列变换为 $\boldsymbol{e}_{i^*+1} \in \mathbf{R}^{m+1}$的过程，即

$$\begin{pmatrix} \boldsymbol{r}_j \\ \hat{\boldsymbol{a}}_j \end{pmatrix} \rightarrow \boldsymbol{e}_{i^*+1}$$

这相当于以增广阵的(i^*+1)行 j 列元为主元做一次高斯旋转. 记 $\hat{\mathbf{A}} = \boldsymbol{B}^{-1}\mathbf{A} = (\hat{a}_{ik})_{m\times n}$，可以将这一变换过程描述为：将增广阵的第$(i^*+1)$行除以元$\hat{a}_{i^*j}$，再将其余各行做如下变换：第$(i+1)$行减去$-\hat{a}_{ij}/\hat{a}_{i^*j}$倍的第$(i^*+1)$行，$i \in \{1,2,\cdots,m\}$，$i \neq i^*$. 而第一行（检验数行）的变换可以描述为减去$-r_j/\hat{a}_{i^*j}$倍的第$(i^*+1)$行. 下面用一个例子来说明单纯形表格法整体的计算过程.

【例 2-7】 求解线性规划问题

$$\begin{cases} \max\ z = 0.4x_1 + 0.5x_2 + 0.3x_3 \\ \text{s.t.}\ \ 40x_1 + 10x_2 + 25x_3 \leqslant 2\ 000 \\ \qquad 20x_1 + 30x_2 + 25x_3 \leqslant 1\ 600 \\ \qquad 35x_1 + 15x_2 + 20x_3 \leqslant 2\ 500 \\ \qquad x_i \geqslant 0, i = 1,2,3 \end{cases}$$

解 首先将问题化为标准形式. 将目标函数转化为极小形式，添加松弛变量 x_4，x_5，x_6，可得

$$\begin{cases} \min\ -z = -0.4x_1 - 0.5x_2 - 0.3x_3 \\ \text{s.t.}\ \ 40x_1 + 10x_2 + 25x_3 + x_4 = 2\ 000 \\ \qquad 20x_1 + 30x_2 + 25x_3 + x_5 = 1\ 600 \\ \qquad 35x_1 + 15x_2 + 20x_3 + x_6 = 2\ 500 \\ \qquad x_i \geqslant 0, i = 1,2,\cdots,6 \end{cases}$$

可选 x_4，x_5，x_6 为基分量，对应的初始单纯形表可写为表 2-1.

表 2-1

x_1	x_2	x_3	x_4	x_5	x_6	$-z$
−0.4	−0.5	−0.3	0	0	0	0
40	10	25	1	0	0	2 000
20	30	25	0	1	0	1 600
35	15	20	0	0	1	2 500

其中第一行为检验数行，2～4 行与 4～6 列的交叉位置为当前基本可行解所对应的基底 $\boldsymbol{B}$. 当前的基本可行解为 $\boldsymbol{x} = (0,0,0,2\ 000,1\ 600,2\ 500)^{\mathrm{T}}$. 注意到有检验数为负值，因此需进一步迭代，找到下一个基本可行解.

首先，选取一个对应检验数为负的分量为进基分量，这里不妨取 x_1 为进基分量（按 Dantzig 规则，应取检验数最小的对应分量 x_2，这里为了减少迭代次数，选取了 x_1）. 根据式(2-11)选取离基分量，$i^* \in \arg\min\left\{-\dfrac{x_i}{d_i}: d_i < 0, i = 1,2,\cdots,m\right\}$，其中 $\boldsymbol{d}_B = -\boldsymbol{B}^{-1}\boldsymbol{a}_j =$

$-\hat{a}_j$. 在本例中，进基分量指标为 $j=1$，因此，$d_B=-(40,20,35)^T$. 计算离基分量指标可得

$$i^* \in \arg\min\left\{\frac{2\ 000}{40},\frac{1\ 600}{20},\frac{2\ 500}{35}\right\}=\{1\}$$

确定了进基分量指标 $j=1$ 和离基分量指标 $i^*=1$ 后，以 $a_{i^*j}=a_{11}=40$ 为主元进行高斯消元(高斯旋转). 更具体的，将表格中第二行每个元除以 40，再将变换后的第二行的 0.4 倍，-20 倍，-35 倍，加到第一、第三和第四行上去，得到表 2-2 的第二部分. 表 2-2 中，用↑标注离基分量，用↓标注进基分量，用黑体给出高斯消元的主元标记. 在表 2-2 中可以读出新的基本可行解为 $x^1=(50,0,0,0,600,750)^T$. 该基本可行解的检验数向量仍有负分量，因此不是最优解，需继续迭代.

表 2-2

x_1 ↓	x_2	x_3	x_4 ↑	x_5	x_6	$-z$
−0.4	−0.5	−0.3	0	0	0	0
40	10	25	1	0	0	2 000
20	30	25	0	1	0	1 600
35	15	20	0	0	1	2 500
x_1	x_2	x_3	x_4	x_5	x_6	$-z$
0	−0.4	−0.05	0.01	0	0	20
1	1/4	5/8	1/40	0	0	50
0	25	25/2	−1/2	1	0	600
0	25/4	−15/8	−7/8	0	1	750

第二次迭代选检验数 -0.4 对应的分量 x_2 为进基分量，根据式(2-11)选取

$$i^* \in \arg\min\left\{\frac{50}{\frac{1}{4}},\frac{600}{25},\frac{700}{\frac{25}{4}}\right\}=\{2\}$$

这里应注意：$\frac{50}{\frac{1}{4}},\frac{600}{25},\frac{700}{\frac{25}{4}}$ 三数中第二个 $\frac{600}{25}=24$ 最小，因此，离基分量应为 x_5，即 x_B 中序号为 2 的分量，而不是 x_2. 再次以 25 为主元进行高斯旋转，得到表 2-3. 对应的基本可行解为 $x^2=(44,24,0,0,0,600)^T$，且注意到对应的检验数行都为非负值，所以 x^2 即为最优的基本可行解. 因此，去除松弛变量，原问题的最优解为 $x=(44,24,0)^T$. 从表 2-3 中可以读出等价问题的最优值为 -29.6，而原问题的最优值为 29.6.

表 2-3

x_1	x_2 ↓	x_3	x_4	x_5 ↑	x_6	$-z$
0	−0.4	−0.05	0.01	0	0	20
1	1/4	5/8	1/40	0	0	50
0	**25**	25/2	−1/2	1	0	600
0	25/4	−15/8	−7/8	0	1	750

（续表）

x_1	x_2	x_3	x_4	x_5	x_6	$-z$
0	0	0.15	0.002	0.016	0	29.6
1	0	1/2	3/100	−1/100	0	44
0	1	1/2	−1/50	1/25	0	24
0	0	−5	−3/4	−1/4	1	600

注释 (1)在讨论单纯形方法的理论时，假设基分量恰好是前 m 个，但在具体问题中并不一定满足该条件. 因此在取离基分量时要注意，i^* 的实质是对应分量为当前基底 $\boldsymbol{B}$ 的第 i^* 列，当前的迭代步所对应表格中增广阵 $\boldsymbol{B}^{-1}[\boldsymbol{A},\boldsymbol{b}]$ 的相应列为 $\boldsymbol{e}_{i^*}$. 如例 2-7 的第二次迭代中，$i^*=2$，但离基分量取为 x_5，注意到在单纯形表中，此时 x_5 所对应的列为 $\boldsymbol{e}_2$.

(2)单纯形方法是解决一般的线性规划问题的通用算法. 而对特殊结构与应用场景的线性规划问题，如上下界限制、约束方程组的系数阵稀疏、运输问题等，将其化为标准形式的线性规划求解，往往使得变量个数或约束的个数大量增加，导致问题规模增大，给计算和存储带来困难. 已经发展了一些针对这类线性规划问题的专用的单纯形方法，如有界变量单纯形方法、有效约束方法、求解运输问题的表上作业方法等. 这里不做详细介绍，有兴趣的读者可参考其他专门的线性规划教材或专著.

2.4 确定初始基本可行解的方法

单纯形方法求解线性规划问题的基本思想是：从一个基本可行解出发，迭代到下一个基本可行解，并使得对应目标函数值逐步下降.

但如何得到第一个基本可行解的问题还未解决. 在这一小节中，讨论两种确定初始基本可行解的方法：两阶段方法与大 M 方法.

2.4.1 两阶段方法

在例 2-6 和例 2-7 中，很容易就得到了一个初始的基本可行解. 这是因为：

(1)问题添加了松弛变量，几个松弛变量对应的系数构成的子阵恰好是一个 m 阶单位阵，因此可以作为一个基底.

(2)问题约束中的常数向量是非负的，这保证了选取松弛变量为基分量时满足非负性，即保证了可行性.

受到这两个例子的启发，我们考虑一般的标准形式线性规划问题的约束：

$$\boldsymbol{A}\boldsymbol{x}=\boldsymbol{b},\quad \boldsymbol{x}\geqslant\boldsymbol{0}$$

其中 $\boldsymbol{A}\in\mathbf{R}^{m\times n}$，$r(\boldsymbol{A})=m$. 如果常数向量 $\boldsymbol{b}$ 中有负分量，我们可以通过将对应的约束方程两端同时乘以 -1，使负分量变为正值. 因此，这里不妨假设 $\boldsymbol{b}\geqslant\boldsymbol{0}$. 添加辅助变量 $\boldsymbol{y}\in\mathbf{R}^m$，构造如下新约束

$$\boldsymbol{A}\boldsymbol{x}+\boldsymbol{y}=\boldsymbol{b},\quad \boldsymbol{x}\geqslant\boldsymbol{0},\quad \boldsymbol{y}\geqslant\boldsymbol{0} \tag{2-15}$$

对该约束，很容易得到一个基本可行解 $\begin{pmatrix}\boldsymbol{x}\\\boldsymbol{y}\end{pmatrix}=\begin{pmatrix}0\\\boldsymbol{b}\end{pmatrix}$. 从这一基本可行解出发，经高斯旋转，

可得原问题的一个基本可行解. 注意到,对满足式(2-15)的向量$\begin{pmatrix}\boldsymbol{x}\\\boldsymbol{y}\end{pmatrix}$,其中的 $\boldsymbol{x}$ 是原问题的可行解的充要条件是$\boldsymbol{y}=\boldsymbol{0}$. 因此,可通过求解如下的辅助问题(2-16)得到原问题的初始基本可行解:

$$\begin{cases}\min\ \sum_{i=1}^{m} y_i \\ \text{s.t.}\ \boldsymbol{Ax}+\boldsymbol{y}=\boldsymbol{b} \\ \qquad \boldsymbol{x}\geqslant\boldsymbol{0},\boldsymbol{y}\geqslant\boldsymbol{0}\end{cases} \tag{2-16}$$

定理 2-4　考虑标准形式的线性规划问题(2-3),其中 $\boldsymbol{b}\geqslant\boldsymbol{0}$,$\boldsymbol{A}\in\mathbf{R}^{m\times n}$,$r(\boldsymbol{A})=m$. 设向量$\begin{pmatrix}\boldsymbol{x}\\\boldsymbol{y}\end{pmatrix}$是辅助问题(2-16)的最优基本可行解. 若 $\boldsymbol{y}=\boldsymbol{0}$,则 $\boldsymbol{x}$ 是原问题(2-3)的一个基本可行解. 否则线性规划问题(2-3)无可行解.

证明　略(留给读者作为练习).

这种先通过构造辅助问题(2-16)求得原问题初始基本可行解,再依据单纯形方法求解问题最优解的方法,就称为两阶段方法.

【例 2-8】　用两阶段方法求解下列线性规划问题的一个基本可行解:

$$\begin{cases}\min\ 2x_1+x_2 \\ \text{s.t.}\ x_1+x_2+x_3=8 \\ \qquad x_2-x_3=-3 \\ \qquad x_i\geqslant 0,i=1,2,3\end{cases} \tag{2-17}$$

解　问题中常数向量 $\boldsymbol{b}$ 的第二个分量为负值,因此首先将第二个约束方程改写为

$$-x_2+x_3=3$$

构造辅助问题

$$\begin{cases}\min\ z=y_1+y_2 \\ \text{s.t.}\ x_1+x_2+x_3+y_1=8 \\ \qquad -x_2+x_3+y_2=3 \\ \qquad x_i\geqslant 0,i=1,2,3 \\ \qquad y_1,y_2\geqslant 0\end{cases} \tag{2-18}$$

根据单纯形表格方法求解辅助问题.

容易看出,令 $x_1=x_2=x_3=0$,$y_1=8$,$y_2=3$,则可得辅助问题的一个初始基本可行解,表 2-4 为初始的单纯形表.

表 2-4

	x_1	x_2	x_3 ↓	y_1	y_2 ↑	$-z$	
目标函数系数	0	0	0	1	1	0	
	-1	0	-2	0	0	-11	→检验数行
	1	1	1	1	0	8	
	0	-1	1	0	1	3	

表 2-4 第一行是对应于由目标函数所转换的约束方程$-z+y_1+y_2=0$(其中相对应于 z 的列省略). 根据计算检验数向量的公式,不难得到,将 y_1,y_2 在目标函数中对应系数 1,

1 变换为零的初等行变换，即将整个第一行的前五个分量变换为检验数向量的所有分量，而最后一个分量为当前基本可行解对应目标函数值的相反数，如第二行所示.

第一次迭代取 x_3 为进基分量，y_2 为离基分量. 第二次迭代取 x_2 为进基分量，y_1 为离基分量. 具体迭代步骤见表 2-5.

表 2-5

x_1	x_2	$x_3\downarrow$	y_1	$y_2\uparrow$	$-z$
−1	0	−2	0	0	−11
1	1	1	1	0	8
0	−1	**1**	0	1	3
x_1	$x_2\downarrow$	x_3	$y_1\uparrow$	y_2	$-z$
−1	−2	0	0	2	−5
1	**2**	0	1	−1	5
0	−1	1	0	1	3
x_1	x_2	x_3	y_1	y_2	$-z$
0	0	0	1	1	0
1/2	1	0	1/2	−1/2	5/2
1/2	0	1	1/2	1/2	11/2

从表 2-5 中可以看出，辅助问题(2-18)的最优值为 0，最优解中两个添加的辅助变量也都为 0. 因此，$\boldsymbol{x}=\left(0,\frac{5}{2},\frac{11}{2}\right)^{\mathrm{T}}$ 是原线性规划问题(2-17)的一个基本可行解.

应用两阶段方法得到原问题的基本可行解后，可以在单纯形表中删除添加的辅助变量所对应的列，重新计算原问题目标函数所对应的检验数行，在修改后的单纯形表的基础上，继续计算出原问题的最优解. 比如例 2-8，得到原问题的一个基本可行解 $\boldsymbol{x}=\left(0,\frac{5}{2},\frac{11}{2}\right)^{\mathrm{T}}$ 后，可修改单纯形表 2-5 为表 2-6.

表 2-6

x_1	x_2	x_3	$-z$	
3/2	0	0	−5/2	→修改后的检验数行
1/2	1	0	5/2	
1/2	0	1	11/2	

计算检验数向量，修改检验数行，得到 $\boldsymbol{r}=\left(\frac{3}{2},0,0\right)^{\mathrm{T}}$. 所有检验数为非负值，因此，当前的基本可行解 $\boldsymbol{x}=\left(0,\frac{5}{2},\frac{11}{2}\right)^{\mathrm{T}}$ 即为最优解，最优值为 5/2. 由此可以看出，两阶段方法求解线性规划问题分为两个阶段. 第一阶段，求解辅助问题(该辅助问题的基本可行解容易得到). 若第一阶段辅助问题的最优值为零，则原问题有可行解. 此时辅助问题最优基本可行解对应原问题分量部分，即为原问题的一个基本可行解. 第二阶段，从求解辅助问题得到的基本可行解出发，利用单纯形方法，可得到原问题的最优解.

2.4.2 大 M 方法

根据类似的思想，也可以通过将辅助变量添加到原问题的约束中，构造一个与原问题等价的辅助问题，进而通过求解其等价的辅助问题，得到原问题的最优值与最优解. 若辅助变量都为零，那么其可行解去掉辅助变量后，剩余部分也是原问题的可行解. 因此，将辅助变量在目标函数中的系数设为一个充分大的正数 M. 这样做的目的在于极小化辅助问题的目标函数时，会使得辅助变量更趋向于取更小的非负值. 这就是大 M 方法的基本思想.

考虑标准形式的线性规划问题(2-3)，其中 $\boldsymbol{b}\geqslant\mathbf{0},\boldsymbol{A}\in\mathbf{R}^{m\times n},r(\boldsymbol{A})=m$. 取充分大的正数 M，构造如下辅助问题：

$$\begin{cases}\min\ \boldsymbol{c}^{\mathrm{T}}\boldsymbol{x}+M\sum\limits_{i=1}^{m}y_i\\ \text{s. t.}\ \ \boldsymbol{Ax}+\boldsymbol{y}=\boldsymbol{b}\\ \qquad\ \boldsymbol{x}\geqslant\mathbf{0},\boldsymbol{y}\geqslant\mathbf{0}\end{cases}\tag{2-19}$$

类似两阶段方法中的辅助问题(2-16)，在辅助问题(2-19)中也很容易得到一个基本可行解.

定理 2-5　$\boldsymbol{x}^*$ 是原问题(2-3)的最优解的充要条件是$(\boldsymbol{x}^*;\mathbf{0})$是辅助问题(2-19)的最优解. $(\boldsymbol{x}^*;\boldsymbol{y}^*)$是辅助问题(2-19)的最优解，但 $\boldsymbol{y}^*\neq\mathbf{0}$，则原问题(2-3)没有可行解.

证明　(必要性)设 $\boldsymbol{x}^*$ 是原问题(2-3)的最优解，显然$(\boldsymbol{x}^*;\mathbf{0})$是辅助问题(2-19)的可行解. 对任意辅助问题(2-19)的可行解$(\boldsymbol{x};\boldsymbol{y})$，分两种情况讨论.

(1)若 $\boldsymbol{y}\neq\mathbf{0}$，则显然对充分大的 M，有

$$\boldsymbol{c}^{\mathrm{T}}\boldsymbol{x}^*\leqslant\boldsymbol{c}^{\mathrm{T}}\boldsymbol{x}+M\sum_{i=1}^{m}y_i$$

(2)若 $\boldsymbol{y}=\mathbf{0}$，则 $\boldsymbol{x}$ 是原问题(2-3)的可行解. 则由 $\boldsymbol{x}^*$ 是原问题(2-3)的最优解可得 $\boldsymbol{c}^{\mathrm{T}}\boldsymbol{x}^*\leqslant\boldsymbol{c}^{\mathrm{T}}\boldsymbol{x}$，进而有

$$\boldsymbol{c}^{\mathrm{T}}\boldsymbol{x}^*+M\sum_{i=1}^{m}y_i^*\leqslant\boldsymbol{c}^{\mathrm{T}}\boldsymbol{x}+M\sum_{i=1}^{m}y_i$$

其中，$y_i^*=0,i=1,2,\cdots,m$. 这说明$(\boldsymbol{x}^*;\mathbf{0})$是辅助问题(2-19)的最优解.

(充分性)设$(\boldsymbol{x}^*;\mathbf{0})$是辅助问题(2-19)的最优解，则显然 $\boldsymbol{x}^*$ 是原问题(2-3)的可行解. 对任意原问题(2-3)的可行解 $\boldsymbol{x}$，$(\boldsymbol{x};\mathbf{0})$显然是辅助问题(2-19)的可行解，因此有

$$\boldsymbol{c}^{\mathrm{T}}\boldsymbol{x}^*+M\sum_{i=1}^{m}y_i^*\leqslant\boldsymbol{c}^{\mathrm{T}}\boldsymbol{x}+M\sum_{i=1}^{m}y_i\Rightarrow\boldsymbol{c}^{\mathrm{T}}\boldsymbol{x}^*\leqslant\boldsymbol{c}^{\mathrm{T}}\boldsymbol{x}$$

其中，$y_i^*=y_i=0,i=1,2,\cdots,m$. 这说明 $\boldsymbol{x}^*$ 是原问题(2-3)的最优解.

设$(\boldsymbol{x}^*;\boldsymbol{y}^*)$是辅助问题(2-19)的最优解，但 $\boldsymbol{y}^*\neq\mathbf{0}$. 下面用反证法证明原问题(2-3)没有可行解. 假设原问题(2-3)存在一个可行解 $\boldsymbol{x}$，则$(\boldsymbol{x};\mathbf{0})$显然是辅助问题(2-19)的可行解. 从而对充分大的 M，有

$$\boldsymbol{c}^{\mathrm{T}}\boldsymbol{x}+M\sum_{i=1}^{m}0\leqslant\boldsymbol{c}^{\mathrm{T}}\boldsymbol{x}^*+M\sum_{i=1}^{m}y_i^*$$

这与($\boldsymbol{x}^*$;$\boldsymbol{y}^*$)是辅助问题(2-19)的最优解矛盾.因此假设不成立,原问题(2-3)没有可行解.

【例 2-9】 用大 M 方法求解例 2-8 中的线性规划问题(2-17).

解 首先添加辅助变量 y_1,y_2,构造辅助问题:

$$\begin{cases}\min\ z=2x_1+x_2+M(y_1+y_2)\\ \text{s.t.}\ \ x_1+x_2+x_3+y_1=8\\ \qquad -x_2+x_3+y_2=3\\ \qquad x_i\geqslant 0,i=1,2,3\\ \qquad y_1,y_2\geqslant 0\end{cases}\tag{2-20}$$

可得到初始的单纯形表(表 2-7),可读出初始的基本可行解为$(0,0,0,8,3)^{\mathrm{T}}$.

表 2-7

x_1	x_2	$x_3\downarrow$	y_1	$y_2\uparrow$	$-z$
2	1	0	M	M	0
$2-M$	1	$-2M$	0	0	$-11M$
1	1	1	1	0	8
0	-1	1	0	1	3
x_1	$x_2\downarrow$	x_3	$y_1\uparrow$	y_2	$-z$
$2-M$	$1-2M$	0	0	$2M$	$-5M$
1	2	0	1	-1	5
0	-1	1	0	1	3
x_1	x_2	x_3	y_1	y_2	$-z$
3/2	0	0	$M-1/2$	$M+1/2$	$-5/2$
1/2	1	0	1/2	$-1/2$	5/2
1/2	0	1	1/2	1/2	11/2

注意到最后一次迭代得到的检验数向量为$\left(\frac{3}{2},0,0,M-\frac{1}{2},M+\frac{1}{2}\right)^{\mathrm{T}}$.由于 M 是充分大的正数,可判断此时检验数都为正,当前的基本可行解 $\boldsymbol{x}=\left(0,\frac{5}{2},\frac{11}{2}\right)^{\mathrm{T}}$ 即为最优解,最优值为 5/2.

在用大 M 方法求解线性规划问题时,只需将大 M 看成充分大的数,代入计算即可.一般来说,M 仅在检验数行的迭代中起作用.在判断含 M 的检验数正负的过程中,含 M 的项系数为正,则该数为正.否则,含 M 的项系数为负,则该数为负.

2.5 线性规划的对偶问题

2.5.1 对偶问题的定义

下面考虑生产计划问题.

【例 2-10】 设某工厂生产 A,B,C 三种产品,需要甲,乙,丙三种原料,单位产品需要的原料量(单位:吨)与原料的现有库存量见表 2-8,设 A,B,C 单位产品的利润分别为 0.4,0.5,0.3(单位:万元),问在现有库存条件下,预计生产产品的利润总值最多能达到多少?

表 2-8

原料	单位产品需要的原料量/吨			库存量/吨
	产品 A	产品 B	产品 C	
甲	40	10	25	2 000
乙	20	30	25	1 600
丙	35	15	20	2 500

设生产 A,B,C 的产量分别为 x_1,x_2,x_3,我们将生产计划问题归结为如下的线性规划:

$$\begin{cases}\max\ z:=0.4x_1+0.5x_2+0.3x_3\\ \text{s. t.}\ \ 40x_1+10x_2+25x_3\leqslant 2\ 000\\ \qquad 20x_1+30x_2+25x_3\leqslant 1\ 600\\ \qquad 35x_1+15x_2+20x_3\leqslant 2\ 500\\ \qquad x_i\geqslant 0, i=1,2,3\end{cases}$$

在这一问题的基础上,考虑工厂扩大再生产与市场关于原料的定价问题.三种原料甲,乙,丙的价值应为多少?从工厂的角度来看,原料在扩大再生产中的价值在于:新购置单位原料,能增加多少产品利润值?设甲,乙,丙三种原料分别增加一个单位,相应的利润增加值分别为 $\lambda_1,\lambda_2,\lambda_3(\lambda_i\geqslant 0, i=1,2,3)$.若要决定是否扩大再生产,首先要看单位产品的利润是否有所提升,即利润增加值 $\lambda_1,\lambda_2,\lambda_3$ 应满足约束:

$$40\lambda_1+20\lambda_2+35\lambda_3\geqslant 0.4$$

$$10\lambda_1+30\lambda_2+15\lambda_3\geqslant 0.5$$

$$25\lambda_1+25\lambda_2+20\lambda_3\geqslant 0.3$$

在同一库存量下,扩大再生产获得的利润至少要大于原生产计划获得的利润,即

$$\min\ 2\ 000\lambda_1+1\ 600\lambda_2+2\ 500\lambda_3\geqslant \max\ 0.4x_1+0.5x_2+0.3x_3$$

从而得到一个以$\lambda_1,\lambda_2,\lambda_3$ 为决策变量的极小化线性规划问题:

$$\begin{cases}\min\ 2\ 000\lambda_1+1\ 600\lambda_2+2\ 500\lambda_3\\ \text{s. t.}\ \ 40\lambda_1+20\lambda_2+35\lambda_3\geqslant 0.4\\ \qquad 10\lambda_1+30\lambda_2+15\lambda_3\geqslant 0.5\\ \qquad 25\lambda_1+25\lambda_2+20\lambda_3\geqslant 0.3\\ \qquad \lambda_i\geqslant 0, i=1,2,3\end{cases}$$

这一问题就是生产计划线性规划问题的对偶问题,其中的决策变量$\lambda_1,\lambda_2,\lambda_3$ 在经济学中称为影子价格或边际价值,反映了在扩大再生产时单位原料的价值.若市场价格低于对偶问题求出的原料价值,则购进原料,扩大再生产;否则,则维持原生产计划不变.

下面介绍线性规划的对偶问题的一般形式.若原问题写为如下的线性规划形式:

$$\begin{cases}\min\ \boldsymbol{c}^{\mathrm{T}}\boldsymbol{x}\\ \text{s. t.}\ \ \boldsymbol{A}\boldsymbol{x}\geqslant \boldsymbol{b}\\ \qquad \boldsymbol{x}\geqslant \boldsymbol{0}\end{cases}\tag{2-21}$$

则其对偶的线性规划问题为

$$\begin{cases} \max\ \boldsymbol{b}^{\mathrm{T}}\boldsymbol{\mu} \\ \text{s.t.}\ \ \boldsymbol{A}^{\mathrm{T}}\boldsymbol{\mu}\leqslant\boldsymbol{c} \\ \qquad\ \boldsymbol{\mu}\geqslant\boldsymbol{0} \end{cases} \tag{2-22}$$

由此对偶关系的定义，不难得到标准形式的线性规划问题(2-3)的对偶问题为

$$\begin{cases} \max\ \boldsymbol{b}^{\mathrm{T}}\boldsymbol{\mu} \\ \text{s.t.}\ \ \boldsymbol{A}^{\mathrm{T}}\boldsymbol{\mu}\leqslant\boldsymbol{c} \end{cases} \tag{2-23}$$

推导过程这里不再叙述，留给读者作为练习. 同时注意到，式(2-22)是式(2-21)的对偶问题，那么式(2-21)也是式(2-22)的对偶问题. 也就是说对偶是相互的. 这是因为我们可以等价地将问题(2-22)写为

$$\begin{cases} \min\ -\boldsymbol{b}^{\mathrm{T}}\boldsymbol{\mu} \\ \text{s.t.}\ \ -\boldsymbol{A}^{\mathrm{T}}\boldsymbol{\mu}\geqslant-\boldsymbol{c} \\ \qquad\ \boldsymbol{\mu}\geqslant\boldsymbol{0} \end{cases} \tag{2-24}$$

并不改变问题的最优解，而最优值恰好相差一个负号. 利用之前对偶的定义，将式(2-24)看成原问题，可以得到其对偶问题为

$$\begin{cases} \max\ -\boldsymbol{c}^{\mathrm{T}}\boldsymbol{x} \\ \text{s.t.}\ \ -\boldsymbol{A}\boldsymbol{x}\leqslant-\boldsymbol{b} \\ \qquad\ \boldsymbol{x}\geqslant\boldsymbol{0} \end{cases} \tag{2-25}$$

问题(2-25)显然在最优解相同、最优值相差一个负号的意义下与式(2-21)是等价的. 称问题(2-21)与问题(2-22)的对偶形式为对称式对偶，而标准形式线性规划问题(2-3)与问题(2-23)的对偶形式为非对称式对偶.

根据对偶问题的定义，可总结如下的对应关系：

(1)目标：min↔max.

(2)约束中的系数矩阵转置，约束不等式$\geqslant$↔约束不等式$\leqslant$.

(3)约束中的常数向量 $\boldsymbol{b}$↔目标函数的系数向量 $\boldsymbol{c}$.

(4)决策变量有非负要求↔约束为不等式约束，决策变量无非负要求↔约束为等式约束.

例如，考虑线性规划问题

$$\begin{cases} \min\ -x_1+4x_2 \\ \text{s.t.}\ \ x_1+3x_2\leqslant 2 \\ \qquad\ -x_1+2x_2\geqslant 4 \\ \qquad\ x_2\geqslant 0 \end{cases} \tag{2-26}$$

(1)注意到原问题(2-26)的目标为极小化，因此对应的对偶问题的目标应为极大化.

(2)统一不等式方向，将第一个约束写为 $-x_1-3x_2\geqslant-2$，对偶问题的不等式方向为$\leqslant$. 系数阵转置.

(3)问题(2-26)的约束中的常数向量 $\boldsymbol{b}=(-2,4)^{\mathrm{T}}$ 对应着对偶问题的目标函数系数向量，反之，原问题的目标函数系数向量 $\boldsymbol{c}=(-1,4)^{\mathrm{T}}$ 对应着对偶问题的约束中的常数向量.

(4) 决策变量 x_1 无非负要求，对偶问题中对应的约束是等式约束. 而决策变量 x_2 有非负要求，对偶问题中对应的约束是不等式约束. 原问题的约束都为不等式，因此对偶的决策变量都有非负要求.

因此问题(2-26)的对偶问题为

$$\begin{cases}\max & -2\mu_1+4\mu_2 \\ \text{s.t.} & -\mu_1-\mu_2=-1 \\ & -3\mu_1+2\mu_2\leqslant 4 \\ & \mu_1,\mu_2\geqslant 0\end{cases} \tag{2-27}$$

从上面的总结和例子当中可以看出，线性规划问题的原始问题中的每一个约束对应着其对偶问题的一个决策变量. 例如，在上面的例子中，原始问题(2-26)的两个约束分别对应着对偶问题(2-27)的两个变量 μ_1,μ_2.

2.5.2　对偶定理

对偶问题与原问题有什么关系呢？回顾例 2-10 中的生产计划问题以及它的对偶问题，对偶问题中的约束为：增加原料供应量，单位的产出利润会提高. 因此，扩大再生产时，同样的原料量产出的利润至少要比生产计划问题的最优利润高. 即对偶问题的最优值要大于等于原生产计划问题的最优值. 这一原理就是下面要介绍的弱对偶定理.

定理 2-6　考虑线性规划问题(2-21)与其对偶问题(2-22). 设 $\boldsymbol{x},\boldsymbol{\mu}$ 分别为问题(2-21)与(2-22)的可行解，则必有 $\boldsymbol{c}^{\mathrm{T}}\boldsymbol{x}\geqslant\boldsymbol{b}^{\mathrm{T}}\boldsymbol{\mu}$.

证明　因为 $\boldsymbol{x}$ 为问题(2-21)的可行解，因此有 $\boldsymbol{Ax}\geqslant\boldsymbol{b}$. 同时注意到 $\boldsymbol{\mu}$ 可行，因此 $\boldsymbol{\mu}\geqslant\boldsymbol{0}$，所以有

$$\boldsymbol{x}^{\mathrm{T}}\boldsymbol{A}^{\mathrm{T}}\boldsymbol{\mu}\geqslant\boldsymbol{b}^{\mathrm{T}}\boldsymbol{\mu}$$

又因为 $\boldsymbol{A}^{\mathrm{T}}\boldsymbol{\mu}\leqslant\boldsymbol{c}$，同时注意到 $\boldsymbol{x}\geqslant\boldsymbol{0}$，从而有

$$\boldsymbol{x}^{\mathrm{T}}\boldsymbol{c}\geqslant\boldsymbol{x}^{\mathrm{T}}\boldsymbol{A}^{\mathrm{T}}\boldsymbol{\mu}$$

综合上面的不等式可得 $\boldsymbol{c}^{\mathrm{T}}\boldsymbol{x}\geqslant\boldsymbol{b}^{\mathrm{T}}\boldsymbol{\mu}$. 证毕.

上面的定理称为线性规划的**弱对偶定理**，其结论对其他形式的线性规划对偶问题也是成立的. 从弱对偶定理中可以看出，若两个互为对偶的问题分别存在可行解 $\boldsymbol{x}^*,\boldsymbol{\mu}^*$，使得 $\boldsymbol{c}^{\mathrm{T}}\boldsymbol{x}^*=\boldsymbol{b}^{\mathrm{T}}\boldsymbol{\mu}^*$，则显然这两个问题的最优值相等，且 $\boldsymbol{x}^*,\boldsymbol{\mu}^*$ 分别是这两个问题的最优解. 这样的可行解对是否存在呢？下面的定理回答了这个问题.

定理 2-7　考虑标准形式线性规划问题(2-3)及其对偶问题(2-23). 设问题(2-3)的最优值存在且有限，则必有其对偶问题(2-23)的最优值存在并等于原问题(2-3)的最优值.

证明　根据线性规划基本定理，问题(2-3)的最优值必可在某基本可行解处达到. 记为 $\boldsymbol{x}^*$，记其对应的基底为 $\boldsymbol{B}$. 令 $\boldsymbol{\mu}^{*\mathrm{T}}:=\boldsymbol{c}_B^{\mathrm{T}}\boldsymbol{B}^{-1}$，则由 $\boldsymbol{x}^*$ 是最优的基本可行解可知，对应的检验数向量 $\boldsymbol{r}^{\mathrm{T}}=\boldsymbol{c}^{\mathrm{T}}-\boldsymbol{c}_B^{\mathrm{T}}\boldsymbol{B}^{-1}\boldsymbol{A}\geqslant\boldsymbol{0}$. 因此可得

$$\boldsymbol{\mu}^{*\mathrm{T}}\boldsymbol{A}=\boldsymbol{c}_B^{\mathrm{T}}\boldsymbol{B}^{-1}\boldsymbol{A}\leqslant\boldsymbol{c}^{\mathrm{T}}$$

即 $\boldsymbol{\mu}^*$ 是对偶问题(2-23)的可行解. 另一方面，

$$\boldsymbol{\mu}^{*\mathrm{T}}\boldsymbol{b}=\boldsymbol{c}_B^{\mathrm{T}}\boldsymbol{B}^{-1}\boldsymbol{b}=\boldsymbol{c}_B^{\mathrm{T}}\boldsymbol{x}_B=\boldsymbol{c}^{\mathrm{T}}\boldsymbol{x}^*$$

因此，根据弱对偶(定理 2-6)可得$\boldsymbol{\mu}^*$就是对偶问题(2-23)的最优解，且原问题与对偶问题的最优值相等.

一般的，称定理 2-7 为线性规划的**强对偶定理**.线性规划问题还可能会出现可行域为空集或问题无界(最优值$=-\infty$)的情况.几种不同情况下的对偶问题之间的关系可用表 2-9概括.

表 2-9

原问题	对偶问题		
	最优值存在且有界	可行域为空集	问题无界
最优值存在且有界	+①	−	−
可行域为空集	−	+②	+③
问题无界	−	+③	−

表 2-9 中，+表示原问题与对偶问题的相应情况可能同时发生，−表示不可能同时发生.总体来说，可能发生的情况有三种：

①原问题与对偶问题都有最优值且相等.

②原问题与对偶问题的可行域都为空集.

③原问题的可行域为空集，对偶问题无界；或反之，原问题无界，对偶问题的可行域为空集.

例如，考虑线性规划问题：

$$\begin{cases}\min\ x_1+x_2\\ \text{s.t.}\ \ x_1-x_2\geqslant 2\\ \qquad -2x_1-x_2\geqslant -1\\ \qquad x_1,x_2\geqslant 0\end{cases}$$

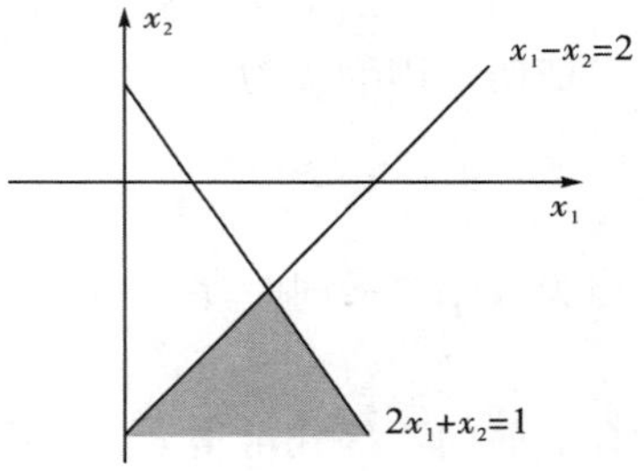

图 2-7

容易验证该问题的可行域为空集，如图 2-7 所示，阴影部分表示满足两个不等式的点集.但注意到，这部分的点不满足非负约束.其对偶问题可以表示为

$$\begin{cases}\max\ 2\mu_1-\mu_2\\ \text{s.t.}\ \ \mu_1-2\mu_2\leqslant 1\\ \qquad -\mu_1-\mu_2\leqslant 1\\ \qquad \mu_1,\mu_2\geqslant 0\end{cases}$$

可以验证$\boldsymbol{d}=(1,1)^{\mathrm{T}}\geqslant\boldsymbol{0}$，满足$\boldsymbol{A}^{\mathrm{T}}\boldsymbol{d}=(-1,-2)^{\mathrm{T}}\leqslant\boldsymbol{0}$，其中$\boldsymbol{A}=\begin{pmatrix}1 & -1\\ -2 & -1\end{pmatrix}$是原问题的系数阵.因此，$\boldsymbol{d}$是对偶问题可行域的一个极方向.从而，对任意$t\geqslant 0$，以及对偶问题的可行解$\boldsymbol{\mu}$，都有$\boldsymbol{\mu}+t\boldsymbol{d}$也是对偶问题的可行解.记对偶问题的目标函数系数向量$\boldsymbol{b}=(2,-1)^{\mathrm{T}}$，则有$\boldsymbol{b}^{\mathrm{T}}\boldsymbol{d}=1\geqslant 0$.因此，在$t\to+\infty$的趋势下有

$$\boldsymbol{b}^{\mathrm{T}}(\boldsymbol{\mu}+t\boldsymbol{d})=\boldsymbol{b}^{\mathrm{T}}\boldsymbol{\mu}+t\to+\infty$$

从上式中可以看出对偶问题无界.

下述线性规划问题的可行域是空集：

$$\begin{cases} \min\ z=x_1+3x_2 \\ \text{s. t.}\ \ x_1+2x_2=3 \\ \qquad\ x_1+2x_2=2 \end{cases}$$

其对偶问题可表示为

$$\begin{cases} \max\ 3\mu_1+2\mu_2 \\ \text{s. t.}\ \ \mu_1+\mu_2=1 \\ \qquad\ 2\mu_1+2\mu_2=3 \end{cases}$$

容易验证，其可行域也是空集.

2.5.3　对偶单纯形方法

单纯形方法是从一个可行的基本解出发，在保持可行性的基础上，逐步达到最优. 但有些问题容易找的初始基本解是不可行的，但满足“最优性”，即对应的检验数向量是非负的. 那么，能否从“最优”的基本解出发，在保持“最优性”的同时，逐步达到可行呢？

例如，考虑线性规划问题

$$\begin{cases} \min\ z=2\ 000x_1+1\ 600x_2+2\ 500x_3 \\ \text{s. t.}\ \ 40x_1+20x_2+35x_3\geqslant 0.4 \\ \qquad 10x_1+30x_2+15x_3\geqslant 0.5 \\ \qquad 25x_1+25x_2+20x_3\geqslant 0.3 \\ \qquad x_i\geqslant 0, i=1,2,3 \end{cases} \tag{2-28}$$

添加剩余变量，将其约束改写为

$$40x_1+20x_2+35x_3-x_4=0.4$$
$$10x_1+30x_2+15x_3-x_5=0.5$$
$$25x_1+25x_2+20x_3-x_6=0.3$$
$$x_i\geqslant 0, i=1,2,\cdots,6$$

初始单纯形表格可写为如下形式(表 2-10)：

表 2-10

x_1	x_2	x_3	x_4	x_5	x_6	$-z$
2 000	1 600	2 500	0	0	0	0
40	20	35	−1	0	0	0.4
10	30	15	0	−1	0	0.5
25	25	20	0	0	−1	0.3

可取 x_4, x_5, x_6 为基本分量，得到一个基本解为 $\boldsymbol{x}=(0,0,0,-0.4,-0.5,-0.3)^{\mathrm{T}}$，显然，该基本解不可行. 但它所对应的检验数向量是非负的，即对应基本解 $\boldsymbol{x}$ 的检验数向量 $\boldsymbol{r}^{\mathrm{T}}=\boldsymbol{c}^{\mathrm{T}}-\boldsymbol{c}_B^{\mathrm{T}}\boldsymbol{B}^{-1}\boldsymbol{A}=(2\ 000,1\ 600,2\ 500,0,0,0)^{\mathrm{T}}\geqslant\boldsymbol{0}$. 其中 $\boldsymbol{A}$ 为系数阵，$\boldsymbol{B}$ 为对应基本

解 $\boldsymbol{x}$ 的一个基底，$\boldsymbol{c}$ 为目标函数的系数向量.

称一个基本解为**正则解**(或**对偶可行解**)，若它所对应的检验数向量非负. 事实上，这样的正则解对应着一个对偶问题的可行解. 如上例中，若令$\boldsymbol{\mu}^{\mathrm{T}}=\boldsymbol{c}_{\boldsymbol{B}}^{\mathrm{T}}\boldsymbol{B}^{-1}=(0,0,0)$，不难验证 $\boldsymbol{\mu}$ 满足对偶问题的约束 $\boldsymbol{A}^{\mathrm{T}}\boldsymbol{\mu}\leqslant\boldsymbol{c}$. $\boldsymbol{A}^{\mathrm{T}}\boldsymbol{\mu}\leqslant\boldsymbol{c}$ 可详细地写为如下形式：

$$
\begin{aligned}
&40\mu_1+10\mu_2+25\mu_3\leqslant 2\ 000\\
&20\mu_1+30\mu_2+25\mu_3\leqslant 1\ 600\\
&35\mu_1+15\mu_2+20\mu_3\leqslant 2\ 500\\
&\mu_i\geqslant 0,i=1,2,3
\end{aligned}
$$

这是因为$\boldsymbol{\mu}^{\mathrm{T}}\boldsymbol{A}=\boldsymbol{c}_{\boldsymbol{B}}^{\mathrm{T}}\boldsymbol{B}^{-1}\boldsymbol{A}\leqslant\boldsymbol{c}^{\mathrm{T}}$.

下面将分析如何通过高斯旋转从一个正则解迭代到另一个正则解，即保持基本解对应的检验数向量非负，并逐步使正则解达到可行. 设当前的基本解为 $\boldsymbol{x}$，对应的基底为 $\boldsymbol{B}$(为了方便叙述，仍假设 $\boldsymbol{B}$ 由系数阵 $\boldsymbol{A}$ 的前 m 列构成)，且对应检验数向量满足 $\boldsymbol{r}^{\mathrm{T}}=\boldsymbol{c}^{\mathrm{T}}-\boldsymbol{c}_{\boldsymbol{B}}^{\mathrm{T}}\boldsymbol{B}^{-1}\boldsymbol{A}\geqslant\boldsymbol{0}$. 类似在单纯形方法中的讨论，假设下一个迭代点对应的基底 $\boldsymbol{B}'$，是将 $\boldsymbol{B}$ 的第 i^* 列用 $\boldsymbol{A}$ 的第 j 列替代得到. 下面分析该如何选取进基分量 x_j 与离基分量 x_{i^*}. 首先，我们希望恰当地选取 i^*，从而减少基本解中的负分量个数. 因此，应选取某基分量 x_{i^*} 满足 $x_{i^*}<0$. 记$\hat{\boldsymbol{b}}:=\boldsymbol{B}^{-1}\boldsymbol{b}$，$\hat{\boldsymbol{A}}=(\hat{a}_{ij})_{m\times n}:=\boldsymbol{B}^{-1}\boldsymbol{A}$，则$\hat{b}_{i^*}=x_{i^*}<0$. 其中第 i^* 个约束可以表示为

$$x_{i^*}+\hat{a}_{i^*m+1}x_{m+1}+\cdots+\hat{a}_{i^*n}x_n=\hat{b}_{i^*}$$

若 j 为进基分量的指标，则$\hat{a}_{i^*j}$将作为主元进行高斯旋转. 注意到$\hat{b}_{i^*}<0$，为保证新迭代点增加一个非负的基分量，该项系数$\hat{a}_{i^*j}$应满足$\hat{a}_{i^*j}<0$. 若对所有指标 $j=m+1,m+2,\cdots,n$，都有$\hat{a}_{i^*j}\geqslant 0$，则显然，满足如上约束的 $\boldsymbol{x}$ 必有分量为负值，即线性规划问题无可行解. 同时，要保证检验数向量的非负性，即每一个检验数$r_l(l=1,2,\cdots,n)$迭代后应满足

$$r_l+\alpha\hat{a}_{i^*l}\geqslant 0$$

其中 $\alpha>0$，α 是进行初等行变换时，加到检验数行上的系数阵 $\boldsymbol{A}$ 的第 i^* 行的倍数. 若$\hat{a}_{i^*l}\geqslant 0$，则$r_l+\alpha\hat{a}_{i^*l}$的非负性显然可以保证. 因此，要确定 α，仅需考虑其中系数满足$\hat{a}_{i^*l}<0$的对应分量，可取

$$\alpha:=\min\left\{-\frac{r_l}{\hat{a}_{i^*l}}:\hat{a}_{i^*l}<0,l=m+1,m+2,\cdots,n\right\}$$

设 j 为进基分量指标，则变换后对应的检验数 $r_j+\alpha\hat{a}_{i*l}\geqslant 0$，所以满足 $\alpha=-r_j/\hat{a}_{i^*j}$. 因此指标 j 就取为

$$j\in\arg\min\left\{-\frac{r_l}{\hat{a}_{i^*l}}:\hat{a}_{i^*l}<0,l=m+1,m+2,\cdots,n\right\}\tag{2-29}$$

根据如上原则选取进基分量与离基分量进行高斯旋转，就可以保证基本解的检验数向量非负且逐步可行.

算法 2-3　对偶单纯形方法

对一个标准形式的线性规划问题，设 $\boldsymbol{x}^0$ 是问题的一个正则解. 令 $k=0$，当前的迭代

点记为 $\boldsymbol{x}=\boldsymbol{x}^k$,对应的基底为 $\boldsymbol{B}$.

步骤 1　若 $\boldsymbol{x_B}=\boldsymbol{B}^{-1}\boldsymbol{b}\geqslant\boldsymbol{0}$,则终止迭代,当前迭代点即为最优的基本可行解;否则选取其中的一个负分量 x_{i^*} 为离基分量.若多个 x_{i^*} 满足条件,可选取其中值最小的(也可取指标最小).

步骤 2　根据式(2-29)选择进基分量指标 j,满足 $\frac{r_j}{\hat{a}_{i^*j}}=\min\left\{-\frac{r_l}{\hat{a}_{i^*l}}:\hat{a}_{i^*l}<0,l\notin I(\boldsymbol{B})\right\}$.若有 $\forall\, l\notin I(\boldsymbol{B}),\hat{a}_{i^*l}\geqslant 0$,则问题可行域为空集,终止计算.

步骤 3　以 $\hat{a}_{i^*j}$ 为主元,进行高斯旋转,即对整个增广阵做一系列初等行变换,使得 $\begin{pmatrix} r_j \\ \hat{\boldsymbol{a}}_j \end{pmatrix}\to\boldsymbol{e}_{i^*+1}\in\mathbf{R}^{m+1}$.

步骤 4　更新基底 $\boldsymbol{B}$、基分量指标集 $I(\boldsymbol{B})$,$\boldsymbol{x_B}=\boldsymbol{B}^{-1}\boldsymbol{b}$,迭代点 $\boldsymbol{x}=\boldsymbol{x}^{k+1}$,其中

$$x_j^{k+1}=\begin{cases}\boldsymbol{x_B}\text{ 对应分量}, & j\in I(\boldsymbol{B})\\ 0, & j\notin I(\boldsymbol{B})\end{cases}$$

令 $k=k+1$,返回步骤 1.

【例 2-11】　考虑线性规划问题(2-28),化问题(2-28)为标准形式,可得到如下的初始单纯形表格(表 2-11):

表 2-11

x_1	x_2 ↓	x_3	x_4	x_5 ↑	x_6	$-z$
2 000	1 600	2 500	0	0	0	0
−40	−20	−35	1	0	0	−0.4
−10	**−30**	−15	0	1	0	−0.5
−25	−25	−20	0	0	1	−0.3

$\boldsymbol{B}=\boldsymbol{E}_3,I(\boldsymbol{B})=\{4,5,6\},\boldsymbol{x_B}=(-0.4,-0.5,-0.3)^{\mathrm{T}}\leqslant\boldsymbol{0}$,选取其中最小的负分量 $x_5=-0.5$为离基分量,$i^*=2$.计算

$$\min\left\{-\frac{r_l}{\hat{a}_{i^*l}}:\hat{a}_{i^*l}<0,l\notin I(\boldsymbol{B})\right\}=\min\left\{\frac{2\ 000}{10},\frac{1\ 600}{30},\frac{2\ 500}{15}\right\}=\frac{160}{3}$$

因此,选取 $j=2$ 为进基分量指标.以$\hat{a}_{22}$为主元进行高斯旋转,即做将$\begin{pmatrix} r_2 \\ \hat{\boldsymbol{a}}_2 \end{pmatrix}$变换为 $\boldsymbol{e}_3\in\mathbf{R}^4$ 对应的一系列初等行变换,得到如下的单纯形表格(表 2-12):

表 2-12

x_1 ↓	x_2	x_3	x_4 ↑	x_5	x_6	$-z$
4 400/3	0	1 700	0	160/3	0	−80/3
−100/3	0	−25	1	−2/3	0	−1/15
1/3	1	1/2	0	−1/30	0	1/60
−50/3	0	−15/2	0	−5/6	1	7/60

$$B=\begin{pmatrix}1 & -20 & 0\\0 & -30 & 0\\0 & -25 & 1\end{pmatrix}, I(B)=\{4,2,6\}, x_B=\left(-\frac{1}{15},\frac{1}{60},\frac{7}{60}\right)^{\mathrm T}$$，选取其中最小的负分量

$x_4=-\frac{1}{15}$为离基分量，$i^*=1$. 计算

$$\min\left\{-\frac{r_l}{\bar{a}_{i^*l}}:\bar{a}_{i^*l}<0, l\notin I(B)\right\}=\min\left\{\frac{4\ 400/3}{100/3},\frac{1\ 700}{25},\frac{160/3}{2/3}\right\}=44$$

因此，选取 $j=1$ 为进基分量指标. 以$\hat{a}_{13}$为主元进行高斯旋转，即做将$\begin{pmatrix}r_1\\ \hat{\boldsymbol{a}}_1\end{pmatrix}$变换为 $\boldsymbol{e}_2\in\mathbf{R}^4$ 对应的初等行变换，得到如下的单纯形表格（表 2-13）：

表 2-13

x_1	x_2	x_3	x_4	x_5	x_6	$-z$
0	0	600	44	24	0	−29.6
1	0	3/4	−3/100	1/50	0	1/500
0	1	1/4	1/100	−1/25	0	2/125
0	0	5	−1/2	−1/2	1	3/20

$$B=\begin{pmatrix}-40 & -20 & 0\\-10 & -30 & 0\\-25 & -25 & 1\end{pmatrix}, I(B)=\{1,2,6\}, x_B=\left(\frac{1}{500},\frac{2}{125},\frac{3}{20}\right)^{\mathrm T}\geqslant \mathbf{0}$$，终止计算，当前的

迭代点对应的 $\boldsymbol{x}=\left(\frac{1}{500},\frac{2}{125},0\right)^{\mathrm T}$ 为原问题最优解，最优值为 29.6. 回顾例 2-7 中所求解的极大化问题，本例所求解的问题(2-28)是该极大化问题的对偶问题. 注意到它们的最优值是相等的.

注释 在求解线性规划的实际过程中，常常会遇到初始的基本解既不可行，也不对偶可行的情况. 这时，一般采取交替使用对偶单纯形方法与原始单纯形方法进行迭代. 例如，可以先利用对偶单纯形方法，逐步使得基本解变得可行. 再利用原始单纯形方法使得目标函数值达到最优.

2.6 利用 MATLAB 工具箱求解线性规划

MATLAB 软件中提供了专门的工具箱函数 linprog 来用于求解线性规划问题. 它所默认的线性规划问题形式为

$$\begin{cases}\min\ \boldsymbol{c}^{\mathrm T}\boldsymbol{x}\\ \text{s. t. }\ \boldsymbol{A}\cdot\boldsymbol{x}\leqslant\boldsymbol{b}\\ \qquad \boldsymbol{Aeq}\cdot\boldsymbol{x}=\boldsymbol{beq}\\ \qquad \boldsymbol{lb}\leqslant\boldsymbol{x}\leqslant\boldsymbol{ub}\end{cases}$$

则可用下面的格式求解：

[x,fval]=linprog(c,A,b,Aeq,beq,lb,ub)

其中 x 返回的是问题的最优解，fval 返回的是问题的最优值．也可仅输出问题的最优解．其中约束若缺省，可在相应位置用空的中括号“[]”代替，若缺省的约束其后没有其他的参数，也可直接省略．比如若问题仅有等式约束，仅输出最优解，则可表示为

x=linprog(c,[],[],Aeq,beq)

下面通过一个例子来看看具体的应用．考虑线性规划问题(2-26)：

$$\begin{cases}\min\ -x_1+4x_2\\ \text{s.t.}\ \ x_1+3x_2\leqslant 2\\ \qquad -x_1+2x_2\geqslant 4\\ \qquad x_2\geqslant 0\end{cases}$$

首先改写其中的第二个约束 $-x_1+2x_2\geqslant 4$ 为 $x_1-2x_2\leqslant -4$．定义目标函数的系数向量 $\boldsymbol{c}$，不等式约束的系数阵 $\boldsymbol{A}$ 与常数向量 $\boldsymbol{b}$，以及决策变量的上下界为

```
c=[-1,4];
A=[1,3;1,-2];
b=[2;-4];
lb=[-10^10;0];
```

然后，直接利用工具箱函数 linprog 求解如下：

[x,fval]=linprog(c,A,b,[],[],lb,[])

得到的输出显示如图 2-8 所示．

```
>> [x,fval]=linprog(c,A,b,[],[],lb,[])

Optimal solution found.


x =

    -4
     0


fval =

     4
```

图 2-8

若希望得到运行过程中的更多参数，可以通过执行如下命令得到：

[x,fval,exitflag,output,lambda]=linprog(c,A,b,[],[],lb,[])

得到的输出显示，除如上显示的最优解与最优值的信息外，还包括如图 2-9 所示的内容．

```
exitflag =

     1


output =

  包含以下字段的 struct:

         iterations: 1
    constrviolation: 0
            message: 'Optimal solution found.'
          algorithm: 'dual-simplex'
      firstorderopt: 0


lambda =

  包含以下字段的 struct:

      lower: [2×1 double]
      upper: [2×1 double]
      eqlin: []
    ineqlin: [2×1 double]
```

图 2-9

其中,exitflag 表示结束迭代的原因,输出结果是一个整数,具体意义见表 2-14. output 给出了算法执行过程中的一些信息,参数意义见表 2-15. lambda 表示的是最优解对应的 Lagrange 乘子信息,具体的信息内容可在工作区内找到,双击可得到具体的数值,如图 2-10 所示.

表 2-14

exitflag 输出结果	表示 linprog 结束的原因
1	问题收敛于最优解
0	迭代次数超过事先给定的限制
−2	无可行解
−3	问题无界
−4	算法执行过程中遇到了不可执行的量值
−5	原问题与对偶问题都没有可行解
−7	算法执行中步长太小或其他病态条件

表 2-15

output 中的参数	所表达的意义
iterations	迭代次数
constrviolation	约束函数的最大值
message	算法退出迭代的原因信息
algorithm	所采用的算法
firstorderopt	一阶最优性的度量

名称 ▲	值
A	[1,3;1,-2]
b	[2;-4]
c	[-1,4]
exitflag	1
fval	4
lambda	*1x1 struct*
lb	[-1.0000e+10,0]
output	*1x1 struct*
x	[-4;0]

字段 ▲	值
lower	[0;2]
upper	[0;0]
eqlin	*[]*
ineqlin	[0;1]

图 2-10

工具箱函数 linprog 可采用不同的算法求解线性规划问题,备选的算法主要有:对偶单纯形方法(dual-simplex)(默认)、内点法(interior-point)与原始-对偶内点法(interior-point-legacy).执行过程中可以利用 options 指定使用哪一种算法.比如上面的例题中使用的是默认的对偶单纯形方法,我们也可以通过下面的命令指定内点法求解:

options = optimoptions('linprog','Algorithm','interior-point');

[x,fval,exitflag,output,lambda]=linprog(c,A,b,[],[],lb,[],options);

输出结果显示如下:

Minimum found that satisfies the constraints.

Optimization completed because the objective function is non-decreasing in feasible directions, to within the selected value of the function tolerance, and constraints are satisfied to within the selected value of the constraint tolerance.

在工作区中可以读到相应的数据,如图 2-11 所示.

名称 ▲	值
A	[1,3;1,-2]
ans	1.0000e+10
b	[2,-4]
c	[-1,4]
exitflag	1
fval	4
lambda	*1x1 struct*
lb	[-100000000;0]
options	*1x1 Linprog*
output	*1x1 struct*
x	[-4.0000;9.3923e-23]

图 2-11

2.7　退化与循环

2.7.1　循环举例

在之前的单纯形方法的理论分析过程中,给出了非退化假设,即假设问题的每一个基本可行解的基本分量都严格大于零.若在迭代过程中,出现了某个迭代点是退化的基本可行解(存在为零的基分量),可能出现循环的现象.首先,若当前基本可行解 $\boldsymbol{x}$ 中存在基分量 $x_{i_1}=x_{i_2}=\cdots=x_{i_l}=0$,则在选取离基分量时,必然会选取其中某个 $x_{i_k}=0(k\in\{1,2,\cdots,l\})$ 为离基分量,则计算得到的步长 $\alpha=0$.这会导致下一个迭代点与对应的目标函数值都没有发生改变.但对应的基底是不同的.A. J. Hoffman(1953)给出了一个例子,按 Dantzig 规则选取进基与离基分量的单纯形方法计算该算例时,会产生循环的现象.即从某一基本可行解出发,按照 Dantzig 规则进行迭代,在某些步骤之后,会回到这一基本可行解.E. M. Beale(1955)给出了更简洁的循环算例.下面来看 Beale 的例子.

【例 2-12】 使用 Dantzig 规则的单纯形方法求解下列线性规划问题:

$$\begin{cases}\min\ -\dfrac{3}{4}x_4+20x_5-\dfrac{1}{2}x_6+6x_7\\ \text{s. t.}\ \ x_1+\dfrac{1}{4}x_4-8x_5-x_6+9x_7=0\\ \qquad x_2+\dfrac{1}{2}x_4-12x_5-\dfrac{1}{2}x_6+3x_7=0\\ \qquad x_3+x_6=1\\ \qquad x_i\geqslant 0,i=1,2,\cdots,7\end{cases}\tag{2-30}$$

这是一个标准形式的线性规划问题,容易得到初始的单纯形表(表 2-16):

表 2-16

$x_1\uparrow$	x_2	x_3	$x_4\downarrow$	x_5	x_6	x_7	$-z$
0	0	0	$-3/4$	20	$-1/2$	6	0
1	0	0	**1/4**	-8	-1	9	0
0	1	0	1/2	-12	$-1/2$	3	0
0	0	1	0	0	1	0	1

初始基本可行解为 $\boldsymbol{x}^0=(0,0,1,0,0,0,0)^{\mathrm{T}}$.注意这是一个退化的基本可行解.

第一次迭代:基分量指标集为 $I(\boldsymbol{B})=\{1,2,3\}$,$\boldsymbol{r}^0=\left(0,0,0,-\dfrac{3}{4},20,-\dfrac{1}{2},6\right)^{\mathrm{T}}$,取其中最小的负分量 $-\dfrac{3}{4}$ 所对应的 x_4 为进基分量;$\min\left\{\dfrac{0}{1/4},\dfrac{0}{1/2}\right\}=0$,取 $i^*=1$,x_1 为离基分量,以 $\hat{a}^0_{14}=1/4$ 为主元做高斯旋转,可得如下单纯形表(表 2-17):

表 2-17

x_1	$x_2\uparrow$	x_3	x_4	$x_5\downarrow$	x_6	x_7	$-z$
3	0	0	0	-4	$-7/2$	33	0
4	0	0	1	-32	-4	36	0
-2	1	0	0	**4**	3/2	-15	0
0	0	1	0	0	1	0	1

第二次迭代:基分量指标集为 $I(\boldsymbol{B})=\{4,2,3\}$,$\boldsymbol{r}^1=\left(3,0,0,0,-4,-\dfrac{7}{2},33\right)^{\mathrm{T}}$,取其中最小的负分量 -4 所对应的 x_5 为进基分量;$\min\left\{\dfrac{0}{4}\right\}=0$,取 $i^*=2$,x_2 为离基分量,以

$\hat{a}^1_{25}=4$ 为主元做高斯旋转，可得如下单纯形表（表 2-18）：

表 2-18

x_1	x_2	x_3	x_4 ↑	x_5	x_6 ↓	x_7	$-z$
1	1	0	0	0	−2	18	0
−12	8	0	1	0	**8**	−84	0
−1/2	1/4	0	0	1	3/8	−15/4	0
0	0	1	0	0	1	0	1

第三次迭代：基分量指标集为 $I(\boldsymbol{B})=\{4,5,3\}$，$\boldsymbol{r}^2=(1,1,0,0,0,-2,18)^{\mathrm{T}}$，取其中最小的负分量−2 所对应的 x_6 为进基分量；$\min\left\{\dfrac{0}{8},\dfrac{0}{3/8},\dfrac{1}{1}\right\}=0$，取 $i^*=1$，x_4 为离基分量，以 $\hat{a}^2_{16}=8$ 为主元做高斯旋转，可得如下单纯形表（表 2-19）：

表 2-19

x_1	x_2	x_3	x_4	x_5 ↑	x_6	x_7 ↓	$-z$
−2	3	0	1/4	0	0	−3	0
−3/2	1	0	1/8	0	1	−21/2	0
1/16	−1/8	0	−3/64	1	0	**3/16**	0
3/2	−1	1	−1/8	0	0	21/2	1

第四次迭代：基分量指标集为 $I(\boldsymbol{B})=\{6,5,3\}$，$\boldsymbol{r}^3=\left(-2,3,0,\dfrac{1}{4},0,0,-3\right)^{\mathrm{T}}$，取其中最小的负分量−3 所对应的 x_7 为进基分量；$\min\left\{\dfrac{0}{3/16},\dfrac{1}{21/2}\right\}=0$，取 $i^*=2$，x_5 为离基分量，以 $\hat{a}^3_{27}=3/16$ 为主元做高斯旋转，可得如下单纯形表（表 2-20）：

表 2-20

x_1 ↓	x_2	x_3	x_4	x_5	x_6 ↑	x_7	$-z$
−1	1	0	−1/2	16	0	0	0
2	−6	0	−5/2	56	1	0	0
1/3	−2/3	0	−1/4	16/3	0	1	0
−2	6	1	5/2	−56	0	0	1

第五次迭代：基分量指标集为 $I(\boldsymbol{B})=\{6,7,3\}$，$\boldsymbol{r}^4=\left(-1,1,0,-\dfrac{1}{2},16,0,0\right)^{\mathrm{T}}$，取其中最小的负分量−1 所对应的 x_1 为进基分量；$\min\left\{\dfrac{0}{2},\dfrac{1}{1/3}\right\}=0$，取 $i^*=1$，x_6 为离基分量，以 $\hat{a}^4_{11}=2$ 为主元做高斯旋转，可得如下单纯形表（表 2-21）：

表 2-21

x_1	x_2 ↓	x_3	x_4	x_5	x_6	x_7 ↑	$-z$
0	−2	0	−7/4	44	1/2	0	0
1	−3	0	−5/4	28	1/2	0	0
0	**1/3**	0	1/6	−4	−1/6	1	0
0	0	1	0	0	1	0	1

第六次迭代：基分量指标集为 $I(\boldsymbol{B})=\{1,7,3\}$，$\boldsymbol{r}^5=\left(0,-2,0,-\frac{7}{4},44,\frac{1}{2},0\right)^{\mathrm{T}}$，取其中最小的负分量$-2$所对应的 x_2 为进基分量；$\min\{0/(1/3)\}=0$，取 $i^*=2$，x_7 为离基分量，以 $\bar{a}^5_{22}=1/3$ 为主元做高斯旋转，可得如下单纯形表（表 2-22）：

表 2-22

x_1	x_2	x_3	x_4	x_5	x_6	x_7	$-z$
0	0	0	$-3/4$	20	$-1/2$	6	0
1	0	0	1/4	-8	-1	9	0
0	1	0	1/2	-12	$-1/2$	3	0
0	0	1	0	0	1	0	1

至此，经过六次迭代，得到的单纯形表与初始的单纯形表完全一致. 因此，再迭代下去，会不断地重复这六次迭代，形成循环. 注意到在每一步迭代中，步长为零，对应的基本可行解是不变的. 因此，目标函数值也没有下降，变化的只有不同的基分量.

2.7.2 几种克服循环的方法

下面主要介绍几种常见的克服循环的方法，包括 Charnes(1952)的摄动法，Dantzig、Orden 及 Wolfe (1955)的字典序法，以及 Bland(1977)的 Bland 规则. 本部分内容主要参考了潘平奇(2012)的专著的相关内容. Dantzig 规则的单纯形方法产生循环，是因为有些分量出现反复的进基和出基. 为克服循环，这些方法的实质都是给出某种特定的顺序，按照指定的顺序进出基，从而避免循环.

1. 摄动法

退化现象的产生会使得迭代的步长为 0，进而使得迭代点在某个基本可行解处停止不前. 摄动法是从避免步长为 0 这个角度出发提出的. 对给定的标准形式的线性规划问题，在约束中增加一个微小的摄动：在线性等式约束 $\boldsymbol{Ax}=\boldsymbol{b}$ 的右端加上一个摄动项 $\boldsymbol{\omega}=(\varepsilon,\varepsilon^2,\cdots,\varepsilon^m)^{\mathrm{T}}$，使其变为

$$\boldsymbol{Ax}=\boldsymbol{b}+\boldsymbol{\omega} \tag{2-31}$$

其中 ε 是充分小的正数. 可以证明，带有等式约束(2-31)的标准形式的线性规划问题一定满足非退化假设. 因此，可以避免循环. 当 $\varepsilon\to0$ 时，约束(2-31)趋近于原约束 $\boldsymbol{Ax}=\boldsymbol{b}$.

2. 字典序法

向量按其第一个不同分量的大小排序的方法称为字典序. 规定相等向量按字典序也相等. 更确切地说，称 $\boldsymbol{x}^{\mathrm{T}}=(x_1,x_2,\cdots,x_n)$，$\boldsymbol{y}^{\mathrm{T}}=(y_1,y_2,\cdots,y_n)$是两个 n 元向量，若存在 $i\in\{1,2,\cdots,n\}$，使得 $x_j=y_j$，$j=1,2,\cdots,i-1$，且 $x_i>y_i$，则称 $\boldsymbol{x}$ 按字典序大于 $\boldsymbol{y}$，记为 $\boldsymbol{x}\succ\boldsymbol{y}$.

事实上，前面介绍的摄动法相当于按 Dantzig 规则来首先确定进基分量，再利用如下规则确定离基分量：

$$i^*\in\arg\min\left\{\frac{[\boldsymbol{B}^{-1}(\boldsymbol{b}+\boldsymbol{\omega})]_i}{\hat{a}_{ij}}:\hat{a}_{ij}>0,i\in I(\boldsymbol{B})\right\}$$

其中 $\boldsymbol{B}$ 为当前迭代点对应的基底，$\boldsymbol{b}$ 为等式约束的常数向量，$[\boldsymbol{B}^{-1}(\boldsymbol{b}+\boldsymbol{\omega})]_i$ 为 m 元列向

量 $\boldsymbol{B}^{-1}(\boldsymbol{b}+\boldsymbol{\omega})$ 的第 i 个元，$\hat{a}_{ij}$ 为矩阵 $\hat{\boldsymbol{A}}:=\boldsymbol{B}^{-1}\boldsymbol{A}$ 的 i 行 j 列元. 记 $\boldsymbol{B}^{-1}\boldsymbol{b}=\hat{\boldsymbol{b}}$，$\boldsymbol{B}^{-1}=(u_{ij})_{m\times m}$，则

$$[\boldsymbol{B}^{-1}(\boldsymbol{b}+\boldsymbol{\omega})]_i=\hat{b}_i+u_{i1}\varepsilon+u_{i2}\varepsilon^2+\cdots+u_{im}\varepsilon^m$$

因此摄动法确定离基分量的方法等价于用如下的字典序规划确定离基分量：

$$i^*\in\arg\min\left\{\frac{(\hat{b}_i,u_{i1},u_{u2},\cdots,u_{im})^{\mathrm{T}}}{\hat{a}_{ij}}:\hat{a}_{ij}>0,i\in I(\boldsymbol{B})\right\}$$

上式中的 min 表示按向量字典序取最小. 这样的计算规划称为字典序规则，显然它可以看作摄动法的变形.

3. Bland 规则

Bland 规则为：

(1)选取进基分量时，若有多个检验数为负，取其中指标最小的检验数所对应的分量为进基分量.

(2)选取离基分量时，若有多个比值达到最小，取其中指标最小的比值所对应的分量为离基分量.

可以证明，单纯形方法配合 Bland 规则选取进基分量、离基分量时，能保证有限步终止.

表 2-23 给出了利用 Bland 规则的单纯形方法求解问题(2-30)的过程.

表 2-23

$x_1\uparrow$	x_2	x_3	$x_4\downarrow$	x_5	x_6	x_7	$-z$
0	0	0	$-3/4$	20	$-1/2$	6	0
1	0	0	**1/4**	-8	-1	9	0
0	1	0	1/2	-12	$-1/2$	3	0
0	0	1	0	0	1	0	1
x_1	$x_2\uparrow$	x_3	x_4	$x_5\downarrow$	x_6	x_7	$-z$
3	0	0	0	-4	$-7/2$	33	0
4	0	0	1	-32	-4	36	0
-2	1	0	0	**4**	3/2	-15	0
0	0	1	0	0	1	0	1
x_1	x_2	x_3	$x_4\uparrow$	x_5	$x_6\downarrow$	x_7	$-z$
1	1	0	0	0	-2	18	0
-12	8	0	1	0	**8**	-84	0
$-1/2$	1/4	0	0	1	3/8	$-15/4$	0
0	0	1	0	0	1	0	1
$x_1\downarrow$	x_2	x_3	x_4	$x_5\uparrow$	x_6	x_7	$-z$
-2	3	0	1/4	0	0	-3	0
$-3/2$	1	0	1/8	0	1	$-21/2$	0
1/16	$-1/8$	0	$-3/64$	1	0	3/16	0
3/2	-1	1	$-1/8$	0	0	21/2	1

（续表）

x_1	x_2 ↓	x_3 ↑	x_4	x_5	x_6	x_7	$-z$
0	−1	0	−5/4	32	0	3	0
0	−2	0	−1	24	1	−6	0
1	−2	0	−3/4	16	0	3	0
0	**2**	1	1	−24	0	6	1
x_1	x_2 ↑	x_3	x_4 ↓	x_5	x_6	x_7	$-z$
0	0	1/2	−3/4	20	0	6	1/2
0	0	1	0	0	1	0	1
1	0	1	1/4	−8	0	9	1
0	1	1/2	**1/2**	−12	0	3	1/2
x_1	x_2	x_3	x_4	x_5	x_6	x_7	$-z$
0	3/2	5/4	0	2	0	21/2	5/4
0	0	1	0	0	1	0	1
1	−1/2	3/4	0	−2	0	15/2	3/4
0	2	1	1	−24	0	6	1

即共经六次迭代，可以得到最优解为 $\boldsymbol{x}^*=\left(\frac{3}{4},0,0,1,0,1,0\right)^{\mathrm{T}}$，最优值 $z^*=-5/4$.

这三种方法中，第三种方法即 Bland 规则的单纯形方法比较简单，但相应的迭代次数较多. 事实上，指定其他的序，也可保证单纯形方法的有限步终止性. 比如 Pan(1990)给出的按所谓“主元标”的大小来排序，计算的迭代次数总体上少于 Bland 规则的单纯形方法. 但是大量的数值实验表明，对于大多数线性规划问题来说，Dantzig 规则的单纯形方法的迭代次数要大大优于这几种避免循环的定序方法. 而且，对于大多数退化问题，Dantzig 规则的单纯形方法仍是有效的，不会产生循环现象. 因此，Dantzig 规则的单纯形方法得到了更广泛而成功的应用.

2.8 线性规划的计算复杂性与多项式算法

衡量算法的好坏主要涉及执行时间、存储量、稳定性等性能. 但算法的运行时间与诸多因素相关，例如计算机性能、求解问题的规模、输入数据的长度等. 因此，通常用算法中需要执行的基本运算的总次数来衡量计算时间，并通过基本计算的总次数与问题规模及输入数据的长度关系来度量算法的执行效率. 这就是算法的计算复杂度. 例如，对于线性规划问题，用变量个数 n 与约束方程的个数 m 来度量问题规模，用 L 表示输入的长度(浮点数是固定长度，整数则需计算其二进制的长度)，则算法的运算量是一个关于 m,n,L 的函数，记为 $f(m,n,L)$. 如果这个函数是关于规模和输入长度的多项式，我们就称该算法是求解这类问题的多项式算法.

迭代算法的总计算次数可以用每次迭代的计算量与迭代的次数一起来衡量. 对于单纯形方法，每次迭代的计算量可估计为 $O(mn)$. 而其迭代次数取决于其基的个数. 从之前的分析，我们知道基的个数不超过 C_n^m 个. 若 $n\gg m$，$\mathrm{C}_n^m\geqslant\left(\frac{n}{m}\right)^m\geqslant 2^m$，故所需迭代次数可能达到指数级. 事实上也的确如此. 比如，Klee 与 Minty (1972)给出如下一组例子，表明

Dantzig 规则的单纯形方法遍历所有 2^n 个基，才能达到最优解.

$$\begin{cases} \min \displaystyle\sum_{j=1}^{n} 10^{n-j} x_j \\ \text{s.t. } 2\displaystyle\sum_{j=1}^{i-1} 10^{i-j} x_j + x_i \leqslant 100^{i-1}, i=1,2,\cdots,n \\ \quad\ \ x_j \geqslant 0, j=1,2,\cdots,n \end{cases}$$

我们所熟知的几种单纯形方法，如 Dantzig 规则的单纯形方法以及 Bland 规则的单纯形方法等都不是多项式算法. 经验表明，单纯形方法的确在求解某些问题时很慢，但这种最坏的情况很少发生. 就平均而言，单纯形方法效率很高，尤其对中小规模的实际问题，速度很快，一般迭代次数不超过 $6m$ 次.

那么是否有求解线性规划问题的多项式算法呢？首先给出这一问题解答的是 Khachiyan，他提出了椭球算法. 该算法是第一个求解线性规划问题的多项式算法. 虽然该算法在数值实验中的计算效率不尽如人意，但这是在理论意义上的一个重大突破. 1984 年，Kamarkar 给出了一个新的多项式算法. Kamarkar 算法的计算复杂性更低，并且在实际计算效果上，也要大大优于椭球算法. Kamarkar 算法的成功，掀起了内点法的研究热潮. 包括仿射尺度法、路径跟踪法在内的内点法的基本思想与单纯形方法大大不同. 单纯形方法是在可行域的边界的顶点之间迭代，而内点法是在可行域的内部，构造一个收敛于最优解的一个点列. 这类方法的思想涉及对数障碍函数、非线性系统的稳定点、牛顿方向等与非线性规划求解密切相关的问题，因此在这里不做详细介绍.

习题 2

1. 某工厂用甲、乙两台机床加工 A，B，C 三种零件，已知在一个生产周期内，甲只能工作 80 机时，乙只能工作 100 机时，一个生产周期内要加工 A，B，C 三种零件的件数分别为 70 件，50 件，20 件. 两台机床加工每个零件的时间和成本如下表所示. 问应如何安排两台机床在一个生产周期的加工任务，才能使成本最低？写出求解问题的线性规划模型并利用 Matlab 软件的工具箱函数 linprog 求解.

零件 / 时间和成本 / 机床	A		B		C	
	时间（机时/每件）	成本（元/件）	时间（机时/每件）	成本（元/件）	时间（机时/每件）	成本（元/件）
甲	1	2	1	3	1	5
乙	1	3	2	4	3	6

2. 一种汽油的特性可用两个指标描述. 其点火性用“辛烷比率”来描述，其挥发性用“蒸气压”来描述. 某石油炼制厂生产两种汽油，特性与产量如下表所示：

汽油种类	辛烷比率	蒸气压/(10^{-2} cm^{-1})	可供数量/10^4 L
第 1 种汽油	104	4	3
第 2 种汽油	94	9	7

用这两种汽油可以合成航空汽油与车用汽油，其性能要求如下表所示：

汽油种类	辛烷比率	蒸气压/(10^{-2} cm^{-1})	最大需求量/10^4 L	售价/(10^4 元/10^4 L)
航空汽油	102	5	2	1.2
车用汽油	96	8	不限	0.7

根据油品混合工艺指导说明，当两种汽油混合时，其产品汽油的蒸气压及辛烷比率与其组成成分的体积及相应指标成正比. 问该石油炼制厂应该如何混合油品才能获得最大产值？写出相应的线性规划模型，并利用 Matlab 软件的工具箱函数 linprog 求解.

3. 某投资公司在今后 3 年内有 4 个投资机会. 第一个投资机会是在 3 年内每年年初投资，年底可获利润为本金的 20%，并可将本金收回；第二个投资机会是在第一年年初投资，第二年年底可获利润为本金的 50%，并将本金收回，但投资金额不超过 200 万元；第三个投资机会是在第二年年初投资，第三年年底收回本金，可获利润为本金的 60%，但该项投资金额最多不能超过 150 万元；第四个投资机会是在第三年年初投资，于该年年底收回本金，且可获利润为本金的 40%，但投资金额不超过 100 万元. 现在该公司准备拿出 300 万元资金，问如何制订投资计划，使得第三年年末本利最大？写出相应的线性规划模型，并利用 Matlab 软件的工具箱函数 linprog 求解.

4. 将下列线性规划问题化为标准形式：

(1) $\begin{cases} \min\ 3x_1-4x_2+x_3 \\ \text{s.t.}\ \ 3x_1+4x_2-x_3-x_4=9 \\ \qquad 5x_1+2x_2\leqslant 8 \\ \qquad x_1-2x_2+x_4\leqslant -1 \\ \qquad x_1,x_2\geqslant 0,x_3,x_4\leqslant 0 \end{cases}$.　　(2) $\begin{cases} \max\ 3x_1-x_2 \\ \text{s.t.}\ \ 2x_1+x_2\geqslant 2 \\ \qquad x_1+3x_2\leqslant 3 \\ \qquad x_2\leqslant 4 \\ \qquad x_1\geqslant 0,x_2\geqslant 0 \end{cases}$.

5. 判断下列线性规划问题的可行域是否为空集. 若可行域非空，在直角坐标系内画出可行域的范围.

(1) $\begin{cases} \max\ 3x_1-x_2 \\ \text{s.t.}\ \ 2x_1+x_2\geqslant 2 \\ \qquad x_1+3x_2\leqslant 6 \\ \qquad x_2\leqslant 4 \\ \qquad x_1\geqslant 0,x_2\geqslant 0 \end{cases}$.　　(2) $\begin{cases} \min\ 3x_1-4x_2 \\ \text{s.t.}\ \ x_1+x_2=4 \\ \qquad x_1-x_2=6 \\ \qquad x_1\geqslant 0,x_2\geqslant 0 \end{cases}$.　　(3) $\begin{cases} \min\ 10x_1-4x_2 \\ \text{s.t.}\ \ 3x_1+4x_2\leqslant 10 \\ \qquad 5x_1+2x_2\leqslant 8 \\ \qquad x_1-x_2\leqslant 3 \\ \qquad x_1\geqslant 0,x_2\geqslant 0 \end{cases}$.

6. (1)将 5 题(1)的目标函数记作 $z=3x_1-x_2$，分别做出 $z=-2,8,18$ 的等值线，并尝试结合等值线与可行域，得到该问题的最优值与最优解集合.

(2)将 5 题(1)的目标函数改为 $z=x_1+3x_2$，分别做出 $z=0,3,6$ 的等值线，并尝试结合等值线与可行域，得到该问题的最优值与最优解集合.

7. 判断下列集合哪些是凸集，哪些是多面凸集，哪些是凸多面体.

(1) $\{\boldsymbol{x}\in\mathbf{R}^3: x_1^2+x_2^2+x_3^2=1\}$.

(2) $\{\boldsymbol{x}\in\mathbf{R}^3: 6x_3\leqslant -x_1^2-x_2^2\}$.

(3) $\{\boldsymbol{x}\in\mathbf{R}^2: x_1-8x_2^2\leqslant 1, x_1-x_2\leqslant 0\}$.

(4) $\{\boldsymbol{x}\in\mathbf{R}^2: |x_1|+|x_2|\leqslant 1\}$.

8. 判断下列论述的正确性，若正确请给出证明，若错误请给出反例：

(1)两个凸集的交集仍是凸集.

(2)两个凸集的并集仍是凸集.

(3) $C:=\{\boldsymbol{x}\in\mathbf{R}^n: \boldsymbol{A}\boldsymbol{x}=\boldsymbol{b}, \boldsymbol{x}\geqslant\boldsymbol{0}\}\neq\varnothing$，其中 $\boldsymbol{A}\in\mathbf{R}^{m\times n}$，$\boldsymbol{b}\in\mathbf{R}^m$，则 C 是多面凸集.

9. 说明本章的问题(2-6)的可行域是一个多面凸集，且给出该多面凸集的三条边与两个顶点.

10. 指出如下线性规划问题的所有基本可行解，并求出对应的基底，在直角坐标中画出对应的极点.

$$\begin{cases}\min\ -3x_1+x_2\\ \text{s. t.}\ \ 2x_1+x_2-x_3=2\\ \qquad x_1+3x_2+x_4=6\\ \qquad x_i\geqslant 0, i=1,2,3,4\end{cases}$$

11. 用单纯形表格方法求解下列线性规划问题：

(1) $\begin{cases}\min\ x_1-3x_2\\ \text{s. t.}\ \ -x_1+2x_2\leqslant 6\\ \qquad x_1+x_2\leqslant 5\\ \qquad x_1,x_2\geqslant 0\end{cases}$.　　(2) $\begin{cases}\max\ 2x_1+3x_2\\ \text{s. t.}\ \ x_1+2x_2\leqslant 8\\ \qquad x_1\leqslant 4, x_2\leqslant 3\\ \qquad x_1,x_2\geqslant 0\end{cases}$.

(3) $\begin{cases}\max\ 15x_1+5x_2\\ \text{s. t.}\ \ 4x_1+x_2\leqslant 364\\ \qquad 8x_1+5x_2\leqslant 120\\ \qquad x_1,x_2\geqslant 0\end{cases}$.　　(4) $\begin{cases}\min\ 7x_1+3x_2+4x_3+2x_4\\ \text{s. t.}\ \ 4x_1-3x_2+x_3-2x_4=-8\\ \qquad 7x_1+2x_2-6x_3-x_4=3\\ \qquad x_1,x_2,x_3,x_4\geqslant 0\end{cases}$.

12. 给出修正单纯形方法的程序框图.

13. 分别用两阶段方法和大 M 方法求解下列线性规划问题：

(1) $\begin{cases}\min\ 4x_1+6x_2+5x_3\\ \text{s. t.}\ \ -5x_1+6x_2+15x_3\leqslant 15\\ \qquad x_1+x_2+x_3\geqslant 5\\ \qquad -2x_1+3x_2-x_3\geqslant 2\\ \qquad x_1,x_2,x_3\geqslant 0\end{cases}$.　　(2) $\begin{cases}\min\ 2x_1+3x_2+x_3\\ \text{s. t.}\ \ x_1+4x_2+2x_3\geqslant 8\\ \qquad 3x_1+2x_2\geqslant 6\\ \qquad x_1,x_2,x_3\geqslant 0\end{cases}$.

(3) $\begin{cases}\max\ 3x_1-x_2\\ \text{s. t.}\ \ 2x_1+x_2\geqslant 2\\ \qquad x_1+3x_2\leqslant 3\\ \qquad x_2\leqslant 4\\ \qquad x_1,x_2\geqslant 0\end{cases}$.　　(4) $\begin{cases}\min\ -3x_1+4x_2-2x_3+5x_4\\ \text{s. t.}\ \ 4x_1-x_2+2x_3-x_4=-2\\ \qquad x_1+x_2+3x_3-x_4\leqslant 14\\ \qquad -2x_1+3x_2-x_3+2x_4\geqslant 2\\ \qquad x_1,x_2,x_3\geqslant 0\end{cases}$.

14. 写出下列问题的对偶问题，并将对偶问题化为标准形式.

(1) $\begin{cases}\min\ 4x_1+3x_2+x_3\\ \text{s. t.}\ \ 2x_1+x_2+4x_3\geqslant 8\\ \qquad x_1+2x_2\geqslant 4\\ \qquad x_1,x_2,x_3\geqslant 0\end{cases}$.　　(2) $\begin{cases}\max\ x_1+3x_2+2x_3\\ \text{s. t.}\ \ x_1+4x_2+4x_3\leqslant 12\\ \qquad 2x_1+3x_2-x_3\leqslant 6\\ \qquad x_1,x_2,x_3\geqslant 0\end{cases}$.

(3) $\begin{cases}\max\ 4x_1-3x_2\\ \text{s. t.}\ \ x_1+x_2\geqslant 2\\ \qquad 2x_1+3x_2\leqslant 12\\ \qquad x_2\leqslant 4\\ \qquad x_1\geqslant 0, x_2\geqslant 0\end{cases}$.　　(4) $\begin{cases}\min\ -3x_1+4x_2-2x_3+5x_4\\ \text{s. t.}\ \ 4x_1-x_2+2x_3-x_4=-2\\ \qquad x_1+x_2+3x_3-x_4\leqslant 14\\ \qquad -2x_1+3x_2-x_3+2x_4\geqslant 2\\ \qquad x_1,x_2,x_3,x_4\geqslant 0\end{cases}$.

15. (1)将 14 题(1)中的线性规划问题化为标准形式，再给出一个正则解.

(2)将 14 题(2)中的线性规划的对偶问题化为标准形式，并给出对偶问题的一个正则解.

(3)分别用对偶单纯形方法求解 14 题(1)的原问题与 14 题(2)的对偶问题(不必是标准形式).

(4)将 14 题(2)中的线性规划问题化为标准形式，并用单纯形方法求解，与本题(3)中计算所得的最优值相比较.

16. 利用对偶单纯形方法求解下列各题：

(1) $\begin{cases} \min\ 3x_1+4x_2+5x_3 \\ \text{s. t.}\ \ x_1+2x_2+3x_3\geqslant 5 \\ \qquad 2x_1+2x_2+x_3\geqslant 6 \\ \qquad x_1,x_2,x_3\geqslant 0 \end{cases}$.

(2) $\begin{cases} \min\ 5x_1+3x_2 \\ \text{s. t.}\ \ x_1+x_2-2x_3\geqslant 1 \\ \qquad 3x_1-x_2+x_3\geqslant 3 \\ \qquad x_1,x_2,x_3\geqslant 0 \end{cases}$.

17. 考虑线性规划问题

$$\begin{cases} \max\ 2x_1+3x_2-5x_3 \\ \text{s. t.}\ \ x_1+x_2+x_3=7 \\ \qquad 2x_1-5x_2+x_3\geqslant 0 \\ \qquad x_1,x_2,x_3\geqslant 0 \end{cases}$$

(1)写出问题的标准形式，并以 x_3，x_4（添加的辅助变量）为基分量，写出对应的基本解，基本解是否可行？计算出相应的检验数向量，基本解是否正则？

(2)若以 x_2，x_4（添加的辅助变量）为基分量，写出对应的基本解，基本解是否可行？是否是正则解？

(3)分别用单纯形方法与对偶单纯形方法求解该问题，比较计算结果.

第3章 无约束优化

3.1 预备知识

覆盖问题：设平面上有 m 个点，求出能够覆盖这 m 个点的最小圆盘. 设 m 个点的坐标向量为 $\boldsymbol{p}_i=(p_{i1},p_{i2})^{\mathrm{T}}(i=1,2,\cdots,m)$，平面上任意一点的坐标向量为 $\boldsymbol{x}=(x_1,x_2)^{\mathrm{T}}$，则该点到其余各点的距离为 $\|\boldsymbol{x}-\boldsymbol{p}_i\|(i=1,2,\cdots,m)$，那么点 $\boldsymbol{x}$ 到各点的最大距离可以记为如下函数：

$$f(\boldsymbol{x})=\max_{1\leqslant i\leqslant m}\|\boldsymbol{x}-\boldsymbol{p}_i\|$$

如果一个圆盘以 $\boldsymbol{x}$ 为圆心，以函数 $f(\boldsymbol{x})$ 为半径，那么这个圆盘就能够覆盖这 m 个点，所以求最小的圆盘问题就转化为以下的无约束优化问题：

$$(\mathrm{P})\ \min_{\boldsymbol{x}\in\mathbf{R}^2} f(\boldsymbol{x})$$

对于无约束优化问题，我们首先要分析函数的性质，根据不同类型的函数确定最优性条件，选择适当的优化算法. 无约束优化问题的可行集 $\Omega=\mathbf{R}^n$，下面不加证明地给出问题(P)局部极小点的一阶和二阶条件.

定理 3-1 (**一阶必要条件**)设函数 $f(\boldsymbol{x})$ 在 $\boldsymbol{x}^*$ 的邻域内有一阶连续偏导数，且 $\boldsymbol{x}^*$ 为问题(P)的局部极小点，那么 $\nabla f(\boldsymbol{x}^*)=\mathbf{0}$，其中 $\nabla f(\boldsymbol{x})=\left(\frac{\partial f(\boldsymbol{x})}{\partial x_1},\frac{\partial f(\boldsymbol{x})}{\partial x_2},\cdots,\frac{\partial f(\boldsymbol{x})}{\partial x_n}\right)^{\mathrm{T}}$ 是函数 $f(\boldsymbol{x})$ 的梯度.

定义 3-1 设 $f(\boldsymbol{x})$ 是定义在非空凸集 $C\subseteq\mathbf{R}^n$ 上的函数，若对任意 $\boldsymbol{x},\boldsymbol{y}\in C$，$0\leqslant\lambda\leqslant1$，不等式 $f[\lambda\boldsymbol{x}+(1-\lambda)\boldsymbol{y}]\leqslant\lambda f(\boldsymbol{x})+(1-\lambda)f(\boldsymbol{y})$ 都成立，则称 $f(\boldsymbol{x})$ 是 C 上的凸函数. 若对 $\boldsymbol{x},\boldsymbol{y}\in C$，$\boldsymbol{x}\neq\boldsymbol{y}$，$0<\lambda<1$，不等式 $f[\lambda\boldsymbol{x}+(1-\lambda)\boldsymbol{y}]<\lambda f(\boldsymbol{x})+(1-\lambda)f(\boldsymbol{y})$ 都成立，则称 $f(\boldsymbol{x})$ 是 C 上的严格凸函数.

目标函数 $f(\boldsymbol{x})$ 是凸函数的无约束优化问题是凸规划问题，对于这类问题，$f(\boldsymbol{x})$ 的任一局部极小点都是优化问题的全局极小点. 若 $f(\boldsymbol{x})$ 是严格凸函数，则全局极小点是唯一的. 因此我们可以给出如下定理：

定理 3-2 (**一阶充要条件**)设函数 $f(\boldsymbol{x})$ 是凸函数，并且在 $\boldsymbol{x}^*$ 的邻域内有一阶连续偏导数，那么 $\boldsymbol{x}^*$ 为问题(P)的全局极小点的充要条件是 $\nabla f(\boldsymbol{x}^*)=\mathbf{0}$.

定理 3-3 (**二阶充分条件**)设函数 $f(\boldsymbol{x})$ 在 $\boldsymbol{x}^*$ 的邻域内有二阶连续偏导数，且

$\nabla f(\boldsymbol{x}^*)=\boldsymbol{0}$，$\nabla^2 f(\boldsymbol{x}^*)$是正定矩阵，那么$\boldsymbol{x}^*$是问题(P)的局部严格极小点.

定理 3-4 （**二阶必要条件**）设函数$f(\boldsymbol{x})$在$\boldsymbol{x}^*$的邻域内有二阶连续偏导数，且$\boldsymbol{x}^*$为问题(P)的局部极小点，那么$\nabla f(\boldsymbol{x}^*)=\boldsymbol{0}$且$\nabla^2 f(\boldsymbol{x}^*)$是半正定的.

对于一般非凸函数，满足一阶必要条件的点只是函数的驻点，不一定是局部极小点，但是可以求出这些驻点，再利用二阶充分条件，进一步判断哪些驻点是局部极小点，从而找到全局极小点. 因此求函数的极值问题往往转化为求解方程组$\nabla f(\boldsymbol{x})=\boldsymbol{0}$的问题，即

$$\begin{cases}\dfrac{\partial f(\boldsymbol{x})}{\partial x_1}=0\\ \quad\vdots\\ \dfrac{\partial f(\boldsymbol{x})}{\partial x_n}=0\end{cases}\tag{3-1}$$

一般情况下，方程组(3-1)是$n\times n$型非线性方程组，显然求其解析解是比较困难的，需要采用数值计算方法来求解. 但是用数值计算方法求上述方程组的近似解也只是求出了原问题驻点的近似值，还需要进一步判断其是否为局部极小点. 那么从数值计算角度来说，不如从问题本身出发，采用迭代下降的数值算法直接求出无约束优化问题的近似最优解.

定义 3-2 已知函数$f(\boldsymbol{x})$，$\boldsymbol{x}=(x_1,x_2,\cdots,x_n)^{\mathrm{T}}\in\mathbf{R}^n$，对于向量$\boldsymbol{d}\neq\boldsymbol{0}$，若存在实数$\alpha>0$，使得$f(\boldsymbol{x}+\alpha\boldsymbol{d})<f(\boldsymbol{x})$，那么$\boldsymbol{d}$称为函数$f(\boldsymbol{x})$在点$\boldsymbol{x}$处的一个下降方向，$\alpha$称为步长.

由此可以给出无约束优化问题迭代算法的一般步骤：

算法 3-1 无约束优化问题迭代算法

步骤 1 给定一个初始点$\boldsymbol{x}^0$，令$k=0$.

步骤 2 根据相应准则确定一个下降方向$\boldsymbol{d}^k$.

步骤 3 确定步长α_k，使得$f(\boldsymbol{x}^k+\alpha_k\boldsymbol{d}^k)<f(\boldsymbol{x}^k)$.

步骤 4 令$\boldsymbol{x}^{k+1}=\boldsymbol{x}^k+\alpha_k\boldsymbol{d}^k$.

步骤 5 当迭代点$\boldsymbol{x}^{k+1}$满足某种终止准则时，则停止迭代，以$\boldsymbol{x}^{k+1}$为近似最优解；否则令$k=k+1$，转步骤 2.

迭代算法常用的终止准则有以下几种：

(1) $\|\boldsymbol{x}^{k+1}-\boldsymbol{x}^k\|<\varepsilon$或$\dfrac{\|\boldsymbol{x}^{k+1}-\boldsymbol{x}^k\|}{\|\boldsymbol{x}^k\|}<\varepsilon$.

(2) $|f(\boldsymbol{x}^{k+1})-f(\boldsymbol{x}^k)|<\varepsilon$或$\dfrac{|f(\boldsymbol{x}^{k+1})-f(\boldsymbol{x}^k)|}{|f(\boldsymbol{x}^k)|}<\varepsilon$.

(3) $\|\nabla f(\boldsymbol{x}^{k+1})\|<\varepsilon$.

前两种准则经常结合使用.

从点$\boldsymbol{x}^k$出发，沿着下降方向$\boldsymbol{d}^k$确定步长的过程称为一维搜索或线搜索. 各种无约束优化方法的主要区别就在于确定搜索方向和步长的方法不同，其中如何确定搜索方向是无约束优化方法的关键问题.

我们一般将通过迭代下降算法得到的逼近局部极小点的序列$\{\boldsymbol{x}^k\}$称为**极小化序列**，而一个迭代算法的好坏要通过其收敛性和收敛速度判断.

定义 3-3　如果迭代算法产生的极小化序列 $\{\boldsymbol{x}^k\}$ 中某个点就是局部极小点 $\boldsymbol{x}^*$，或极小化序列 $\{\boldsymbol{x}^k\}$ 的极限就是局部极小点 $\boldsymbol{x}^*$，那么称该算法是收敛的.

算法是否收敛经常与初始点的选取有关，并且有很多很难证明收敛性的算法. 但是在实际应用中这些算法是很有效的，而我们的主要目的是寻求解决优化问题的有效手段，所以一般不对算法的收敛性进行讨论. 当遇到一个实际问题的时候，结合函数和算法的特点，进行尝试计算. 如果一种算法效果不好，就换另外的算法，或者从不同的初始点出发进行多次计算，从中选择满意的结果.

此外算法的效率和其收敛速度密切相关，收敛速度一般如下定义：

定义 3-4　设迭代算法产生的极小化序列 $\{\boldsymbol{x}^k\}$ 收敛于 $\boldsymbol{x}^*$，若 $\lim\limits_{k\to\infty}\dfrac{\|\boldsymbol{x}^{k+1}-\boldsymbol{x}^*\|}{\|\boldsymbol{x}^k-\boldsymbol{x}^*\|^{\gamma}}=\beta$，其中 $\gamma\geqslant 1,\beta>0$，则称序列 $\{\boldsymbol{x}^k\}$ 是 γ 阶收敛的.

若 $\gamma=1$，则称序列 $\{\boldsymbol{x}^k\}$ 为线性收敛.

若 $1<\gamma<2$，则称序列 $\{\boldsymbol{x}^k\}$ 为超线性收敛.

若 $\gamma=2$，则称序列 $\{\boldsymbol{x}^k\}$ 为二阶收敛.

3.2　一维搜索

在无约束优化算法的迭代过程中需要确定两个变量：下降方向和步长. 现在考虑在下降方向确定的情况下，如何取得最优的步长，这是一个单变量优化问题，称为精确一维搜索，简称一维搜索. 当无约束优化问题的目标函数是一元函数时，一维搜索也是求解该类问题的优化算法.

一维搜索问题可以表示为

$$\text{(P1)}\quad \min_{\alpha\in\mathbf{R}}\varphi(\alpha)=f(\boldsymbol{x}+\alpha\boldsymbol{d})$$

对于问题(P1)，如果 $\varphi(\alpha)\in C^1$，可以通过解方程 $\dfrac{\mathrm{d}\varphi(\alpha)}{\mathrm{d}\alpha}=0$ 求得 α 的值. 若上述方程不易求得解析解，依据函数的不同性质，还有几种常用的精确一维搜索迭代方法，可以得到该问题的近似解.

在一维搜索中，一般要求目标函数在初始区间是单峰函数，因此有时需要先确定初始的一维搜索区间，同时确定初始点. 一般可以采用下面的**进退算法**.

算法 3-2　进退算法

步骤 1　任选一个初始点 α_0 和初始步长 $h>0$，计算 $\varphi(\alpha_0)$.

步骤 2　令 $\alpha_2=\alpha_0+h$，计算 $\varphi(\alpha_2)$.

步骤 3　若 $\varphi(\alpha_2)\leqslant\varphi(\alpha_0)$，则转到步骤 4；否则，若 $\varphi(\alpha_2)>\varphi(\alpha_0)$，令 $h=-h$，转到步骤 4.

步骤 4　令 $\alpha_1=\alpha_0+h$，计算 $\varphi(\alpha_1)$.

步骤 5　若 $\varphi(\alpha_1)\leqslant\varphi(\alpha_0)$，则令 $h=2h,\alpha_2=\alpha_0,\alpha_0=\alpha_1$，转到步骤 4；否则，若 $\varphi(\alpha_1)>\varphi(\alpha_0)$，转到步骤 6.

步骤 6　令 $a=\min\{\alpha_1,\alpha_2\}$，$b=\max\{\alpha_1,\alpha_2\}$，则 $[a,b]$ 为所求的初始搜索区间，令

$\alpha_0=\dfrac{a+b}{2}$为所求初始点,计算结束.

【例 3-1】 利用进退算法求函数的初始区间和初始点.设函数 $\varphi(\alpha)=\alpha^3-2\alpha+1$,选择初始点 $\alpha_0=0$ 和初始步长 $h=0.1$.

解 首先计算 $\varphi(\alpha_0)=1$,取 $\alpha_2=\alpha_0+h=0.1$,计算 $\varphi(\alpha_2)=0.801$.

因为 $\varphi(\alpha_2)\leqslant\varphi(\alpha_0)$,所以令 $\alpha_1=\alpha_0+h=0.1$,计算 $\varphi(\alpha_1)=0.801$.

因为 $\varphi(\alpha_1)\leqslant\varphi(\alpha_0)$,所以令 $h=2h=0.2,\alpha_2=\alpha_0=0,\alpha_0=\alpha_1=0.1$.

迭代得 $\alpha_1=\alpha_0+h=0.1+0.2=0.3,\varphi(\alpha_1)=0.427,\varphi(\alpha_0)=0.801$.

第一次迭代完成,下面开始第二次迭代.

因为 $\varphi(\alpha_1)\leqslant\varphi(\alpha_0)$,所以令 $h=2h=0.4,\alpha_2=\alpha_0=0.1,\alpha_0=\alpha_1=0.3$.

迭代得 $\alpha_1=\alpha_0+h=0.3+0.4=0.7,\varphi(\alpha_1)=-0.057,\varphi(\alpha_0)=0.427$.

第二次迭代完成,下面开始第三次迭代.

因为 $\varphi(\alpha_1)\leqslant\varphi(\alpha_0)$,所以令 $h=2h=0.8,\alpha_2=\alpha_0=0.3,\alpha_0=\alpha_1=0.7$.

迭代得 $\alpha_1=\alpha_0+h=0.7+0.8=1.5,\varphi(\alpha_1)=1.375,\varphi(\alpha_0)=-0.057$.

第三次迭代完成.

因为 $\varphi(\alpha_1)>\varphi(\alpha_0)$,可得 $a=\min\{\alpha_1,\alpha_2\}=0.3$, $b=\max\{\alpha_1,\alpha_2\}=1.5,\alpha_0=\dfrac{a+b}{2}=0.9$为所求初始点.

进退算法是一种启发式算法,如果函数所对应的下单峰区间非常小,即使 h 取值很小,那么算法也有可能失效.但是该算法对于一般的函数都是有效的,所以它是一种比较实用的算法.

确定了初始的搜索区间和初始点之后,可以采用不同的数值方法进行一维搜索,下面介绍几种常见的精确一维搜索算法.

3.2.1 平分法

设函数 $\varphi(\alpha)\in C^1$.因为当 $\varphi'(\alpha)>0$ 时,$\varphi(\alpha)$单调递增;当 $\varphi'(\alpha)<0$ 时,$\varphi(\alpha)$单调递减,所以如果找到一个区间$[a,b]$,使得 $\varphi'(a)<0$ 且 $\varphi'(b)>0$,那么必存在 $\alpha^*\in(a,b)$,使得 $\varphi'(\alpha^*)=0$,且 α^* 是函数 $\varphi(\alpha)$的局部极小点.

因此可以用以下方法求得 α^*.令初始区间为$[a_0,b_0]$,取 $\lambda_0=\dfrac{a_0+b_0}{2}$,若 $\varphi'(\lambda_0)>0$,那么 $\varphi(\alpha)$在$[a_0,\lambda_0]$中有极小点,令新的区间$[a_1,b_1]=[a_0,\lambda_0]$,再取 $\lambda_1=\dfrac{a_0+\lambda_0}{2}$,继续迭代;若 $\varphi'(\lambda_0)<0$,那么 $\varphi(\alpha)$在$[\lambda_0,b_0]$中有极小点,则取 $\lambda_1=\dfrac{\lambda_0+b_0}{2}$,继续迭代.每次迭代所得区间皆为平分上一次的区间所得,因此该算法称为**平分法**.

经过 k 次迭代后所得区间记为$[a_k,b_k]$,所得区间长度为$\dfrac{1}{2^k}|b-a|$,显然当 $k\to\infty$时,$[a_k,b_k]$的区间长度趋近于零,此时可取 $\alpha^*=\lambda_{k+1}=\dfrac{a_k+b_k}{2}$为近似局部极小点.

【例 3-2】 利用平分法求函数的近似局部极小点. 设函数 $\varphi(\alpha)=\alpha^3-2\alpha+1$,令 $\varphi'(\alpha)=3\alpha^2-2=0$,可得 $\alpha=\pm\frac{\sqrt{6}}{3}$,$\varphi''(\alpha)=6\alpha$, 显然当$\alpha=\frac{\sqrt{6}}{3}$时,$\varphi''(\alpha)>0$,因此函数 $\varphi(\alpha)$ 的局部极小点是 $\alpha=\frac{\sqrt{6}}{3}\approx0.817$. 下面用平分法求函数的近似局部极小点.

解　首先,由例 3-1,利用进退算法已得到其搜索区间为$[0.3,1.5]$,$\varphi'(\alpha)=3\alpha^2-2$,所以$\varphi'(0.3)=-1.73<0$,$\varphi'(1.5)=4.75>0$,满足平分法的条件,因此取 $\lambda_0=\frac{0.3+1.5}{2}=0.9$,计算 $\varphi'(0.9)=0.43>0$,那么取下一个区间为$[0.3,0.9]$,$\lambda_1=\frac{0.3+0.9}{2}=0.6$,计算$\varphi'(0.6)=-0.92<0$,继续取下一个区间为$[0.6,0.9]$,$\lambda_2=\frac{0.6+0.9}{2}=0.75$,计算 $\varphi'(0.75)=-0.3125<0$,继续取下一个区间为$[0.75,0.9]$,$\lambda_3=\frac{0.75+0.9}{2}=0.825$,计算 $\varphi'(0.825)\approx0.042>0$,继续取下一个区间为$[0.75,0.825]$,$\lambda_4=\frac{0.75+0.825}{2}=0.7875$,计算 $\varphi'(0.7875)\approx-0.14<0$,新的区间为$[0.7875,0.825]$,区间长度为 0.037 5,已经达到一定精度,因此可取近似最优解为 $\alpha^*=\frac{0.7875+0.825}{2}=0.80625$.

上述问题还可以继续迭代以提高计算精度. 很显然平分法计算过程简单,计算量也小,但是收敛速度较慢.

3.2.2　0.618 法

0.618 法也称为黄金分割法,同样适用于单峰函数,算法思想类似于平分法,但是不需要计算函数的导数,其主要步骤如下:

算法 3-3　0.618 法

步骤 1　设初始搜索区间为$[a_1,b_1]$,$\varepsilon>0$.

令$\lambda_1=a_1+0.382(b_1-a_1)$,$\mu_1=a_1+0.618(b_1-a_1)$, 分别计算 $\varphi(\lambda_1)$和 $\varphi(\mu_1)$,令 $k=1$, $\varepsilon>0$.

步骤 2　若$|b_k-a_k|<\varepsilon$, 那么计算结束,最优解 $\alpha^*\in[a_k,b_k]$,可取 $\alpha^*\approx\frac{a_k+b_k}{2}$;否则,若 $\varphi(\lambda_k)>\varphi(\mu_k)$,则转步骤 3;若 $\varphi(\lambda_k)\leqslant\varphi(\mu_k)$,则转步骤 4.

步骤 3　令 $a_{k+1}=\lambda_k$,$b_{k+1}=b_k$, $\lambda_{k+1}=\mu_k$,$\mu_{k+1}=a_{k+1}+0.618(b_{k+1}-a_{k+1})$,计算 $\varphi(\mu_{k+1})$, 转步骤 5.

步骤 4　令 $a_{k+1}=a_k$,$b_{k+1}=\mu_k$, $\mu_{k+1}=\lambda_k$, $\lambda_{k+1}=a_{k+1}+0.382(b_{k+1}-a_{k+1})$,计算 $\varphi(\lambda_{k+1})$, 转步骤 5.

步骤 5　令 $k=k+1$,返回步骤 2.

【例 3-3】 利用 0.618 法求函数 $\varphi(\alpha)=\alpha^3-2\alpha+1$ 的近似局部极小点.

解　取搜索区间为$[0,2]$,即 $a_1=0$,$b_1=2$.

$$\lambda_1=a_1+0.382(b_1-a_1)=0.764, \quad \mu_1=a_1+0.618(b_1-a_1)=1.236$$

$$\varphi(\lambda_1)\approx-0.082, \quad \varphi(\mu_1)\approx0.416$$

因为 $\varphi(\lambda_1)<\varphi(\mu_1)$，所以

$$a_2=a_1=0, \quad b_2=\mu_1=1.236$$

$$\mu_2=\lambda_1=0.764$$

$$\lambda_2=a_2+0.382(b_2-a_2)\approx0.472$$

计算 $\varphi(\mu_2)\approx-0.082$,$\varphi(\lambda_2)\approx0.161$.

因为 $\varphi(\lambda_2)>\varphi(\mu_2)$,所以 $a_3=\lambda_2=0.472$,$b_3=b_2=1.236$，$\lambda_3=\mu_2=0.764$，$\mu_3=a_3+0.618(b_3-a_3)\approx0.944$，计算 $\varphi(\mu_3)\approx-0.047$.

因为 $\varphi(\lambda_3)<\varphi(\mu_3)$,所以 $a_4=a_3=0.472$,$b_4=\mu_3=0.944$,$\mu_4=\lambda_3=0.764$,$\lambda_4=a_4+0.382(b_4-a_4)\approx0.652$,计算 $\varphi(\lambda_4)\approx-0.027$.

因为 $\varphi(\lambda_4)>\varphi(\mu_4)$,所以 $a_5=\lambda_4=0.652$,$b_5=b_4=0.944$,$\lambda_5=\mu_4=0.764$,$\mu_5=a_5+0.618(b_5-a_5)\approx0.832$,计算 $\varphi(\mu_5)\approx-0.088$.

因为 $\varphi(\lambda_5)>\varphi(\mu_5)$,所以 $a_6=\lambda_5=0.764$,$b_6=b_5=0.944$,$\lambda_6=\mu_5=0.832$,$\mu_6=a_6+0.618(b_6-a_6)\approx0.876$,计算 $\varphi(\mu_6)\approx-0.080$.

因为 $\varphi(\lambda_6)<\varphi(\mu_6)$,所以 $a_7=a_6=0.764$,$b_7=\mu_6=0.876$,$\mu_7=\lambda_6=0.832$,$\lambda_7=a_7+0.382(b_7-a_7)\approx0.807$,计算 $\varphi(\lambda_7)\approx-0.088$.

此时区间长度 $|b_7-a_7|=0.112$,$\alpha^*\approx\frac{a_7+b_7}{2}=0.82$,已经很接近解析法求得的最优解.

平分法和 0.618 法的计算量小,程序简单,但是收敛速度都较慢.下面再介绍其他几种常用的精确一维搜索方法.

3.2.3 牛顿法

牛顿法的思想是用 $\varphi(\alpha)$在已知点处的二阶泰勒展开式近似代替原函数,即

$$\varphi(\alpha)\approx g(\alpha)=\varphi(\alpha_0)+\varphi'(\alpha_0)(\alpha-\alpha_0)+\frac{1}{2}\varphi''(\alpha_0)(\alpha-\alpha_0)^2$$

用 $g(\alpha)$的局部极小点作为 $\varphi(\alpha)$的近似局部极小点.

显然 $g'(\alpha)=\varphi'(\alpha_0)+\varphi''(\alpha_0)(\alpha-\alpha_0)$,令 $g'(\alpha)=0$,可得解 α 为

$$\alpha=\alpha_0-\frac{\varphi'(\alpha_0)}{\varphi''(\alpha_0)} \tag{3-2}$$

由此可得迭代公式

$$\alpha_{k+1}=\alpha_k-\frac{\varphi'(\alpha_k)}{\varphi''(\alpha_k)} \tag{3-3}$$

用上述公式进行迭代,可得点列$\{\alpha_k\}$,当$|\varphi'(\alpha_k)|<\varepsilon$($\varepsilon>0$,$\varepsilon$ 为计算精度)时,迭代结束,α_k 即为 $\varphi(\alpha)$的近似局部极小点.

【例 3-4】 利用牛顿法求函数 $\varphi(\alpha)=\alpha^3-2\alpha+1$ 的近似局部极小点.

解 $\varphi'(\alpha)=3\alpha^2-2$,$\varphi''(\alpha)=6\alpha$,由例 3-2 可知 $\alpha=\frac{\sqrt{6}}{3}\approx0.817$ 是函数 $\varphi(\alpha)$的极小点,

下面用牛顿法求 $\varphi(\alpha)$的近似局部极小点. 取初始点 $\alpha_0=2,\varepsilon=10^{-2}$,则

$$\alpha_1=\alpha_0-\frac{\varphi'(\alpha_0)}{\varphi''(\alpha_0)}=2-\frac{10}{12}\approx 1.17$$

$$\alpha_2=\alpha_1-\frac{\varphi'(\alpha_1)}{\varphi''(\alpha_1)}=1.17-\frac{2.107}{7.02}\approx 0.87$$

$$\alpha_3=\alpha_2-\frac{\varphi'(\alpha_2)}{\varphi''(\alpha_2)}=0.87-\frac{0.2707}{5.22}\approx 0.818$$

$|\varphi'(\alpha_3)|<\varepsilon$,可取 $\alpha^*\approx 0.818$ 为函数的近似局部极小点.

相较于前面两种算法,牛顿法的优点是收敛速度快,但是需要计算二阶导数,并且要求初始点选得好,否则可能不收敛. 此外,牛顿法产生的序列的收敛点只是函数的驻点,不一定是局部极小点,因此求出 α_k 后还要进一步验证.

3.2.4　抛物线法

抛物线法又称为二次插值法. 它与牛顿法类似,其基本思想也是利用二次近似函数 $g(\alpha)$近似代替原函数,并用 $g(\alpha)$的局部极小点作为函数 $\varphi(\alpha)$的近似局部极小点. 但是它与牛顿法不同之处在于:牛顿法利用二阶泰勒展开式作为近似函数,也就是利用 α_0 处的函数值和一、二阶导数值来构造二次近似函数;而抛物线法利用 $\varphi(\alpha)$在三个点 $\alpha_0,\alpha_1,\alpha_2$ 处的函数值来构造二次近似函数.

设二次函数 $g(\alpha)=l_0+l_1\alpha+l_2\alpha^2$,要使其满足

$$\begin{cases}\varphi(\alpha_0)=g(\alpha_0)=l_0+l_1\alpha_0+l_2\alpha_0^2\\ \varphi(\alpha_1)=g(\alpha_1)=l_0+l_1\alpha_1+l_2\alpha_1^2\\ \varphi(\alpha_2)=g(\alpha_2)=l_0+l_1\alpha_2+l_2\alpha_2^2\end{cases}\tag{3-4}$$

那么令 $g'(\alpha)=l_1+2l_2\alpha=0$,即 $\tilde{\alpha}=-\dfrac{l_1}{2l_2}$是 $\varphi(\alpha)$的近似局部极小点,因此求出 l_1 和 l_2 即可. 由式(3-4)可得

$$\begin{cases}l_1(\alpha_1-\alpha_0)+l_2(\alpha_1^2-\alpha_0^2)=\varphi(\alpha_1)-\varphi(\alpha_0)\\ l_1(\alpha_2-\alpha_1)+l_2(\alpha_2^2-\alpha_1^2)=\varphi(\alpha_2)-\varphi(\alpha_1)\end{cases}\tag{3-5}$$

在上述方程组中消去 l_1,得

$$l_2=\left\{\frac{[\varphi(\alpha_2)-\varphi(\alpha_1)]}{\alpha_2-\alpha_1}-\frac{[\varphi(\alpha_1)-\varphi(\alpha_0)]}{\alpha_1-\alpha_0}\right\}/(\alpha_2-\alpha_0)\tag{3-6}$$

令

$$\begin{cases}m_1=\dfrac{[\varphi(\alpha_1)-\varphi(\alpha_0)]}{\alpha_1-\alpha_0}\\ m_2=\dfrac{[\varphi(\alpha_2)-\varphi(\alpha_1)]}{\alpha_2-\alpha_1}\end{cases}\tag{3-7}$$

可得

$$\begin{cases}l_1=m_1-l_2(\alpha_1+\alpha_0)\\ l_2=(m_2-m_1)/(\alpha_2-\alpha_0)\end{cases}\tag{3-8}$$

那么可知 $\varphi(\alpha)$的近似局部极小点为

$$\tilde{\alpha}=\frac{1}{2}\left(\alpha_1+\alpha_0-\frac{m_1}{l_2}\right) \tag{3-9}$$

在本算法中通常假设函数 $\varphi(\alpha)\in C^1$，$\alpha_1<\alpha_0<\alpha_2$，$\varphi(\alpha_0)<\varphi(\alpha_1)$，$\varphi(\alpha_0)<\varphi(\alpha_2)$，那么可以证明 $m_2>0$，此时 $\tilde{\alpha}$ 是 $g(\alpha)$ 的局部极小点，并且 $\tilde{\alpha}\in[\alpha_1,\alpha_2]$. 抛物线算法的主要步骤如下：

算法 3-4　抛物线算法

步骤 1　给定三点 $\alpha_1<\alpha_0<\alpha_2$，且函数值满足 $\varphi(\alpha_0)<\varphi(\alpha_1)$，$\varphi(\alpha_0)<\varphi(\alpha_2)$. 给定误差 $\varepsilon_1>0$ 和 $\varepsilon_2>0$.

步骤 2　如果 $|\alpha_1-\alpha_2|\leqslant\varepsilon_1$，那么转步骤 8；否则转步骤 3.

步骤 3　如果 $|(\alpha_2-\alpha_0)\varphi(\alpha_1)+(\alpha_1-\alpha_2)\varphi(\alpha_0)+(\alpha_0-\alpha_1)\varphi(\alpha_2)|\leqslant\varepsilon_2$，那么转步骤 8，否则转步骤 4.

步骤 4　按照公式(3-7)、(3-8)和(3-9)计算 $\tilde{\alpha}$，并计算 $\varphi(\tilde{\alpha})$，转步骤 5.

步骤 5　如果 $\varphi(\alpha_0)>\varphi(\tilde{\alpha})$，那么转步骤 6；如果 $\varphi(\alpha_0)<\varphi(\tilde{\alpha})$，那么转步骤 7；如果 $\varphi(\alpha_0)=\varphi(\tilde{\alpha})$，那么转步骤 8.

步骤 6　如果 $\alpha_0>\tilde{\alpha}$，那么令 $\alpha_2=\alpha_0$，$\alpha_0=\tilde{\alpha}$，$\varphi(\alpha_2)=\varphi(\alpha_0)$，$\varphi(\alpha_0)=\varphi(\tilde{\alpha})$，转步骤 2；否则令 $\alpha_1=\alpha_0$，$\alpha_0=\tilde{\alpha}$，$\varphi(\alpha_1)=\varphi(\alpha_0)$，$\varphi(\alpha_0)=\varphi(\tilde{\alpha})$，转步骤 2.

步骤 7　如果 $\alpha_0<\tilde{\alpha}$，那么令 $\alpha_2=\tilde{\alpha}$，$\varphi(\alpha_2)=\varphi(\tilde{\alpha})$，转步骤 2；否则令 $\alpha_1=\tilde{\alpha}$，$\varphi(\alpha_1)=\varphi(\tilde{\alpha})$，转步骤 2.

步骤 8　令最优解 $\alpha^*=\tilde{\alpha}$，$\varphi(\alpha^*)=\varphi(\tilde{\alpha})$，计算终止.

【例 3-5】　利用抛物线法求函数 $\varphi(\alpha)=\alpha^3-2\alpha+1$ 的近似局部极小点.

解　取 $\alpha_1=0$，$\alpha_0=1$，$\alpha_2=2$，那么 $\varphi(\alpha_1)=1$，$\varphi(\alpha_0)=0$，$\varphi(\alpha_2)=5$，显然 $\varphi(\alpha_0)<\varphi(\alpha_1)$ 且 $\varphi(\alpha_0)<\varphi(\alpha_2)$. 按照公式(3-7)、(3-8)和(3-9)计算

$$\begin{cases} m_1=\dfrac{[\varphi(\alpha_1)-\varphi(\alpha_0)]}{\alpha_1-\alpha_0}=\dfrac{1-0}{-1}=-1 \\ m_2=\dfrac{[\varphi(\alpha_2)-\varphi(\alpha_1)]}{\alpha_2-\alpha_1}=\dfrac{5-1}{2-0}=2 \end{cases}$$

$$l_2=\frac{m_2-m_1}{\alpha_2-\alpha_0}=\frac{2-(-1)}{2-1}=3$$

$$l_1=m_1-l_2(\alpha_1+\alpha_0)=-1-3\times(0+1)=-4$$

$$\tilde{\alpha}=\frac{1}{2}\left(\alpha_1+\alpha_0-\frac{m_1}{l_2}\right)=\frac{1}{2}\times\left(0+1-\frac{-1}{3}\right)=\frac{2}{3}$$

计算 $\varphi(\tilde{\alpha})=-\dfrac{1}{27}$，因为 $\varphi(\tilde{\alpha})<\varphi(\alpha_0)=0$，且 $\tilde{\alpha}<\alpha_0$，所以取 $\alpha_2=\alpha_0=1$，$\alpha_0=\tilde{\alpha}=\dfrac{2}{3}$，那么 $\varphi(\alpha_2)=\varphi(\alpha_0)=0$，$\varphi(\alpha_0)=\varphi(\tilde{\alpha})=-\dfrac{1}{27}$，再次计算可得

$$\begin{cases} m_1=\dfrac{[\varphi(\alpha_1)-\varphi(\alpha_0)]}{\alpha_1-\alpha_0}=\dfrac{1-\left(-\dfrac{1}{27}\right)}{0-\dfrac{2}{3}}=-\dfrac{14}{9} \\ m_2=\dfrac{[\varphi(\alpha_2)-\varphi(\alpha_1)]}{\alpha_2-\alpha_1}=\dfrac{0-1}{1-0}=-1 \end{cases}$$

$$l_2=\frac{m_2-m_1}{\alpha_2-\alpha_0}=\frac{-1-\left(-\frac{14}{9}\right)}{1-\frac{2}{3}}=\frac{5}{3}$$

$$l_1=m_1-l_2(\alpha_1+\alpha_0)=-\frac{14}{9}-\frac{5}{3}\times\left(0+\frac{2}{3}\right)=-\frac{8}{3}$$

$$\tilde{\alpha}=\frac{1}{2}\left(\alpha_1+\alpha_0-\frac{m_1}{l_2}\right)=\frac{1}{2}\times\left(0+\frac{2}{3}-\frac{-\frac{14}{9}}{\frac{5}{3}}\right)=0.8$$

由例 3-2 知 $\alpha=\frac{\sqrt{6}}{3}\approx 0.817$ 是函数 $\varphi(\alpha)$的局部极小点，第二次迭代得到的 $\tilde{\alpha}=0.8$ 相较于第一次得到的 $\tilde{\alpha}=\frac{2}{3}$已经很接近局部极小点了，这也说明抛物线法是有效的. 若算法收敛，其收敛速度较快.

在抛物线算法的迭代过程中可能会出现上一个迭代点与下一个迭代点充分接近，即可能满足了算法的结束准则，但是此时的 $\tilde{\alpha}$ 却不是 $\varphi(\alpha)$的近似局部极小点，即该算法不一定是收敛的. 但是若已知算法产生的点列收敛于 $\varphi(\alpha)$的局部极小点，就可以证明在一定的条件下抛物线算法是超线性收敛的.

3.2.5　非精确一维搜索

以上介绍的算法属于精确一维搜索，即需要寻找最优步长或近似最优步长. 但是在实际计算中一般做不到精确一维搜索，并且相对于需要付出的计算代价，精确一维搜索对加速收敛的作用并不是很大，因此很多时候我们只需要进行非精确一维搜索即可. 下面简单介绍非精确一维搜索的基本思想和搜索准则.

对于一维搜索问题$\min\limits_{\alpha\in\mathbf{R}}\varphi(\alpha)=f(\boldsymbol{x}+\alpha\boldsymbol{d})$，不需要函数值 $f(\boldsymbol{x}+\alpha\boldsymbol{d})$达到极小，但是要求每一次迭代后函数值 $f(\boldsymbol{x}^{k+1})=f(\boldsymbol{x}^k+\alpha_k\boldsymbol{d}^k)$比 $f(\boldsymbol{x}^k)$要下降一定的数量，同时在新的迭代点 $\boldsymbol{x}^{k+1}=\boldsymbol{x}^k+\alpha_k\boldsymbol{d}^k$ 处沿着方向$\boldsymbol{d}^k$ 的方向导数要比在$\boldsymbol{x}^k$ 处沿着方向$\boldsymbol{d}^k$ 的方向导数大一定数量. 依据上述原则，通常采用 Wolfe-Powell 不精确一维搜索准则. 即对给定的常数 c_1 和 c_2，且 $0<c_1<c_2<1$，步长 α_k 满足如下条件：

(1) $f(\boldsymbol{x}^{k+1})-f(\boldsymbol{x}^k)\leqslant c_1\alpha_k\nabla f(\boldsymbol{x}^k)^{\mathrm{T}}\boldsymbol{d}^k$.

(2) $\nabla f(\boldsymbol{x}^{k+1})^{\mathrm{T}}\boldsymbol{d}^k\geqslant c_2\nabla f(\boldsymbol{x}^k)^{\mathrm{T}}\boldsymbol{d}^k$.

非精确一维搜索算法的主要步骤如下：

算法 3-5　非精确一维搜索算法

首先设已求得搜索方向 $\boldsymbol{d}^k$，第 k 次的迭代点为 $\boldsymbol{x}^k$.

步骤 1　给定 $c_1\in(0,1)$，$c_2\in(c_1,1)$，$m=0$，$n=-\infty$，$\alpha=1$，$j=1$.

步骤 2　令 $\boldsymbol{x}^{k+1}=\boldsymbol{x}^k+\alpha\boldsymbol{d}^k$，计算 $f(\boldsymbol{x}^{k+1})$和$\nabla f(\boldsymbol{x}^{k+1})$，若 α 满足条件(1)和(2)，就令 $\alpha_k=\alpha$，计算结束；否则令 $j=j+1$，转步骤 3.

步骤 3　若 α 不满足条件(1)，转步骤 4；若 α 满足条件(1)，但是不满足条件(2)，转步骤 5.

步骤 4 令 $n=\alpha,\alpha=(\alpha+m)/2$,转步骤 2.

步骤 5 令 $m=\alpha,\alpha=\min\left\{2\alpha,\dfrac{(\alpha+n)}{2}\right\}$,转步骤 2.

注:在步骤 4 和步骤 5 中的缩放常数$\frac{1}{2}$和 2 可以依据不同的问题进行调整.

【例 3-6】 用非精确一维搜索求 Rosenbrock 函数 $f(\boldsymbol{x})=100\,(x_2-x_1^2)^2+(1-x_1)^2$ 的步长,已知 $\boldsymbol{x}^k=(0,0)^{\mathrm{T}},\boldsymbol{d}^k=(1,0)^{\mathrm{T}}$.

解 取 $c_1=0.1,c_2=0.5$,计算

$$\nabla f(\boldsymbol{x})=\begin{pmatrix}-400(x_2-x_1^2)x_1-2(1-x_1)\\200(x_2-x_1^2)\end{pmatrix}$$

$$\nabla f(\boldsymbol{x}^k)=\begin{pmatrix}-2\\0\end{pmatrix},f(\boldsymbol{x}^k)=1$$

令 $\boldsymbol{x}^{k+1}=\boldsymbol{x}^k+\alpha\boldsymbol{d}^k=(1,0)^{\mathrm{T}}$,所以 $f(\boldsymbol{x}^{k+1})=100$,目标函数值没有下降,显然不满足条件(1),所以令 $n=\alpha=1,\alpha=\dfrac{(\alpha+m)}{2}=\dfrac{1}{2}$.

再次计算 $\boldsymbol{x}^{k+1}=\boldsymbol{x}^k+\alpha\boldsymbol{d}^k=\left(\dfrac{1}{2},0\right)^{\mathrm{T}},f(\boldsymbol{x}^{k+1})=\dfrac{25}{4}$, 仍然不满足条件(1).

再次令 $n=\alpha=\dfrac{1}{2},\alpha=\dfrac{(\alpha+m)}{2}=\dfrac{1}{4}$. 计算 $\boldsymbol{x}^{k+1}=\boldsymbol{x}^k+\alpha\boldsymbol{d}^k=\left(\dfrac{1}{4},0\right)^{\mathrm{T}},f(\boldsymbol{x}^{k+1})=\dfrac{61}{64}$,此时 $f(\boldsymbol{x}^{k+1})-f(\boldsymbol{x}^k)=-\dfrac{3}{64}$,计算 $c_1\alpha\nabla f(\boldsymbol{x}^k)^{\mathrm{T}}\boldsymbol{d}^k=-0.05$. 所以仍然不满足条件(1),继续令 $n=\alpha=\dfrac{1}{4},\alpha=\dfrac{(\alpha+m)}{2}=\dfrac{1}{8}$.

计算 $\boldsymbol{x}^{k+1}=\left(\dfrac{1}{8},0\right)^{\mathrm{T}},f(\boldsymbol{x}^{k+1})\approx0.79,f(\boldsymbol{x}^{k+1})-f(\boldsymbol{x}^k)=-0.21$.

计算 $c_1\alpha\nabla f(\boldsymbol{x}^k)^{\mathrm{T}}\boldsymbol{d}^k=-0.025$,可知满足条件(1).

计算$\nabla f(\boldsymbol{x}^{k+1})^{\mathrm{T}}\boldsymbol{d}^k=-\dfrac{31}{32},c_2\,\nabla f(\boldsymbol{x}^k)^{\mathrm{T}}\boldsymbol{d}^k=-1$,显然也满足条件(2),因此得到非精确步长 $\alpha_k=\dfrac{1}{8}$.

3.3 多元函数的下降算法

对于多元函数,不仅要确定每次迭代的步长,更重要的是确定每次迭代的方向. 迭代方向是影响多元函数无约束优化算法收敛速度的重要因素. 下面我们先介绍几种基本的**下降算法**. 下降算法是指在每次迭代的搜索方向上目标函数值都是下降的.

3.3.1 最速下降法

当函数 $f(\boldsymbol{x})\in C^1,\boldsymbol{x}\in\mathbf{R}^n$ 时,考虑函数在点 $\boldsymbol{x}$ 处沿着方向 $\boldsymbol{d}$ 的方向导数 $f_{\boldsymbol{d}}(\boldsymbol{x})=\nabla f(\boldsymbol{x})^{\mathrm{T}}\boldsymbol{d}$,方向导数的意义是函数在点 $\boldsymbol{x}$ 处沿着方向 $\boldsymbol{d}$ 的变化率. 显然方向导数为负值时

表明函数值是下降的，因此沿着负梯度方向 $-\nabla f(\boldsymbol{x})$，函数值下降得最快. 如果选取它作为每次迭代的搜索方向，即 $\boldsymbol{d}^k=-\nabla f(\boldsymbol{x}^k)$，此下降算法称为**最速下降法**.

最速下降法的主要步骤为：

算法 3-6　最速下降法

步骤 1　给定初始点 $\boldsymbol{x}^0$，精度 $\varepsilon>0$，令 $k=0$.

步骤 2　计算梯度 $\nabla f(\boldsymbol{x}^k)$.

步骤 3　若 $\|\nabla f(\boldsymbol{x}^k)\|<\varepsilon$，则算法结束，取 $\boldsymbol{x}^*=\boldsymbol{x}^k$；否则转步骤 4.

步骤 4　用一维搜索求 $\varphi(\alpha)=f(\boldsymbol{x}^k-\alpha\nabla f(\boldsymbol{x}^k))$ 的一个局部极小点 α_k，使得

$$f(\boldsymbol{x}^k-\alpha_k\nabla f(\boldsymbol{x}^k))<f(\boldsymbol{x}^k)$$

步骤 5　令 $\boldsymbol{x}^{k+1}=\boldsymbol{x}^k-\alpha_k\nabla f(\boldsymbol{x}^k)$，$k=k+1$，返回步骤 2.

下面不加证明地给出最速下降法的收敛性定理.

定理 3-5　设 $f(\boldsymbol{x})\in C^1$，$\boldsymbol{x}^0\in\mathbf{R}^n$，如果水平集 $L=\{\boldsymbol{x}:f(\boldsymbol{x})\leqslant f(\boldsymbol{x}^0)\}$ 是有界的，那么最速下降法产生的点列 $\{\boldsymbol{x}^k\}$ 必存在聚点，且聚点 $\boldsymbol{x}^*$ 满足 $\nabla f(\boldsymbol{x}^*)=\boldsymbol{0}$.

【例 3-7】　用最速下降法求解问题 $\min\ f(\boldsymbol{x})=3x_1^2+2x_2^2-4x_1-6x_2$，$\boldsymbol{x}=(x_1,x_2)^{\mathrm{T}}$.

解　我们先用解析法分析该问题，求出

$$\nabla f(\boldsymbol{x})=\begin{pmatrix}6x_1-4\\4x_2-6\end{pmatrix},\ \nabla^2 f(\boldsymbol{x})=\begin{pmatrix}6&0\\0&4\end{pmatrix}$$

令 $\nabla f(\boldsymbol{x})=\boldsymbol{0}$，可得 $x_1=\dfrac{2}{3}$，$x_2=\dfrac{3}{2}$，因为 $\nabla^2 f(\boldsymbol{x})$ 是正定的，因此 $\boldsymbol{x}^*=\left(\dfrac{2}{3},\dfrac{3}{2}\right)^{\mathrm{T}}$ 是问题的最优解.

下面用最速下降法求解该问题. 首先选取初始点 $\boldsymbol{x}^0=(0,0)^{\mathrm{T}}$，那么初始的下降方向为 $\boldsymbol{d}^0=-\nabla f(\boldsymbol{x}^0)=(4,6)^{\mathrm{T}}$，用一维搜索求解问题

$$\min\ \varphi(\alpha)=\min\ f(\boldsymbol{x}^0-\alpha\nabla f(\boldsymbol{x}^0))=\min(120\alpha^2-52\alpha)$$

因为 $\varphi'(\alpha)=240\alpha-52=0$，所以求出 $\alpha_0=\dfrac{13}{60}$. 那么可得

$$\boldsymbol{x}^1=\boldsymbol{x}^0-\alpha_0\nabla f(\boldsymbol{x}^0)=(0,0)^{\mathrm{T}}-\frac{13}{60}(-4,-6)^{\mathrm{T}}=\left(\frac{13}{15},\frac{13}{10}\right)^{\mathrm{T}}$$

计算 $\nabla f(\boldsymbol{x}^1)=\left(\dfrac{6}{5},-\dfrac{4}{5}\right)^{\mathrm{T}}$，用一维搜索求解问题

$$\min\ \varphi(\alpha)=\min\ f(\boldsymbol{x}^1-\alpha\nabla f(\boldsymbol{x}^1))=\min\left(\frac{28}{5}\alpha^2-\frac{52}{25}\alpha-\frac{169}{30}\right)$$

令 $\varphi'(\alpha)=\dfrac{56}{5}\alpha-\dfrac{52}{25}=0$，求出 $\alpha_1=\dfrac{13}{70}$.

可得 $\boldsymbol{x}^2=\boldsymbol{x}^1-\alpha_1\nabla f(\boldsymbol{x}^1)=\left(\dfrac{13}{15},\dfrac{13}{10}\right)^{\mathrm{T}}-\dfrac{13}{70}\left(\dfrac{6}{5},-\dfrac{4}{5}\right)^{\mathrm{T}}\approx(0.644,1.449)^{\mathrm{T}}$.

计算 $\nabla f(\boldsymbol{x}^2)=(-0.136,-0.204)^{\mathrm{T}}$，用一维搜索求解问题

$$\min\ \varphi(\alpha)=\min\ f(\boldsymbol{x}^2-\alpha\nabla f(\boldsymbol{x}^2))=\min(0.139\alpha^2-0.06\alpha-5.827)$$

令 $\varphi'(\alpha)=0.278\alpha-0.06=0$，求出 $\alpha_2\approx0.216$.

可得 $\boldsymbol{x}^3=\boldsymbol{x}^2-\alpha_2\nabla f(\boldsymbol{x}^2)=(0.644,1.449)^{\mathrm{T}}-0.216(-0.136,-0.204)^{\mathrm{T}}$，$\boldsymbol{x}^3\approx(0.673,1.493)^{\mathrm{T}}$.

$\boldsymbol{x}^3$ 与最优解 $\boldsymbol{x}^*=\left(\frac{2}{3},\frac{3}{2}\right)^{\mathrm{T}}$ 的误差已经小于 10^{-2}，如果需要提高计算精度，可以继续进行迭代.

由于计算的烦琐性，一般最速下降法都采用计算机编程计算.

最速下降法只需要计算目标函数的梯度，因此计算量比较小，并且即使初始点不好，也可以保证其收敛性，这些是该算法的优点. 但是最速下降法也有一个很明显的缺点. 在算法中如果采用精确一维搜索求得 α_k，那么就意味着

$$\left.\frac{\mathrm{d}f(\boldsymbol{x}^k-\alpha\nabla f(\boldsymbol{x}^k))}{\mathrm{d}\alpha}\right|_{\alpha=\alpha_k}=-\nabla f(\boldsymbol{x}^{k+1})^{\mathrm{T}}\nabla f(\boldsymbol{x}^k)=0 \tag{3-10}$$

上式表明前后两个迭代点的梯度方向是正交的，这种方向的限制容易产生如图 3-1 所示的锯齿形移动，这实际是在绕弯路向最优解 $\boldsymbol{x}^*$ 移动. 特别是越接近最优解，这种锯齿形状会越密集，因此该算法虽然收敛，但是收敛速度比较慢.

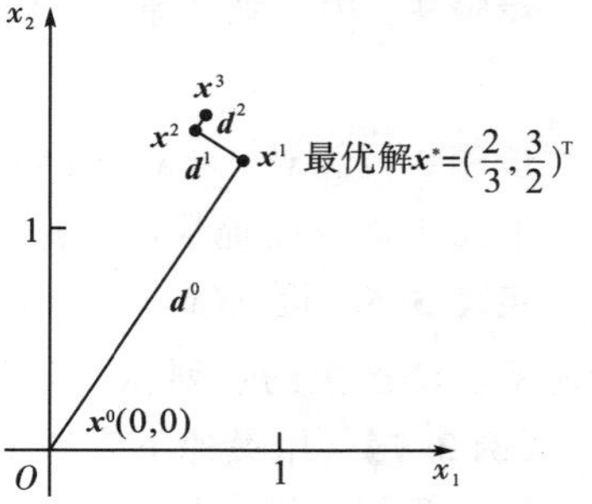

图 3-1　最速下降法(例 3-7 示意图)

此外该算法关于小的扰动并不稳定，而在近似算法中很容易出现小的扰动，这样也可能破坏算法的收敛性.

3.3.2　多元函数的牛顿法

因为最速下降法沿负梯度方向迭代，其收敛速度较慢，我们考虑利用函数的二阶导数信息，从而提高算法的收敛速度. 与一维问题类似，利用二阶泰勒展开式，在局部用一个二次函数 $h(\boldsymbol{x})$ 近似代替目标函数 $f(\boldsymbol{x})$，然后用 $h(\boldsymbol{x})$ 的局部极小点作为 $f(\boldsymbol{x})$ 的近似局部极小点.

设 $f(\boldsymbol{x})\in C^2$，$f(\boldsymbol{x})$ 在点 $\boldsymbol{x}^k$ 附近的二阶泰勒展开式为

$$f(\boldsymbol{x})=f(\boldsymbol{x}^k)+\nabla f(\boldsymbol{x}^k)^{\mathrm{T}}(\boldsymbol{x}-\boldsymbol{x}^k)+\frac{1}{2}(\boldsymbol{x}-\boldsymbol{x}^k)^{\mathrm{T}}\nabla^2 f(\boldsymbol{x}^k)(\boldsymbol{x}-\boldsymbol{x}^k)+o(\|\boldsymbol{x}-\boldsymbol{x}^k\|^2)$$

那么令

$$f(\boldsymbol{x})\approx h(\boldsymbol{x})=f(\boldsymbol{x}^k)+\nabla f(\boldsymbol{x}^k)^{\mathrm{T}}(\boldsymbol{x}-\boldsymbol{x}^k)+\frac{1}{2}(\boldsymbol{x}-\boldsymbol{x}^k)^{\mathrm{T}}\nabla^2 f(\boldsymbol{x}^k)(\boldsymbol{x}-\boldsymbol{x}^k)$$

易得 $h(\boldsymbol{x})$ 的梯度为

$$\nabla h(\boldsymbol{x})=\nabla f(\boldsymbol{x}^k)+\nabla^2 f(\boldsymbol{x}^k)(\boldsymbol{x}-\boldsymbol{x}^k)$$

令 $\nabla h(\boldsymbol{x})=\boldsymbol{0}$，得 $h(\boldsymbol{x})$ 的局部极小点为

$$\tilde{\boldsymbol{x}}=\boldsymbol{x}^k-[\nabla^2 f(\boldsymbol{x}^k)]^{-1}\nabla f(\boldsymbol{x}^k) \tag{3-11}$$

可取 $\tilde{\boldsymbol{x}}$ 作为 $f(\boldsymbol{x})$ 的近似局部极小点，上述公式即为牛顿法的迭代公式.

牛顿法的主要步骤为：

算法 3-7　牛顿法

步骤 1　任取 $\boldsymbol{x}^0 \in \mathbf{R}^n$，令 $k=0$.

步骤 2　计算$\nabla f(\boldsymbol{x}^k)$，若$\|\nabla f(\boldsymbol{x}^k)\|<\varepsilon$，则算法结束，取 $\boldsymbol{x}^* = \boldsymbol{x}^k$；否则转步骤 3.

步骤 3　计算$\nabla^2 f(\boldsymbol{x}^k)$，令 $\boldsymbol{x}^{k+1}=\boldsymbol{x}^k-[\nabla^2 f(\boldsymbol{x}^k)]^{-1}\nabla f(\boldsymbol{x}^k)$.

步骤 4　令 $k=k+1$，转步骤 2.

【例 3-8】　用牛顿法求解问题 $\min\ f(\boldsymbol{x})=3x_1^2+2x_2^2-4x_1-6x_2$，$\boldsymbol{x}=(x_1,x_2)^{\mathrm{T}}$.

解　首先已知函数的梯度和海森阵分别为

$$\nabla f(\boldsymbol{x})=\begin{pmatrix}6x_1-4\\4x_2-6\end{pmatrix},\ \nabla^2 f(\boldsymbol{x})=\begin{pmatrix}6 & 0\\0 & 4\end{pmatrix}$$

初始点选为 $\boldsymbol{x}^0=(0,0)^{\mathrm{T}}$，那么

$$\boldsymbol{x}^1=\boldsymbol{x}^0-[\nabla^2 f(\boldsymbol{x}^0)]^{-1}\nabla f(\boldsymbol{x}^0)$$

$$\boldsymbol{x}^1=\begin{pmatrix}0\\0\end{pmatrix}-\begin{pmatrix}\frac{1}{6} & 0\\0 & \frac{1}{4}\end{pmatrix}\begin{pmatrix}-4\\-6\end{pmatrix}=\begin{pmatrix}\frac{2}{3}\\\frac{3}{2}\end{pmatrix}$$

由例 3-7 可知，经过一次迭代就得到了问题的最优解.

通过例 3-7 和例 3-8 可知，牛顿法比最速下降法收敛速度快. 对于二次正定函数，其海森阵是一个正定常矩阵，所以从任意初始点出发，经过一次迭代都可以得到问题的最优解. 对于非二次函数，如果其函数性质接近二次函数，或者选取的初始点已经在局部极小点的邻域内，也可以很快地收敛于局部极小点. 在一定的条件下可以证明牛顿法至少是二阶收敛的.

由于牛顿法的迭代步长是固定的，对于非二次目标函数，其收敛性与初始点的选择密切相关. 若初始点选取不当，则可能造成算法不收敛. 根据已有的文献可知，为了保证牛顿法的收敛性，初始点 $\boldsymbol{x}^0$ 不能离最优解 $\boldsymbol{x}^*$ 太远. 但是对于实际问题，我们往往无法确定最优解所在的区域，因此也就很难确定适当的初始点. 为了克服这一困难，考虑改进牛顿算法，扩大其收敛域，使其克服对初始点的依赖性，从而提出了**阻尼牛顿法**，也称为**修正的牛顿法**.

3.3.3　阻尼牛顿法

上一小节中牛顿法的迭代公式为

$$\boldsymbol{x}^{k+1}=\boldsymbol{x}^k-[\nabla^2 f(\boldsymbol{x}^k)]^{-1}\nabla f(\boldsymbol{x}^k)$$

很显然其迭代方向为

$$\boldsymbol{d}^k=-[\nabla^2 f(\boldsymbol{x}^k)]^{-1}\nabla f(\boldsymbol{x}^k)$$

步长为常数，即 $\alpha_k=1$，也就是说在每次迭代中并没有选取最优步长. 那么在阻尼牛顿法中步长不再取为 1，而是进行一维搜索来决定 α_k，即令 α_k 是问题 $\min f(\boldsymbol{x}^k+\alpha\boldsymbol{d}^k)$的最优解. 牛顿法的迭代公式修正为

$$\boldsymbol{x}^{k+1}=\boldsymbol{x}^k-\alpha_k[\nabla^2 f(\boldsymbol{x}^k)]^{-1}\nabla f(\boldsymbol{x}^k)$$

阻尼牛顿法的主要步骤为：

算法 3-8　阻尼牛顿法

步骤 1　任取 $\boldsymbol{x}^0\in\mathbf{R}^n$，令 $k=0$.

步骤 2　计算$\nabla f(\boldsymbol{x}^k)$,若$\|\nabla f(\boldsymbol{x}^k)\|<\varepsilon$,则算法结束,取 $\boldsymbol{x}^*=\boldsymbol{x}^k$;否则转步骤 3.

步骤 3　计算$\nabla^2 f(\boldsymbol{x}^k)$,令 $\boldsymbol{d}^k=-[\nabla^2 f(\boldsymbol{x}^k)]^{-1}\nabla f(\boldsymbol{x}^k)$.

步骤 4　沿方向 $\boldsymbol{d}^k$ 进行一维搜索,确定步长 α_k.

步骤 5　令 $\boldsymbol{x}^{k+1}=\boldsymbol{x}^k+\alpha_k\boldsymbol{d}^k$,$k=k+1$，转步骤 2.

阻尼牛顿法具有如下的收敛定理：

定理 3-6　设 $f(\boldsymbol{x})\in C^2$,$\nabla^2 f(\boldsymbol{x}^k)$是正定矩阵,$\{\boldsymbol{x}^k\}$是由阻尼牛顿法迭代所得的点列,如果水平集 $L=\{\boldsymbol{x}:f(\boldsymbol{x})\leqslant f(\boldsymbol{x}^0)\}$是有界的,那么阻尼牛顿法产生的点列$\{\boldsymbol{x}^k\}$必存在聚点,且聚点 $\boldsymbol{x}^*$ 满足$\nabla f(\boldsymbol{x}^*)=\mathbf{0}$.

【例 3-9】　分别用牛顿法和阻尼牛顿法求解问题

$$\min\ f(\boldsymbol{x})=x_1^2+x_2^2-3x_1-x_1x_2+3,\quad \boldsymbol{x}=(x_1,x_2)^{\mathrm{T}}$$

解　我们先用解析法分析该问题,求出

$$\nabla f(\boldsymbol{x})=\begin{pmatrix}2x_1-3-x_2\\2x_2-x_1\end{pmatrix},\quad \nabla^2 f(\boldsymbol{x})=\begin{pmatrix}2&-1\\-1&2\end{pmatrix}$$

令$\nabla f(\boldsymbol{x})=0$,可得 $x_1=2$,$x_2=1$,因为$\nabla^2 f(\boldsymbol{x})$是正定的,因此 $\boldsymbol{x}^*=(2,1)^{\mathrm{T}}$ 是问题的最优解,初始点选为 $\boldsymbol{x}^0=(0,0)^{\mathrm{T}}$.

(1)用牛顿法求解.

$$\nabla f(\boldsymbol{x}^0)=\begin{pmatrix}-3\\0\end{pmatrix},\quad [\nabla^2 f(\boldsymbol{x}^0)]^{-1}=\frac{1}{3}\begin{pmatrix}2&1\\1&2\end{pmatrix}$$

$$\begin{aligned}\boldsymbol{x}^1&=\boldsymbol{x}^0-[\nabla^2 f(\boldsymbol{x}^0)]^{-1}\nabla f(\boldsymbol{x}^0)\\&=\begin{pmatrix}0\\0\end{pmatrix}-\frac{1}{3}\begin{pmatrix}2&1\\1&2\end{pmatrix}\begin{pmatrix}-3\\0\end{pmatrix}=\begin{pmatrix}2\\1\end{pmatrix}\end{aligned}$$

经过一次迭代得到最优解.

(2)用阻尼牛顿法求解.

首先计算

$$\boldsymbol{d}^0=-[\nabla^2 f(\boldsymbol{x}^0)]^{-1}\nabla f(\boldsymbol{x}^0)=-\frac{1}{3}\begin{pmatrix}2&1\\1&2\end{pmatrix}\begin{pmatrix}-3\\0\end{pmatrix}=\begin{pmatrix}2\\1\end{pmatrix}$$

$$\min\ \varphi(\alpha)=\min\ f(\boldsymbol{x}^0+\alpha\boldsymbol{d}^0)=\min(3\alpha^2-6\alpha+3)$$

令 $\varphi'(\alpha)=6\alpha-6=0$,所以求出 $\alpha_0=1$.

$$\boldsymbol{x}^1=\boldsymbol{x}^0+\alpha_0\boldsymbol{d}^0=\begin{pmatrix}0\\0\end{pmatrix}+\begin{pmatrix}2\\1\end{pmatrix}=\begin{pmatrix}2\\1\end{pmatrix}$$

也是经过一次迭代得到最优解.

通过上面的例题可以看出牛顿法和阻尼牛顿法的联系与区别. 对于二次函数,牛顿法更简单;但是对于非二次函数,阻尼牛顿法更加有效.

阻尼牛顿法虽然克服了牛顿法对初始点的依赖性,但是仍然要求函数 $f(\boldsymbol{x})$是二阶连

续可微的，并且在迭代中需要计算$[\nabla^2 f(\boldsymbol{x}^k)]^{-1}$，计算量与存储量都比较大，那么为了克服这样的缺点，需要寻求新的迭代方向.

3.4　拟牛顿法(变尺度法)

通过观察可知前面几种下降算法的迭代公式可以统一写成如下形式

$$\boldsymbol{x}^{k+1}=\boldsymbol{x}^k-\alpha_k \boldsymbol{H}_k \nabla f(\boldsymbol{x}^k) \tag{3-12}$$

当 $\boldsymbol{H}_k=\boldsymbol{E}$(单位阵)，$\alpha_k$ 采用一维搜索时，式(3-12)就是最速下降法的迭代公式.

当 $\boldsymbol{H}_k=[\nabla^2 f(\boldsymbol{x}^k)]^{-1}$，$\alpha_k=1$ 时，式(3-12)就是牛顿法的迭代公式.

当 $\boldsymbol{H}_k=[\nabla^2 f(\boldsymbol{x}^k)]^{-1}$，$\alpha_k$ 采用一维搜索时，式(3-12)就是阻尼牛顿法的迭代公式.

拟牛顿法

若$\nabla^2 f(\boldsymbol{x}^k)$是奇异的或者非正定的，牛顿法就无法得到下降方向，而且计算$\nabla^2 f(\boldsymbol{x}^k)$的逆矩阵的计算量太大. 为了克服牛顿法在计算上的缺点，同时又能保留它的收敛速度快的优点，我们就希望能够选取适当的 $\boldsymbol{H}_k$ 逐步逼近$[\nabla^2 f(\boldsymbol{x}^k)]^{-1}$，同时又不需要计算二阶导数，这样的 $\boldsymbol{H}_k$ 必须满足以下的条件：

(1)$\boldsymbol{H}_k$ 是对称正定矩阵，此时$-\nabla f(\boldsymbol{x}^k)^{\mathrm{T}}\boldsymbol{H}_k\nabla f(\boldsymbol{x}^k)<0$，从而$-\boldsymbol{H}_k\nabla f(\boldsymbol{x}^k)$是下降方向.

(2)$\boldsymbol{H}_k$ 经过简单修正可以得到 $\boldsymbol{H}_{k+1}$，即

$$\boldsymbol{H}_{k+1}=\boldsymbol{H}_k+\boldsymbol{C}_k, \tag{3-13}$$

其中 $\boldsymbol{C}_k$ 为修正矩阵.

我们希望通过任意的初始矩阵 $\boldsymbol{H}_0$，利用修正矩阵逐步得到的 $\boldsymbol{H}_k$ 成为$[\nabla^2 f(\boldsymbol{x}^k)]^{-1}$的一个好的逼近，选取不同的修正矩阵 $\boldsymbol{C}_k$ 就可以得到不同的算法. 根据牛顿法的思想，下面以二次函数为例讨论如何选取适当的 $\boldsymbol{C}_k$.

设二次函数 $f(\boldsymbol{x})=a+\boldsymbol{b}^{\mathrm{T}}\boldsymbol{x}+\dfrac{\boldsymbol{x}^{\mathrm{T}}\boldsymbol{A}\boldsymbol{x}}{2}$，其中 $\boldsymbol{A}$ 是 n 阶对称正定阵，$\boldsymbol{b},\boldsymbol{x}\in\mathbf{R}^n$，$a$ 是常数，那么

$$\nabla f(\boldsymbol{x})=\boldsymbol{b}+\boldsymbol{A}\boldsymbol{x},\quad \nabla^2 f(\boldsymbol{x})=\boldsymbol{A} \tag{3-14}$$

令

$$\begin{cases}\Delta\boldsymbol{x}_k=\boldsymbol{x}^{k+1}-\boldsymbol{x}^k\\ \Delta\boldsymbol{y}_k=\nabla f(\boldsymbol{x}^{k+1})-\nabla f(\boldsymbol{x}^k)\end{cases} \tag{3-15}$$

那么由式(3-14)可得 $\Delta\boldsymbol{y}_k=\boldsymbol{A}(\boldsymbol{x}^{k+1}-\boldsymbol{x}^k)$，则式(3-15)可写为

$$\boldsymbol{A}\Delta\boldsymbol{x}_k=\Delta\boldsymbol{y}_k \text{ 或 } \Delta\boldsymbol{x}_k=\boldsymbol{A}^{-1}\Delta\boldsymbol{y}_k \tag{3-16}$$

方程(3-16)称为拟牛顿方程.

对于一般的 n 元函数，如果函数是二阶连续可微的，那么可以用二阶泰勒展开式代替原函数，从而求得近似最优解. 按照这样的思想，如果使 $\boldsymbol{H}_{k+1}$ 满足拟牛顿方程，即 $\Delta\boldsymbol{x}_k=\boldsymbol{H}_{k+1}\Delta\boldsymbol{y}_k$，那么 $\boldsymbol{H}_{k+1}$ 就能比较好地近似于$[\nabla^2 f(\boldsymbol{x}^{k+1})]^{-1}$.

如果修正公式满足拟牛顿方程，那么该算法称为拟牛顿算法. 因为拟牛顿方程有

$\frac{n^2+n}{2}$个未知数和 n 个方程，所以一般有无穷多解，也就是说拟牛顿法是一族算法．此外，有一些拟牛顿法不满足条件(1)，只满足条件(2)，我们称这一类拟牛顿法为变尺度法．

下面我们介绍两种应用比较广泛的拟牛顿法：DFP 算法和 BFGS 算法．

3.4.1 DFP 算法

如前面所述，我们要想办法构造矩阵列 $\boldsymbol{H}_{k+1}=\boldsymbol{H}_k+\boldsymbol{C}_k$，使其满足拟牛顿方程，同时希望修正矩阵尽量简单．简单的矩阵通常是指秩越小越好．

若要求 $\boldsymbol{C}_k$ 的秩为 1，则可以将 $\boldsymbol{C}_k$ 设为

$$\boldsymbol{C}_k=\lambda_k\boldsymbol{u}\boldsymbol{u}^{\mathrm{T}} \tag{3-17}$$

其中$\lambda_k\neq 0$ 是待定常数，$\boldsymbol{u}$ 是 n 元非零向量．

将 $\boldsymbol{C}_k=\lambda_k\boldsymbol{u}\boldsymbol{u}^{\mathrm{T}}$ 代入修正公式可得

$$\boldsymbol{H}_{k+1}=\boldsymbol{H}_k+\lambda_k\boldsymbol{u}\boldsymbol{u}^{\mathrm{T}} \tag{3-18}$$

再将式(3-18)代入拟牛顿方程(3-16)可得

$$\Delta\boldsymbol{x}_k=(\boldsymbol{H}_k+\lambda_k\boldsymbol{u}\boldsymbol{u}^{\mathrm{T}})\Delta\boldsymbol{y}_k=\boldsymbol{H}_k\Delta\boldsymbol{y}_k+\lambda_k\boldsymbol{u}(\boldsymbol{u}^{\mathrm{T}}\Delta\boldsymbol{y}_k)$$

因为λ_k 和 $\boldsymbol{u}^{\mathrm{T}}\Delta\boldsymbol{y}_k$ 是实数，所以由上式可知向量 $\boldsymbol{u}$ 和 $\Delta\boldsymbol{x}_k-\boldsymbol{H}_k\Delta\boldsymbol{y}_k$ 成正比，那么不妨取

$$\boldsymbol{u}=\Delta\boldsymbol{x}_k-\boldsymbol{H}_k\Delta\boldsymbol{y}_k$$

由此计算可得$\lambda_k=\dfrac{1}{\boldsymbol{u}^{\mathrm{T}}\Delta\boldsymbol{y}_k}=\dfrac{1}{\Delta\boldsymbol{y}_k^{\mathrm{T}}(\Delta\boldsymbol{x}_k-\boldsymbol{H}_k\Delta\boldsymbol{y}_k)}$，其中 $\Delta\boldsymbol{y}_k^{\mathrm{T}}(\Delta\boldsymbol{x}_k-\boldsymbol{H}_k\Delta\boldsymbol{y}_k)\neq 0$．代入修正公式可得秩为 1 的拟牛顿法迭代公式为

$$\boldsymbol{H}_{k+1}=\boldsymbol{H}_k+\frac{(\Delta\boldsymbol{x}_k-\boldsymbol{H}_k\Delta\boldsymbol{y}_k)(\Delta\boldsymbol{x}_k-\boldsymbol{H}_k\Delta\boldsymbol{y}_k)^{\mathrm{T}}}{\Delta\boldsymbol{y}_k^{\mathrm{T}}(\Delta\boldsymbol{x}_k-\boldsymbol{H}_k\Delta\boldsymbol{y}_k)} \tag{3-19}$$

此算法简单易懂，计算也简便，但是其缺点也很明显：用公式(3-19)进行迭代时，即使 $\boldsymbol{H}_k$ 是正定的，仍无法保证 $\boldsymbol{H}_{k+1}$ 也是正定的；此外，公式(3-19)中的分母 $\Delta\boldsymbol{y}_k^{\mathrm{T}}(\Delta\boldsymbol{x}_k-\boldsymbol{H}_k\Delta\boldsymbol{y}_k)$可能为零或者近似为零，这会造成算法失效或计算不稳定．因此用秩为 1 的对称阵作为修正矩阵并不合适，现在考虑用秩为 2 的矩阵作为修正矩阵．

一般的秩为 2 的修正矩阵可以写为

$$\boldsymbol{C}_k=\lambda_k\boldsymbol{u}\boldsymbol{u}^{\mathrm{T}}+\gamma_k\boldsymbol{v}\boldsymbol{v}^{\mathrm{T}} \tag{3-20}$$

其中$\lambda_k\neq 0,\gamma_k\neq 0,\lambda_k,\gamma_k$ 是待定常数，$\boldsymbol{u},\boldsymbol{v}$ 是 n 元非零向量．将式(3-20)代入修正公式可得

$$\boldsymbol{H}_{k+1}=\boldsymbol{H}_k+\lambda_k\boldsymbol{u}\boldsymbol{u}^{\mathrm{T}}+\gamma_k\boldsymbol{v}\boldsymbol{v}^{\mathrm{T}} \tag{3-21}$$

再将式(3-21)代入拟牛顿方程(3-16)可得

$$\Delta\boldsymbol{x}_k=(\boldsymbol{H}_k+\lambda_k\boldsymbol{u}\boldsymbol{u}^{\mathrm{T}}+\gamma_k\boldsymbol{v}\boldsymbol{v}^{\mathrm{T}})\Delta\boldsymbol{y}_k=\boldsymbol{H}_k\Delta\boldsymbol{y}_k+\lambda_k\boldsymbol{u}(\boldsymbol{u}^{\mathrm{T}}\Delta\boldsymbol{y}_k)+\gamma_k\boldsymbol{v}(\boldsymbol{v}^{\mathrm{T}}\Delta\boldsymbol{y}_k)$$

即

$$\Delta\boldsymbol{x}_k-\boldsymbol{H}_k\Delta\boldsymbol{y}_k=\lambda_k\boldsymbol{u}(\boldsymbol{u}^{\mathrm{T}}\Delta\boldsymbol{y}_k)+\gamma_k\boldsymbol{v}(\boldsymbol{v}^{\mathrm{T}}\Delta\boldsymbol{y}_k) \tag{3-22}$$

满足上式的λ_k,γ_k 和 $\boldsymbol{u},\boldsymbol{v}$ 也有无数种取法，选取其中比较简单的一种，可以取为

$$\boldsymbol{u}=\boldsymbol{H}_k\Delta\boldsymbol{y}_k,\quad \boldsymbol{v}=\Delta\boldsymbol{x}_k$$

那么可得

$$\lambda_k=-\frac{1}{\boldsymbol{u}^{\mathrm{T}}\Delta\boldsymbol{y}_k}=-\frac{1}{\Delta\boldsymbol{y}_k{}^{\mathrm{T}}\boldsymbol{H}_k\Delta\boldsymbol{y}_k},\quad \gamma_k=\frac{1}{\boldsymbol{v}^{\mathrm{T}}\Delta\boldsymbol{y}_k}=\frac{1}{\Delta\boldsymbol{x}_k{}^{\mathrm{T}}\Delta\boldsymbol{y}_k}$$

所以修正公式为

$$\boldsymbol{H}_{k+1}=\boldsymbol{H}_k+\frac{\Delta\boldsymbol{x}_k\ \Delta\boldsymbol{x}_k^{\mathrm{T}}}{\Delta\boldsymbol{x}_k^{\mathrm{T}}\Delta\boldsymbol{y}_k}-\frac{(\boldsymbol{H}_k\Delta\boldsymbol{y}_k)(\boldsymbol{H}_k\Delta\boldsymbol{y}_k)^{\mathrm{T}}}{\Delta\boldsymbol{y}_k^{\mathrm{T}}\boldsymbol{H}_k\Delta\boldsymbol{y}_k} \tag{3-23}$$

采用这种修正公式的变尺度算法称为 DFP 算法.

下面给出 DFP 算法的主要步骤:

算法 3-9　DFP 算法

步骤 1　给定初始点 $\boldsymbol{x}^0\in\mathbf{R}^n$，初始矩阵 $\boldsymbol{H}_0$，计算 $\nabla f(\boldsymbol{x}^0)$，令 $k=0$.

步骤 2　令 $\boldsymbol{d}^k=-\boldsymbol{H}_k\nabla f(\boldsymbol{x}^k)$.

步骤 3　沿方向 $\boldsymbol{d}^k$ 进行精确一维搜索，确定步长 α_k.

步骤 4　令 $\boldsymbol{x}^{k+1}=\boldsymbol{x}^k+\alpha_k\boldsymbol{d}^k$.

步骤 5　若 $\|\nabla f(\boldsymbol{x}^{k+1})\|<\varepsilon$，取 $\boldsymbol{x}^*=\boldsymbol{x}^{k+1}$，算法结束；否则令

$$\begin{cases}\Delta\boldsymbol{x}_k=\boldsymbol{x}^{k+1}-\boldsymbol{x}^k\\ \Delta\boldsymbol{y}_k=\nabla f(\boldsymbol{x}^{k+1})-\nabla f(\boldsymbol{x}^k)\end{cases}$$

步骤 6　利用 DFP 公式计算

$$\boldsymbol{H}_{k+1}=\boldsymbol{H}_k+\frac{\Delta\boldsymbol{x}_k\ \Delta\boldsymbol{x}_k^{\mathrm{T}}}{\Delta\boldsymbol{x}_k^{\mathrm{T}}\Delta\boldsymbol{y}_k}-\frac{(\boldsymbol{H}_k\Delta\boldsymbol{y}_k)(\boldsymbol{H}_k\Delta\boldsymbol{y}_k)^{\mathrm{T}}}{\Delta\boldsymbol{y}_k^{\mathrm{T}}\boldsymbol{H}_k\Delta\boldsymbol{y}_k}$$

令 $k=k+1$，转步骤 2.

【例 3-10】　用 DFP 算法求解问题

$$\min f(\boldsymbol{x})=x_1^2+x_2^2-3x_1-x_1x_2+3,\boldsymbol{x}=(x_1,x_2)^{\mathrm{T}}$$

解　由例 3-9 知

$$\nabla f(\boldsymbol{x})=\begin{pmatrix}2x_1-3-x_2\\ 2x_2-x_1\end{pmatrix},\quad \boldsymbol{x}^*=(2,1)^{\mathrm{T}}$$

取初始点 $\boldsymbol{x}^0=(0,0)^{\mathrm{T}}$，$\boldsymbol{H}_0=\begin{pmatrix}1&0\\0&1\end{pmatrix}$，那么 $\nabla f(\boldsymbol{x}^0)=(-3,0)^{\mathrm{T}}$.

开始第一次迭代.

$$\boldsymbol{d}^0=-\boldsymbol{H}_0\nabla f(\boldsymbol{x}^0)=(3,0)^{\mathrm{T}}$$

进行精确一维搜索

$$\min\varphi(\alpha)=\min f(\boldsymbol{x}^0+\alpha\boldsymbol{d}^0)=\min(9\alpha^2-9\alpha+3)$$

因为 $\varphi'(\alpha)=18\alpha-9=0$，所以求出 $\alpha_0=\dfrac{1}{2}$. 于是

$$\boldsymbol{x}^1=\boldsymbol{x}^0+\alpha_0\boldsymbol{d}^0=(0,0)^{\mathrm{T}}+\frac{1}{2}(3,0)^{\mathrm{T}}=\left(\frac{3}{2},0\right)^{\mathrm{T}}$$

$$\nabla f(\boldsymbol{x}^1)=\left(0,-\frac{3}{2}\right)^{\mathrm{T}}$$

计算

$$\begin{cases}\Delta\boldsymbol{x}_0=\boldsymbol{x}^1-\boldsymbol{x}^0=\left(\dfrac{3}{2},0\right)^{\mathrm{T}}\\ \Delta\boldsymbol{y}_0=\nabla f(\boldsymbol{x}^1)-\nabla f(\boldsymbol{x}^0)=\left(3,-\dfrac{3}{2}\right)^{\mathrm{T}}\end{cases}$$

由 DFP 修正公式可得

$$\boldsymbol{H}_1=\boldsymbol{H}_0+\frac{\Delta\boldsymbol{x}_0\ \Delta\boldsymbol{x}_0^{\mathrm{T}}}{\Delta\boldsymbol{x}_0^{\mathrm{T}}\Delta\boldsymbol{y}_0}-\frac{(\boldsymbol{H}_0\Delta\boldsymbol{y}_0)(\boldsymbol{H}_0\Delta\boldsymbol{y}_0)^{\mathrm{T}}}{\Delta\boldsymbol{y}_0^{\mathrm{T}}\boldsymbol{H}_0\Delta\boldsymbol{y}_0}=\begin{pmatrix}\frac{7}{10} & \frac{2}{5}\\ \frac{2}{5} & \frac{4}{5}\end{pmatrix}$$

开始第二次迭代.下一个搜索方向为

$$\boldsymbol{d}^1=-\boldsymbol{H}_1\nabla f(\boldsymbol{x}^1)=\left(\frac{3}{5},\frac{6}{5}\right)^{\mathrm{T}}$$

进行精确一维搜索

$$\min\ \varphi(\alpha)=\min f(\boldsymbol{x}^1+\alpha\boldsymbol{d}^1)=\min\ \left(\frac{27}{25}\alpha^2-\frac{9}{5}\alpha+\frac{3}{4}\right)$$

因为 $\varphi'(\alpha)=\frac{54}{25}\alpha-\frac{9}{5}=0$,所以求出 $\alpha_0=\frac{5}{6}$. 于是

$$\boldsymbol{x}^2=\boldsymbol{x}^1+\alpha_1\boldsymbol{d}^1=\left(\frac{3}{2},0\right)^{\mathrm{T}}+\frac{5}{6}\left(\frac{3}{5},\frac{6}{5}\right)^{\mathrm{T}}=(2,1)^{\mathrm{T}}$$

经过两次迭代得到最优解,在此过程中只用了函数的梯度.

在拟牛顿算法中,如果矩阵列 $\{\boldsymbol{H}_k\}$ 是正定的,就可以保证算法的下降性.下面讨论 DFP 算法产生的矩阵列 $\{\boldsymbol{H}_k\}$ 的正定性.

定理 3-7 设 $\boldsymbol{H}$ 是正定矩阵,$\Delta x,\Delta y\in\mathbf{R}^n$,且 $\Delta\boldsymbol{x}\neq\mathbf{0},\Delta\boldsymbol{y}\neq\mathbf{0}$.

$$\boldsymbol{A}=\boldsymbol{H}+\frac{\Delta\boldsymbol{x}\ \Delta\boldsymbol{x}^{\mathrm{T}}}{\Delta\boldsymbol{x}^{\mathrm{T}}\Delta\boldsymbol{y}}-\frac{(\boldsymbol{H}\ \Delta\boldsymbol{y})(\boldsymbol{H}\ \Delta\boldsymbol{y})^{\mathrm{T}}}{\Delta\boldsymbol{y}^{\mathrm{T}}\boldsymbol{H}\ \Delta\boldsymbol{y}}$$

那么 $\boldsymbol{A}$ 是正定矩阵的充分必要条件是$\Delta\boldsymbol{x}^{\mathrm{T}}\Delta\boldsymbol{y}>0$.

证明 如果 $\boldsymbol{A}$ 是正定的,因为 $\Delta\boldsymbol{y}\neq\mathbf{0}$,所以$\Delta\boldsymbol{y}^{\mathrm{T}}\boldsymbol{A}\Delta\boldsymbol{y}>0$,即

$$\begin{aligned}\Delta\boldsymbol{y}^{\mathrm{T}}\boldsymbol{A}\Delta\boldsymbol{y}&=\Delta\boldsymbol{y}^{\mathrm{T}}\boldsymbol{H}\Delta\boldsymbol{y}+\frac{\Delta\boldsymbol{y}^{\mathrm{T}}\Delta\boldsymbol{x}\ \Delta\boldsymbol{x}^{\mathrm{T}}\Delta\boldsymbol{y}}{\Delta\boldsymbol{x}^{\mathrm{T}}\Delta\boldsymbol{y}}-\frac{\Delta\boldsymbol{y}^{\mathrm{T}}(\boldsymbol{H}\Delta\boldsymbol{y})(\boldsymbol{H}\Delta\boldsymbol{y})^{\mathrm{T}}\Delta\boldsymbol{y}}{\Delta\boldsymbol{y}^{\mathrm{T}}\boldsymbol{H}\Delta\boldsymbol{y}}\\&=\Delta\boldsymbol{y}^{\mathrm{T}}\boldsymbol{H}\Delta\boldsymbol{y}+\Delta\boldsymbol{y}^{\mathrm{T}}\Delta\boldsymbol{x}-\Delta\boldsymbol{y}^{\mathrm{T}}\boldsymbol{H}\Delta\boldsymbol{y}\\&=\Delta\boldsymbol{y}^{\mathrm{T}}\Delta\boldsymbol{x}>0\end{aligned}$$

所以必要性得证.

如果任取非零向量 $\boldsymbol{x}\in\mathbf{R}^n$,那么

$$\begin{aligned}\boldsymbol{x}^{\mathrm{T}}\boldsymbol{A}\boldsymbol{x}&=\boldsymbol{x}^{\mathrm{T}}\boldsymbol{H}\boldsymbol{x}+\frac{\boldsymbol{x}^{\mathrm{T}}\Delta\boldsymbol{x}\ \Delta\boldsymbol{x}^{\mathrm{T}}\boldsymbol{x}}{\Delta\boldsymbol{x}^{\mathrm{T}}\Delta\boldsymbol{y}}-\frac{\boldsymbol{x}^{\mathrm{T}}(\boldsymbol{H}\Delta\boldsymbol{y})(\boldsymbol{H}\Delta\boldsymbol{y})^{\mathrm{T}}\boldsymbol{x}}{\Delta\boldsymbol{y}^{\mathrm{T}}\boldsymbol{H}\Delta\boldsymbol{y}}\\&=\boldsymbol{x}^{\mathrm{T}}\boldsymbol{H}\boldsymbol{x}+\frac{(\Delta\boldsymbol{x}^{\mathrm{T}}\boldsymbol{x})^2}{\Delta\boldsymbol{x}^{\mathrm{T}}\Delta\boldsymbol{y}}-\frac{\boldsymbol{x}^{\mathrm{T}}\boldsymbol{H}\Delta\boldsymbol{y}\ \Delta\boldsymbol{y}^{\mathrm{T}}\boldsymbol{H}\boldsymbol{x}}{\Delta\boldsymbol{y}^{\mathrm{T}}\boldsymbol{H}\Delta\boldsymbol{y}}\\&=\frac{\boldsymbol{x}^{\mathrm{T}}\boldsymbol{H}\boldsymbol{x}\ \Delta\boldsymbol{y}^{\mathrm{T}}\boldsymbol{H}\Delta\boldsymbol{y}-\boldsymbol{x}^{\mathrm{T}}\boldsymbol{H}\Delta\boldsymbol{y}\ \Delta\boldsymbol{y}^{\mathrm{T}}\boldsymbol{H}\boldsymbol{x}}{\Delta\boldsymbol{y}^{\mathrm{T}}\boldsymbol{H}\Delta\boldsymbol{y}}+\frac{(\Delta\boldsymbol{x}^{\mathrm{T}}\boldsymbol{x})^2}{\Delta\boldsymbol{x}^{\mathrm{T}}\Delta\boldsymbol{y}}\end{aligned}$$

因为 $\boldsymbol{H}$ 是正定矩阵,所以存在对阵正定矩阵 $\boldsymbol{B}$,使得 $\boldsymbol{H}=\boldsymbol{B}^2=\boldsymbol{B}^{\mathrm{T}}\boldsymbol{B}$,那么

$$\boldsymbol{x}^{\mathrm{T}}\boldsymbol{H}\boldsymbol{x}=\boldsymbol{x}^{\mathrm{T}}\boldsymbol{B}^{\mathrm{T}}\boldsymbol{B}\boldsymbol{x},\Delta\boldsymbol{y}^{\mathrm{T}}\boldsymbol{H}\Delta\boldsymbol{y}=\Delta\boldsymbol{y}^{\mathrm{T}}\boldsymbol{B}^{\mathrm{T}}\boldsymbol{B}\Delta\boldsymbol{y}$$

令 $\boldsymbol{u}=\boldsymbol{B}\boldsymbol{x},\boldsymbol{v}=\boldsymbol{B}\Delta\boldsymbol{y}$,那么 $\boldsymbol{x}^{\mathrm{T}}\boldsymbol{H}\boldsymbol{x}=\boldsymbol{u}^{\mathrm{T}}\boldsymbol{u},\Delta\boldsymbol{y}^{\mathrm{T}}\boldsymbol{H}\Delta\boldsymbol{y}=\boldsymbol{v}^{\mathrm{T}}\boldsymbol{v},\boldsymbol{x}^{\mathrm{T}}\boldsymbol{H}\Delta\boldsymbol{y}=\boldsymbol{u}^{\mathrm{T}}\boldsymbol{v}$.

$$\boldsymbol{x}^{\mathrm{T}}\boldsymbol{A}\boldsymbol{x}=\frac{\boldsymbol{u}^{\mathrm{T}}\boldsymbol{u}\ \boldsymbol{v}^{\mathrm{T}}\boldsymbol{v}-(\boldsymbol{u}^{\mathrm{T}}\boldsymbol{v})^2}{\Delta\boldsymbol{y}^{\mathrm{T}}\boldsymbol{H}\Delta\boldsymbol{y}}+\frac{(\Delta\boldsymbol{x}^{\mathrm{T}}\boldsymbol{x})^2}{\Delta\boldsymbol{x}^{\mathrm{T}}\Delta\boldsymbol{y}}$$

依据 Cauchy-Schwartz 不等式可得$\boldsymbol{u}^{\mathrm{T}}\boldsymbol{u}\boldsymbol{v}^{\mathrm{T}}\boldsymbol{v}-(\boldsymbol{u}^{\mathrm{T}}\boldsymbol{v})^2\geqslant 0$,当且仅当 $\boldsymbol{u}=\lambda\boldsymbol{v}$ 且 $\lambda\neq 0$ 时等式成

立. 又因为 $\boldsymbol{H}$ 是正定矩阵，所以 $\Delta\boldsymbol{y}^{\mathrm{T}}\boldsymbol{H}\Delta\boldsymbol{y}>0$，那么可得

$$\frac{\boldsymbol{u}^{\mathrm{T}}\boldsymbol{u}\boldsymbol{v}^{\mathrm{T}}\boldsymbol{v}-(\boldsymbol{u}^{\mathrm{T}}\boldsymbol{v})^2}{\Delta\boldsymbol{y}^{\mathrm{T}}\boldsymbol{H}\Delta\boldsymbol{y}}\geqslant 0$$

当且仅当 $\boldsymbol{u}=\lambda\boldsymbol{v}$ 且 $\lambda\neq 0$ 时等式成立. 而若 $\boldsymbol{u}=\lambda\boldsymbol{v}$ 且 $\lambda\neq 0$，那么 $\boldsymbol{Bx}=\lambda\boldsymbol{B}\Delta\boldsymbol{y}$，因为 $\boldsymbol{B}$ 是正定矩阵，所以可得 $\boldsymbol{x}=\lambda\Delta\boldsymbol{y}$，即可得

$$\frac{(\Delta\boldsymbol{x}^{\mathrm{T}}\boldsymbol{x})^2}{\Delta\boldsymbol{x}^{\mathrm{T}}\Delta\boldsymbol{y}}=\frac{(\Delta\boldsymbol{x}^{\mathrm{T}}\lambda\Delta\boldsymbol{y})^2}{\Delta\boldsymbol{x}^{\mathrm{T}}\Delta\boldsymbol{y}}=\lambda^2\Delta\boldsymbol{x}^{\mathrm{T}}\Delta\boldsymbol{y}>0$$

由此可得 $\boldsymbol{x}^{\mathrm{T}}\boldsymbol{A}\boldsymbol{x}>0$，所以 $\boldsymbol{A}$ 是正定矩阵，充分性得证.

定理 3-8 对于 DFP 算法，如果初始矩阵是正定的，那么矩阵列 $\{\boldsymbol{H}_k\}$ 都是正定的.

证明 利用数学归纳法证明. 初始矩阵 $\boldsymbol{H}_0$ 为正定矩阵，假设矩阵列 $\{\boldsymbol{H}_{k-1}\}$ 都是正定的，并且梯度 $\nabla f(\boldsymbol{x}^{k-1})\neq 0$[如果 $\nabla f(\boldsymbol{x}^{k-1})=0$，则计算终止]，下面证明 $\boldsymbol{H}_k$ 是正定的. 由定理 3-7 可知只需证明 $\Delta\boldsymbol{y}_{k-1}{}^{\mathrm{T}}\Delta\boldsymbol{x}_{k-1}>0$，由定义可知

$$\begin{aligned}\Delta\boldsymbol{y}_{k-1}{}^{\mathrm{T}}\Delta\boldsymbol{x}_{k-1}&=[\nabla f(\boldsymbol{x}^k)-\nabla f(\boldsymbol{x}^{k-1})]^{\mathrm{T}}[-\alpha_{k-1}\boldsymbol{H}_{k-1}\nabla f(\boldsymbol{x}^{k-1})]\\&=-\alpha_{k-1}\nabla f(\boldsymbol{x}^k)^{\mathrm{T}}\boldsymbol{H}_{k-1}\nabla f(\boldsymbol{x}^{k-1})+\alpha_{k-1}\nabla f(\boldsymbol{x}^{k-1})^{\mathrm{T}}\boldsymbol{H}_{k-1}\nabla f(\boldsymbol{x}^{k-1})\end{aligned}$$

其中，α_{k-1} 是由精确一维搜索得到的步长，所以 $\nabla f(\boldsymbol{x}^k)^{\mathrm{T}}\boldsymbol{H}_{k-1}\nabla f(\boldsymbol{x}^{k-1})=0$. 又因为 $\nabla f(\boldsymbol{x}^{k-1})\neq\boldsymbol{0}$，所以 $-\boldsymbol{H}_{k-1}\nabla f(\boldsymbol{x}^{k-1})$ 是下降方向，那么 $\alpha_{k-1}>0$，并且 $\boldsymbol{H}_{k-1}$ 是正定矩阵，可得

$$\Delta\boldsymbol{y}_{k-1}{}^{\mathrm{T}}\Delta\boldsymbol{x}_{k-1}=\alpha_{k-1}\nabla f(\boldsymbol{x}^{k-1})^{\mathrm{T}}\boldsymbol{H}_{k-1}\nabla f(\boldsymbol{x}^{k-1})>0$$

所以 $\boldsymbol{H}_k$ 是正定的.

相较于修正矩阵秩为 1 的拟牛顿算法，DFP 算法有明显的优点. 首先如果 $\boldsymbol{H}_k$ 是对称正定矩阵，并且 $\nabla f(\boldsymbol{x}^k)\neq\boldsymbol{0}$，那么公式(3-23)中的分母均不为零，并且 $\boldsymbol{H}_{k+1}$ 也是对称正定矩阵，因此 DFP 算法的修正公式总是有意义的，这就克服了秩 1 算法存在的问题；其次，如果 $f(\boldsymbol{x})\in C^1$ 是一个严格凸函数，那么 DFP 算法是全局收敛的. 但是 DFP 算法同样也存在缺点. 首先对于大规模问题，其计算存贮量较大；其次在使用不精确一维搜索时，计算稳定性不好.

3.4.2 BFGS 算法

前面介绍的拟牛顿算法实质上是一类算法，可以有无穷多的修正矩阵. 不仅有应用比较广泛的 DFP 算法，还衍生出很多其他的修正矩阵，形成了几类常用的拟牛顿算法. 在各种拟牛顿算法中比较常用的是 Fletcher 和 Broyden 提出的一类算法，一般称为 Fletcher-Broyden 算法类. DFP 和 BFGS 都属于这个算法类. 这类算法的修正公式中含有一个参数 ρ，对 ρ 取不同的参数值，就可以得到不同的算法. Fletcher-Broyden 算法类的修正公式为

$$\boldsymbol{H}_{k+1}=\boldsymbol{H}_k+\frac{\Delta\boldsymbol{x}_k\ \Delta\boldsymbol{x}_k{}^{\mathrm{T}}}{\Delta\boldsymbol{x}_k{}^{\mathrm{T}}\Delta\boldsymbol{y}_k}-\frac{\boldsymbol{H}_k\Delta\boldsymbol{y}_k\ \Delta\boldsymbol{y}_k{}^{\mathrm{T}}\boldsymbol{H}_k}{\Delta\boldsymbol{y}_k{}^{\mathrm{T}}\boldsymbol{H}_k\Delta\boldsymbol{y}_k}+\rho(\Delta\boldsymbol{y}_k{}^{\mathrm{T}}\boldsymbol{H}_k\Delta\boldsymbol{y}_k)\boldsymbol{v}_k\boldsymbol{v}_k^{\mathrm{T}}\qquad(3\text{-}24)$$

这里假设 $\Delta\boldsymbol{y}_k{}^{\mathrm{T}}\boldsymbol{H}_k\Delta\boldsymbol{y}_k\neq 0$，其中 $\boldsymbol{H}_k$ 和 $\boldsymbol{H}_{k+1}$ 都是对称阵，$\boldsymbol{v}_k=\dfrac{\Delta\boldsymbol{x}_k}{\Delta\boldsymbol{x}_k{}^{\mathrm{T}}\Delta\boldsymbol{y}_k}-\dfrac{\boldsymbol{H}_k\Delta\boldsymbol{y}_k}{\Delta\boldsymbol{y}_k{}^{\mathrm{T}}\boldsymbol{H}_k\Delta\boldsymbol{y}_k}$.

显然如果 $\rho=0$，那么公式(3-24)就是 DFP 算法的修正公式，而如果 $\rho=1$，式(3-24)就

是著名的 BFGS 算法. BFGS 算法与 DFP 算法的主要计算步骤相同,只是修正公式不同. 实际上因为这一类算法的修正公式都是类似的,所以在采用一维搜索时,Fletcher-Broyden 这一类算法与 DFP 算法具有类似的性质.

定理 3-9 (Dixon,1972)设函数 $f(\boldsymbol{x})$是 $\mathbf{R}^n$ 上的连续可微函数,给定 $\boldsymbol{x}^0,\boldsymbol{H}_0$,采用精确一维搜索,则由 Fletcher-Broyden 算法类产生的点列$\{\boldsymbol{x}^k\}$与参数ρ 无关.

由以上定理可知,DFP 算法的性质可以推广到整个 Fletcher-Broyden 算法类,自然 BFGS 算法也满足这些性质. 但是在采用非精确一维搜索时,BFGS 算法的稳定性要优于 DFP 算法,因此到目前为止,BFGS 算法仍然被认为是拟牛顿算法中效果最好的算法,并且也是很多优化软件中所采用的算法.

3.5 共轭方向法

前面介绍的优化算法都是寻找合适的函数下降方向,结合一维搜索求得最优解. 那么也可以寻找其他的迭代方向,同样可以得到最优解. 下面介绍一种共轭方向法,其收敛速度较快,同时又不需要计算$[\nabla^2 f(\boldsymbol{x}^k)]^{-1}$,因此是一种比较常用的无约束优化算法. 下面首先介绍共轭方向的相关定义和性质.

3.5.1 共轭方向的定义和性质

定义 3-5 设 $\boldsymbol{A}$ 是 n 阶对称阵,$\boldsymbol{p}$ 和 $\boldsymbol{q}$ 是 n 元列向量,如果 $\boldsymbol{p}^{\mathrm{T}}\boldsymbol{A}\boldsymbol{q}=0$,那么称向量 $\boldsymbol{p}$ 和 $\boldsymbol{q}$ 关于对称阵 $\boldsymbol{A}$ 共轭.

在上述定义中,若 $\boldsymbol{A}=\boldsymbol{E}$(单位阵),那么定义式变为 $\boldsymbol{p}^{\mathrm{T}}\boldsymbol{E}\boldsymbol{q}=\boldsymbol{p}^{\mathrm{T}}\boldsymbol{q}=0$,显然此时向量 $\boldsymbol{p}$ 和 $\boldsymbol{q}$ 是正交的,即共轭是正交概念的推广.

若存在一组 n 元非零向量 $\boldsymbol{p}_1,\boldsymbol{p}_2,\cdots,\boldsymbol{p}_m$ 关于对称阵 $\boldsymbol{A}$ 共轭,即 $i\neq j$ 时,$\boldsymbol{p}_i^{\mathrm{T}}\boldsymbol{A}\boldsymbol{p}_j=0$,那么称这一组向量为 $\boldsymbol{A}$ 的**共轭方向组**.

定理 3-10 设 $\boldsymbol{A}$ 为 n 阶正定矩阵,一组 n 元非零向量 $\boldsymbol{p}_1,\boldsymbol{p}_2,\cdots,\boldsymbol{p}_m$ 是矩阵 $\boldsymbol{A}$ 的共轭方向组,那么此向量组线性无关.

证明 设存在常数 $k_1,k_2,\cdots,k_m$,使得

$$k_1\boldsymbol{p}_1+k_2\boldsymbol{p}_2+\cdots+k_m\boldsymbol{p}_m=\boldsymbol{0}$$

在上述等式两边分别左乘以 $\boldsymbol{p}_i^{\mathrm{T}}\boldsymbol{A}(i=1,2,\cdots,m)$,即

$$k_1\boldsymbol{p}_i^{\mathrm{T}}\boldsymbol{A}\boldsymbol{p}_1+k_2\boldsymbol{p}_i^{\mathrm{T}}\boldsymbol{A}\boldsymbol{p}_2+\cdots+k_m\boldsymbol{p}_i^{\mathrm{T}}\boldsymbol{A}\boldsymbol{p}_m=\boldsymbol{0}$$

根据已知条件和定义可知,$i\neq j$ 时,$\boldsymbol{p}_i^{\mathrm{T}}\boldsymbol{A}\boldsymbol{p}_j=0$,那么上式转化为

$$k_i\boldsymbol{p}_i^{\mathrm{T}}\boldsymbol{A}\boldsymbol{p}_i=0(i=1,2,\cdots,m)$$

因为 $\boldsymbol{p}_i\neq\boldsymbol{0}$,$\boldsymbol{A}$ 是正定矩阵,因此可得 $k_i=0(i=1,2,\cdots,m)$,所以向量组 $\boldsymbol{p}_1,\boldsymbol{p}_2,\cdots,\boldsymbol{p}_m$ 是线性无关的.

定理 3-11 设 $\boldsymbol{A}$ 为 n 阶正定矩阵,一组 n 元非零向量 $\boldsymbol{p}_1,\boldsymbol{p}_2,\cdots,\boldsymbol{p}_n$ 是矩阵 $\boldsymbol{A}$ 的共轭方向组,若向量 $\boldsymbol{q}$ 与 $\boldsymbol{p}_1,\boldsymbol{p}_2,\cdots,\boldsymbol{p}_n$ 关于 $\boldsymbol{A}$ 共轭,那么 $\boldsymbol{q}=\boldsymbol{0}$.

证明 由定理 3-10 可知 $\boldsymbol{p}_1,\boldsymbol{p}_2,\cdots,\boldsymbol{p}_n$ 是线性无关的,因此它们构成 n 维向量空间 V

的一个基，显然 $\boldsymbol{q}\in V$，所以 $\boldsymbol{q}$ 与向量组 $\boldsymbol{p}_1,\boldsymbol{p}_2,\cdots,\boldsymbol{p}_n$ 是线性相关的．又因为向量 $\boldsymbol{q}$ 与 $\boldsymbol{p}_1,\boldsymbol{p}_2,\cdots,\boldsymbol{p}_n$ 关于 $\boldsymbol{A}$ 共轭，由定理 3-10 知若 $\boldsymbol{q}\neq\boldsymbol{0}$，那么 $\boldsymbol{q}$ 与向量组 $\boldsymbol{p}_1,\boldsymbol{p}_2,\cdots,\boldsymbol{p}_n$ 是线性无关的，产生矛盾，因此 $\boldsymbol{q}=\boldsymbol{0}$.

设二次函数 $f(\boldsymbol{x})=a+\boldsymbol{b}^{\mathrm{T}}\boldsymbol{x}+\frac{1}{2}\boldsymbol{x}^{\mathrm{T}}\boldsymbol{A}\boldsymbol{x}$，其中 $\boldsymbol{A}$ 是 n 阶对称正定矩阵，$\boldsymbol{b},\boldsymbol{x}\in\mathbf{R}^n$，$a$ 是常数，这时 $\nabla f(\boldsymbol{x})=\boldsymbol{b}+\boldsymbol{A}\boldsymbol{x}$，$\nabla^2 f(\boldsymbol{x})=\boldsymbol{A}$，且 $f(\boldsymbol{x})$ 有唯一的局部极小点．在局部极小点 $\boldsymbol{x}^*$ 处满足 $\nabla f(\boldsymbol{x}^*)=\boldsymbol{b}+\boldsymbol{A}\boldsymbol{x}^*=\boldsymbol{0}$，即 $\boldsymbol{x}^*=-\boldsymbol{A}^{-1}\boldsymbol{b}$. 对于这样的二次函数，关于共轭方向有如下的定理.

定理 3-12　设 $\boldsymbol{A}$ 为 n 阶对称正定矩阵，$\boldsymbol{d}^0,\boldsymbol{d}^1,\cdots,\boldsymbol{d}^k\in\mathbf{R}^n$ 是矩阵 $\boldsymbol{A}$ 的共轭方向组，对于二次函数 $f(\boldsymbol{x})=a+\boldsymbol{b}^{\mathrm{T}}\boldsymbol{x}+\frac{1}{2}\boldsymbol{x}^{\mathrm{T}}\boldsymbol{A}\boldsymbol{x}$，由任意初始点 $\boldsymbol{x}^0$ 出发，进行精确一维搜索，得到 $\boldsymbol{x}^{i+1}=\boldsymbol{x}^i+\alpha_i\boldsymbol{d}^i\,(i=0,1,2,\cdots,k)$，那么 $\nabla f(\boldsymbol{x}^{k+1})^{\mathrm{T}}\boldsymbol{d}^i=0\,(i=0,1,2,\cdots,k)$.

证明　因为

$$\nabla f(\boldsymbol{x}^{k+1})^{\mathrm{T}}\boldsymbol{d}^i=\nabla f(\boldsymbol{x}^{i+1})^{\mathrm{T}}\boldsymbol{d}^i+\sum_{j=i+1}^{k}[\nabla f(\boldsymbol{x}^{j+1})-\nabla f(\boldsymbol{x}^j)]^{\mathrm{T}}\boldsymbol{d}^i$$

对于二次函数

$$\nabla f(\boldsymbol{x}^{j+1})-\nabla f(\boldsymbol{x}^j)=\boldsymbol{b}+\boldsymbol{A}\boldsymbol{x}^{j+1}-(\boldsymbol{b}+\boldsymbol{A}\boldsymbol{x}^j)=\boldsymbol{A}(\boldsymbol{x}^{j+1}-\boldsymbol{x}^j)=\alpha_j\boldsymbol{A}\boldsymbol{d}^j$$

所以

$$\nabla f(\boldsymbol{x}^{k+1})^{\mathrm{T}}\boldsymbol{d}^i=\nabla f(\boldsymbol{x}^{i+1})^{\mathrm{T}}\boldsymbol{d}^i+\sum_{j=i+1}^{k}\alpha_j\,(\boldsymbol{d}^j)^{\mathrm{T}}\boldsymbol{A}\boldsymbol{d}^i$$

因为 $\boldsymbol{d}^0,\boldsymbol{d}^1,\cdots,\boldsymbol{d}^k\in\mathbf{R}^n$ 是矩阵 $\boldsymbol{A}$ 的共轭方向组且 $i\neq j$，所以 $(\boldsymbol{d}^j)^{\mathrm{T}}\boldsymbol{A}\boldsymbol{d}^i=0$. 又因为迭代中采用精确一维搜索，即 α_i 使函数 $f(\boldsymbol{x}^i+\alpha\boldsymbol{d}^i)$ 达到极小，那么

$$\left.\frac{\mathrm{d}f(\boldsymbol{x}^i+\alpha\boldsymbol{d}^i)}{\mathrm{d}\alpha}\right|_{\alpha=\alpha_i}=\nabla f(\boldsymbol{x}^{i+1})^{\mathrm{T}}\boldsymbol{d}^i=0$$

所以 $\nabla f(\boldsymbol{x}^{k+1})^{\mathrm{T}}\boldsymbol{d}^i=0\,(i=0,1,2,\cdots,k)$. 得证.

定理 3-13　设 $\boldsymbol{A}$ 为 n 阶对称正定矩阵，$\boldsymbol{d}^0,\boldsymbol{d}^1,\cdots,\boldsymbol{d}^{n-1}\in\mathbf{R}^n$ 是矩阵 $\boldsymbol{A}$ 的共轭方向组，对于问题

$$\min\ f(\boldsymbol{x})=a+\boldsymbol{b}^{\mathrm{T}}\boldsymbol{x}+\frac{1}{2}\boldsymbol{x}^{\mathrm{T}}\boldsymbol{A}\boldsymbol{x}$$

如果从初始点 $\boldsymbol{x}^0$ 出发，依次沿方向 $\boldsymbol{d}^0,\boldsymbol{d}^1,\cdots,\boldsymbol{d}^{n-1}$ 进行精确一维搜索，那么最多经过 n 次迭代，即可得到 $f(\boldsymbol{x})$ 的局部极小点.

证明　由定理 3-12 可知，对于 $k=0,1,2,\cdots,n-1$，都有

$$\nabla f(\boldsymbol{x}^{k+1})^{\mathrm{T}}\boldsymbol{d}^j=0,\ j=0,1,2,\cdots,k \tag{3-25}$$

上式中若 $k=n-1$，就得到下面的等式

$$\nabla f(\boldsymbol{x}^n)^{\mathrm{T}}\boldsymbol{d}^j=0,\ j=0,1,2,\cdots,n-1 \tag{3-26}$$

由定理 3-10 可知，$\boldsymbol{d}^0,\boldsymbol{d}^1,\cdots,\boldsymbol{d}^{n-1}$ 是线性无关的，那么由式(3-26)可知 $\nabla f(\boldsymbol{x}^n)$ 与线性无关的向量组 $\boldsymbol{d}^0,\boldsymbol{d}^1,\cdots,\boldsymbol{d}^{n-1}$ 正交.

若 $\nabla f(\boldsymbol{x}^n)\neq\boldsymbol{0}$，易证向量组 $\nabla f(\boldsymbol{x}^n),\boldsymbol{d}^0,\boldsymbol{d}^1,\cdots,\boldsymbol{d}^{n-1}$ 仍是线性无关的，这与 $\mathbf{R}^n$ 是 n 维向

量空间相矛盾，那么可得$\nabla f(\boldsymbol{x}^n)=\boldsymbol{0}$，即$\boldsymbol{x}^n$是$f(\boldsymbol{x})$的稳定点. 又因为$\boldsymbol{A}$是正定矩阵，所以$f(\boldsymbol{x})$是严格凸函数，有唯一的最优解，因此$\boldsymbol{x}$是$f(\boldsymbol{x})$的最优解. 这就说明最多经过$n$次迭代就可以得到二次函数$f(\boldsymbol{x})$的最优解.

上述定理说明对于二次函数，如果采用共轭方向法，那么在有限步内就可求得最优解.

算法 3-10　共轭方向法

共轭方向法的主要步骤为：

步骤 1　给定初始点$\boldsymbol{x}^0$和初始下降方向$\boldsymbol{d}^0$，计算精度$\varepsilon>0$，令$k=0$.

步骤 2　进行精确一维搜索求步长α_k，即

$$f(\boldsymbol{x}^k+\alpha_k\boldsymbol{d}^k)=\min_{\alpha\geqslant 0} f(\boldsymbol{x}^k+\alpha\boldsymbol{d}^k)$$

步骤 3　令$\boldsymbol{x}^{k+1}=\boldsymbol{x}^k+\alpha_k\boldsymbol{d}^k$.

步骤 4　若$\|\nabla f(\boldsymbol{x}^{k+1})\|<\varepsilon$，则$\boldsymbol{x}^*=\boldsymbol{x}^{k+1}$，停止计算；否则转步骤 5.

步骤 5　取共轭方向$\boldsymbol{d}^{k+1}$，使得$(\boldsymbol{d}^{k+1})^{\mathrm{T}}\boldsymbol{A}\boldsymbol{d}^k=0$.

步骤 6　令$k=k+1$，转步骤 2.

如果算法对正定二次函数能够经过有限次计算终止，则称该类算法具有二次终止性. 具有二次终止性的算法对于一般函数也是比较有效的.

对于一个给定的n阶正定矩阵$\boldsymbol{A}$，可以用类似于线性无关向量组的施密特正交化方法构造关于$\boldsymbol{A}$的n个共轭方向.

设n元向量组$\boldsymbol{p}_1,\boldsymbol{p}_2,\cdots,\boldsymbol{p}_n$线性无关，则利用下面的公式可以生成关于矩阵$\boldsymbol{A}$的共轭方向，令

$$\begin{cases}\boldsymbol{q}_1=\boldsymbol{p}_1\\[2mm] \boldsymbol{q}_2=\boldsymbol{p}_2-\dfrac{\boldsymbol{p}_2^{\mathrm{T}}\boldsymbol{A}\boldsymbol{q}_1}{\boldsymbol{q}_1^{\mathrm{T}}\boldsymbol{A}\boldsymbol{q}_1}\boldsymbol{q}_1\\[2mm] \boldsymbol{q}_3=\boldsymbol{p}_3-\dfrac{\boldsymbol{p}_3^{\mathrm{T}}\boldsymbol{A}\boldsymbol{q}_1}{\boldsymbol{q}_1^{\mathrm{T}}\boldsymbol{A}\boldsymbol{q}_1}\boldsymbol{q}_1-\dfrac{\boldsymbol{p}_3^{\mathrm{T}}\boldsymbol{A}\boldsymbol{q}_2}{\boldsymbol{q}_2^{\mathrm{T}}\boldsymbol{A}\boldsymbol{q}_2}\boldsymbol{q}_2\\ \quad\vdots\\ \boldsymbol{q}_n=\boldsymbol{p}_n-\dfrac{\boldsymbol{p}_n^{\mathrm{T}}\boldsymbol{A}\boldsymbol{q}_1}{\boldsymbol{q}_1^{\mathrm{T}}\boldsymbol{A}\boldsymbol{q}_1}\boldsymbol{q}_1-\dfrac{\boldsymbol{p}_n^{\mathrm{T}}\boldsymbol{A}\boldsymbol{q}_2}{\boldsymbol{q}_2^{\mathrm{T}}\boldsymbol{A}\boldsymbol{q}_2}\boldsymbol{q}_2-\cdots-\dfrac{\boldsymbol{p}_n^{\mathrm{T}}\boldsymbol{A}\boldsymbol{q}_{n-1}}{\boldsymbol{q}_{n-1}^{\mathrm{T}}\boldsymbol{A}\boldsymbol{q}_{n-1}}\boldsymbol{q}_{n-1}\end{cases}\tag{3-27}$$

除上述方法之外，共轭方向的选取还有多种方法，因此具有很大的任意性，而对于不同的共轭方向就会有不同的共轭方向算法. 作为一种迭代算法，我们希望共轭方向能在迭代中逐步生成. 接下来介绍一种简单的共轭方向生成方法，它是利用目标函数在每次的迭代点$\boldsymbol{x}^k$处的梯度产生，因此称为共轭梯度法.

3.5.2　共轭梯度法

考虑无约束优化问题

$$\min\ f(\boldsymbol{x})=a+\boldsymbol{b}^{\mathrm{T}}\boldsymbol{x}+\frac{1}{2}\boldsymbol{x}^{\mathrm{T}}\boldsymbol{A}\boldsymbol{x}$$

其中$\boldsymbol{A}$是正定矩阵，给定初始点$\boldsymbol{x}^0$，初始的下降方向选为$\boldsymbol{d}^0=-\nabla f(\boldsymbol{x}^0)$，经过精确一维搜

索得到 α_0，从而得到 $\boldsymbol{x}^1=\boldsymbol{x}^0+\alpha_0\boldsymbol{d}^0$，即完成一次迭代.

开始第二次迭代时，设 $\boldsymbol{x}^1$ 处的梯度为 $\nabla f(\boldsymbol{x}^1)$，则设搜索方向为

$$\boldsymbol{d}^1=-\nabla f(\boldsymbol{x}^1)+\beta_{10}\boldsymbol{d}^0$$

因为 $\boldsymbol{d}^0$ 和 $\boldsymbol{d}^1$ 是关于 $\boldsymbol{A}$ 共轭的，即

$$(\boldsymbol{d}^1)^{\mathrm{T}}\boldsymbol{A}\boldsymbol{d}^0=-\nabla f(\boldsymbol{x}^1)^{\mathrm{T}}\boldsymbol{A}\boldsymbol{d}^0+\beta_{10}(\boldsymbol{d}^0)^{\mathrm{T}}\boldsymbol{A}\boldsymbol{d}^0=0$$

所以可得

$$\beta_{10}=\frac{\nabla f(\boldsymbol{x}^1)^{\mathrm{T}}\boldsymbol{A}\boldsymbol{d}^0}{(\boldsymbol{d}^0)^{\mathrm{T}}\boldsymbol{A}\boldsymbol{d}^0}$$

确定了参数 β_{10}，即可得共轭方向 $\boldsymbol{d}^1$，经过精确一维搜索得到 α_1，从而得到 $\boldsymbol{x}^2=\boldsymbol{x}^1+\alpha_1\boldsymbol{d}^1$，继续进行下一次迭代.

开始第三次迭代时，设 $\boldsymbol{x}^2$ 处的梯度为 $\nabla f(\boldsymbol{x}^2)$，则设搜索方向为

$$\boldsymbol{d}^2=-\nabla f(\boldsymbol{x}^2)+\beta_{20}\boldsymbol{d}^0+\beta_{21}\boldsymbol{d}^1$$

因为 $\boldsymbol{d}^2$ 和 $\boldsymbol{d}^0$，$\boldsymbol{d}^1$ 是关于 $\boldsymbol{A}$ 共轭的，即

$$(\boldsymbol{d}^2)^{\mathrm{T}}\boldsymbol{A}\boldsymbol{d}^0=-\nabla f(x^2)^{\mathrm{T}}\boldsymbol{A}\boldsymbol{d}^0+\beta_{20}(\boldsymbol{d}^0)^{\mathrm{T}}\boldsymbol{A}\boldsymbol{d}^0+\beta_{21}(\boldsymbol{d}^1)^{\mathrm{T}}\boldsymbol{A}\boldsymbol{d}^0=0$$

$$(\boldsymbol{d}^2)^{\mathrm{T}}\boldsymbol{A}\boldsymbol{d}^1=-\nabla f(x^2)^{\mathrm{T}}\boldsymbol{A}\boldsymbol{d}^1+\beta_{20}(\boldsymbol{d}^0)^{\mathrm{T}}\boldsymbol{A}\boldsymbol{d}^1+\beta_{21}(\boldsymbol{d}^1)^{\mathrm{T}}\boldsymbol{A}\boldsymbol{d}^1=0$$

同时 $\boldsymbol{d}^0$ 和 $\boldsymbol{d}^1$ 也是关于 $\boldsymbol{A}$ 共轭的，所以 $\beta_{21}(\boldsymbol{d}^1)^{\mathrm{T}}\boldsymbol{A}\boldsymbol{d}^0=0$，$\beta_{20}(\boldsymbol{d}^0)^{\mathrm{T}}\boldsymbol{A}\boldsymbol{d}^1=0$. 那么可得

$$\beta_{20}=\frac{\nabla f(x^2)^{\mathrm{T}}\boldsymbol{A}\boldsymbol{d}^0}{(\boldsymbol{d}^0)^{\mathrm{T}}\boldsymbol{A}\boldsymbol{d}^0},\quad \beta_{21}=\frac{\nabla f(\boldsymbol{x}^2)^{\mathrm{T}}\boldsymbol{A}\boldsymbol{d}^1}{(\boldsymbol{d}^1)^{\mathrm{T}}\boldsymbol{A}\boldsymbol{d}^1}$$

由定理 3-12 可知，

$$\nabla f(\boldsymbol{x}^2)^{\mathrm{T}}\boldsymbol{d}^0=0,\nabla f(\boldsymbol{x}^2)^{\mathrm{T}}\boldsymbol{d}^1=0$$

又因为

$$\boldsymbol{d}^1=-\nabla f(\boldsymbol{x}^1)+\beta_{10}\boldsymbol{d}^0$$

所以

$$\nabla f(\boldsymbol{x}^2)^{\mathrm{T}}\boldsymbol{d}^1=-\nabla f(\boldsymbol{x}^2)^{\mathrm{T}}\nabla f(\boldsymbol{x}^1)+\beta_{10}\nabla f(\boldsymbol{x}^2)^{\mathrm{T}}\boldsymbol{d}^0=-\nabla f(\boldsymbol{x}^2)^{\mathrm{T}}\nabla f(\boldsymbol{x}^1)=0$$

而由 $\nabla f(\boldsymbol{x}^2)^{\mathrm{T}}\boldsymbol{d}^0=0$ 可知

$$\nabla f(\boldsymbol{x}^2)^{\mathrm{T}}\nabla f(\boldsymbol{x}^0)=0$$

又因为对于二次函数

$$\nabla f(\boldsymbol{x}^1)-\nabla f(\boldsymbol{x}^0)=\boldsymbol{b}+\boldsymbol{A}\boldsymbol{x}^1-(\boldsymbol{b}+\boldsymbol{A}\boldsymbol{x}^0)=\boldsymbol{A}(\boldsymbol{x}^1-\boldsymbol{x}^0)=\alpha_0\boldsymbol{A}\boldsymbol{d}^0$$

即

$$\boldsymbol{A}\boldsymbol{d}^0=\frac{1}{\alpha_0}[\nabla f(\boldsymbol{x}^1)-\nabla f(\boldsymbol{x}^0)]$$

所以

$$\nabla f(\boldsymbol{x}^2)^{\mathrm{T}}\boldsymbol{A}\boldsymbol{d}^0=\frac{1}{\alpha_0}\nabla f(\boldsymbol{x}^2)^{\mathrm{T}}[\nabla f(\boldsymbol{x}^1)-\nabla f(\boldsymbol{x}^0)]=0$$

因此可得

$$\beta_{20}=0,\beta_{21}=\frac{\nabla f(\boldsymbol{x}^2)^{\mathrm{T}}\boldsymbol{A}\boldsymbol{d}^1}{(\boldsymbol{d}_1)^{\mathrm{T}}\boldsymbol{A}\boldsymbol{d}^1}$$

继续以此计算，假设依次沿 $k+1$ 个共轭方向进行精确一维搜索得到 $\boldsymbol{x}^{k+1}$，即存在 β_{lj}

$(l=1,2,\cdots,k;j=0,1,2,\cdots,l-1)$，使得

$$\boldsymbol{d}^{l}=-\nabla f(\boldsymbol{x}^{l})+\sum_{j=0}^{l-1}\beta_{lj}\boldsymbol{d}^{j} \tag{3-28}$$

如果$\nabla f(\boldsymbol{x}^{k+1})=0$，那么$\boldsymbol{x}^{k+1}$就是正定二次函数的局部极小点，终止计算；如果$\nabla f(\boldsymbol{x}^{k+1})\neq 0$，构造下一个共轭迭代方向$\boldsymbol{d}^{k+1}$，设

$$\boldsymbol{d}^{k+1}=-\nabla f(\boldsymbol{x}^{k+1})+\sum_{j=0}^{k}\beta_{(k+1)j}\boldsymbol{d}^{j} \tag{3-29}$$

下面来确定系数$\beta_{(k+1)j}(j=0,1,2,\cdots,k)$. 由定理 3-12 可知

$$\nabla f(\boldsymbol{x}^{k+1})^{\mathrm{T}}\boldsymbol{d}^{m}=0\quad(m=0,1,2,\cdots,k)$$

代入式(3-28)可得

$$\nabla f(\boldsymbol{x}^{k+1})^{\mathrm{T}}\boldsymbol{d}^{m}=-\nabla f(\boldsymbol{x}^{k+1})^{\mathrm{T}}\nabla f(\boldsymbol{x}^{m})+\sum_{j=0}^{m-1}\beta_{mj}\nabla f(\boldsymbol{x}^{k+1})^{\mathrm{T}}\boldsymbol{d}^{j}=0$$

即

$$\nabla f(\boldsymbol{x}^{k+1})^{\mathrm{T}}\nabla f(\boldsymbol{x}^{m})=0\quad(m=0,1,2,\cdots,k)$$

在式(3-29)两端乘以$(\boldsymbol{d}^{m})^{\mathrm{T}}\boldsymbol{A}(m=0,1,2,\cdots,k)$，可得

$$0=(\boldsymbol{d}^{m})^{\mathrm{T}}\boldsymbol{A}\boldsymbol{d}^{k+1}=-(\boldsymbol{d}^{m})^{\mathrm{T}}\boldsymbol{A}\nabla f(\boldsymbol{x}^{k+1})+\sum_{j=0}^{k}\beta_{(k+1)j}(\boldsymbol{d}^{m})^{\mathrm{T}}\boldsymbol{A}\boldsymbol{d}^{j}$$

可得

$$(\boldsymbol{d}^{m})^{\mathrm{T}}\boldsymbol{A}\nabla f(\boldsymbol{x}^{k+1})-\beta_{(k+1)m}(\boldsymbol{d}^{m})^{\mathrm{T}}\boldsymbol{A}\boldsymbol{d}^{m}=0$$

$$\beta_{(k+1)m}=\frac{(\boldsymbol{d}^{m})^{\mathrm{T}}\boldsymbol{A}\nabla f(\boldsymbol{x}^{k+1})}{(\boldsymbol{d}^{m})^{\mathrm{T}}\boldsymbol{A}\boldsymbol{d}^{m}} \tag{3-30}$$

由之前推导可知

$$\boldsymbol{A}\boldsymbol{d}^{m}=\frac{1}{\alpha_m}[\nabla f(\boldsymbol{x}^{m+1})-\nabla f(\boldsymbol{x}^{m})]\quad(m=0,1,2,\cdots,k)$$

所以

$$(\boldsymbol{d}^{m})^{\mathrm{T}}\boldsymbol{A}\nabla f(\boldsymbol{x}^{k+1})=\nabla f(\boldsymbol{x}^{k+1})^{\mathrm{T}}\boldsymbol{A}\boldsymbol{d}^{m}=\frac{1}{\alpha_m}\nabla f(\boldsymbol{x}^{k+1})^{\mathrm{T}}\nabla f(\boldsymbol{x}^{m+1})-\nabla f(\boldsymbol{x}^{m})$$

因此

$$\begin{cases}\beta_{(k+1)m}=0\quad(m=0,1,2,\cdots,k-1)\\ \beta_{(k+1)k}=\dfrac{(\boldsymbol{d}^{k})^{\mathrm{T}}\boldsymbol{A}\nabla f(\boldsymbol{x}^{k+1})}{(\boldsymbol{d}^{k})^{\mathrm{T}}\boldsymbol{A}\boldsymbol{d}^{k}}\quad(m=k)\end{cases} \tag{3-31}$$

于是由式(3-29)可得

$$\boldsymbol{d}^{k+1}=-\nabla f(\boldsymbol{x}^{k+1})+\beta_{(k+1)k}\boldsymbol{d}^{k}$$

即每次产生新的共轭方向只需要计算一个系数，因此可以将$\beta_{(k+1)k}$简记为β_k.

以上就是利用梯度，通过迭代得到一组共轭方向的方法，因此该算法称为共轭梯度法. 根据以上的推导和定理 3-13 可以得出以下定理：

定理 3-14 对于正定二次函数$f(\boldsymbol{x})=a+\boldsymbol{b}^{\mathrm{T}}\boldsymbol{x}+\frac{1}{2}\boldsymbol{x}^{\mathrm{T}}\boldsymbol{A}\boldsymbol{x}$，由

$$\boldsymbol{d}^{0}=-\nabla f(\boldsymbol{x}^{0})$$

$$\vdots$$

$$d^{k+1}=-\nabla f(x^{k+1})+\beta_k d^k$$

$$\beta_k=\frac{(d^k)^{\mathrm T}A\nabla f(x^{k+1})}{(d^k)^{\mathrm T}Ad^k}$$

确定共轭方向，并用精确一维搜索确定步长，得到的共轭梯度法一定在 $m(\leqslant n)$ 次迭代后可以求得问题的局部极小点，并且 $\forall i\in\{1,2,\cdots,m\}$，都有

$$(d^i)^{\mathrm T}Ad^j=0\quad(j=0,1,2,\cdots,i-1)$$

$$\nabla f(x^i)^{\mathrm T}\nabla f(x^j)=0\quad(j=0,1,2,\cdots,i-1)$$

$$\nabla f(x^i)^{\mathrm T}d^j=0\quad(j=0,1,2,\cdots,i-1)$$

$$\nabla f(x^i)^{\mathrm T}d^i=-\nabla f(x^i)^{\mathrm T}\nabla f(x^i)$$

以上的结论都是针对正定二次函数得到的. 如果我们要将共轭梯度法推广到一般的目标函数，那么就要消去表达式中的正定矩阵 $\boldsymbol{A}$. 1964 年，Fletcher 和 Reeves 推出了一个不显含 $\boldsymbol{A}$ 的表达式，称为 Fletcher-Reeves 公式.

因为

$$Ad^k=\frac{1}{\alpha_k}[\nabla f(x^{k+1})-\nabla f(x^k)]$$

所以

$$\begin{aligned}\nabla f(x^{k+1})^{\mathrm T}Ad^k&=\frac{1}{\alpha_k}\nabla f(x^{k+1})^{\mathrm T}\nabla f(x^{k+1})-\nabla f(x^k)]\\&=\frac{1}{\alpha_k}\nabla f(x^{k+1})^{\mathrm T}\nabla f(x^{k+1})\end{aligned}$$

由定理 3-14 可知

$$\begin{aligned}(d^k)^{\mathrm T}Ad^k&=\frac{1}{\alpha_k}[-\nabla f(x^k)+\beta_{k-1}d^{k-1}]^{\mathrm T}[\nabla f(x^{k+1})-\nabla f(x^k)]\\&=\frac{1}{\alpha_k}\nabla f(x^k)^{\mathrm T}\nabla f(x^k)\end{aligned}$$

所以

$$\beta_k=\frac{(d^k)^{\mathrm T}A\nabla f(x^{k+1})}{(d^k)^{\mathrm T}Ad^k}=\frac{\nabla f(x^{k+1})^{\mathrm T}\nabla f(x^{k+1})}{\nabla f(x^k)^{\mathrm T}\nabla f(x^k)}\tag{3-32}$$

式(3-32)即为 Fletcher-Reeves 公式，简称为 FR 公式.

又因为 $\nabla f(x^{k+1})^{\mathrm T}\nabla f(x^k)=0$，所以可以将式(3-32)改写为

$$\beta_k=\frac{\nabla f(x^{k+1})^{\mathrm T}[\nabla f(x^{k+1})-\nabla f(x^k)]}{\nabla f(x^k)^{\mathrm T}\nabla f(x^k)}\tag{3-33}$$

式(3-33)是 Polak、Ribiere 和 Polyak 在 1969 年分别提出的，因此也称为 Polak-Ribiere-Polyak 公式，简称 PRP 公式.

对于一般目标函数，采用 FR 公式，共轭梯度法的计算步骤为：

算法 3-11　共轭梯度法

步骤 1　给定初始点 x^0 及初始下降方向 $d^0=-\nabla f(x^0)$，计算精度 $\varepsilon>0$，令 $k=0$.

步骤 2　进行精确一维搜索，求步长 α_k，使得 $f(x^k+\alpha_k d^k)=\min\limits_{\alpha\geqslant 0}f(x^k+\alpha d^k)$.

步骤 3　令 $x^{k+1}=x^k+\alpha_k d^k$.

步骤 4 若$\|\nabla f(\boldsymbol{x}^{k+1})\|<\varepsilon$,则$\boldsymbol{x}^*=\boldsymbol{x}^{k+1}$,停止计算;否则转步骤 5.

步骤 5 取共轭方向$\boldsymbol{d}^{k+1}$,使得

$$\boldsymbol{d}^{k+1}=-\nabla f(\boldsymbol{x}^{k+1})+\beta_k\boldsymbol{d}^k,\quad \beta_k=\frac{\nabla f(\boldsymbol{x}^{k+1})^{\mathrm{T}}\nabla f(\boldsymbol{x}^{k+1})}{\nabla f(\boldsymbol{x}^k)^{\mathrm{T}}\nabla f(\boldsymbol{x}^k)}$$

步骤 6 令$k=k+1$,转步骤 2.

【例 3-11】 用共轭梯度法求解问题

$$\min f(\boldsymbol{x})=x_1^2+x_2^2-3x_1-x_1x_2+3,\quad \boldsymbol{x}=(x_1,x_2)^{\mathrm{T}}$$

解 由例 3-9 知

$$\nabla f(\boldsymbol{x})=\begin{pmatrix}2x_1-3-x_2\\2x_2-x_1\end{pmatrix},\quad \boldsymbol{x}^*=(2,1)^{\mathrm{T}}$$

取初始点$\boldsymbol{x}^0=(0,0)^{\mathrm{T}}$,那么$\nabla f(\boldsymbol{x}^0)=(-3,0)^{\mathrm{T}}$,$\boldsymbol{d}^0=-\nabla f(\boldsymbol{x}^0)=(3,0)^{\mathrm{T}}$.

开始第一次迭代.进行精确一维搜索.

$$\min \varphi(\alpha)=\min f(\boldsymbol{x}^0+\alpha\boldsymbol{d}^0)=\min(9\alpha^2-9\alpha+3)$$

因为$\varphi'(\alpha)=18\alpha-9=0$,所以求出$\alpha_0=\frac{1}{2}$.于是

$$\boldsymbol{x}^1=\boldsymbol{x}^0+\alpha_0\boldsymbol{d}^0=(0,0)^{\mathrm{T}}+\frac{1}{2}(3,0)^{\mathrm{T}}=\left(\frac{3}{2},0\right)^{\mathrm{T}}$$

$$\nabla f(\boldsymbol{x}^1)=\left(0,-\frac{3}{2}\right)^{\mathrm{T}}$$

计算

$$\beta_0=\frac{\nabla f(\boldsymbol{x}^1)^{\mathrm{T}}\nabla f(\boldsymbol{x}^1)}{\nabla f(\boldsymbol{x}^0)^{\mathrm{T}}\nabla f(\boldsymbol{x}^0)}=\frac{1}{4}$$

因此

$$\boldsymbol{d}^1=-\nabla f(\boldsymbol{x}^1)+\beta_0\boldsymbol{d}^0=-\left(0,-\frac{3}{2}\right)^{\mathrm{T}}+\frac{1}{4}(3,0)^{\mathrm{T}}=\left(\frac{3}{4},\frac{3}{2}\right)^{\mathrm{T}}$$

开始第二次迭代.进行精确一维搜索.

$$\min \varphi(\alpha)=\min f(\boldsymbol{x}^1+\alpha\boldsymbol{d}^1)=\min\left(\frac{27}{16}\alpha^2-\frac{9}{4}\alpha+\frac{3}{4}\right)$$

因为$\varphi'(\alpha)=\frac{27}{8}\alpha-\frac{9}{4}=0$,所以求出$\alpha_1=\frac{2}{3}$.于是

$$\boldsymbol{x}^2=\boldsymbol{x}^1+\alpha_1\boldsymbol{d}^1=\left(\frac{3}{2},0\right)^{\mathrm{T}}+\frac{2}{3}\left(\frac{3}{4},\frac{3}{2}\right)^{\mathrm{T}}=(2,1)^{\mathrm{T}}$$

经过两次迭代得到最优解.

3.6 直接搜索法

之前介绍的几类算法都需要用到函数的导数,但是如果函数的导数不可求或者很难给出解析式,这时之前的算法就无法应用了.接下来我们介绍几种不需要计算导数,利用函数值求解的算法.

3.6.1　坐标轮换法

直接搜索算法中出现较早的一种方法是坐标轮换法(也称为方向交替法),该算法的思想非常简单,易于理解.坐标轮换法的基本思想是将 n 维优化问题转化为单变量问题,然后沿着 n 个坐标轴的方向轮流搜索,每一轮要完成 n 次搜索.若一轮搜索后没有得到满足精度要求的最优解,那么继续进行下一轮搜索,不断迭代,直至得到满足精度要求的最优解.在每一次的搜索中,只对 n 元函数的一个变量沿着其坐标轴方向进行一维搜索,其余 $n-1$ 个变量保持不变.

以二元函数为例,设函数为 $f(x_1,x_2)$,选定初始点为$\boldsymbol{x}^0=(x_1^0,x_2^0)^{\mathrm{T}}$,搜索方向即两个坐标轴方向,分别为 $\boldsymbol{d}^0=\boldsymbol{e}_1=(1,0)^{\mathrm{T}}$,$\boldsymbol{d}^1=\boldsymbol{e}_2=(0,1)^{\mathrm{T}}$.那么每一轮迭代有两次搜索,可得

$$\boldsymbol{x}^1=\boldsymbol{x}^0+\alpha_0\boldsymbol{d}^0=(x_1^0,x_2^0)^{\mathrm{T}}+\alpha_0\ (1,0)^{\mathrm{T}}=(x_1^0+\alpha_0,x_2^0)^{\mathrm{T}}=(x_1^1,x_2^1)^{\mathrm{T}}$$

$$\boldsymbol{x}^2=\boldsymbol{x}^1+\alpha_1\boldsymbol{d}^1=(x_1^1,x_2^1)^{\mathrm{T}}+\alpha_1\ (0,1)^{\mathrm{T}}=(x_1^1,x_2^1+\alpha_1)^{\mathrm{T}}$$

然后判断是否满足$\|\boldsymbol{x}^2-\boldsymbol{x}^0\|\leqslant\boldsymbol{\varepsilon}$,如果成立,$\boldsymbol{x}^2$ 即为最优解,否则以$\boldsymbol{x}^0=\boldsymbol{x}^2$ 为初始点,继续下一轮迭代.坐标轮换法的主要步骤为:

算法 3-12　坐标轮换法

步骤 1　给定计算精度 $\varepsilon>0$,初始点 $\boldsymbol{x}^0$,$\boldsymbol{e}_1$,$\boldsymbol{e}_2$,$\cdots$,$\boldsymbol{e}_n$ 是 n 个坐标轴上的单位向量.

步骤 2　令 $\boldsymbol{d}^i=\boldsymbol{e}_{i+1}(i=0,1,2,\cdots,n-1)$.

步骤 3　依次沿 $\boldsymbol{d}^i$ 进行精确一维搜索得步长 α_i,令 $\boldsymbol{x}^{i+1}=\boldsymbol{x}^i+\alpha_i\boldsymbol{d}^i(i=0,1,2,\cdots,n-1)$.

步骤 4　如果$\|\boldsymbol{x}^n-\boldsymbol{x}^0\|\leqslant\varepsilon$,那么 $\boldsymbol{x}^*=\boldsymbol{x}^n$,停止计算;否则转步骤 5.

步骤 5　令 $\boldsymbol{x}^0=\boldsymbol{x}^n$,转步骤 3.

【例 3-12】　用坐标轮换法求解问题

$$\min f(\boldsymbol{x})=x_1^2+x_2^2-3x_1-x_1x_2+3,\quad \boldsymbol{x}=(x_1,x_2)^{\mathrm{T}}$$

解　用解析法可求得该问题的最优解为 $\boldsymbol{x}^*=(2,1)^{\mathrm{T}}$.取初始点 $\boldsymbol{x}^0=(0,0)^{\mathrm{T}}$,$\boldsymbol{e}_1=(1,0)^{\mathrm{T}}$,$\boldsymbol{e}_2=(0,1)^{\mathrm{T}}$.

首先沿 $\boldsymbol{d}^0=\boldsymbol{e}_1$ 方向进行精确一维搜索,可得最优步长 $\alpha_0=\dfrac{3}{2}$,则

$$\boldsymbol{x}^1=(0,0)^{\mathrm{T}}+\frac{3}{2}(1,0)^{\mathrm{T}}=\left(\frac{3}{2},0\right)^{\mathrm{T}}$$

然后以 $\boldsymbol{x}^1$ 为初始点,沿 $\boldsymbol{d}^1=\boldsymbol{e}_2$ 方向进行精确一维搜索,可得最优步长 $\alpha_1=\dfrac{3}{4}$,则

$$\boldsymbol{x}^2=\left(\frac{3}{2},0\right)^{\mathrm{T}}+\frac{3}{4}(0,1)^{\mathrm{T}}=\left(\frac{3}{2},\frac{3}{4}\right)^{\mathrm{T}}$$

令 $\boldsymbol{x}^0=\left(\dfrac{3}{2},\dfrac{3}{4}\right)^{\mathrm{T}}$,继续下一轮迭代.

沿 $\boldsymbol{d}^0=\boldsymbol{e}_1$ 方向进行精确一维搜索,可得最优步长 $\alpha_0=\dfrac{3}{8}$,则

$$\boldsymbol{x}^1=\left(\frac{3}{2},\frac{3}{4}\right)^{\mathrm{T}}+\frac{3}{8}(1,0)^{\mathrm{T}}=\left(\frac{15}{8},\frac{3}{4}\right)^{\mathrm{T}}$$

然后以 $\boldsymbol{x}^1$ 为初始点，沿 $\boldsymbol{d}^1=\boldsymbol{e}_2$ 方向进行精确一维搜索，可得最优步长 $\alpha_1=\dfrac{3}{16}$，则

$$\boldsymbol{x}^2=\left(\frac{15}{8},\frac{3}{4}\right)^{\mathrm{T}}+\frac{3}{16}(0,1)^{\mathrm{T}}=\left(\frac{15}{8},\frac{15}{16}\right)^{\mathrm{T}}$$

因为最优解为 $\boldsymbol{x}^*=(2,1)^{\mathrm{T}}$，经过两轮迭代，得到的 $\boldsymbol{x}^2$ 已经比较接近最优解了. 为了提高计算精度，还可以继续进行迭代.

【例 3-13】 用坐标轮换法求解问题

$$\min f(\boldsymbol{x})=\frac{1}{2}x_1^2+\frac{9}{2}x_2^2,\quad \boldsymbol{x}=(x_1,x_2)^{\mathrm{T}}$$

解 取初始点 $\boldsymbol{x}^0=(9,1)^{\mathrm{T}}$，$\boldsymbol{e}_1=(1,0)^{\mathrm{T}}$，$\boldsymbol{e}_2=(0,1)^{\mathrm{T}}$.

首先沿 $\boldsymbol{d}^0=\boldsymbol{e}_1$ 方向进行精确一维搜索，可得最优步长 $\alpha_0=-9$，则

$$\boldsymbol{x}^1=(9,1)^{\mathrm{T}}-9\,(1,0)^{\mathrm{T}}=(0,1)^{\mathrm{T}}$$

然后以 $\boldsymbol{x}^1$ 为初始点，沿 $\boldsymbol{d}^1=\boldsymbol{e}_2$ 方向进行精确一维搜索，可得最优步长 $\alpha_1=-1$，则

$$\boldsymbol{x}^2=(0,1)^{\mathrm{T}}-(0,1)^{\mathrm{T}}=(0,0)^{\mathrm{T}}$$

$\boldsymbol{x}^2$ 就是问题的最优解.

通过观察上面两个例题可以发现，对于二维问题，如果等值线是一簇圆或椭圆，当椭圆族的长半轴、短半轴与坐标轴平行，那么一轮迭代就可以收敛；如果椭圆族的长半轴、短半轴与坐标轴是斜交的，那么迭代次数会增加，这样的结论也可以推广到 n 维问题（图 3-2）.

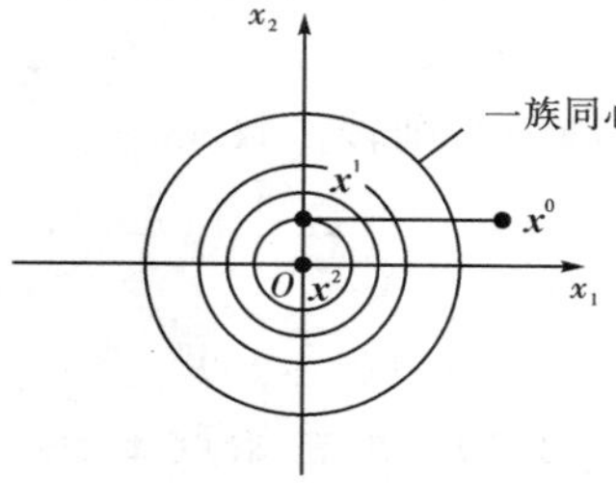

(a) 对称轴与坐标轴平行

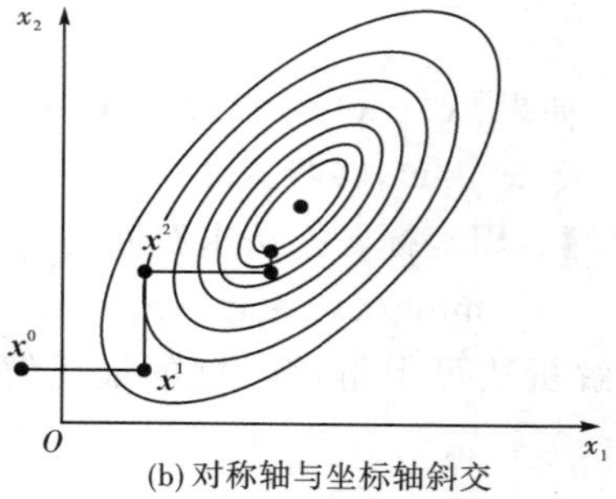

(b) 对称轴与坐标轴斜交

图 3-2

坐标轮换法的步骤虽然简单，但是其计算效率并不高，每一轮都需要进行 n 次迭代，对于高维问题并不适用. 同时每一次迭代都沿着坐标轴方向，这样的搜索方向对于不同的问题可能并不是好的方向，并且如果函数等值线出现“脊线”，就会造成搜索失败，所以我们希望利用目标函数找到更好的搜索方向，因此出现了 Powell 方向加速法.

3.6.2 Powell 方向加速法

1964 年，Powell 针对正定二次函数的极值问题，提出了方向加速法（也称为共轭方向法）. 对于 n 维的正定二次函数，Powell 方向加速法至多 n 次就会收敛，所以该方法是直接搜索法中比较有效的一种方法. 前面介绍的共轭梯度法是利用函数的梯度求出共轭方向，而 Powell 方向加速法是利用函数值构造共轭方向. 算法主要由三部分构成，分别为基

本搜索、加速搜索和调整搜索方向.

设二次函数 $f(\boldsymbol{x})=a+\boldsymbol{b}^{\mathrm{T}}\boldsymbol{x}+\frac{1}{2}\boldsymbol{x}^{\mathrm{T}}\boldsymbol{A}\boldsymbol{x}$，其中 $\boldsymbol{A}$ 是 n 阶对称正定矩阵，$\boldsymbol{b},\boldsymbol{x}\in\mathbf{R}^n$，$a$ 是常数. 如果 $n=2$，$f(\boldsymbol{x})$ 的等值线就是一簇椭圆，而这些椭圆的中心就是函数的局部极小点 $\boldsymbol{x}^*$.

定理 3-15　对于正定二次函数 $f(\boldsymbol{x})=a+\boldsymbol{b}^{\mathrm{T}}\boldsymbol{x}+\frac{1}{2}\boldsymbol{x}^{\mathrm{T}}\boldsymbol{A}\boldsymbol{x}$，$\boldsymbol{d}^0,\boldsymbol{d}^1,\cdots,\boldsymbol{d}^{k-1}\in\mathbf{R}^n(k<n)$ 是矩阵 $\boldsymbol{A}$ 的共轭方向组，如果分别从初始点 $\boldsymbol{x}^0$ 和 $\boldsymbol{x}^1$ 出发，依次沿方向 $\boldsymbol{d}^0,\boldsymbol{d}^1,\cdots,\boldsymbol{d}^{k-1}$ 进行一维搜索，并设最后得到的点为 $\boldsymbol{x}^a$ 和 $\boldsymbol{x}^b$，如果 $\boldsymbol{x}^a\neq\boldsymbol{x}^b$，那么 $\boldsymbol{x}^a-\boldsymbol{x}^b$ 与 $\boldsymbol{d}^0,\boldsymbol{d}^1,\cdots,\boldsymbol{d}^{k-1}$ 关于 $\boldsymbol{A}$ 是共轭的，即

$$(\boldsymbol{x}^a-\boldsymbol{x}^b)^{\mathrm{T}}\boldsymbol{A}\boldsymbol{d}^j=0\quad(j=0,1,2,\cdots,k-1)$$

证明　由已知条件和公式(3-25)可知

$$\nabla f(\boldsymbol{x}^a)^{\mathrm{T}}\boldsymbol{d}^j=0\quad(j=0,1,2,\cdots,k-1)$$

$$\nabla f(\boldsymbol{x}^b)^{\mathrm{T}}\boldsymbol{d}^j=0\quad(j=0,1,2,\cdots,k-1)$$

上面两式相减可得 $[\nabla f(\boldsymbol{x}^a)-\nabla f(\boldsymbol{x}^b)]^{\mathrm{T}}\boldsymbol{d}^j=0$，而 $\nabla f(\boldsymbol{x}^a)-\nabla f(\boldsymbol{x}^b)=\boldsymbol{A}(\boldsymbol{x}^a-\boldsymbol{x}^b)$，所以 $(\boldsymbol{x}^a-\boldsymbol{x}^b)^{\mathrm{T}}\boldsymbol{A}\boldsymbol{d}^j=0$.

这个定理说明从两个不同的点 $\boldsymbol{x}^0$ 和 $\boldsymbol{x}^1$ 出发，沿着同一方向 $\boldsymbol{d}^j$ 进行一维搜索得到点 $\boldsymbol{x}_{j+1}^0$ 和 $\boldsymbol{x}_{j+1}^1$，那么这两个点的连线方向 $\boldsymbol{d}=\boldsymbol{x}_{j+1}^0-\boldsymbol{x}_{j+1}^1$ 与 $\boldsymbol{d}^j$ 是关于正定矩阵 $\boldsymbol{A}$ 的共轭方向[图 3-3(a)、(b)].

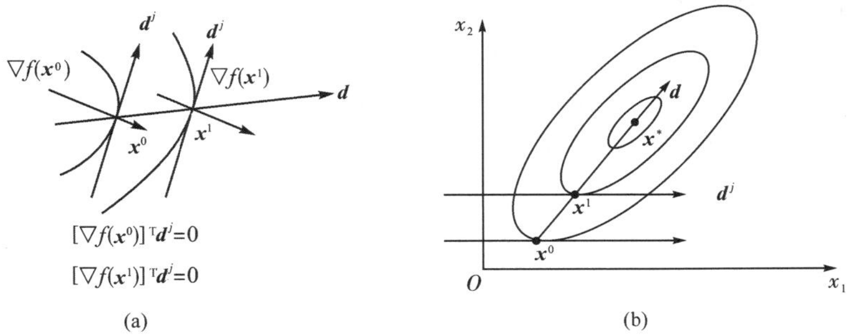

图 3-3

依据以上结论，得到 Powell 方向加速法的基本思想：在迭代过程的每个阶段都做 $n+1$ 次一维搜索. 首先沿着给定的 n 个线性无关的方向 $\boldsymbol{d}^0,\boldsymbol{d}^1,\cdots,\boldsymbol{d}^{n-1}$ 做一维搜索，完成这一阶段后，再沿着这一阶段的起点到第 n 次搜索得到的点的连线方向 $\boldsymbol{d}$ 再做一次一维搜索，这次搜索后得到的点作为下一个阶段的起点，那么下一个阶段的搜索方向变为 $\boldsymbol{d}^1,\boldsymbol{d}^2,\cdots,\boldsymbol{d}^{n-1},\boldsymbol{d}$. 下面给出 Powell 方向加速法的具体步骤.

算法 3-13　Powell 方向加速法

步骤 1　给定初始点 $\boldsymbol{x}^0$，n 个坐标轴的单位向量 $\boldsymbol{e}_1,\boldsymbol{e}_2,\cdots,\boldsymbol{e}_n$，计算精度 $\varepsilon>0$.

步骤 2　令 $\boldsymbol{d}^j=\boldsymbol{e}_{j+1}(j=0,1,2,\cdots,n-1)$.

步骤 3　依次沿着 $\boldsymbol{d}^j(j=0,1,2,\cdots,n-1)$ 做一维搜索，得到步长 α_j，令 $\boldsymbol{x}^{j+1}=\boldsymbol{x}^j+\alpha_j\boldsymbol{d}^j$.

步骤 4 令 $d^n=\frac{(x^n-x^0)}{\|x^n-x^0\|}$，$d^j=d^{j+1}(j=0,1,2,\cdots,n-1)$.

步骤 5 沿方向 d^n 做一维搜索，得到步长 α_n，令 $x^{n+1}=x^n+\alpha_n d^n$.

步骤 6 若 $\|x^{n+1}-x^0\|\leqslant\varepsilon$，则 $x^*=x^{n+1}$，计算终止；否则令 $x^0=x^{n+1}$，转步骤 3.

根据定理 3-15 可知，对于正定二次函数，Powell 方向加速法中每个阶段的初始点和终点连线所确定的向量必然关于矩阵 A 是共轭的，所以最多经过 n 个阶段的迭代就可以得到局部极小点. 因为 Powell 方向加速法是在逐步迭代中生成一组共轭方向，所以属于共轭方向法.

但是原始 Powell 方向加速法只是具有很好的理论意义，而在实际计算中，即使是二次正定函数也很容易失败. 原因就是在迭代中产生的 n 个方向可能线性相关，或者近似线性相关，从而不能生成 n 维向量空间，导致之后的搜索在降维或者在退化的空间中进行，因此不能得到真正的局部极小点.

基于以上原因，需要对 Powell 方向加速法进行改进. 改进算法，首先要分析算法存在的问题的原因. 在原算法中，每一次迭代都是直接用初始点和终点连线所产生的新方向 d^n 直接代替上一个向量组中的第一个方向，在这个过程中没有"好坏"的判断，这也是产生线性相关向量组的原因. 为了避免这一现象产生，在每一轮产生新的搜索方向后，要先判断原方向组是否可以直接作为下轮迭代的搜索方向，如果可以，直接采用；如果不可以，就再判断原来方向组中在哪个方向上函数值下降最大，然后用新的搜索方向替换这个函数值下降最大的搜索方向. 下面给出改进的 Powell 方向加速法的主要步骤.

算法 3-14　改进的 Powell 方向加速法

步骤 1 给定初始点 x^0，n 个坐标轴的单位向量 $e_1,e_2,\cdots,e_n$，计算精度 $\varepsilon>0$，令 $k=1$.

步骤 2 计算 $f_0=f(x^0)$，令 $d^j=e_j(j=1,2,\cdots,n)$.

步骤 3 做一维搜索，得到最优步长 α_{k-1}，令 $x^k=x^{k-1}+\alpha_{k-1}d^k$.

步骤 4 如果 $k=n$，转步骤 5；如果 $k<n$，令 $k=k+1$，转步骤 3.

步骤 5 若 $\|x^n-x^0\|\leqslant\varepsilon$，则 $x^*=x^n$，计算终止；否则转步骤 6.

步骤 6 令 $\gamma=\max\limits_{0\leqslant k\leqslant n-1}[f(x^k)-f(x^{k+1})]=f(x^m)-f(x^{m+1})$，$\tilde{f}=f(2x^n-x^0)$.

步骤 7 如果 $\tilde{f}\geqslant f(x^0)$，或者 $[f_0-2f(x^n)+\tilde{f}][f_0-f(x^n)-\gamma]^2>\frac{1}{2}(f_0-\tilde{f})^2\gamma$. 那么搜索方向不变，令 $f_0=f(x^n)$，$x^0=x^n$，$k=1$，转步骤 3；否则转步骤 8；

步骤 8 当 $k=1,2,\cdots,m$ 时，$d^k=d^k$；当 $k=m+1,\cdots,n-1$ 时，$d^k=d^{k+1}$. 令 $d^n=\frac{(x^n-x^0)}{\|x^n-x^0\|}$.

步骤 9 做一维搜索得到最优步长 $\hat{\alpha}$，令 $x^0=x^n+\hat{\alpha}d^n$，$f_0=f(x^0)$，$k=1$，转步骤 3.

【例 3-14】 用改进的 Powell 方向加速法求解问题

$$\min f(x)=x_1^2+x_2^2-3x_1-x_1x_2+3,\quad x=(x_1,x_2)^T$$

解 取初始点 $x^0=(0,0)^T$，$e_1=(1,0)^T$，$e_2=(0,1)^T$.

计算 $f_0=f(x^0)=3$，首先沿 $d^1=e_1$ 方向进行一维搜索，可得最优步长 $\alpha_0=\frac{3}{2}$，令 $x^1=x^0+\alpha_0 d^1=\left(\frac{3}{2},0\right)^T$；然后沿 $d^2=e_2$ 方向进行一维搜索，可得最优步长 $\alpha_1=\frac{3}{4}$，那么 $x^2=\left(\frac{3}{2},0\right)^T$

$+\frac{3}{4}(0,1)^{\mathrm{T}}=\left(\frac{3}{2},\frac{3}{4}\right)^{\mathrm{T}}$.

$$\gamma=\max_{0\leqslant k\leqslant 1}[f(\boldsymbol{x}^k)-f(\boldsymbol{x}^{k+1})]=f(\boldsymbol{x}^0)-f(\boldsymbol{x}^1)=\frac{9}{4}$$

$$\tilde{f}=f(2\boldsymbol{x}^2-\boldsymbol{x}^0)=f\left(3,\frac{3}{2}\right)=\frac{3}{4}$$

$$\tilde{f}=\frac{3}{4}<f_0=3$$

并且

$$[f_0-2f(\boldsymbol{x}^2)+\tilde{f}][f_0-f(\boldsymbol{x}^2)-\gamma]^2<\frac{1}{2}(f_0-\tilde{f})^2\gamma$$

因为 $m=0$,所以 $k=m+1=1$ 时,$\boldsymbol{d}^1=\boldsymbol{d}^2=\boldsymbol{e}_2=(0,1)^{\mathrm{T}}$,$\boldsymbol{d}^2=\frac{(\boldsymbol{x}^2-\boldsymbol{x}^0)}{\|\boldsymbol{x}^2-\boldsymbol{x}^0\|}=\frac{1}{\sqrt{5}}(2,1)^{\mathrm{T}}$.

以 $\boldsymbol{x}^2$ 为初始点,沿着 $\boldsymbol{d}^2$ 方向做一维搜索,得步长$\hat{\alpha}=\frac{\sqrt{5}}{4}$,令 $\boldsymbol{x}^0=\boldsymbol{x}^2+\hat{\alpha}\boldsymbol{d}^2=\left(\frac{3}{2},\frac{3}{4}\right)^{\mathrm{T}}+\frac{\sqrt{5}}{4}\times\frac{1}{\sqrt{5}}(2,1)^{\mathrm{T}}=(2,1)^{\mathrm{T}}$,此时 $\boldsymbol{x}^0$ 已经是最优解了.

上面的例题表明 Powell 方向加速法的收敛速度比坐标轮换法要快,并且对于上面的正定二次问题,改进的 Powell 方向加速法依然具有二次收敛性.但是对于一般问题,改进的 Powell 方向加速法没有二次收敛性.虽然它考虑了每轮方向组的线性相关性,但是如果初始方向给的是单位坐标向量,很可能初始方向一直都是单位坐标向量,从而退化成坐标轮换法.即使改进的 Powell 方向加速法依然存在问题,但是它仍然是直接搜索算法中相对快速有效的算法.

3.6.3　Hooke-Jeeves 方法

Hooke-Jeeves 方法是 1961 年由 Hooke 和 Jeeves 提出来的,该算法也是在坐标轮换法的基础上进行改进.Hooke-Jeeves 方法主要由交替进行的探测搜索和模式搜索组成.探测搜索是从初始点开始,在初始点周围探测,寻找有利的下降方向;模式搜索是沿着有利的方向进行加速,得到新的初始点,然后再次进行探测与加速搜索,直至找到最优解,所以该算法也称为模式搜索法或步长加速法.

该算法的主要步骤为:

算法 3-15　基本 Hooke-Jeeves 算法

步骤 1　给定初始点 $\boldsymbol{x}^1$ 和初始步长 $\alpha>0$,n 个坐标轴的单位向量 $\boldsymbol{e}_1,\boldsymbol{e}_2,\cdots,\boldsymbol{e}_n$,计算精度 $\varepsilon>0$,加速因子 $\gamma>0$,令 $\boldsymbol{y}^1=\boldsymbol{x}^1$,$k=1$,$j=1$.

步骤 2　计算 $f(\boldsymbol{y}^j+\alpha\boldsymbol{e}_j)$,若 $f(\boldsymbol{y}^j+\alpha\boldsymbol{e}_j)<f(\boldsymbol{y}^j)$,令 $\boldsymbol{y}^{j+1}=\boldsymbol{y}^j+\alpha\boldsymbol{e}_j$,转步骤 4;否则转步骤 3.

步骤 3　计算 $f(\boldsymbol{y}^j-\alpha\boldsymbol{e}_j)$,若 $f(\boldsymbol{y}^j-\alpha\boldsymbol{e}_j)<f(\boldsymbol{y}^j)$,令 $\boldsymbol{y}^{j+1}=\boldsymbol{y}^j-\alpha\boldsymbol{e}_j$,转步骤 4;否则令 $\boldsymbol{y}^{j+1}=\boldsymbol{y}^j$,转步骤 4.

步骤 4　若 $j<n$,令 $j=j+1$,转步骤 2;否则 $j=n$,转步骤 5.

步骤 5　若 $f(\boldsymbol{y}^{n+1})<f(\boldsymbol{x}^k)$,转步骤 6;若 $f(\boldsymbol{y}^{n+1})\geqslant f(\boldsymbol{x}^k)$,转步骤 7.

步骤 6 令 $x^{k+1}=y^{n+1}$，$y^1=x^{k+1}+\gamma(x^{k+1}-x^k)$，令 $k=k+1$，$j=1$，转步骤 2.

步骤 7 若 $\alpha\leqslant\varepsilon$，那么计算终止，取 $x^*=x^k$；否则，令 $\alpha=\dfrac{\alpha}{2}$，$y^1=x^k$，$x^{k+1}=x^k$，$j=1$，转步骤 2.

在上述算法中没有采用线搜索，直接给定步长，如果找不到适当的点，再逐步减小步长. 步骤 2 到步骤 5 是在各个方向中寻找有利的下降方向，也就是进行探测搜索，步骤 6 采用了加速因子 γ，沿着有利的下降方向加速前进. 下面给出带有线搜索的 Hooke-Jeeves 算法.

算法 3-16 带有线搜索的 Hooke-Jeeves 算法

步骤 1 给定初始点 x^0，n 个坐标轴的单位向量 $e_1,e_2,\cdots,e_n$，计算精度 $\varepsilon>0$，令 $k=0$.

步骤 2 令 $d^j=e_{j+1}(j=0,1,2,\cdots,n-1)$.

步骤 3 依次沿着 $d^j(j=0,1,2,\cdots,n-1)$ 做一维搜索，得到最优步长 α_j，令 $x^{j+1}=x^j+\alpha_j d^j$.

步骤 4 若 $\|x^n-x^0\|\leqslant\varepsilon$，则 $x^*=x^n$，计算终止；否则令 $p^k=x^n-x^0$，沿 p^k 方向做一维搜索，得最优步长 α_k，令 $x^{n+1}=x^n+\alpha_k p^k$，转步骤 5.

步骤 5 令 $x^0=x^{n+1}$，$k=k+1$，转步骤 2.

【例 3-15】 分别用以上两种 Hooke-Jeeves 算法求解问题

$$\min f(x)=x_1^2+x_2^2-3x_1-x_1x_2+3,\quad x=(x_1,x_2)^{\mathrm{T}}$$

解法 1 设初始点 $x^1=(0,0)^{\mathrm{T}}$，初始步长 $\alpha=1$，加速因子 $\gamma=1$，坐标轴的单位向量 $e_1=(1,0)^{\mathrm{T}}$，$e_2=(0,1)^{\mathrm{T}}$，令 $y^1=x^1$，$k=1$，$j=1$.

(1)第一轮迭代：

计算 $f(y^1+\alpha e_1)=f[(1,0)^{\mathrm{T}}]=1$，$f(y^1)=3$，所以 $f(y^1+\alpha e_1)<f(y^1)$，那么令 $y^2=y^1+\alpha e_1=(1,0)^{\mathrm{T}}$，$j=1<2$，继续搜索，令 $j=j+1$.

计算 $f(y^2+\alpha e_2)=f[(1,1)^{\mathrm{T}}]=1=f(y^2)$.

计算 $f(y^2-\alpha e_2)=f[(1,-1)^{\mathrm{T}}]=3>f(y^2)$，所以令 $y^3=y^2=(1,0)^{\mathrm{T}}$，因为此时 $j=2$，计算 $f(y^3)=1<f(x^1)=3$，令 $x^2=y^3=(1,0)^{\mathrm{T}}$. $y^1=x^2+\gamma(x^2-x^1)=(2,0)^{\mathrm{T}}$，令 $k=k+1=2$，$j=1$，第一轮迭代结束.

(2)第二轮迭代：$y'=x^2=(2,0)^{\mathrm{T}}$，步长 $\alpha=1$.

计算 $f(y^1+\alpha e_1)=f[(3,0)^{\mathrm{T}}]=3$，$f(y^1)=1$，所以 $f(y^1+\alpha e_1)>f(y^1)$.

计算 $f(y^1-\alpha e_1)=f[(1,0)^{\mathrm{T}}]=1$，$f(y^1)=1$，所以 $f(y^1-\alpha e_1)=f(y^1)$，令 $y^2=y^1=(2,0)^{\mathrm{T}}$，因为 $j=1<2$，继续搜索，令 $j=j+1$.

计算 $f(y^2+\alpha e_2)=f[(2,1)^{\mathrm{T}}]=0$，$f(y^2)=1$，所以 $f(y^2+\alpha e_2)<f(y^2)$，那么令 $y^3=y^2+\alpha e_2=(2,1)^{\mathrm{T}}$，因为此时 $j=2$，计算 $f(y^3)=0<f(x^2)=1$，令 $x^3=y^3=(2,1)^{\mathrm{T}}$，因为已知本问题的最优解就是 $(2,1)^{\mathrm{T}}$，但是按照算法步骤，此时应取 $y^1=x^3+\gamma(x^3-x^2)=(3,2)^{\mathrm{T}}$，令 $k=k+1=3$，$j=1$，第二轮迭代结束.

(3)第三轮迭代：$y'=x^3=(3,2)^{\mathrm{T}}$，步长 $\alpha=1$.

计算 $f(y^1+\alpha e_1)=f[(4,2)^{\mathrm{T}}]=3$，$f(y^1)=1$，所以 $f(y^1+\alpha e_1)>f(y^1)$.

计算 $f(y^1-\alpha e_1)=f[(2,2)^{\mathrm{T}}]=1$，$f(y^1)=1$，所以 $f(y^1-\alpha e_1)=f(y^1)$.

令 $y^2=y^1=(3,2)^{\mathrm{T}}$，因为 $j=1<2$，继续搜索，令 $j=j+1$

计算 $f(\boldsymbol{y}^2+\alpha\boldsymbol{e}_2)=f[(3,3)^{\mathrm{T}}]=3$，$f(\boldsymbol{y}^2)=1$，所以 $f(\boldsymbol{y}^2+\alpha\boldsymbol{e}_2)>f(\boldsymbol{y}^2)$.

计算 $f(\boldsymbol{y}^2-\alpha\boldsymbol{e}_2)=f[(3,1)^{\mathrm{T}}]=1$，$f(\boldsymbol{y}^1)=1$，所以 $f(\boldsymbol{y}^2-\alpha\boldsymbol{e}_2)=f(\boldsymbol{y}^1)$.

令 $\boldsymbol{y}^3=\boldsymbol{y}^2=(3,2)^{\mathrm{T}}$，因为此时 $j=2$，计算 $f(\boldsymbol{y}^3)=1>f(\boldsymbol{x}^3)=0$.

令 $\alpha=\dfrac{\alpha}{2}$，$\boldsymbol{y}^1=\boldsymbol{x}^3=(2,1)^{\mathrm{T}}$，$\boldsymbol{x}^4=\boldsymbol{x}^3$，令 $k=k+1=4$，$j=1$，第三轮迭代结束.

显然继续迭代下去，最优步长 α 会逐渐减小，而每一轮迭代得到的点 $\boldsymbol{x}^k$ 不变. 当 $\alpha\leqslant\varepsilon$ 时，计算终止，就得到了最优解. 但是从这个问题来看，第二轮迭代时已经得到最优解，第三轮迭代结束后的计算就是多余的. 下面我们再用带有线搜索的 Hooke-Jeeves 算法计算.

解法 2　取初始点 $\boldsymbol{x}^0=(0,0)^{\mathrm{T}}$，$\boldsymbol{e}_1=(1,0)^{\mathrm{T}}$，$\boldsymbol{e}_2=(0,1)^{\mathrm{T}}$，$k=0$.

首先沿 $\boldsymbol{d}^0=\boldsymbol{e}_1$ 方向进行一维搜索，可得最优步长 $\alpha_0=\dfrac{3}{2}$，令 $\boldsymbol{x}^1=\boldsymbol{x}^0+\alpha_0\boldsymbol{d}^0=\left(\dfrac{3}{2},0\right)^{\mathrm{T}}$；然后沿 $\boldsymbol{d}^1=\boldsymbol{e}_2$ 方向进行一维搜索，可得最优步长 $\alpha_1=\dfrac{3}{4}$，那么 $\boldsymbol{x}^2=\left(\dfrac{3}{2},0\right)^{\mathrm{T}}+\dfrac{3}{4}(0,1)^{\mathrm{T}}=\left(\dfrac{3}{2},\dfrac{3}{4}\right)^{\mathrm{T}}$.

令 $\boldsymbol{p}^0=\boldsymbol{x}^2-\boldsymbol{x}^0=\left(\dfrac{3}{2},\dfrac{3}{4}\right)^{\mathrm{T}}$，沿 $\boldsymbol{p}^0$ 方向做一维搜索，得步长 $\alpha_0=\dfrac{1}{3}$.

令 $\boldsymbol{x}^0=\boldsymbol{x}^{2+1}=\boldsymbol{x}^2+\alpha_0\boldsymbol{p}^0=\left(\dfrac{3}{2},\dfrac{3}{4}\right)^{\mathrm{T}}+\dfrac{1}{3}\left(\dfrac{3}{2},\dfrac{3}{4}\right)^{\mathrm{T}}=(2,1)^{\mathrm{T}}$，显然已经得到最优解，按照算法继续转到步骤 2 至步骤 4 进行计算，求得的最优步长为 0，满足终止准则，终止计算.

习题　3

1. 给定函数 $f(\boldsymbol{x})=(x_1-x_2)^2+x_2^2$，判断方向 $\boldsymbol{d}_1=-(1,1)^{\mathrm{T}}$，$\boldsymbol{d}_2=(-1,1)^{\mathrm{T}}$，$\boldsymbol{d}_3=(1,-1)^{\mathrm{T}}$ 在点 $\boldsymbol{x}=(1,0)^{\mathrm{T}}$ 处是否是下降方向.

2. 设函数 $f(\boldsymbol{x})=x_1^2-2x_2^2+4x_1+8x_2$，求出函数的稳定点，并判断其是否是局部极小点.

3. 求 Rosenbrock 函数 $f(\boldsymbol{x})=100\,(x_2-x_1^2)^2+(1-x_1)^2$ 的稳定点，并判断其是否是局部极小点.

4. 利用进退法求函数 $\varphi(\alpha)=\alpha^4+\alpha+1$ 的初始区间和初始点，初始点 $\alpha_0=0$，初始步长 $h=0.1$.

5. 利用平分法求解问题：$\min\limits_{\alpha\in\mathbf{R}}\varphi(\alpha)=2\alpha^3-3\alpha+8$，初始搜索区间为[0,2]，区间长度 $|b_k-a_k|<0.1$ 即可.

6. 利用 0.618 法求解问题 $\min\limits_{\alpha\in\mathbf{R}}\varphi(\alpha)=2\alpha^4+\alpha+1$，初始搜索区间为[−2,0]，区间长度 $|b_k-a_k|<0.1$ 即可.

7. 用牛顿法求解问题 $\min\limits_{\alpha\in\mathbf{R}}\varphi(\alpha)=\alpha^4-4\alpha+4$，初始点 $\alpha_0=2$，精度 $\varepsilon=10^{-2}$.

8. 用抛物线法求解问题 $\min\limits_{\alpha\in\mathbf{R}}\varphi(\alpha)=2\alpha^4-4\alpha+3$，取 $\alpha_1=0$，$\alpha_0=1$，$\alpha_2=2$，迭代两次即可.

9. 用非精确一维搜索求函数 $f(\boldsymbol{x})=10\,(x_2-x_1^2)^2+2\,(1-x_1)^2$ 的步长，令 $\boldsymbol{x}^k=(0,0)^{\mathrm{T}}$，下降方向为 $\boldsymbol{d}^k=(1,0)^{\mathrm{T}}$，$c_1=0.1$，$c_2=0.5$.

10. 用最速下降法求 $\min f(\boldsymbol{x})=x_1^2-2x_1x_2+2x_2^2+x_1-3x_2$ 的最优解，初始点 $\boldsymbol{x}^0=(0,0)^{\mathrm{T}}$，迭代两次即可。

11. 分别用牛顿法和阻尼牛顿法求函数 $f(\boldsymbol{x})=x_1^2-2x_1x_2+2x_2^2+x_1-3x_2$ 的局部极小点，初始点

$\boldsymbol{x}^0=(2,2)^{\mathrm{T}}$.

12. 分别用 DFP 算法和 BFGS 算法求函数 $f(\boldsymbol{x})=x_1^2-2x_1x_2+2x_2^2-2x_1+x_2$ 的局部极小点,初始点 $\boldsymbol{x}^0=(0,0)^{\mathrm{T}}$.

13. 设矩阵 $\boldsymbol{A}=\begin{pmatrix}2 & 3\\ 3 & 5\end{pmatrix}$,$\boldsymbol{B}=\begin{pmatrix}1 & 1 & 1\\ 1 & 2 & 0\\ 1 & 0 & 3\end{pmatrix}$,分别求 $\boldsymbol{A}$ 和 $\boldsymbol{B}$ 的一组共轭方向,初始向量组取为坐标轴正向的单位向量.

14. 用共轭梯度法求函数 $f(\boldsymbol{x})=x_1^2-2x_1x_2+2x_2^2+x_1-2x_2$ 的局部极小点,初始点 $\boldsymbol{x}^0=(1,1)^{\mathrm{T}}$.

15. 用改进的 Powell 方向加速法求解问题 $\min f(\boldsymbol{x})=x_1^2-2x_1x_2+2x_2^2-4x_1$,初始点 $\boldsymbol{x}^0=(0,0)^{\mathrm{T}}$.

16. 分别用两种 Hooke-Jeeves 算法求解问题 $\min f(\boldsymbol{x})=x_1^2-2x_1x_2+2x_2^2-4x_1$,初始点 $\boldsymbol{x}^0=(1,1)^{\mathrm{T}}$,初始步长 $\alpha=1$,加速因子 $\gamma=1$,$\varepsilon=0.1$,用基本 Hooke-Jeeves 算法完成两轮迭代即可,用带有线搜索的 Hooke-Jeeves 算法求出最优解.

第 4 章　约束最优化方法

在前一章中，我们学习了无约束优化问题的求解方法．然而在实际生活、生产中，人们所追求的最优化往往受到客观条件的限制，这就使得优化问题带有约束条件．本章所研究的对象就是下述形式的优化模型或其特殊形式：

$$\begin{cases}\min\limits_{x\in\mathbf{R}^n} f(\boldsymbol{x}) \\ \text{s.t. } h_i(\boldsymbol{x})=0 \quad (i=1,2,\cdots,l) \\ \qquad h_i(\boldsymbol{x})\leqslant 0 \quad (i=l+1,l+2,\cdots,m)\end{cases} \tag{4-1}$$

其中 $f(\boldsymbol{x}),h_i(\boldsymbol{x})(i=1,2,\cdots,m)$ 均为 $\mathbf{R}^n$ 或其子集上的连续可微的实值函数．这里，$f(\boldsymbol{x})$ 称为目标函数，$h_i(\boldsymbol{x})=0(i=1,2,\cdots,l)$ 为等式约束，而 $h_i(\boldsymbol{x})\leqslant 0(i=l+1,l+2,\cdots,m)$ 为不等式约束．称所有满足约束条件的点构成的集合为问题(4-1)的可行域，这里记为 Ω，即

$$\Omega=\{\boldsymbol{x}\in\mathbf{R}^n: h_i(\boldsymbol{x})=0(i=1,2,\cdots,l),h_i(\boldsymbol{x})\leqslant 0(i=l+1,l+2,\cdots,m)\} \tag{4-2}$$

可行域中的点 $\boldsymbol{x}\in\Omega$ 称为可行点．此时，问题(4-1)也可以表示为

$$\min_{x\in\Omega} f(\boldsymbol{x}) \tag{4-3}$$

对于问题(4-1)中的函数，不论是目标函数还是约束函数，若有一个是非线性的，则称问题(4-1)为非线性规划问题．非线性规划问题是约束优化问题中最基本、最重要的模型之一．

本章中将会用到下面两个概念，这里提前给出．

定义 4-1　非零向量 $\boldsymbol{d}$ 称为点 $\boldsymbol{x}^*\in\Omega$ 处的一个可行方向，如果存在一个数 $t^*>0$，使得对任意的 $t\in(0,t^*)$，都有 $\boldsymbol{x}^*+t\boldsymbol{d}\in\Omega$．进一步，非零向量 $\boldsymbol{d}$ 称为点 $\boldsymbol{x}^*\in\Omega$ 处的一个可行下降方向(或称改进的可行方向)，如果存在一个数 $t^*>0$，使得对任意的 $t\in(0,t^*)$，都有 $f(\boldsymbol{x}^*+t\boldsymbol{d})<f(\boldsymbol{x})$ 且 $\boldsymbol{x}^*+t\boldsymbol{d}\in\Omega$．

非线性规划的另一个重要概念是起作用约束与起作用指标集．记所有等式约束的指标为 $E=\{1,2,\cdots,l\}$，所有不等式约束的指标为 $I=\{l+1,l+2,\cdots,m\}$．

定义 4-2　对于点 $\boldsymbol{x}\in\Omega$，所有的等式约束以及满足 $h_i(\boldsymbol{x})=0$ 的 $i\in I$ 所对应的不等式约束称为点 $\boldsymbol{x}$ 处的起作用约束．这些约束所对应的指标构成的集合称为点 $\boldsymbol{x}$ 处的起作用指标集，记为 $\mathscr{A}(\boldsymbol{x})$，即 $\mathscr{A}(\boldsymbol{x})=E\cup I(\boldsymbol{x})$，其中 $I(\boldsymbol{x})=\{i\in I: h_i(\boldsymbol{x})=0\}$．

4.1 非线性规划的一阶最优性条件

在“高等数学”等课程中，已经初步介绍了只含有等式约束的优化问题的最优性的必要条件．下面将其更精准地表述出来．

定理 4-1 考虑含有等式约束的优化问题：

$$\begin{cases} \min\ f(\boldsymbol{x}) \\ \text{s. t.}\ \ h_i(\boldsymbol{x})=0 \quad (i=1,2,\cdots,l) \end{cases}$$

设点 $\boldsymbol{x}^* \in \mathbf{R}^n$ 处满足：

$$\text{向量组}\nabla h_1(\boldsymbol{x}^*),\cdots,\nabla h_l(\boldsymbol{x}^*)\ \text{线性无关} \tag{4-4}$$

则 $\boldsymbol{x}^*$ 是上述问题的局部最优解的必要条件为：存在 $\boldsymbol{\mu}^*=(\mu_1^*,\cdots,\mu_l^*)^{\mathrm{T}}\in\mathbf{R}^l$，使得

$$\nabla_x L(\boldsymbol{x}^*,\boldsymbol{\mu}^*)=\nabla f(\boldsymbol{x}^*)+\sum_{i=1}^{l}\mu_i^*\ \nabla h_i(\boldsymbol{x}^*)=\mathbf{0}$$

其中，

$$L(\boldsymbol{x},\boldsymbol{\mu}):=f(\boldsymbol{x})+\sum_{i=1}^{l}\mu_i h_i(\boldsymbol{x})$$

下面考虑一般的非线性规划问题的情形．

设 $\boldsymbol{x}^*$ 为问题(4-1)的局部最优解．注意到，若问题中的函数是连续的，则存在 $\boldsymbol{x}^*$ 的一个邻域 $\mathcal{N}$，使得 $\forall\,\boldsymbol{x}\in\mathcal{N}$，均有 $h_i(\boldsymbol{x})<0[i\in I\backslash I(\boldsymbol{x}^*)]$成立．因此，若 $\boldsymbol{x}^*$ 为问题(4-1)的局部最优解，则约束 $h_i(\boldsymbol{x})\leqslant 0[i\in I\backslash I(\boldsymbol{x}^*)]$实际并没有起到作用(这与起作用约束的定义是吻合的)．所以 $\boldsymbol{x}^*$ 也必为下述问题

$$\begin{cases} \min\ f(\boldsymbol{x}) \\ \text{s. t.}\ \ h_i(\boldsymbol{x})=0 \quad (i=1,2,\cdots,l) \\ \qquad\ h_i(\boldsymbol{x})\leqslant 0 \quad [i\in I(\boldsymbol{x}^*)] \end{cases}$$

的局部最优解．将其可行域进一步缩小，$\boldsymbol{x}^*$ 也为下述问题

$$\begin{cases} \min\ f(\boldsymbol{x}) \\ \text{s. t.}\ \ h_i(\boldsymbol{x})=0 \quad (i=1,2,\cdots,l) \\ \qquad\ h_i(\boldsymbol{x})=0 \quad [i\in I(\boldsymbol{x}^*)] \end{cases}$$

的局部最优解．由定理 4-1 知，在适当的条件下，存在 $\boldsymbol{\lambda}^*\in\mathbf{R}^m$[其中 $\lambda_i^*=0,\ \forall\, i\notin\mathcal{A}(\boldsymbol{x}^*)$]，使

$$\nabla f(\boldsymbol{x}^*)+\sum_{i=1}^{l}\lambda_i^*\ \nabla h_i(\boldsymbol{x}^*)+\sum_{i\in I(\boldsymbol{x}^*)}\lambda_i^*\ \nabla h_i(\boldsymbol{x}^*)=\mathbf{0} \tag{4-5}$$

除了式(4-5)，局部最优解还满足其他必要条件，下面就介绍其一阶必要条件，该条件是约束最优化问题最优性条件的核心．

定理 4-2 **(一阶最优性条件)**对于非线性规划问题(4-1)，设点 $\boldsymbol{x}^*\in\mathbf{R}^n$ 处满足：

$$\text{向量组}\nabla h_i(\boldsymbol{x}^*)(i=1,2,\cdots,l),\nabla h_i(\boldsymbol{x}^*)[i\in I(\boldsymbol{x}^*)]\text{线性无关} \tag{4-6}$$

则 $\boldsymbol{x}^*$ 是问题(4-1)的局部最优解的必要条件为：存在拉格朗日乘子 $\boldsymbol{\lambda}^*=(\lambda_1^*,\cdots,\lambda_m^*)\in\mathbf{R}^m$，满足

$$\nabla_x L(\boldsymbol{x}^*,\boldsymbol{\lambda}^*) = \nabla f(\boldsymbol{x}^*) + \sum_{i=1}^{m}\lambda_i^* \nabla h_i(\boldsymbol{x}^*) = \boldsymbol{0} \tag{4-7}$$

$$h_i(\boldsymbol{x}^*)=0 \quad (i=1,2,\cdots,l) \tag{4-8}$$

$$h_i(\boldsymbol{x}^*)\leqslant 0 \quad (i=l+1,l+2,\cdots,m) \tag{4-9}$$

$$\lambda_i^* h_i(\boldsymbol{x}^*)=0 \quad (i=l+1,l+2,\cdots,m) \tag{4-10}$$

$$\lambda_i^* \geqslant 0 \quad (i = l+1,l+2,\cdots,m) \tag{4-11}$$

其中，$L(\boldsymbol{x},\boldsymbol{\lambda}) = f(\boldsymbol{x}) + \sum_{i=1}^{m}\lambda_i h_i(\boldsymbol{x})$.

上述定理的证明省略.关于上述定理，给出下面的补充说明.

(1)条件(4-7)～(4-11)称为 Karush-Kuhn-Tucker 条件，或简称 KKT 条件，其中条件(4-8)与(4-9)为 $\boldsymbol{x}^*$ 可行的条件，有时不在 KKT 条件中特别列出.称满足 KKT 条件的点 $\boldsymbol{x}^*$ 为 KKT 点，相应地，$(\boldsymbol{x}^*,\boldsymbol{\lambda}^*)$称为 KKT 对.

(2)条件(4-9)～(4-11)揭示了不等式约束与其拉格朗日乘子之间存在着一种互补关系，称为互补松弛条件.

(3)条件(4-6)称为线性无关约束规范(linear independence constraint qualification，简记为 LICQ).需要指出的是，定理中假设 LICQ 成立，是比较强的假设，在该条件下，对应的拉格朗日乘子 $\boldsymbol{\lambda}^*$ 甚至可以保证是唯一的.还有其他较弱的条件也可以保证局部最优解为 KKT 点.

(4)在实际问题中，若问题不是凸规划，则很难验证一个点是否为非线性规划问题的全局最优解.定理 4-2 虽然只是局部最优解的一个必要条件，但如果能够验证一个点为 KKT 点或者得到一个 KKT 点，就已经很好了.而很多情况下，人们所构造的算法就是以得到 KKT 点为目标的.如何进一步验证一个点是否为局部极小点，一般需要用到二阶最优性条件.

【例 4-1】 考虑问题

$$\begin{cases}\min\ x_1^2+x_2^2\\ \text{s. t.}\ \ h_1(\boldsymbol{x})=x_1^2+(x_2-1)^2-1\leqslant 0\\ \qquad\ h_2(\boldsymbol{x})=x_1^2-x_2+1\leqslant 0\end{cases}$$

可以画出该问题的可行域如图 4-1 中阴影部分所示.做出目标函数的等值线(图 4-1 中的虚线)，则该问题有唯一的最优解 $\boldsymbol{x}^*=(0,1)^{\mathrm{T}}$.

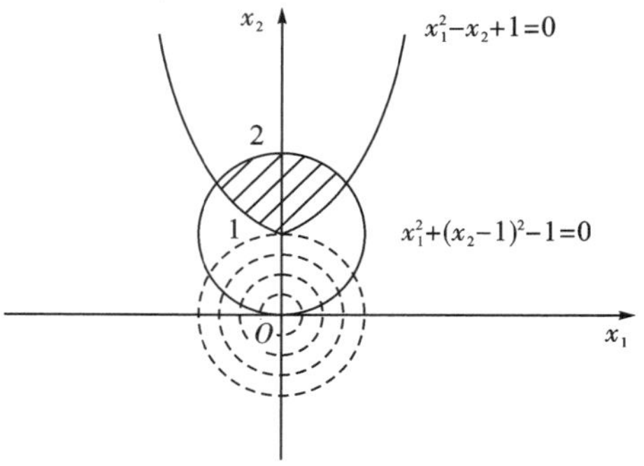

图 4-1

下面来看点 $\boldsymbol{x}^*=(0,1)^{\mathrm{T}}$ 处的 KKT 条件.由于 $h_1(\boldsymbol{x}^*)=-1<0$，$h_2(\boldsymbol{x}^*)=0$，故 $\mathscr{A}(\boldsymbol{x}^*)=I(\boldsymbol{x}^*)=\{2\}$，第二个约束为 $\boldsymbol{x}^*$ 处的起作用约束(从图 4-1 中可以看出，去掉第一个约束，问题的最优解不变).KKT 条件中的(4-7)、(4-10)、(4-11)在这里成为

$$\begin{pmatrix}0\\2\end{pmatrix}+\lambda_2\begin{pmatrix}0\\-1\end{pmatrix}=\begin{pmatrix}0\\0\end{pmatrix}$$
$$\lambda_1=0$$
$$\lambda_2\geqslant 0$$

所以存在拉格朗日乘子 $\boldsymbol{\lambda}^*=(0,2)^{\mathrm{T}}$，使 $\boldsymbol{x}^*$ 处 KKT 条件成立.

下面继续以本题为例，在 KKT 条件中，如果拉格朗日乘子非负的条件去掉，那么会出现什么情况？

取 $\bar{\boldsymbol{x}}=(0,2)^{\mathrm{T}}$，令 $\tilde{\boldsymbol{\lambda}}=(-2,0)^{\mathrm{T}}$，则可验证$(\bar{\boldsymbol{x}},\tilde{\boldsymbol{\lambda}})$满足 KKT 条件中除了"$\tilde{\boldsymbol{\lambda}}\geqslant\mathbf{0}$"之外的所有条件. 取方向 $\tilde{\boldsymbol{d}}=(0,-1)^{\mathrm{T}}$，任取步长 $\alpha\in(0,1)$，$\bar{\boldsymbol{x}}+\alpha\tilde{\boldsymbol{d}}$ 均为问题的可行点，且 $f(\bar{\boldsymbol{x}}+\alpha\tilde{\boldsymbol{d}})=(2-\alpha)^2<4=f(\bar{\boldsymbol{x}})$. 即可以找到可行方向 $\tilde{\boldsymbol{d}}$，使 $f(\boldsymbol{x})$沿这个方向减小. 故 $\bar{\boldsymbol{x}}$ 必不为局部极小点.

【例 4-2】 求下述问题的所有 KKT 点：

$$\begin{cases}\min\ x_1x_2\\ \text{s.t.}\ \ x_1^2+x_2^2=1\end{cases}$$

解 该问题的拉格朗日函数为 $L(\boldsymbol{x},\mu)=x_1x_2+\mu(x_1^2+x_2^2-1)$，则 KKT 条件为

$$\begin{cases}\nabla_x L(\boldsymbol{x},\mu)=\begin{pmatrix}x_2\\x_1\end{pmatrix}+2\mu\begin{pmatrix}x_1\\x_2\end{pmatrix}=\begin{pmatrix}0\\0\end{pmatrix}\\ x_1^2+x_2^2=1\end{cases}$$

解上述系统，得到 KKT 点及对应的拉格朗日乘子分别为

$$\boldsymbol{x}^{(1)}=\left(\frac{\sqrt{2}}{2},\frac{\sqrt{2}}{2}\right)^{\mathrm{T}},\quad \mu^{(1)}=-\frac{1}{2}$$
$$\boldsymbol{x}^{(2)}=\left(-\frac{\sqrt{2}}{2},-\frac{\sqrt{2}}{2}\right)^{\mathrm{T}},\quad \mu^{(2)}=-\frac{1}{2}$$
$$\boldsymbol{x}^{(3)}=\left(\frac{\sqrt{2}}{2},-\frac{\sqrt{2}}{2}\right)^{\mathrm{T}},\quad \mu^{(3)}=\frac{1}{2}$$
$$\boldsymbol{x}^{(4)}=\left(-\frac{\sqrt{2}}{2},\frac{\sqrt{2}}{2}\right)^{\mathrm{T}},\quad \mu^{(4)}=\frac{1}{2}$$

可以验证 $\boldsymbol{x}^{(3)},\boldsymbol{x}^{(4)}$ 为问题的局部极小点，而 $\boldsymbol{x}^{(1)},\boldsymbol{x}^{(2)}$ 却不是问题的局部极小点.

注意：此例也说明，KKT 条件仅为局部最优解的必要条件，而不是充分条件.

【例 4-3】 考虑非线性规划问题

$$\begin{cases}\min\ 4x_1-3x_2\\ \text{s.t.}\ \ x_1+x_2-4\leqslant 0\\ \qquad x_2+7\geqslant 0\\ \qquad (x_1-3)^2-x_2-1\leqslant 0\end{cases}$$

检验$\bar{\boldsymbol{x}}=(1,3)^{\mathrm{T}}$ 是否为问题的 KKT 点.

解 目标函数 $f(\boldsymbol{x})=4x_1-3x_2$，约束函数 $h_1(\boldsymbol{x})=x_1+x_2-4$，$h_2(\boldsymbol{x})=-x_2-7$，$h_3(\boldsymbol{x})=(x_1-3)^2-x_2-1$，它们的梯度分别为$\nabla f(\boldsymbol{x})=\begin{pmatrix}4\\-3\end{pmatrix}$，$\nabla h_1(\boldsymbol{x})=\begin{pmatrix}1\\1\end{pmatrix}$，$\nabla h_2(\boldsymbol{x})=$

$\begin{pmatrix}0\\-1\end{pmatrix}$，$\nabla h_3(\boldsymbol{x})=\begin{pmatrix}2(x_1-3)\\-1\end{pmatrix}$. 而 $I(\bar{\boldsymbol{x}})=\{1,3\}$，故 KKT 条件可化为

$$\begin{cases}\begin{pmatrix}4\\-3\end{pmatrix}+\lambda_1\begin{pmatrix}1\\1\end{pmatrix}+\lambda_2\begin{pmatrix}0\\-1\end{pmatrix}+\lambda_3\begin{pmatrix}-4\\-1\end{pmatrix}=\begin{pmatrix}0\\0\end{pmatrix}\\ \lambda_2=0,\quad \lambda_1\geqslant 0,\quad \lambda_3\geqslant 0\end{cases}$$

解得 $\lambda_1=\dfrac{16}{3}$，$\lambda_2=0$，$\lambda_3=\dfrac{7}{3}$. 因此 $\bar{\boldsymbol{x}}=(1,3)^{\mathrm{T}}$ 是 KKT 点.

非线性规划中有一类特殊的约束优化问题，其目标函数是凸函数，约束集合是凸集合，该类问题称为凸规划问题. 这里讨论一种常见的形式：

$$\begin{cases}\min\limits_{\boldsymbol{x}\in\mathbf{R}^n} f(\boldsymbol{x})\\ \text{s. t. } h_i(\boldsymbol{x})=0\quad (i=1,2,\cdots,l)\\ \qquad h_i(\boldsymbol{x})\leqslant 0\quad (i=l+1,l+2,\cdots,m)\end{cases}\tag{4-12}$$

其中 $f(\boldsymbol{x})$，$h_i(\boldsymbol{x})(i=l+1,l+2,\cdots,m)$ 均为 $\mathbf{R}^n$ 或其子集上的连续可微的凸函数，$h_i(\boldsymbol{x})$ $(i=1,2,\cdots,l)$ 则均为线性函数.

对于凸规划问题，其最显著的优势是它的局部最优解与全局最优解是等价的. 那么，问题(4-12)也有如 § 4.1 所定义的 KKT 条件. 该问题的 KKT 点与最优解之间有什么密切的关系？下面通过两个定理揭示出来.

定理 4-3　问题(4-12)的 KKT 点必为该问题的最优解.

证明　设 $(\boldsymbol{x}^*,\boldsymbol{\lambda}^*)$ 是问题(4-12)的 KKT 对，易知问题(4-12)的拉格朗日函数

$$L(\boldsymbol{x},\boldsymbol{\lambda})=f(\boldsymbol{x})+\sum_{i=1}^{m}\lambda_i h_i(\boldsymbol{x})$$

关于 $\boldsymbol{x}$ 是凸函数. 利用凸函数的性质和 KKT 条件，对任意 $\boldsymbol{x}\in\Omega$，

$$\begin{aligned}f(\boldsymbol{x})&\geqslant L(\boldsymbol{x},\boldsymbol{\lambda}^*)\geqslant L(\boldsymbol{x}^*,\boldsymbol{\lambda}^*)+(\boldsymbol{x}-\boldsymbol{x}^*)^{\mathrm{T}}\nabla_x L(\boldsymbol{x}^*,\boldsymbol{\lambda}^*)\\&=L(\boldsymbol{x}^*,\boldsymbol{\lambda}^*)=f(\boldsymbol{x}^*)\end{aligned}$$

所以得到 $f(\boldsymbol{x})\geqslant f(\boldsymbol{x}^*)$，即凸规划问题的 KKT 点必为最优解.

与非线性规划的一阶最优性条件类似，由最优解推出 KKT 点，往往需要一个假设，对于凸规划问题，需要对约束集合假设 Slater 条件成立. 下述定理即为凸规划的一阶必要最优性条件，其证明比较烦琐，这里省略.

定理 4-4　设 $\boldsymbol{x}^*$ 为问题(4-12)的最优解，且该点处下述 Slater 条件成立：

$\exists\,\hat{\boldsymbol{x}}\in\mathbf{R}^n$，满足 $h_i(\hat{\boldsymbol{x}})=0(i=1,2,\cdots,l)$；$h_i(\hat{\boldsymbol{x}})<0(i=l+1,l+2,\cdots,m)$

则 $\boldsymbol{x}^*$ 也为问题(4-12)的 KKT 点.

4.2　二次规划

在众多非线性规划问题之中，二次规划是其中最简单的一类. 它的目标是二次函数，约束为线性约束. 除去该类问题自身的应用背景，它也频繁地作为子问题，出现在很多求解约束优化问题的算法之中.

具体地说，二次规划问题的一般形式可以表示为

$$\begin{cases} \min q(\boldsymbol{x}) = \dfrac{1}{2}\boldsymbol{x}^{\mathrm{T}}\boldsymbol{G}\boldsymbol{x} + \boldsymbol{c}^{\mathrm{T}}\boldsymbol{x} \\ \text{s. t.} \ \ \boldsymbol{a}_i^{\mathrm{T}}\boldsymbol{x} = b_i \quad (i=1,2,\cdots,l) \\ \qquad \boldsymbol{a}_i^{\mathrm{T}}\boldsymbol{x} \leqslant b_i \quad (i=l+1,l+2,\cdots,p) \end{cases} \tag{4-13}$$

其中 $\boldsymbol{G}$ 是 n 阶对称矩阵，$\boldsymbol{c},\boldsymbol{a}_1,\boldsymbol{a}_2,\cdots,\boldsymbol{a}_p$ 为 n 维列向量，且 $\boldsymbol{a}_1,\boldsymbol{a}_2,\cdots,\boldsymbol{a}_l$ 线性无关，$b_1,b_2,\cdots,b_p$ 均为实数.

问题(4-13)的约束可能不相容，也可能没有有限的最优值，这时问题是无解的. 若 $\boldsymbol{G}$ 半正定，则问题(4-13)是一个凸二次规划，它的任何局部最优解也一定是全局最优解；若 $\boldsymbol{G}$ 还是正定的，则问题(4-13)是一个严格凸二次规划，此时只要问题有解，该解也一定是唯一的；若 G 不是半正定的，则问题(4-13)是一个非凸二次规划，问题可能有多个稳定点或局部极小点.

首先来看二次规划的一个经典应用.

【例 4-4】 （投资组合优化问题）设有 n 种资产，其相应的投资收益分别为 $r_i(i=1,2,\cdots,n)$，因为收益通常是事先未知的，故其为随机变量（通常服从正态分布）. 设其期望与方差分别为 $\mu_i=E(r_i),\sigma_i^2=E[(r_i-\mu_i)^2](i=1,2,\cdots,n)$. 记 $\boldsymbol{\mu}=(\mu_1,\mu_1,\cdots,\mu_n)^{\mathrm{T}}$.

设某投资者需要对上述 n 种资产进行投资，第 i 种资产的投资占总资产的比例为 $x_i(i=1,2,\cdots,n)$，则显然 $\sum\limits_{i=1}^{n}x_i=1,x_i\geqslant 0(i=1,2,\cdots,n)$. 记 $\boldsymbol{x}=(x_1,x_2,\cdots,x_n)^{\mathrm{T}}$ 为一个投资组合. 该投资组合的收益为 $R=\sum\limits_{i=1}^{n}x_i r_i$，其仍为随机变量. 如何衡量一个投资组合的优劣？人们通常希望期望收益 $E(R)$ 越大越好，而刻画投资风险的方差 $Var(R)$ 越小越好.

$$E(R)=E\left(\sum_{i=1}^{n}x_i r_i\right)=\sum_{i=1}^{n}x_i E(r_i)=\boldsymbol{\mu}^{\mathrm{T}}\boldsymbol{x}$$

$$\begin{aligned} Var(R) &= E\{[R-E(R)]^2\} = E\left[\left(\sum_{i=1}^{n}x_i r_i-\sum_{i=1}^{n}x_i\mu_i\right)^2\right] \\ &= E\left\{\left[\sum_{i=1}^{n}x_i(r_i-\mu_i)\right]^2\right\} \\ &= \sum_{i,j=1}^{n}E[(r_i-\mu_i)(r_j-\mu_j)]x_i x_j=\boldsymbol{x}^{\mathrm{T}}\boldsymbol{G}\boldsymbol{x} \end{aligned}$$

其中 $n\times n$ 对称阵 $\boldsymbol{G}$ 为协方差矩阵，其第 (i,j) 元素为

$$G_{ij}=E[(r_i-\mu_i)(r_j-\mu_j)] \quad (i=1,2,\cdots,n;j=1,2,\cdots,n)$$

1952 年，Markowitz 通过引入“风险容忍参数”$\kappa\geqslant 0$，将期望最大化与方差最小化这两个目标融合为一个，即

$$\begin{cases} \min \kappa\boldsymbol{x}^{\mathrm{T}}\boldsymbol{G}\boldsymbol{x}-\boldsymbol{\mu}^{\mathrm{T}}\boldsymbol{x} \\ \text{s. t.} \ \sum\limits_{i=1}^{n}x_i=1 \\ \qquad \boldsymbol{x}\geqslant \boldsymbol{0} \end{cases}$$

上述问题为一个二次规划问题.

4.2.1 等式约束二次规划

首先看问题(4-13)的一种简单情况，即只含有等式约束的二次规划问题：

$$\begin{cases}\min q(\boldsymbol{x})=\dfrac{1}{2}\boldsymbol{x}^{\mathrm{T}}\boldsymbol{G}\boldsymbol{x}+\boldsymbol{c}^{\mathrm{T}}\boldsymbol{x} \\ \text{s. t. } \boldsymbol{a}_i^{\mathrm{T}}\boldsymbol{x}=b_i \quad (i=1,2,\cdots,l)\end{cases} \tag{4-14}$$

令 $\boldsymbol{A}=(\boldsymbol{a}_1,\boldsymbol{a}_2,\cdots,\boldsymbol{a}_l)^{\mathrm{T}}$，$\boldsymbol{b}=(b_1,b_2,\cdots,b_l)^{\mathrm{T}}$，则由定理 4-2 可得：

定理 4-5　设 $\boldsymbol{a}_1,\boldsymbol{a}_2,\cdots,\boldsymbol{a}_l$ 线性无关，$\boldsymbol{x}^*$ 为问题(4-14)的局部最优解，则 $\boldsymbol{x}^*$ 也为问题(4-14)的 KKT 点，即存在拉格朗日乘子 $\boldsymbol{\mu}^*$，满足

$$\begin{pmatrix}\boldsymbol{G} & \boldsymbol{A}^{\mathrm{T}} \\ \boldsymbol{A} & \boldsymbol{0}\end{pmatrix}\begin{pmatrix}\boldsymbol{x}^* \\ \boldsymbol{\mu}^*\end{pmatrix}=\begin{pmatrix}-\boldsymbol{c} \\ \boldsymbol{b}\end{pmatrix} \tag{4-15}$$

证明　定义拉格朗日函数 $L(\boldsymbol{x},\boldsymbol{\mu})=\dfrac{1}{2}\boldsymbol{x}^{\mathrm{T}}\boldsymbol{G}\boldsymbol{x}+\boldsymbol{c}^{\mathrm{T}}\boldsymbol{x}+\sum_{i=1}^{l}\mu_i(\boldsymbol{a}_i^{\mathrm{T}}\boldsymbol{x}-b_i)$. 由定理 4-2 知，存在 KKT 对$(\boldsymbol{x}^*,\boldsymbol{\mu}^*)$，满足

$$\begin{cases}\nabla_x L(\boldsymbol{x}^*,\boldsymbol{\mu}^*)=\boldsymbol{G}\boldsymbol{x}^*+\boldsymbol{c}+\sum_{i=1}^{l}\mu_i^*\boldsymbol{a}_i=\boldsymbol{0} \\ \boldsymbol{a}_i^{\mathrm{T}}\boldsymbol{x}^*=b_i \quad (i=1,2,\cdots,l)\end{cases}$$

将上式写成矩阵形式，即为式(4-15).

定理 4-6　设 $\boldsymbol{G}$ 为半正定矩阵，$\boldsymbol{a}_1,\boldsymbol{a}_2,\cdots,\boldsymbol{a}_l$ 线性无关，$\boldsymbol{x}^*$ 为问题(4-14)的可行点，则 $\boldsymbol{x}^*$ 是凸规划问题(4-14)的全局最优解的充分必要条件是 $\boldsymbol{x}^*$ 为问题(4-14)的 KKT 点.

证明　对于凸规划问题，全局最优解与局部最优解一致. 必要性由定理 4-5 可得. 充分性由定理 4-3 可得.

【例 4-5】　求解下述凸二次规划问题：

$$\begin{cases}\min x_1^2-x_1x_2+x_2^2-x_2x_3+x_3^2+2x_1-x_2 \\ \text{s. t. } 3x_1-x_2-x_3=0 \\ \qquad 2x_1-x_2-x_3=0\end{cases}$$

解　首先整理目标函数，与模型(4-14)对应，可知

$$\boldsymbol{G}=\begin{pmatrix}2 & -1 & 0 \\ -1 & 2 & -1 \\ 0 & -1 & 2\end{pmatrix},\boldsymbol{c}=\begin{pmatrix}2 \\ -1 \\ 0\end{pmatrix},\boldsymbol{a}_1=\begin{pmatrix}3 \\ -1 \\ -1\end{pmatrix},\boldsymbol{a}_2=\begin{pmatrix}2 \\ -1 \\ -1\end{pmatrix},b_1=b_2=0$$

由定理 4-5 知，求解上述问题相当于求解其 KKT 系统，即

$$\begin{pmatrix}2 & -1 & 0 & 3 & 2 \\ -1 & 2 & -1 & -1 & -1 \\ 0 & -1 & 2 & -1 & -1 \\ 3 & -1 & -1 & 0 & 0 \\ 2 & -1 & -1 & 0 & 0\end{pmatrix}\begin{pmatrix}x_1 \\ x_2 \\ x_3 \\ \mu_1 \\ \mu_2\end{pmatrix}=\begin{pmatrix}-2 \\ 1 \\ 0 \\ 0 \\ 0\end{pmatrix}$$

解得 $\boldsymbol{x}^*=\left(0,\frac{1}{6},\frac{1}{6}\right)^{\mathrm{T}}$，相应的拉格朗日乘子为 $\boldsymbol{\mu}^*=\left(-\frac{5}{6},\frac{1}{3}\right)^{\mathrm{T}}$. 因此得到问题的解为 $\boldsymbol{x}^*=\left(0,\frac{1}{6},\frac{1}{6}\right)^{\mathrm{T}}$.

4.2.2 一般二次规划问题的起作用指标集方法

本节考虑含有不等式约束的一般形式的凸二次规划问题(4-13). 为简单起见，这里设 $\boldsymbol{G}$ 为正定矩阵.

首先来看下述引理.

引理 4-1 设 $\boldsymbol{x}^*$ 是凸二次规划问题(4-13)的最优解，$\mathscr{A}_*=\mathscr{A}(\boldsymbol{x}^*)$ 为 $\boldsymbol{x}^*$ 点处的起作用指标集，则 $\boldsymbol{x}^*$ 也为下述问题的最优解：

$$\begin{cases}\min q(\boldsymbol{x})=\frac{1}{2}\boldsymbol{x}^{\mathrm{T}}\boldsymbol{G}\boldsymbol{x}+\boldsymbol{c}^{\mathrm{T}}\boldsymbol{x} \\ \text{s.t. } \boldsymbol{a}_i^{\mathrm{T}}\boldsymbol{x}=b_i \quad (i\in\mathscr{A}_*)\end{cases} \tag{4-16}$$

反之，设 $\boldsymbol{x}^*$ 是凸二次规划问题(4-13)的可行解，且为问题(4-16)的 KKT 点，若 $\boldsymbol{x}^*$ 处对应的拉格朗日乘子 $\boldsymbol{\mu}^*$ 满足 $\mu_i^*\geqslant 0[i\in I(\boldsymbol{x}^*)]$，则 $\boldsymbol{x}^*$ 是问题(4-13)的 KKT 点.

证明 设 $\boldsymbol{x}^*$ 为问题(4-13)的最优解，由于问题(4-13)的可行域包括问题(4-16)的可行域，从而 $\boldsymbol{x}^*$ 也为问题(4-16)的可行点，故 $\boldsymbol{x}^*$ 也为问题(4-16)的最优解.

反之，设 $\boldsymbol{x}^*$ 为问题(4-13)的可行解且满足问题(4-16)的 KKT 条件，即存在 $\boldsymbol{\mu}^*\in\mathbf{R}^p$，使

$$\begin{cases}\boldsymbol{G}\boldsymbol{x}^*+\boldsymbol{c}+\sum\limits_{i\in\mathscr{A}_*}\mu_i^*\boldsymbol{a}_i=\boldsymbol{0} \\ \boldsymbol{a}_i^{\mathrm{T}}\boldsymbol{x}^*=b_i \quad (i\in\mathscr{A}_*)\end{cases}$$

其中，当 $i\notin\mathscr{A}_*$ 时 $\mu_i^*=0$，可以验证，在 $\mu_i^*\geqslant 0[i\in I(\boldsymbol{x}^*)]$ 的假设下，$(\boldsymbol{x}^*,\boldsymbol{\mu}^*)$ 为问题(4-13)的 KKT 对，即有

$$\boldsymbol{G}\boldsymbol{x}^*+\boldsymbol{c}+\sum_{i=1}^{p}\mu_i^*\boldsymbol{a}_i=\boldsymbol{0}$$
$$\boldsymbol{a}_i^{\mathrm{T}}\boldsymbol{x}^*=b_i \quad (i=1,2,\cdots,l)$$
$$\boldsymbol{a}_i^{\mathrm{T}}\boldsymbol{x}^*\leqslant b_i \quad (i=l+1,l+2,\cdots,p)$$
$$\mu_i^*\geqslant 0 \quad (i=l+1,l+2,\cdots,p)$$
$$\mu_i^*(\boldsymbol{a}_i^{\mathrm{T}}\boldsymbol{x}^*-b_i)=0 \quad (i=l+1,l+2,\cdots,p)$$

起作用指标集方法也称为积极集法或有效集法. 该方法主要是针对中小规模的凸二次规划问题而提出的. 由引理 4-1 可知，只要能找到最优解 $\boldsymbol{x}^*$ 处的起作用指标集 $\mathscr{A}_*$，则求解二次规划(4-13)就可以通过求解只含等式约束的二次规划问题(4-16)来进行. 然而问题在于，由于最优解的未知性，起作用指标集 $\mathscr{A}_*$ 是未知的.

起作用指标集方法的基本思想是在给定初始点 $\boldsymbol{x}^0$ 并计算出其相应的起作用指标集 $\mathscr{A}_0=\mathscr{A}(\boldsymbol{x}^0)$ 之后的迭代中，按照目标函数值减小的原则，不断调整 $\mathscr{A}_k=\mathscr{A}(\boldsymbol{x}^k)$，直到得到 $\mathscr{A}_*=\mathscr{A}(\boldsymbol{x}^*)$ 为止，同时获得问题(4-13)的最优解 $\boldsymbol{x}^*$.

假定第 k 步迭代中 $\mathscr{A}_k$ 已知，相应于问题(4-16)的问题即为

$$\begin{cases}\min\ \dfrac{1}{2}\boldsymbol{x}^{\mathrm{T}}\boldsymbol{G}\boldsymbol{x}+\boldsymbol{c}^{\mathrm{T}}\boldsymbol{x}\\ \text{s.t.}\ \ \boldsymbol{a}_i^{\mathrm{T}}\boldsymbol{x}=b_i\quad(i\in\mathscr{A}_k)\end{cases}\tag{4-17}$$

设问题(4-17)的可行点为 $\boldsymbol{x}^k$，令 $\boldsymbol{x}=\boldsymbol{x}^k+\boldsymbol{d}$，代入问题(4-17)中，从而将之转化为下述以 $\boldsymbol{d}$ 为决策变量的优化问题：

$$\begin{cases}\min\ \dfrac{1}{2}(\boldsymbol{x}^k+\boldsymbol{d})^{\mathrm{T}}\boldsymbol{G}(\boldsymbol{x}^k+\boldsymbol{d})+\boldsymbol{c}^{\mathrm{T}}(\boldsymbol{x}^k+\boldsymbol{d})\\ \text{s.t.}\ \ \boldsymbol{a}_i^{\mathrm{T}}(\boldsymbol{x}^k+\boldsymbol{d})=b_i\quad(i\in\mathscr{A}_k)\end{cases}$$

注意到 $\boldsymbol{a}_i^{\mathrm{T}}\boldsymbol{x}^k=b_i(i\in\mathscr{A}_k)$，故上述优化问题等价于

$$\begin{cases}\min\ \dfrac{1}{2}\boldsymbol{d}^{\mathrm{T}}\boldsymbol{G}\boldsymbol{d}+(\boldsymbol{G}\boldsymbol{x}^k+\boldsymbol{c})^{\mathrm{T}}\boldsymbol{d}\\ \text{s.t.}\ \ \boldsymbol{a}_i^{\mathrm{T}}\boldsymbol{d}=0\quad(i\in\mathscr{A}_k)\end{cases}\tag{4-18}$$

下面首先给出起作用指标集方法的迭代步骤：

算法 4-1　求解凸二次规划问题的起作用指标集方法

步骤 1　给出问题(4-13)的初始可行点 $\boldsymbol{x}^0$，并确定 $\mathscr{A}_0=\mathscr{A}(\boldsymbol{x}^0)$，令 $k=0$.

步骤 2　求解仅含等式约束的二次规划问题(4-18)，得到解 $\boldsymbol{d}^k$.

步骤 3　若 $\boldsymbol{d}^k=\boldsymbol{0}$，则计算相应的乘子 $\boldsymbol{\mu}^k$，若 $\mu_i^k\geqslant 0,\ \forall\, i\in\mathscr{A}_k\cap I\,[\mathscr{A}_k=\mathscr{A}(\boldsymbol{x}^k)]$，则 $\boldsymbol{x}^k$ 为问题(4-13)的最优解，算法终止；否则，取 $i_k\in\arg\min\limits_{i\in\mathscr{A}_k\cap I}\{\mu_i^k:\mu_i^k<0\}$，$\mathscr{A}_k=\mathscr{A}_k\backslash\{i_k\}$，返回步骤 2；

步骤 4　求步长 $\alpha_k=\min\left\{1,\ \min\limits_{i\notin\mathscr{A}_k,\boldsymbol{a}_i^{\mathrm{T}}\boldsymbol{d}^k>0}\dfrac{b_i-\boldsymbol{a}_i^{\mathrm{T}}\boldsymbol{x}^k}{\boldsymbol{a}_i^{\mathrm{T}}\boldsymbol{d}^k}\right\}$，$\boldsymbol{x}^{k+1}=\boldsymbol{x}^k+\alpha_k\boldsymbol{d}^k$，若 $\alpha_k<1$，则 $\mathscr{A}_{k+1}=\mathscr{A}_k\cup\{j_k\}$，$j_k\in\arg\min\limits_{j\notin\mathscr{A}_k,\boldsymbol{a}_j^{\mathrm{T}}\boldsymbol{d}^k>0}\dfrac{b_j-\boldsymbol{a}_j^{\mathrm{T}}\boldsymbol{x}^k}{\boldsymbol{a}_j^{\mathrm{T}}\boldsymbol{d}^k}$；否则 $\mathscr{A}_{k+1}=\mathscr{A}_k$，令 $k=k+1$，返回步骤 2.

关于上述算法的几点分析：设 $\boldsymbol{x}^k$ 为问题(4-13)的可行点，$\mathscr{A}_k$ 为其起作用指标集，$\boldsymbol{d}^k$ 为问题(4-18)的 KKT 点.

情况 1　若 $\boldsymbol{d}^k=\boldsymbol{0}$，此时 $\boldsymbol{x}^k$ 为问题(4-17)的 KKT 点. 设与 $\boldsymbol{x}^k$ 相应的拉格朗日乘子为 μ_i^k，$i\in\mathscr{A}_k$.

(1)若 $\forall\, i\in\mathscr{A}_k\cap I$，均有 $\mu_i^k\geqslant 0$，则由引理 4-1 可知，$\boldsymbol{x}^k$ 为问题(4-13)的 KKT 点.

(2) 若存在 $i_0\in\mathscr{A}_k\cap I$，使 $\mu_{i_0}^k<0$，则 $\boldsymbol{x}^k$ 不为问题(4-13)的 KKT 点. 所以 $\boldsymbol{x}^k$ 不为问题(4-13)的最优解，该点至少存在一个可行下降方向. 此时，去掉乘子最小的那个约束，即取 $\mathscr{A}_{k+1}:=\mathscr{A}_k\backslash\{i_\kappa\}$，其中 $i_k\in\arg\min\limits_{i\in\mathscr{A}_k\cap I}\{\mu_i^k:\mu_i^k<0\}$，迭代点不变.

情况 2　若 $\boldsymbol{d}^k\neq\boldsymbol{0}$，此时 $\boldsymbol{d}^k$ 为一个可行下降方向，需要计算出合适的步长 α_k，使 $\boldsymbol{x}^k+\alpha_k\boldsymbol{d}^k$ 仍在可行域内.

(1)若 $\boldsymbol{x}^k+\boldsymbol{d}^k$ 是问题(4-13)的可行解，则取 $\boldsymbol{x}^{k+1}=\boldsymbol{x}^k+\boldsymbol{d}^k$ 即可.

(2)若 $\boldsymbol{x}^k+\boldsymbol{d}^k$ 不是问题(4-13)的可行解，则令 $\boldsymbol{x}^{k+1}=\boldsymbol{x}^k+\alpha_k\boldsymbol{d}^k$，$\alpha_k$ 为待定步长. 为保持可行性，只需保证当 $i\notin\mathscr{A}_k$ 时

$$\boldsymbol{a}_i^{\mathrm{T}}(\boldsymbol{x}^k+\alpha_k\boldsymbol{d}^k)\leqslant b_i\tag{4-19}$$

由于 $\boldsymbol{x}^k$ 是原问题(4-13)的可行点,故 $\boldsymbol{a}_i^{\mathrm{T}}\boldsymbol{x}^k\leqslant b_i$. 因此,当 $\boldsymbol{a}_i^{\mathrm{T}}\boldsymbol{d}^k\leqslant 0$ 时,对任意的$\alpha_k\geqslant 0$,式(4-19)均成立;当 $\boldsymbol{a}_i^{\mathrm{T}}\boldsymbol{d}^k>0$ 时,此时式(4-19)有可能被破坏,为使式(4-19)仍成立,则需 $\alpha_k\leqslant\dfrac{b_i-\boldsymbol{a}_i^{\mathrm{T}}\boldsymbol{x}^k}{\boldsymbol{a}_i^{\mathrm{T}}\boldsymbol{d}^k}$. 所以此时取 $\alpha_k=\min\left\{\dfrac{b_i-\boldsymbol{a}_i^{\mathrm{T}}\boldsymbol{x}^k}{\boldsymbol{a}_i^{\mathrm{T}}\boldsymbol{d}^k}:i\notin\mathscr{A}_k,\boldsymbol{a}_i^{\mathrm{T}}\boldsymbol{d}^k>0\right\}$. 进一步,当 α_k 是由第 j_k 个约束确定时,即 $\alpha_k=\dfrac{b_{j_k}-\boldsymbol{a}_{j_k}^{\mathrm{T}}\boldsymbol{x}^k}{\boldsymbol{a}_{j_k}^{\mathrm{T}}\boldsymbol{d}^k}<1$,则该约束恰好变为新迭代点 $\boldsymbol{x}^{k+1}$ 的起作用约束,从而置 $\mathscr{A}_{k+1}=\mathscr{A}_k\cup\{j_k\}$.

下面的定理给出算法 4-1 的收敛性结果. 该定理表明,若二次规划是严格凸的,在非退化的条件下,起作用指标集方法经过有限次迭代可达到最优. 这里,我们略去定理的证明.

定理 4-7 设用算法 4-1 求解一类严格凸二次规划问题(4-13),产生的迭代点列为 $\{\boldsymbol{x}^k\}$. 若对任意的 k,向量组 $\{\boldsymbol{a}_i:i\in\mathscr{A}_k\}$ 都线性无关,则算法 4-1 必在有限步之后得到问题(4-13)的最优解.

最后,需要指出的是,关于算法 4-1 的可行初始点的选择,并不是一件容易的事情,它可能需要用类似线性规划求初始基本可行解的方法来得到,如大 M 方法等.

【例 4-6】 用起作用指标集方法求解下述二次规划问题:

$$\begin{cases}\min\ (x_1-1)^2+(x_2-2)^2\\ \text{s. t.}\ \ x_1+x_2-1\leqslant 0\\ \qquad\ x_1\geqslant 0\\ \qquad\ x_2\geqslant 0\end{cases}$$

解 显然,$\boldsymbol{x}^0=(0,0)^{\mathrm{T}}$ 为可行解,在该点处,$\mathscr{A}_0=\mathscr{A}(\boldsymbol{x}^0)=\{2,3\}$,这里 $\boldsymbol{G}=\begin{pmatrix}2&0\\0&2\end{pmatrix}$,$\boldsymbol{c}=\begin{pmatrix}-2\\-4\end{pmatrix}$,$\boldsymbol{a}_1=\begin{pmatrix}1\\1\end{pmatrix}$,$\boldsymbol{a}_2=\begin{pmatrix}-1\\0\end{pmatrix}$,$\boldsymbol{a}_3=\begin{pmatrix}0\\-1\end{pmatrix}$,$b_1=1$,$b_2=0$,$b_3=0$.

第一轮迭代:

步骤 1 $\boldsymbol{x}^0=(0,0)^{\mathrm{T}}$,$\mathscr{A}_0=\{2,3\}$.

步骤 2 求解问题:

$$\begin{cases}\min\ d_1{}^2+d_2{}^2-2d_1-4d_2\\ \text{s. t.}\ \ -d_1=0\\ \qquad\ -d_2=0\end{cases}$$

得到解 $\boldsymbol{d}^0=(0,0)^{\mathrm{T}}$.

步骤 3 计算相应的乘子,即求解

$$\begin{pmatrix}2&0&-1&0\\0&2&0&-1\\-1&0&0&0\\0&-1&0&0\end{pmatrix}\begin{pmatrix}d_1\\d_2\\\mu_2\\\mu_3\end{pmatrix}=\begin{pmatrix}2\\4\\0\\0\end{pmatrix}$$

得$\mu_2^0=-2$,$\mu_3^0=-4$,$\min\{\mu_2^0,\mu_3^0\}=\mu_3^0$,故 $i_0=3$. $\mathscr{A}_0=\{2,3\}\setminus\{3\}=\{2\}$. 转步骤 2. 求解问题:

$$\begin{cases}\min\ d_1{}^2+d_2{}^2-2d_1-4d_2\\ \text{s. t.}\ \ -d_1=0\end{cases}$$

得到解 $\boldsymbol{d}^0=(0,2)^{\mathrm{T}}$.

步骤 4　$\alpha_0=\min\left\{1,\min\limits_{i\in\{1,3\},\boldsymbol{a}_i^{\mathrm{T}}\boldsymbol{d}^0>0}\dfrac{b_i-\boldsymbol{a}_i^{\mathrm{T}}\boldsymbol{x}^0}{\boldsymbol{a}_i^{\mathrm{T}}\boldsymbol{d}^0}\right\}=\dfrac{1}{2},j_0=1,\mathscr{A}_1=\mathscr{A}_0\cup\{j_0\}=\{1,2\}$

$$\boldsymbol{x}^1=\boldsymbol{x}^0+\alpha_0\boldsymbol{d}^0=(0,1)^{\mathrm{T}}$$

第二轮迭代：

步骤 2　求解问题：

$$\begin{cases}\min\ {d_1}^2+{d_2}^2-2d_1-2d_2\\ \text{s. t.}\ \ d_1+d_2=0\\ \qquad\ -d_1=0\end{cases}$$

得到解 $\boldsymbol{d}^1=(0,0)^{\mathrm{T}}$.

步骤 3　计算相应的乘子，即求解

$$\begin{pmatrix}2&0&1&-1\\0&2&1&0\\1&1&0&0\\-1&0&0&0\end{pmatrix}\begin{pmatrix}d_1\\d_2\\\mu_1\\\mu_2\end{pmatrix}=\begin{pmatrix}2\\2\\0\\0\end{pmatrix}$$

得$\mu_1^1=2,\mu_2^1=0$，因为乘子非负，故 $\boldsymbol{x}^1=(0,1)^{\mathrm{T}}$ 为问题的最优解.

4.3　序列二次规划方法

既然我们可以很好地求解凸二次规划问题，而且这类问题是最简单的非线性规划问题，那么是否可以通过求解某个或一系列的二次规划子问题来求解一般的非线性规划问题呢？这就是本节介绍的序列二次规划方法（Sequential Quadratic Programming，SQP）的基本思想.

4.3.1　求解非线性方程组的牛顿法

为了后续讨论方便，这里首先给出求解下述非线性方程组的牛顿法的迭代框架.

对于非线性方程组：

$$\boldsymbol{r}(\boldsymbol{x})=\boldsymbol{0}$$

其中 $\boldsymbol{r}:\mathbf{R}^n\to\mathbf{R}^n$ 为光滑映射，其分量形式为 $\boldsymbol{r}(\boldsymbol{x})=(r_1(\boldsymbol{x}),\cdots,r_n(\boldsymbol{x}))^{\mathrm{T}}$. $\boldsymbol{r}$ 在 $\boldsymbol{x}$ 处的雅可比矩阵定义为

$$\boldsymbol{J}(\boldsymbol{x})=(\nabla r_1(\boldsymbol{x}),\cdots,\nabla r_n(\boldsymbol{x}))^{\mathrm{T}}$$

与求解无约束极小化问题的牛顿法类似，在适当的条件下，上述非线性方程组也可以采用牛顿法来求解. 这里我们简要给出算法的迭代步骤，省略其终止准则和收敛定理等.

算法 4-2　求解非线性方程组的牛顿法

步骤 1　给定初始点 $\boldsymbol{x}^0$，令 $k=0$.

步骤 2　求解牛顿方程组 $\boldsymbol{J}(\boldsymbol{x}^k)\boldsymbol{d}=-\boldsymbol{r}(\boldsymbol{x}^k)$，得到解 $\boldsymbol{d}^k$.

步骤 3　令 $\boldsymbol{x}^{k+1}=\boldsymbol{x}^k+\boldsymbol{d}^k$，$k=k+1$，转步骤 2.

4.3.2 SQP 算法

在考虑求解一般的非线性规划问题之前，我们先考虑下述等式约束的优化问题：

$$\begin{cases}\min\ f(\boldsymbol{x})\\ \text{s. t.}\ \ h_i(\boldsymbol{x})=0\quad (i=1,2,\cdots,l)\end{cases}$$

该问题对应的拉格朗日函数为 $L(\boldsymbol{x},\boldsymbol{\mu})=f(\boldsymbol{x})+\sum_{i=1}^{l}\mu_i h_i(\boldsymbol{x})$. 由一阶最优性条件知，在线性无关的假设下，局部最优解与其对应的拉格朗日乘子应满足：

$$\nabla L(\boldsymbol{x},\boldsymbol{\mu})=\begin{pmatrix}\nabla f(\boldsymbol{x})+\sum_{i=1}^{l}\mu_i\ \nabla h_i(\boldsymbol{x})\\ \boldsymbol{h}(\boldsymbol{x})\end{pmatrix}=\boldsymbol{0}$$

其中，$\boldsymbol{h}(\boldsymbol{x})=(h_1(\boldsymbol{x}),h_2(\boldsymbol{x}),\cdots,h_l(\boldsymbol{x}))^{\mathrm{T}}$.

采用牛顿法求解上述方程组，可得迭代公式为

$$\begin{pmatrix}\boldsymbol{x}^{k+1}\\ \boldsymbol{\mu}^{k+1}\end{pmatrix}=\begin{pmatrix}\boldsymbol{x}^{k}\\ \boldsymbol{\mu}^{k}\end{pmatrix}+\begin{pmatrix}\boldsymbol{dx}^{k}\\ \boldsymbol{d\mu}^{k}\end{pmatrix}$$

其中 $\boldsymbol{dx}^k,\boldsymbol{d\mu}^k$ 为下述牛顿方程组的解：

$$\nabla^2 L(\boldsymbol{x}^k,\boldsymbol{\mu}^k)\begin{pmatrix}\boldsymbol{dx}\\ \boldsymbol{d\mu}\end{pmatrix}=-\nabla L(\boldsymbol{x}^k,\boldsymbol{\mu}^k)\tag{4-20}$$

令 $\boldsymbol{H}(\boldsymbol{x})=(\nabla h_1(\boldsymbol{x}),\nabla h_2(\boldsymbol{x}),\cdots,\nabla h_l(\boldsymbol{x}))^{\mathrm{T}}$，则由式(4-20)可知 $\boldsymbol{dx}^k,\boldsymbol{d\mu}^k$ 满足

$$\begin{pmatrix}\nabla_{xx}^2 L(\boldsymbol{x}^k,\boldsymbol{\mu}^k) & \boldsymbol{H}(\boldsymbol{x}^k)^{\mathrm{T}}\\ \boldsymbol{H}(\boldsymbol{x}^k) & \boldsymbol{0}\end{pmatrix}\begin{pmatrix}\boldsymbol{dx}^k\\ \boldsymbol{d\mu}^k\end{pmatrix}=-\begin{pmatrix}\nabla f(\boldsymbol{x}^k)+\boldsymbol{H}(\boldsymbol{x}^k)^{\mathrm{T}}\boldsymbol{\mu}^k\\ \boldsymbol{h}(x^k)\end{pmatrix}$$

由于 $\boldsymbol{\mu}^{k+1}=\boldsymbol{\mu}^k+\boldsymbol{d\mu}^k$，所以上式可以化为

$$\begin{pmatrix}\nabla_{xx}^2 L(\boldsymbol{x}^k,\boldsymbol{\mu}^k) & \boldsymbol{H}(\boldsymbol{x}^k)^{\mathrm{T}}\\ \boldsymbol{H}(\boldsymbol{x}^k) & \boldsymbol{0}\end{pmatrix}\begin{pmatrix}\boldsymbol{dx}^k\\ \boldsymbol{\mu}^{k+1}\end{pmatrix}=\begin{pmatrix}-\nabla f(\boldsymbol{x}^k)\\ -\boldsymbol{h}(\boldsymbol{x}^k)\end{pmatrix}$$

该方程恰好使 $(\boldsymbol{dx}^k,\boldsymbol{\mu}^{k+1})$ 为下述二次规划问题的 KKT 对：

$$\begin{cases}\min\ \dfrac{1}{2}(\boldsymbol{dx})^{\mathrm{T}}\ \nabla_{xx}^2 L(\boldsymbol{x}^k,\boldsymbol{\mu}^k)\boldsymbol{dx}+\nabla f(\boldsymbol{x}^k)^{\mathrm{T}}\boldsymbol{dx}\\ \text{s. t.}\ \ h_i(\boldsymbol{x}^k)+\nabla h_i(\boldsymbol{x}^k)^{\mathrm{T}}\boldsymbol{dx}=0\quad (i=1,2,\cdots,l)\end{cases}$$

SQP 算法就是通过求解一系列上述二次规划问题产生迭代序列 $\{\boldsymbol{x}^k\}$ 及其相应的拉格朗日乘子序列 $\{\boldsymbol{\mu}^k\}$，来逼近原问题的最优解及相应拉格朗日乘子. 我们可以这样认为，SQP 算法的初衷是利用(拟)牛顿法求解原问题的 KKT 系统，而在算法每步迭代中又将线性系统转化为一个二次规划问题.

与上面所讨论的形式类似，下面研究一般形式的非线性规划问题. 考虑问题：

$$\begin{cases}\min\ f(\boldsymbol{x})\\ \text{s. t.}\ \ h_i(\boldsymbol{x})=0\quad (i=1,2,\cdots,l)\\ \qquad\ h_i(\boldsymbol{x})\leqslant 0\quad (i=l+1,l+2,\cdots,m)\end{cases}\tag{4-21}$$

通过每一步迭代,可以建立如下的二次规划子问题:

$$\begin{cases}\min\ \dfrac{1}{2}\boldsymbol{d}^{\mathrm{T}}\boldsymbol{B}_k\boldsymbol{d}+\nabla f(\boldsymbol{x}^k)^{\mathrm{T}}\boldsymbol{d}\\ \text{s. t.}\ \ h_i(\boldsymbol{x}^k)+\nabla h_i(\boldsymbol{x}^k)^{\mathrm{T}}\boldsymbol{d}=0\quad(i=1,2,\cdots,l)\\ \qquad h_i(\boldsymbol{x}^k)+\nabla h_i(\boldsymbol{x}^k)^{\mathrm{T}}\boldsymbol{d}\leqslant 0\quad(i=l+1,l+2,\cdots,m)\end{cases}\tag{4-22}$$

其中,$\boldsymbol{B}_k$ 为问题(4-21)的拉格朗日函数关于 $\boldsymbol{x}$ 的海森阵$\nabla^2_{xx}L(\boldsymbol{x}^k,\boldsymbol{\lambda}^k)$或其近似. 则由前面的讨论可以得到求解问题(4-21)的 SQP 算法框架.

算法 4-3　求解非线性规划的 SQP 算法

步骤 1　给定初始点 $\boldsymbol{x}^0$,给定 $\boldsymbol{\lambda}^0$,选取正定矩阵 $\boldsymbol{B}_0$(如单位阵),令 $k=0$.

步骤 2　求解二次规划子问题(4-22),得到 $\boldsymbol{d}^k$ 和其对应拉格朗日乘子 $\boldsymbol{\lambda}^{k+1}$.

步骤 3　若 $\boldsymbol{d}^k=\boldsymbol{0}$,算法终止,$\boldsymbol{x}^k$ 为原问题的 KKT 点;否则,按某种步长确定准则确定步长 α_k,令 $\boldsymbol{x}^{k+1}=\boldsymbol{x}^k+\alpha_k\boldsymbol{d}^k$.

步骤 4　将 $\boldsymbol{B}_k$ 修正为 $\boldsymbol{B}_{k+1}$,令 $k=k+1$,转步骤 2.

下面从三个方面分别对上述算法进一步细化.

1. 如何修正矩阵 $\boldsymbol{B}_k$

受到无约束优化的拟牛顿法的成功经验的启发,$\boldsymbol{B}_{k+1}$ 可用诸如 BFGS 等公式进行校正. 具体地,可按 BFGS 公式将 $\boldsymbol{B}_k$ 修正为 $\boldsymbol{B}_{k+1}$,即令

$$\boldsymbol{B}_{k+1}=\boldsymbol{B}_k-\frac{\boldsymbol{B}_k\boldsymbol{s}^k(\boldsymbol{s}^k)^{\mathrm{T}}\boldsymbol{B}_k}{(\boldsymbol{s}^k)^{\mathrm{T}}\boldsymbol{B}_k\boldsymbol{s}^k}+\frac{\boldsymbol{\eta}^k(\boldsymbol{\eta}^k)^{\mathrm{T}}}{(\boldsymbol{\eta}^k)^{\mathrm{T}}\boldsymbol{s}^k}\tag{4-23}$$

其中

$$\begin{cases}\boldsymbol{s}^k=\boldsymbol{x}^{k+1}-\boldsymbol{x}^k\\ \boldsymbol{\eta}^k=\theta_k\boldsymbol{y}^k+(1-\theta_k)\boldsymbol{B}_k\boldsymbol{s}^k\\ \boldsymbol{y}^k=\nabla_xL(\boldsymbol{x}^{k+1},\boldsymbol{\lambda}^{k+1})-\nabla_xL(\boldsymbol{x}^k,\boldsymbol{\lambda}^{k+1})\\ L(\boldsymbol{x},\boldsymbol{\lambda})=f(\boldsymbol{x})+\displaystyle\sum_{i=1}^{m}\lambda_ih_i(\boldsymbol{x})\\ \theta_k=\begin{cases}1, & \text{当}(\boldsymbol{s}^k)^{\mathrm{T}}\boldsymbol{y}^k\geqslant 0.2(\boldsymbol{s}^k)^{\mathrm{T}}\boldsymbol{B}_k\boldsymbol{s}^k\\ \dfrac{0.8(\boldsymbol{s}^k)^{\mathrm{T}}\boldsymbol{B}_k\boldsymbol{s}^k}{(\boldsymbol{s}^k)^{\mathrm{T}}\boldsymbol{B}_k\boldsymbol{s}^k-(\boldsymbol{y}^k)^{\mathrm{T}}\boldsymbol{s}^k}, & \text{否则}\end{cases}\end{cases}$$

需要指出的是,式(4-23)采用的不是 $\boldsymbol{y}^k$,而是 $\boldsymbol{\eta}^k$,这主要是因为由该式计算出的 $\boldsymbol{s}^k$ 和 $\boldsymbol{y}^k$ 无法保证$(\boldsymbol{s}^k)^{\mathrm{T}}\boldsymbol{y}^k>0$,这就不能保证 $\boldsymbol{B}_{k+1}$ 的正定性. 因此,Powell 建议修正 $\boldsymbol{y}^k$ 为 $\boldsymbol{\eta}^k$,因为当 $\theta_k=1$ 时,有

$$(\boldsymbol{s}^k)^{\mathrm{T}}\boldsymbol{\eta}^k=(\boldsymbol{s}^k)^{\mathrm{T}}\boldsymbol{y}^k\geqslant 0.2(\boldsymbol{s}^k)^{\mathrm{T}}\boldsymbol{B}_k\boldsymbol{s}^k>0$$

当 $\theta_k\neq 1$ 时,有

$$(\boldsymbol{s}^k)^{\mathrm{T}}\boldsymbol{\eta}^k=\theta_k(\boldsymbol{s}^k)^{\mathrm{T}}\boldsymbol{y}^k+(1-\theta_k)(\boldsymbol{s}^k)^{\mathrm{T}}\boldsymbol{B}_k\boldsymbol{s}^k=0.2(\boldsymbol{s}^k)^{\mathrm{T}}\boldsymbol{B}_k\boldsymbol{s}^k>0$$

因此可以保证 $\boldsymbol{B}_{k+1}$ 的正定性.

2. 如何处理子问题不相容

SQP 算法的每一步迭代都需要求解一个二次规划子问题(4-22). 关于该问题的求解,我们前面已有介绍,这里需要指出的是,如何避免迭代产生的子问题出现约束不相容(即可行域为空集)的情形.

例如,若约束条件为 $x\leqslant 1, x^2-4\geqslant 0$,在点 $x=1$ 处将其线性化,得到 $d\leqslant 0, 2d-3\geqslant 0$,此时得到的两个线性约束是不相容的. 子问题可行域为空集,迭代无法进行. 为克服这样的缺点,Powell 建议在求解子问题(4-22)前,先求解下述线性规划问题:

$$\begin{cases}\min\limits_{\xi,\boldsymbol{d}} -\xi \\ \text{s. t. } \xi h_i(\boldsymbol{x}^k)+\nabla h_i(\boldsymbol{x}^k)^{\mathrm{T}}\boldsymbol{d}=0, i\in E \\ \qquad \xi h_i(\boldsymbol{x}^k)+\nabla h_i(\boldsymbol{x}^k)^{\mathrm{T}}\boldsymbol{d}\leqslant 0, i\in I_1 \\ \qquad h_i(\boldsymbol{x}^k)+\nabla h_i(\boldsymbol{x}^k)^{\mathrm{T}}\boldsymbol{d}\leqslant 0, i\in I_2 \\ \qquad 0\leqslant \xi\leqslant 1\end{cases} \tag{4-24}$$

其中

$$I_1=\{i\in I: h_i(\boldsymbol{x}^k)>0\},\quad I_2=\{i\in I: h_i(\boldsymbol{x}^k)\leqslant 0\}$$

易见,$(\xi,\boldsymbol{d})=(0,\boldsymbol{0})$ 为上述问题的一个可行解,故上述问题一定是相容的. 设其最优解为 $(\xi^*,\boldsymbol{d}^*)$. 若 $\xi^*=1$,此时问题(4-22)与问题(4-24)的约束条件相同,则问题(4-22)是相容的. 若 $\xi^*\neq 1$,则问题(4-22)的约束不相容,此时则可以通过求解下述修正的二次规划子问题来确定 $\boldsymbol{d}^k$:

$$\begin{cases}\min \dfrac{1}{2}\boldsymbol{d}^{\mathrm{T}}\boldsymbol{B}_k\boldsymbol{d}+\nabla f(\boldsymbol{x}^k)^{\mathrm{T}}\boldsymbol{d} \\ \text{s. t. } \xi^* h_i(\boldsymbol{x}^k)+\nabla h_i(\boldsymbol{x}^k)^{\mathrm{T}}\boldsymbol{d}=0, i\in E \\ \qquad \xi^* h_i(\boldsymbol{x}^k)+\nabla h_i(\boldsymbol{x}^k)^{\mathrm{T}}\boldsymbol{d}\leqslant 0, i\in I_1 \\ \qquad h_i(\boldsymbol{x}^k)+\nabla h_i(\boldsymbol{x}^k)^{\mathrm{T}}\boldsymbol{d}\leqslant 0, i\in I_2\end{cases} \tag{4-25}$$

3. 如何确定步长

为了得到全局收敛的算法,需要引进效益函数(也称价值函数或势函数)来确定步长. 考虑到一方面希望目标函数值下降,一方面又希望迭代点接近可行,1977 年,Han 提出采用绝对值精确罚函数

$$P(\boldsymbol{x},\boldsymbol{\sigma})=f(\boldsymbol{x})+\sum_{i\in E}\sigma_i\,|h_i(\boldsymbol{x})|+\sum_{i\in I}\sigma_i\max\{0,h_i(\boldsymbol{x})\}$$

其中 $\boldsymbol{\sigma}\in\mathbf{R}^m$ 为罚因子,作为效益函数进行线搜索. 同时他指出,只要罚参数选取得合适,问题(4-22)的最优解 $\boldsymbol{d}^k$ 是函数 P 在 $\boldsymbol{x}^k$ 处的下降方向. 对于罚参数,虽然希望它们充分大,但太大会影响算法收敛速度,因此 Powell 给出下述调整罚因子的方法,其中 $\boldsymbol{\lambda}^{k+1}$ 为求解问题(4-22)得到的相应乘子

$$\begin{cases}\sigma_i^0=|\lambda_i^1|, i=1,2,\cdots,m \\ \sigma_i^k=\max\left\{|\lambda_i^{k+1}|,\dfrac{1}{2}(|\lambda_i^{k+1}|+\sigma_i^{k-1})\right\}, i=1,2,\cdots,m; k\geqslant 1\end{cases}$$

由此，对目标函数 $\varphi(\alpha)=P(\boldsymbol{x}^k+\alpha\boldsymbol{d}^k,\boldsymbol{\sigma}^k)$ 进行一维搜索，或者非精确搜索，就可以得到适当的步长 α_k.

4.4　惩罚函数法与障碍函数法

对于约束优化问题，一种基本的解决方法就是将其转化为一系列无约束优化问题来求解. 这一节，我们介绍其中的两种方法：惩罚函数法与障碍函数法.

4.4.1　惩罚函数法

对于非线性规划问题：

$$\begin{cases}\min\ f(\boldsymbol{x})\\ \text{s.t.}\ \ h_i(\boldsymbol{x})=0\quad (i=1,2,\cdots,l)\\ \qquad h_i(\boldsymbol{x})\leqslant 0\quad (i=l+1,l+2,\cdots,m)\end{cases}\tag{4-26}$$

惩罚函数法是将约束最优化问题(4-26)转化为一系列无约束优化问题，且这些问题的目标函数同时包含问题(4-26)的目标函数与约束函数两部分信息，其中约束函数部分具有如下特点：可行点处该项为零；不可行点处该项为正，即意味着惩罚.

设问题(4-26)的可行域为 Ω，则对于问题(4-26)，可以定义惩罚函数为

$$P(\boldsymbol{x},\rho)=f(\boldsymbol{x})+\rho p(\boldsymbol{x})$$

其中，$\rho>0$ 为常数，称为惩罚因子，$\rho p(\boldsymbol{x})$ 为惩罚项，$p(\boldsymbol{x})$ 是定义在 $\mathbf{R}^n$ 上的函数，一般具有下列性质：

(1) $p(\boldsymbol{x})$ 是连续的.

(2) $\forall\, \boldsymbol{x}\in\mathbf{R}^n$，均有 $p(\boldsymbol{x})\geqslant 0$.

(3) $\boldsymbol{x}\in\Omega\Leftrightarrow p(\boldsymbol{x})=0$.

惩罚项的构造形式有很多，这里，我们分两种情况介绍 $p(\boldsymbol{x})$ 的具体表达形式.

(1) 对于等式约束优化问题：

$$\begin{cases}\min\ f(\boldsymbol{x})\\ \text{s.t.}\ \ h_i(\boldsymbol{x})=0\quad (i=1,2,\cdots,l)\end{cases}\tag{4-27}$$

则 $p(\boldsymbol{x})$ 可构造为如下形式：

$$p(\boldsymbol{x})=\sum_{i=1}^{l}h_i^2(\boldsymbol{x})$$

相应的惩罚函数为 $P_1(\boldsymbol{x},\rho)=f(\boldsymbol{x})+\rho\sum\limits_{i=1}^{l}h_i^2(\boldsymbol{x})$. 容易验证，$p(\boldsymbol{x})$ 满足上述三条性质. 此时，惩罚问题(4-27) 转化为无约束优化问题

$$\min_{\boldsymbol{x}\in\mathbf{R}^n}P_1(\boldsymbol{x},\rho)\tag{4-28}$$

这里，“惩罚”的策略是：当 $\boldsymbol{x}\in\Omega$ 时，$p(\boldsymbol{x})=0$，$P_1(\boldsymbol{x},\rho)=f(\boldsymbol{x})$，惩罚项不起惩罚作用；当 $\boldsymbol{x}\notin\Omega$ 时，$p(\boldsymbol{x})>0$，此时，惩罚因子 ρ 值越大，惩罚项的值 $\rho p(\boldsymbol{x})$ 越大，这就与极小化问题相

矛盾. 因此,当 ρ 充分大时,为使 $P_1(\boldsymbol{x},\rho)$ 取极小,只能要求 $p(\boldsymbol{x})$ 充分小,接近零. 这就使得 $\boldsymbol{x}$ 趋于可行域. 此时,目标函数趋于 $f(\boldsymbol{x})$,为原问题的目标函数,故通过求解(4-28)可得到(4-27)的近似解.

(2)对于不等式约束优化问题:

$$\begin{cases}\min f(\boldsymbol{x}) \\ \text{s.t. } h_i(\boldsymbol{x})\leqslant 0 \quad (i=l+1,l+2,\cdots,m)\end{cases} \tag{4-29}$$

为与等式约束问题(4-27)相联系,可将其约束条件表示为

$$\max\{0,h_i(\boldsymbol{x})\}=0 \quad (i=l+1,l+2,\cdots,m)$$

从而可以定义 $p(\boldsymbol{x})=\sum_{i=l+1}^{m}(\max\{0,h_i(\boldsymbol{x})\})^2$. 可以验证,这样定义的 $p(\boldsymbol{x})$ 也满足前面三条性质,并且当 $h_i(\boldsymbol{x})(i=l+1,l+2,\cdots,m)$ 均是光滑函数时,$p(\boldsymbol{x})$ 也是光滑的,其导数存在. 这样,就可以采用前面介绍的无约束优化问题的求解方法来求解问题(4-29)转化来的无约束优化问题:

$$\min_{\boldsymbol{x}\in\mathbf{R}^n} P_2(\boldsymbol{x},\rho):=f(\boldsymbol{x})+\rho\sum_{i=l+1}^{m}(\max\{0,h_i(\boldsymbol{x})\})^2$$

该惩罚策略与等式约束问题(4-27)中讨论的情况类似.

综合上述两种情况,对于一般的约束优化问题(4-26),可以构造下面形式的惩罚函数:

$$P(\boldsymbol{x},\rho)=f(\boldsymbol{x})+\rho\Big[\sum_{i=1}^{l}h_i^2(\boldsymbol{x})+\sum_{i=l+1}^{m}(\max\{0,h_i(\boldsymbol{x})\})^2\Big]$$

显然,$\boldsymbol{x}$ 为原问题(4-26)的可行点当且仅当上式中的惩罚项的每一项均为0. 与前面类似,求解无约束优化问题 $\min\limits_{\boldsymbol{x}\in\mathbf{R}^n} P(\boldsymbol{x},\rho)$ 即可得到问题(4-26)的近似解.

利用惩罚函数法来求解约束优化问题(4-26)的算法为:

算法 4-4　惩罚函数法

步骤 1　给定 $\rho_1>0$,精度 $\varepsilon>0$,初始点 $\boldsymbol{x}^0$,$k=1$.

步骤 2　以 $\boldsymbol{x}^{k-1}$ 为初始点,求无约束优化问题

$$\min_{\boldsymbol{x}\in\mathbf{R}^n} P(\boldsymbol{x},\rho_k)$$

得到最优解为 $\boldsymbol{x}^k=\boldsymbol{x}(\rho_k)$.

步骤 3　当 $\rho_k\Big[\sum_{i=1}^{l}h_i^2(\boldsymbol{x}^k)+\sum_{i=l+1}^{m}(\max\{0,h_i(\boldsymbol{x}^k)\})^2\Big]\leqslant\varepsilon$ 时,迭代终止,$\boldsymbol{x}^k$ 为原问题的近似解;否则,按某种规则取 $\rho_{k+1}>\rho_k$,$k=k+1$,转步骤 2.

上述算法中,每一步迭代可以采用适当的方法求解内层的无约束优化子问题,并用前一次迭代得到的最优解作为当前子问题求解的初始点. 这是因为惩罚函数极小化的解可视为原问题的解的一个好的近似,且惩罚因子越来越大,这种近似程度也越来越高. 通常,每次迭代产生的点在可行域外,故惩罚函数法也称为外点罚函数方法.

如何选取惩罚因子序列 $\{\rho_k\}$ 会直接影响算法的有效性. 若序列增长很快,可能会影响

子问题的求解. 若序列增长缓慢,可能会影响迭代速度. 惩罚因子的迭代通常需要一些经验与反复调试才会得到较好的计算结果,一种比较简单的取法是置 $\rho_{k+1}=c\rho_k$,其中放大系数 $c>1$.

在给出算法的收敛性之前,先给出下面的引理:

引理 4-2　设 $\rho_{k+1}>\rho_k>0$,点列$\{\boldsymbol{x}^k\}$由算法 4-4 给出,则下列各式成立:

(1)$P(\boldsymbol{x}^k,\rho_k)\leqslant P(\boldsymbol{x}^{k+1},\rho_{k+1})$.

(2)$p(\boldsymbol{x}^{k+1})\leqslant p(\boldsymbol{x}^k)$.

(3)$f(\boldsymbol{x}^{k+1})\geqslant f(\boldsymbol{x}^k)$.

证明　(1)由于 $\boldsymbol{x}^k$ 是问题$\min\limits_{\boldsymbol{x}\in\mathbf{R}^n}P(\boldsymbol{x},\rho_k)$的最优解,故

$$P(\boldsymbol{x}^k,\rho_k)\leqslant P(\boldsymbol{x}^{k+1},\rho_k)\tag{4-30}$$

又因为 $\rho_{k+1}>\rho_k>0$,且 $p(x)$非负,故

$$P(\boldsymbol{x}^{k+1},\rho_k)=f(\boldsymbol{x}^{k+1})+\rho_k p(\boldsymbol{x}^{k+1})\leqslant f(\boldsymbol{x}^{k+1})+\rho_{k+1}p(\boldsymbol{x}^{k+1})=P(\boldsymbol{x}^{k+1},\rho_{k+1})$$

所以 $P(\boldsymbol{x}^k,\rho_k)\leqslant P(\boldsymbol{x}^{k+1},\rho_{k+1})$.

(2)因为 $\boldsymbol{x}^k,\boldsymbol{x}^{k+1}$分别为优化问题$\min\limits_{\boldsymbol{x}\in\mathbf{R}^n}P(\boldsymbol{x},\rho_k)$,$\min\limits_{\boldsymbol{x}\in\mathbf{R}^n}P(\boldsymbol{x},\rho_{k+1})$的最优解,故

$$f(\boldsymbol{x}^k)+\rho_k p(\boldsymbol{x}^k)=P(\boldsymbol{x}^k,\rho_k)\leqslant P(\boldsymbol{x}^{k+1},\rho_k)=f(\boldsymbol{x}^{k+1})+\rho_k p(\boldsymbol{x}^{k+1})$$

$$f(\boldsymbol{x}^{k+1})+\rho_{k+1}p(\boldsymbol{x}^{k+1})=P(\boldsymbol{x}^{k+1},\rho_{k+1})\leqslant P(\boldsymbol{x}^k,\rho_{k+1})=f(\boldsymbol{x}^k)+\rho_{k+1}p(\boldsymbol{x}^k)$$

因此

$$\rho_k p(\boldsymbol{x}^k)+\rho_{k+1}p(\boldsymbol{x}^{k+1})\leqslant\rho_k p(\boldsymbol{x}^{k+1})+\rho_{k+1}p(\boldsymbol{x}^k)$$

即

$$(\rho_{k+1}-\rho_k)p(\boldsymbol{x}^{k+1})\leqslant(\rho_{k+1}-\rho_k)p(\boldsymbol{x}^k)$$

而 $\rho_{k+1}-\rho_k>0$,故 $p(\boldsymbol{x}^{k+1})\leqslant p(\boldsymbol{x}^k)$.

(3)由式(4-30)和结论(2)知

$$f(\boldsymbol{x}^{k+1})+\rho_k p(\boldsymbol{x}^{k+1})\geqslant f(\boldsymbol{x}^k)+\rho_k p(\boldsymbol{x}^k)\geqslant f(\boldsymbol{x}^k)+\rho_k p(\boldsymbol{x}^{k+1})$$

故 $f(\boldsymbol{x}^{k+1})\geqslant f(\boldsymbol{x}^k)$.

由上述引理知,只要迭代不终止,则$\{f(\boldsymbol{x}^k)\}$与$\{P(\boldsymbol{x}^k,\rho_k)\}$单调递增,而$\{p(\boldsymbol{x}^k)\}$单调递减.

定理 4-8　对于优化问题(4-26),设其中的函数均是连续的,且该问题有最优解. 设$\{\boldsymbol{x}^k\}$是由算法 4-4 产生的点列且 $\rho_k\to+\infty$. 则$\{\boldsymbol{x}^k\}$的任一聚点都是问题(4-26)的最优解.

证明　设$\{\boldsymbol{x}^{k_i}\}$为$\{\boldsymbol{x}^k\}$的任一收敛子列,极限为 $\bar{\boldsymbol{x}}$,即$\lim\limits_{i\to\infty}\boldsymbol{x}^{k_i}=\bar{\boldsymbol{x}}$. 又设 $\boldsymbol{x}^*$ 为问题(4-26)的最优解,于是 $p(\boldsymbol{x}^*)=0$. 所以

$$f(\boldsymbol{x}^*)=f(\boldsymbol{x}^*)+\rho_k p(\boldsymbol{x}^*)\geqslant f(\boldsymbol{x}^k)+\rho_k p(\boldsymbol{x}^k)=P(\boldsymbol{x}^k,\rho_k)\geqslant f(\boldsymbol{x}^k)\tag{4-31}$$

结合 f 的连续性知,$f(\bar{\boldsymbol{x}})=\lim\limits_{i\to\infty}f(\boldsymbol{x}^{k_i})\leqslant f(\boldsymbol{x}^*)$.

若能证明 $\bar{\boldsymbol{x}}$ 可行,则由于 $\boldsymbol{x}^*$ 最优,必有 $f(\boldsymbol{x}^*)\leqslant f(\bar{\boldsymbol{x}})$,从而 $f(\boldsymbol{x}^*)=f(\bar{\boldsymbol{x}})$,$\bar{\boldsymbol{x}}$ 为原问题(4-26)的最优解. 根据 $p(\boldsymbol{x})$的性质,下证 $p(\bar{\boldsymbol{x}})=0$ 即可. 由引理 4-2 知$\{P(\boldsymbol{x}^k,\rho_k)\}$单调递增,并且由式(4-31)知$\{P(\boldsymbol{x}^k,\rho_k)\}$有上界 $f(\boldsymbol{x}^*)$,所以由单调有界原理知$\{P(\boldsymbol{x}^k,\rho_k)\}$有

极限，设其为 P^*. 同理可知，$\{f(\boldsymbol{x}^k)\}$ 有极限，设其为 f^*. 进而有

$$\lim_{i\to\infty}\rho_{k_i}p(\boldsymbol{x}^{k_i})=\lim_{i\to\infty}[P(\boldsymbol{x}^{k_i},\rho_{k_i})-f(\boldsymbol{x}^{k_i})]=P^*-f^*<+\infty$$

当 $i\to\infty$ 时，$\rho_{k_i}\to+\infty$，由 p 的连续性知，$p(\overline{\boldsymbol{x}})=0$.

【例 4-7】 用惩罚函数法求解下述问题

$$\begin{cases}\min\ f(\boldsymbol{x})=x_1^2+x_2^2\\ \text{s. t.}\ \ x_1+x_2-3=0\end{cases}$$

解 用图解法不难看出，问题的最优解为 $\boldsymbol{x}^*=(1.5,1.5)^{\mathrm{T}}$，如图 4-2 所示.

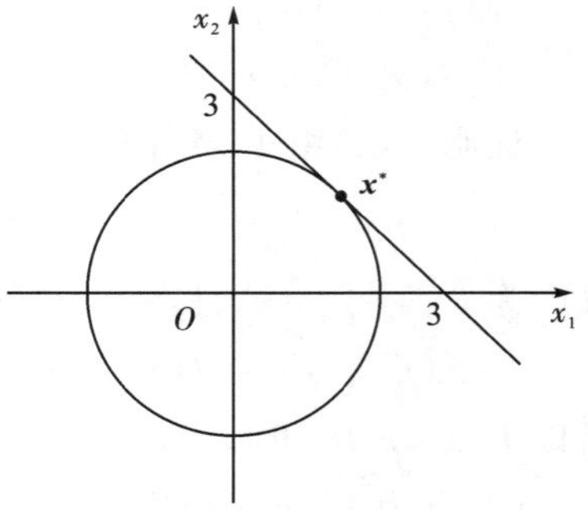

图 4-2

下面我们尝试用惩罚函数法求解该问题.

令 $P(\boldsymbol{x},\rho)=x_1^2+x_2^2+\rho(x_1+x_2-3)^2$，则

$$\frac{\partial P(\boldsymbol{x},\rho)}{\partial x_1}=2x_1+2\rho(x_1+x_2-3)$$

$$\frac{\partial P(\boldsymbol{x},\rho)}{\partial x_2}=2x_2+2\rho(x_1+x_2-3)$$

令 $\dfrac{\partial P(\boldsymbol{x},\rho)}{\partial x_1}=\dfrac{\partial P(\boldsymbol{x},\rho)}{\partial x_2}=0$，得

$$x_1=x_2=\frac{3\rho}{1+2\rho}$$

所以对固定的 ρ，$P(\boldsymbol{x},\rho)$ 关于变量 $\boldsymbol{x}$ 的稳定点为 $\left(\dfrac{3\rho}{1+2\rho},\dfrac{3\rho}{1+2\rho}\right)^{\mathrm{T}}$. 注意到 $P(\boldsymbol{x},\rho)$ 关于 $\boldsymbol{x}$ 为凸函数（可通过求 P 关于 $\boldsymbol{x}$ 的海森阵来判定），所以上述稳定点也为问题 $\min\limits_{\boldsymbol{x}}P(\boldsymbol{x},\rho)$ 的最优解，即 $\boldsymbol{x}(\rho)=\left(\dfrac{3\rho}{1+2\rho},\dfrac{3\rho}{1+2\rho}\right)^{\mathrm{T}}$. 令 $\rho\to+\infty$，得最优解 $\boldsymbol{x}^*=(1.5,1.5)^{\mathrm{T}}$.

【例 4-8】 用惩罚函数法求解下述问题：

$$\begin{cases}\min\ f(\boldsymbol{x})=x_1^2+x_2^2\\ \text{s. t.}\ \ x_1+1\leqslant 0\end{cases}$$

解 显然，最优解是 $\boldsymbol{x}^*=(-1,0)^{\mathrm{T}}$，下面用惩罚函数法来进行求解.

令

$$P(\boldsymbol{x},\rho)=x_1^2+x_2^2+\rho(\max\{0,x_1+1\})^2$$
$$=\begin{cases}x_1^2+x_2^2, & \text{当 } x_1+1\leqslant 0 \text{ 时}\\ x_1^2+x_2^2+\rho(x_1+1)^2, & \text{当 } x_1+1>0 \text{ 时}\end{cases}$$

所以由计算可得

$$\frac{\partial P(\boldsymbol{x},\rho)}{\partial x_1}=\begin{cases}2x_1, & \text{当 } x_1+1\leqslant 0 \text{ 时}\\ 2x_1+2\rho(x_1+1), & \text{当 } x_1+1>0 \text{ 时}\end{cases}$$

$$\frac{\partial P(\boldsymbol{x},\rho)}{\partial x_2}=2x_2$$

令 $\dfrac{\partial P(\boldsymbol{x},\rho)}{\partial x_1}=\dfrac{\partial P(\boldsymbol{x},\rho)}{\partial x_2}=0$，得 $x_1=-\dfrac{\rho}{1+\rho}$，$x_2=0$.

可以验证，$P(\boldsymbol{x},\rho)$关于 $\boldsymbol{x}$ 为凸函数，故$\min\limits_{\boldsymbol{x}} P(\boldsymbol{x},\rho)$的最优解为 $\boldsymbol{x}(\rho)=\left(-\frac{\rho}{1+\rho},0\right)^{\mathrm{T}}$. 令 $\rho\to+\infty$，得最优解 $\boldsymbol{x}^*=(-1,0)^{\mathrm{T}}$.

4.4.2　障碍函数法

惩罚函数法迭代产生的点列由可行域外部逐渐逼近约束最优化问题的最优解. 本小节介绍的障碍函数法则是在约束区域的边界上设置了一道不可逾越的围墙，使得无约束优化问题的最优解序列在可行域内部逼近约束最优化问题的最优解. 所以，这种方法只适用于解决仅含不等式约束的优化问题.

考虑下述优化问题：

$$\begin{cases}\min f(\boldsymbol{x}) \\ \text{s.t. } h_i(\boldsymbol{x})\leqslant 0 \quad (i=1,2,\cdots,m)\end{cases} \tag{4-32}$$

其可行域仍用 Ω 来表示，并且记其内部为

$$\operatorname{int}\Omega:=\{\boldsymbol{x}\in\mathbf{R}^n: h_i(\boldsymbol{x})<0(i=1,2,\cdots,m)\}$$

假设 $\operatorname{int}\Omega\neq\varnothing$，对于问题(4-32)，可以定义障碍函数为

$$B(\boldsymbol{x},r)=f(\boldsymbol{x})+rb(\boldsymbol{x})$$

其中，$r>0$ 为常数，也称为惩罚因子，或称障碍因子. $rb(\boldsymbol{x})$仍称为惩罚项，或称障碍项，$b(\boldsymbol{x})$是定义在 $\operatorname{int}\Omega$ 上的函数，一般具有下列性质：

(1)$b(\boldsymbol{x})$是连续的.

(2)对于 $\boldsymbol{x}\in\operatorname{int}\Omega$，有 $b(\boldsymbol{x})\geqslant 0$.

(3)当 $\boldsymbol{x}$ 从 Ω 的内部趋于 Ω 的边界时，$b(\boldsymbol{x})\to+\infty$.

该惩罚项反映了点 $\boldsymbol{x}$ 距离可行域边界的远近程度，相距越近，惩罚越大. 满足上述条件的 $b(\boldsymbol{x})$有很多，这里主要介绍其中的两种形式：

$$b(\boldsymbol{x})=\sum_{i=1}^{m}\left[-\frac{1}{h_i(\boldsymbol{x})}\right]\text{或 } b(\boldsymbol{x})=\sum_{i=1}^{m}\{-\ln[-h_i(\boldsymbol{x})]\}$$

相应地，障碍函数分别为倒数障碍函数

$$B(\boldsymbol{x},r)=f(\boldsymbol{x})-r\sum_{i=1}^{m}\frac{1}{h_i(\boldsymbol{x})}$$

和对数障碍函数

$$B(\boldsymbol{x},r)=f(\boldsymbol{x})-r\sum_{i=1}^{m}\ln[-h_i(\boldsymbol{x})]$$

容易看出，对于上述两种障碍函数，当 $\boldsymbol{x}$ 靠近 Ω 的边界时，即存在某个 i_0，使 $h_{i_0}(\boldsymbol{x})\to 0^-$，则 $b(\boldsymbol{x})\to+\infty$. 这样，求解问题(4-32)就转化为求解下述问题

$$\min_{\boldsymbol{x}\in\operatorname{int}\Omega} B(\boldsymbol{x},r) \tag{4-33}$$

且 r 值越小，上述优化问题的最优解越接近原问题(4-32)的最优解. 问题(4-33)虽然形式上是一个约束优化问题，但由于 $\boldsymbol{x}$ 靠近 Ω 的边界时，目标函数值趋于无穷大，所以只要从 Ω 的一个内点开始迭代，并适当选取步长，则一般可使后面的迭代点不跃出 Ω，所以实际上约束是不起作用的，仍可将其视为无约束优化问题. 障碍函数法也称为内点罚函数方法.

利用障碍函数法求解约束优化问题(4-32)的算法如下：

算法 4-5　障碍函数法

步骤 1　给定 $r_1>0$，精度 $\varepsilon>0$，初始点 $\boldsymbol{x}^0\in\operatorname{int}\Omega$，$k=1$.

步骤 2　以 $\boldsymbol{x}^{k-1}$ 为初始点，求解无约束优化问题

$$\min_{\boldsymbol{x}\in\mathbf{R}^n} B(\boldsymbol{x},r_k)=f(\boldsymbol{x})+r_k b(\boldsymbol{x})$$

得到最优解为 $\boldsymbol{x}^k=\boldsymbol{x}(r_k)$.

步骤 3　当 $r_k b(\boldsymbol{x}^k)<\varepsilon$，迭代终止，$\boldsymbol{x}^k$ 为原问题的近似解；否则，按某种规则取 $r_{k+1}<r_k$，$k=k+1$，转步骤 2.

与惩罚函数法类似，障碍函数法中如何选取惩罚因子序列$\{r_k\}$也会影响计算效率. 一种简单的取法是置 $r_{k+1}=\dfrac{1}{c}r_k$，其中 $c>1$.

在给出算法的收敛性之前，与前类似，给出下面的引理：

引理 4-3　设 $r_k>r_{k+1}>0$，点列$\{\boldsymbol{x}^k\}$由算法 4-5 给出，则下列各式成立：

(1) $B(\boldsymbol{x}^k,r_k)\geqslant B(\boldsymbol{x}^{k+1},r_{k+1})$.

(2) $b(\boldsymbol{x}^{k+1})\geqslant b(\boldsymbol{x}^k)$.

(3) $f(\boldsymbol{x}^{k+1})\leqslant f(\boldsymbol{x}^k)$.

上述引理的证明与引理 4-2 类似，留作书后习题.

定理 4-9　对于优化问题(4-32)，设其中的函数均是连续的，且问题存在最优解，设 $\operatorname{int}\Omega\neq\varnothing$，且 $r_k\to 0$. 假设集合 Ω 满足：对优化问题(4-32)的任一最优解 $\boldsymbol{x}^*$，其任一邻域内均有 $\operatorname{int}\Omega$ 中的点，则算法产生的点列$\{\boldsymbol{x}^k\}$的任一聚点都是问题(4-32)的最优解.

证明　设$\{\boldsymbol{x}^{k_i}\}$为$\{\boldsymbol{x}^k\}$的任一收敛子列，极限为 $\bar{\boldsymbol{x}}$，即$\lim\limits_{i\to\infty}\boldsymbol{x}^{k_i}=\bar{\boldsymbol{x}}$. 又设 $\boldsymbol{x}^*$ 为问题(4-32)的最优解，由引理 4-3 知$\{B(\boldsymbol{x}_k,r_k)\}$单调递减，同时注意到

$$B(\boldsymbol{x}^k,r_k)=f(\boldsymbol{x}^k)+r_k b(\boldsymbol{x}^k)\geqslant f(\boldsymbol{x}^k)\geqslant f(\boldsymbol{x}^*) \tag{4-34}$$

所以数列$\{B(\boldsymbol{x}^k,r_k)\}$有极限，设其为 B^*. 类似地，$\{f(\boldsymbol{x}^k)\}$有极限，设其为 f^*. 由式(4-34)知，$B^*\geqslant f^*\geqslant f(\boldsymbol{x}^*)$.

若可以证明 $B^*=f(\boldsymbol{x}^*)$，则有

$$f(\boldsymbol{x}^*)=\lim_{i\to\infty}B(\boldsymbol{x}^{k_i},r_{k_i})\geqslant\lim_{i\to\infty}f(\boldsymbol{x}^{k_i})\geqslant f(\boldsymbol{x}^*)$$

结合 $f(\boldsymbol{x})$的连续性知，$\lim\limits_{i\to\infty}f(\boldsymbol{x}^{k_i})=f(\bar{\boldsymbol{x}})$，从而 $f(\bar{\boldsymbol{x}})=f(\boldsymbol{x}^*)$，则得到 $\bar{\boldsymbol{x}}$ 为原问题的最优解.

下证 $B^*=f(\boldsymbol{x}^*)$即可. 假设不是这样，则 $B^*>f(\boldsymbol{x}^*)$. 由 $f(\boldsymbol{x})$的连续性知，存在 $\varepsilon>0$，存在 $\delta>0$，使得只要 $\boldsymbol{x}\in N(\boldsymbol{x}^*,\delta)$时，均有

$$f(\boldsymbol{x})<f(\boldsymbol{x}^*)+\frac{\varepsilon}{2}$$

由定理中关于集合 Ω 的假设知，$\exists\,\hat{\boldsymbol{x}}\in\operatorname{int}\Omega$，$\hat{\boldsymbol{x}}\in N(\boldsymbol{x}^*,\delta)$，满足 $f(\hat{\boldsymbol{x}})<f(\boldsymbol{x}^*)+\dfrac{\varepsilon}{2}$. 进而有

$$B(\boldsymbol{x}^{k_i},r_{k_i})\leqslant B(\hat{\boldsymbol{x}},r_{k_i})=f(\hat{\boldsymbol{x}})+r_{k_i}b(\hat{\boldsymbol{x}})<f(\boldsymbol{x}^*)+\frac{\varepsilon}{2}+r_{k_i}b(\hat{\boldsymbol{x}})$$

令 $i\to\infty$，有 $r_{k_i}\to 0$，从而 i 充分大以后，$r_{k_i}b(\hat{\boldsymbol{x}})<\dfrac{\varepsilon}{2}$. 所以$\lim\limits_{i\to\infty}B(\boldsymbol{x}^{k_i},r_{k_i})\leqslant f(\boldsymbol{x}^*)+\varepsilon$，即

$B^* \leqslant f(\boldsymbol{x}^*)+\varepsilon$，与假设矛盾. 因此，$B^*=f(\boldsymbol{x}^*)$，定理得证.

【例 4-9】 用障碍函数法求解下述问题

$$\begin{cases}\min\ f(\boldsymbol{x})=\dfrac{1}{3}(x_1+1)^3+x_2\\ \text{s.t.}\ \ 1-x_1\leqslant 0\\ \qquad\ x_2\geqslant 0\end{cases}$$

解　令

$$B(\boldsymbol{x},r)=\frac{1}{3}(x_1+1)^3+x_2-r\left(\frac{1}{1-x_1}+\frac{1}{-x_2}\right)$$

令

$$\frac{\partial B(\boldsymbol{x},r)}{\partial x_1}=(x_1+1)^2-\frac{r}{(x_1-1)^2}=0,\quad \frac{\partial B(\boldsymbol{x},r)}{\partial x_2}=1-\frac{r}{x_2^2}=0$$

得到 $x_1=\sqrt{1+\sqrt{r}}$，$x_2=\sqrt{r}$. 所以对固定的 r，$B(\boldsymbol{x},r)$ 的稳定点为 $\boldsymbol{x}(r)=(\sqrt{1+\sqrt{r}},\sqrt{r})^{\mathrm{T}}$. 注意到目标函数在可行域上是凸函数，所以 $\boldsymbol{x}(r)$ 也为子问题的最优解. 令 $r\to 0$，得原问题的最优解为 $\boldsymbol{x}^*=(1,0)^{\mathrm{T}}$.

【例 4-10】 用障碍函数法求解下述问题

$$\begin{cases}\min\ x_1^2+x_2^2\\ \text{s.t.}\ \ x_1-x_2+1\leqslant 0\end{cases}$$

解　令

$$B(\boldsymbol{x},r)=x_1^2+x_2^2-r\ln(x_2-x_1-1)$$

令

$$\frac{\partial B(\boldsymbol{x},r)}{\partial x_1}=2x_1+\frac{r}{x_2-x_1-1}=0,\quad \frac{\partial B(\boldsymbol{x},r)}{\partial x_2}=2x_2-\frac{r}{x_2-x_1-1}=0$$

得到

$$x_1=\frac{-1-\sqrt{1+r}}{4},\quad x_2=\frac{1+\sqrt{1+r}}{4}$$

易知 $\boldsymbol{x}(r)=\left(\dfrac{-1-\sqrt{1+r}}{4},\dfrac{1+\sqrt{1+r}}{4}\right)^{\mathrm{T}}$ 为子问题的最优解. 令 $r\to 0$，得原问题的最优解为 $\boldsymbol{x}^*=\left(-\dfrac{1}{2},\dfrac{1}{2}\right)^{\mathrm{T}}$.

4.4.3　混合罚函数法

障碍函数法仅限于求解不等式约束的优化问题，且初始点必须在可行域内部. 惩罚函数法可用于求解一般优化问题，且初始点没有要求，但得到的近似最优解往往是不可行的. 既然都是一种罚方法，是否可以结合起来使用，从而使其适用范围更为广泛？这就形成了所谓的混合罚函数法. 粗略来讲，当初始点 $\boldsymbol{x}^0$ 给定以后，对 $\boldsymbol{x}^0$ 严格满足不等式约束的那些不等式约束，按障碍函数法来构造障碍项，其余约束按惩罚函数法来构造惩罚项. 即对问题(4-26)，取混合罚函数为

$$F(\boldsymbol{x},r_k)=f(\boldsymbol{x})+r_k b(\boldsymbol{x})+\frac{1}{r_k}p(\boldsymbol{x})$$

其中

$$b(\boldsymbol{x}) = \sum_{i\in I_1}\left[-\frac{1}{h_i(\boldsymbol{x})}\right]\text{或 } b(\boldsymbol{x}) = \sum_{i\in I_1}\{-\ln[-h_i(\boldsymbol{x})]\}$$

$$p(\boldsymbol{x}) = \sum_{i\in I_2}(\max\{0,h_i(\boldsymbol{x})\})^2 + \sum_{i=1}^{l}[h_i(\boldsymbol{x})]^2$$

$$I_1 = \{j \in I: h_i(\boldsymbol{x}^{k-1}) < 0\},\quad I_2 = I\backslash I_1$$

$$r_k > r_{k+1}\text{,且 } r_k \to 0$$

从而混合罚函数法计算步骤如下：

算法 4-6　混合罚函数法

步骤 1　给定 $r_1>0$，精度 $\varepsilon>0$，初始点 $\boldsymbol{x}^0$，$k=1$.

步骤 2　以 $\boldsymbol{x}^{k-1}$ 为初始点，求解无约束优化问题 $\min\limits_{x\in \mathbf{R}^n} F(\boldsymbol{x},r_k)$，得到最优解为 $\boldsymbol{x}^k=\boldsymbol{x}(r_k)$.

步骤 3　当 $r_k b(\boldsymbol{x}^k)<\varepsilon$ 且 $\frac{1}{r_k}p(\boldsymbol{x}^k)<\varepsilon$ 时，迭代终止. $\boldsymbol{x}^k$ 为原问题的近似解. 否则，按某种规则取 $r_{k+1}<r_k$，$k=k+1$，转步骤 2.

4.5　增广拉格朗日函数法

增广拉格朗日函数法

前面介绍的两种惩罚函数方法，最主要的缺点是当惩罚因子 $\rho\to+\infty$（或 $r\to 0$）时，对应的罚函数的海森阵越来越病态，从而导致无约束优化子问题的求解非常困难，甚至难以进行下去. 本节介绍的方法则可克服这个缺点.

1969 年，Powell 和 Hestenes 分别独立地将拉格朗日函数与惩罚函数有机地结合起来，针对只含有等式约束的优化问题提出了增广拉格朗日函数法，又称乘子法. 随后，Rockafellar 又于 1973 年将该方法推广到含有不等式约束的优化问题. 至今，增广拉格朗日函数法仍被学者广泛地研究并应用到各种不同的约束优化问题之中.

下面以惩罚函数法求解等式约束优化问题为例，来分析一下惩罚因子 ρ 必须趋于无穷的原因.

考虑问题(4-27)，引入惩罚函数

$$P(\boldsymbol{x},\rho) = f(\boldsymbol{x}) + \rho\sum_{i=1}^{l}[h_i(\boldsymbol{x})]^2$$

惩罚函数关于变量 $\boldsymbol{x}$ 的梯度为 $\nabla_x P(\boldsymbol{x},\rho) = \nabla f(\boldsymbol{x}) + 2\rho\sum_{i=1}^{l}h_i(\boldsymbol{x})\nabla h_i(\boldsymbol{x})$. 设 $\boldsymbol{x}^*$ 为问题(4-27)的最优解，则 $h_i(\boldsymbol{x}^*) = 0(i = 1,2,\cdots,l)$，从而 $\nabla_x P(\boldsymbol{x}^*,\rho) = \nabla f(\boldsymbol{x}^*)$. 由一阶最优性条件知，$\boldsymbol{x}^*$ 应满足 KKT 条件，即存在拉格朗日乘子 $\boldsymbol{\mu}^*$，使

$$\nabla_x L(\boldsymbol{x}^*,\boldsymbol{\mu}^*) = \nabla f(\boldsymbol{x}^*) + \sum_{i=1}^{l}\mu_i^* \nabla h_i(\boldsymbol{x}^*) = \boldsymbol{0}$$

所以，一般来说，$\nabla f(\boldsymbol{x}^*) \neq \boldsymbol{0}$. 此时，$\nabla_x P(\boldsymbol{x}^*,\rho) = \nabla f(\boldsymbol{x}^*) \neq \boldsymbol{0}$. 这就说明，一般找不到一个有限的 ρ，使$\nabla_x P(\boldsymbol{x}^*,\rho) = \boldsymbol{0}$ 成立. 为使$\boldsymbol{x}^*$ 为$\min\limits_{\boldsymbol{x}} P(\boldsymbol{x},\rho)$ 的稳定点，只能期望

$$\lim_{\rho\to+\infty} \nabla_x P(\boldsymbol{x}^*,\rho) = \boldsymbol{0}$$

4.5.1　等式约束优化问题的增广拉格朗日函数法

在介绍增广拉格朗日函数法之前，先定义其相应的增广拉格朗日函数(也称为乘子惩罚函数). 该函数可视为对拉格朗日函数引入惩罚项 $\frac{\sigma}{2}\sum\limits_{i=1}^{l}h_i^2(\boldsymbol{x})$，也可视为对惩罚函数引入乘子项$\sum\limits_{i=1}^{l}\mu_i h_i(\boldsymbol{x})$，具体定义为

$$\begin{aligned} L_\sigma(\boldsymbol{x},\boldsymbol{\mu}) &= f(\boldsymbol{x}) + \sum_{i=1}^{l}\mu_i h_i(\boldsymbol{x}) + \frac{\sigma}{2}\sum_{i=1}^{l}h_i^2(\boldsymbol{x}) \\ &= L(\boldsymbol{x},\boldsymbol{\mu}) + \frac{\sigma}{2}\sum_{i=1}^{l}h_i^2(\boldsymbol{x}) \end{aligned}$$

若存在乘子 $\boldsymbol{\mu}^*$，使$(\boldsymbol{x}^*,\boldsymbol{\mu}^*)$ 为问题(4-27) 的 KKT 对，则$\nabla_x L(\boldsymbol{x}^*,\boldsymbol{\mu}^*) = \boldsymbol{0}$. 此时，

$$\nabla_x L_\sigma(\boldsymbol{x}^*,\boldsymbol{\mu}^*) = \nabla_x L(\boldsymbol{x}^*,\boldsymbol{\mu}^*) + \sigma\sum_{i=1}^{l}h_i(\boldsymbol{x}^*)\nabla h_i(\boldsymbol{x}^*) = \boldsymbol{0}$$

这说明 $\boldsymbol{x}^*$ 也为 $L_\sigma(\boldsymbol{x},\boldsymbol{\mu}^*)$的稳定点. 实际上，可以严格地证明下面的定理(证明略)：

定理 4-10　设 $\boldsymbol{x}^*$ 为问题(4-27)的局部最优解，$\boldsymbol{\mu}^*$ 为对应的拉格朗日乘子且满足下述二阶充分条件：

$$\boldsymbol{d}^{\mathrm{T}}\nabla_{xx}^2 L(\boldsymbol{x}^*,\boldsymbol{\mu}^*)\boldsymbol{d} > 0, \forall\, \boldsymbol{d} \in \{\boldsymbol{d} \in \mathbf{R}^n : \nabla h_i(\boldsymbol{x}^*)^{\mathrm{T}}\boldsymbol{d} = 0, i = 1,2,\cdots,l\}\backslash\{0\} \tag{4-35}$$

则存在 $\sigma^* > 0$，使对所有的 $\sigma \geqslant \sigma^*$，$\boldsymbol{x}^*$ 均是 $L_\sigma(\boldsymbol{x},\boldsymbol{\mu}^*)$的严格局部极小点.

反之，若 $\bar{\boldsymbol{x}}$ 为问题(4-27)的可行点，且对某个 $\bar{\boldsymbol{\mu}}$，$\bar{\boldsymbol{x}}$ 为 $L_\sigma(\boldsymbol{x},\bar{\boldsymbol{\mu}})$的局部极小点，则 $\bar{\boldsymbol{x}}$ 也为原问题(4-27)的局部最优解.

由上述定理可知，增广拉格朗日函数法可以不需要惩罚因子 σ 趋于无穷大，只需大于某一阈值，即可把求解问题(4-27)转化为求解无约束优化问题$\min\limits_{\boldsymbol{x}} L_\sigma(\boldsymbol{x},\boldsymbol{\mu}^*)$. 但是，乘子 $\boldsymbol{\mu}^*$ 如何确定呢？这就需要在迭代过程中逐步调整来得到.

对于当前迭代步已得到的 $\boldsymbol{\mu}^k$，求解无约束优化问题$\min\limits_{\boldsymbol{x}} L_\sigma(\boldsymbol{x},\boldsymbol{\mu}^k)$得到解 $\boldsymbol{x}^k$，则由最优性理论知：

$$\nabla_x L_\sigma(\boldsymbol{x}^k,\boldsymbol{\mu}^k) = \nabla f(\boldsymbol{x}^k) + \sum_{i=1}^{l}\mu_i^k \nabla h_i(\boldsymbol{x}^k) + \sigma\sum_{i=1}^{l}h_i(\boldsymbol{x}^k)\nabla h_i(\boldsymbol{x}^k) = \boldsymbol{0}$$

从而

$$\nabla f(\boldsymbol{x}^k) + \sum_{i=1}^{l}[\mu_i^k + \sigma h_i(\boldsymbol{x}^k)]\nabla h_i(\boldsymbol{x}^k) = \boldsymbol{0} \tag{4-36}$$

我们希望$(\boldsymbol{x}^*,\boldsymbol{\mu}^*)$满足

$$\nabla f(\boldsymbol{x}^*)+\sum_{i=1}^{l}\mu_i^*\ \nabla h_i(\boldsymbol{x}^*)=\boldsymbol{0} \tag{4-37}$$

比较式(4-36)与式(4-37)知，可以采用下述公式来修正 $\boldsymbol{\mu}^k$：

$$\mu_i^{k+1}=\mu_i^k+\sigma h_i(\boldsymbol{x}^k)\quad (i=1,2,\cdots,l) \tag{4-38}$$

同时，由式(4-38)知，若 $\boldsymbol{\mu}^k\to\boldsymbol{\mu}^*$，则 $h_i(\boldsymbol{x}^k)\to h_i(\boldsymbol{x}^*)=0$. 从而由式(4-37)知，$(\boldsymbol{x}^*,\boldsymbol{\mu}^*)$为原问题(4-27)的 KKT 对.

下面定理揭示了算法的停止准则.

定理 4-11 设 $\boldsymbol{x}^k$ 为问题$\min\limits_{x} L_\sigma(\boldsymbol{x},\boldsymbol{\mu}^k)$的最优解，则 $h_i(\boldsymbol{x}^k)=0(i=1,2,\cdots,l)$的充分必要条件是 $\boldsymbol{x}^k$ 为原问题(4-27)的最优解且 $\boldsymbol{\mu}^k$ 为其对应的拉格朗日乘子.

证明 若 $\boldsymbol{x}^k$ 为原问题(4-27)的最优解，则 $\boldsymbol{x}^k$ 可行，从而 $h_i(\boldsymbol{x}^k)=0(i=1,2,\cdots,l)$.

反之，设 $h_i(\boldsymbol{x}^k)=0(i=1,2,\cdots,l)$，则对原问题(4-27)的任一可行点 $\boldsymbol{x}$，有

$$f(\boldsymbol{x})=L_\sigma(\boldsymbol{x},\boldsymbol{\mu})\geqslant L_\sigma(\boldsymbol{x}^k,\boldsymbol{\mu}^k)=f(\boldsymbol{x}^k)$$

故 $\boldsymbol{x}^k$ 为原问题(4-27)的最优解. 而 $\nabla_x L(\boldsymbol{x}^k,\boldsymbol{\mu}^k)=\nabla_x L_\sigma(\boldsymbol{x}^k,\boldsymbol{\mu}^k)-\sigma\sum\limits_{i=1}^{l}h_i(\boldsymbol{x}^k)\nabla h_i(\boldsymbol{x}^k)=\boldsymbol{0}$，所以 $\boldsymbol{\mu}^k$ 为 $\boldsymbol{x}^k$ 相应的拉格朗日乘子.

综上所述，求解等式约束优化问题(4-27)的增广拉格朗日函数法的算法框架可描述如下：

算法 4-7 增广拉格朗日函数法

步骤 1 给定 $\sigma>0$ 及放大系数 $c>1$，精度 $\varepsilon>0$，初始点 $\boldsymbol{x}^0$，初始乘子向量 $\boldsymbol{\mu}^1$，$k=1$.

步骤 2 以 $\boldsymbol{x}^{k-1}$ 为初始点，求解无约束优化问题

$$\min_{x\in\mathbf{R}^n} L_\sigma(\boldsymbol{x},\boldsymbol{\mu}^k)$$

得到最优解 $\boldsymbol{x}^k$.

步骤 3 若$\|\boldsymbol{h}(\boldsymbol{x}^k)\|<\varepsilon$，迭代终止，$\boldsymbol{x}^k$ 为原问题的近似最优解；否则转步骤 4.

步骤 4 置 $\mu_i^{k+1}=\mu_i^k+\sigma h_i(\boldsymbol{x}^k)(i=1,2,\cdots,l)$，取 $\sigma=c\sigma$，$k=k+1$，转步骤 2.

注意：上述算法中关于惩罚因子 σ 的更新是粗略的，实际计算中通常会因具体问题，针对$\dfrac{\|\boldsymbol{h}(\boldsymbol{x}^k)\|}{\|\boldsymbol{h}(\boldsymbol{x}^{k-1})\|}$这一比值情况来动态调整 σ 或 c.

【例 4-11】 用增广拉格朗日函数法求解下述问题：

$$\begin{cases}\min\ f(\boldsymbol{x})=3x_1^2+x_2^2\\ \text{s. t. }\ x_1+x_2=1\end{cases}$$

解 令 $L_\sigma(\boldsymbol{x},\mu)=3x_1^2+x_2^2+\mu(x_1+x_2-1)+\dfrac{\sigma}{2}(x_1+x_2-1)^2$，则

$$\frac{\partial L_\sigma(\boldsymbol{x},\mu)}{\partial x_1}=6x_1+\mu+\sigma(x_1+x_2-1)$$

$$\frac{\partial L_\sigma(\boldsymbol{x},\mu)}{\partial x_2}=2x_2+\mu+\sigma(x_1+x_2-1)$$

令$\dfrac{\partial L_\sigma(\boldsymbol{x},\mu)}{\partial x_1}=0$，$\dfrac{\partial L_\sigma(\boldsymbol{x},\mu)}{\partial x_2}=0$，得到$\min\limits_{x} L_\sigma(\boldsymbol{x},\mu^k)$的最优解为

$$x^k=\left(\frac{\sigma-\mu^k}{6+4\sigma},\frac{3(\sigma-\mu^k)}{6+4\sigma}\right)^{\mathrm{T}}$$

从而 $\mu^{k+1}=\mu^k+\sigma(x_1^k+x_2^k-1)=\dfrac{3\mu^k-3\sigma}{3+2\sigma}$，所以

$$\mu^{k+1}-\mu^k=-\frac{2\sigma}{3+2\sigma}\mu^k-\frac{3\sigma}{3+2\sigma} \tag{4-39}$$

当 $\mu^1>-\dfrac{3}{2}$ 时，由数学归纳法知 $\mu^k>-\dfrac{3}{2}$，且由式(4-39)知 $\{\mu^k\}$ 单调递减，从而 $\{\mu^k\}$ 必有极限. 对式(4-39)两端取极限，令 $k\to\infty$，则 $\mu^k\to-\dfrac{3}{2}$，从而 $\boldsymbol{x}^k\to\boldsymbol{x}^*=\left(\dfrac{1}{4},\dfrac{3}{4}\right)^{\mathrm{T}}$. $\boldsymbol{x}^*$ 为原问题的最优解.

4.5.2　非线性规划的增广拉格朗日函数法

下面先考虑只含有不等式约束的情形，即考虑问题

$$\begin{cases}\min\ f(\boldsymbol{x})\\ \text{s. t. }\ h_i(\boldsymbol{x})\leqslant 0 \quad (i=l+1,l+2,\cdots,m)\end{cases} \tag{4-40}$$

为将其与等式约束优化问题的算法相联系，引入变量 $y_{l+1},y_{l+2},\cdots,y_m$，可把问题(4-40)转化为等式约束优化问题：

$$\begin{cases}\min\quad f(\boldsymbol{x})\\ \text{s. t. }\ h_i(\boldsymbol{x})+y_i^2=0 \quad (i=l+1,l+2,\cdots,m)\end{cases}$$

令 $\boldsymbol{y}=(y_{l+1},y_{l+2},\cdots,y_m)^{\mathrm{T}}\in\mathbf{R}^{m-l}$，这样，可以定义增广拉格朗日函数为

$$\widetilde{L}_\sigma(\boldsymbol{x},\boldsymbol{y},\boldsymbol{\lambda})=f(\boldsymbol{x})+\sum_{i=l+1}^{m}\lambda_i[h_i(\boldsymbol{x})+y_i^2]+\frac{\sigma}{2}\sum_{i=l+1}^{m}[h_i(\boldsymbol{x})+y_i^2]^2$$

下面考虑无约束优化问题：

$$\min_{\boldsymbol{x},\boldsymbol{y}}\widetilde{L}_\sigma(\boldsymbol{x},\boldsymbol{y},\boldsymbol{\lambda})$$

固定 $\boldsymbol{x}$，函数 $\widetilde{L}_\sigma$ 先对 $\boldsymbol{y}$ 取极小，令 $\dfrac{\partial\widetilde{L}_\sigma(\boldsymbol{x},\boldsymbol{y},\boldsymbol{\lambda})}{\partial y_i}=0(i=l+1,l+2,\cdots,m)$，则

$$y_i(\lambda_i+\sigma h_i(\boldsymbol{x})+\sigma y_i^2)=0(i=l+1,l+2,\cdots,m)$$

分情况讨论可知：

$$h_i(\boldsymbol{x})+y_i^2=\begin{cases}-\dfrac{\lambda_i}{\sigma}, & 若\ \sigma h_i(\boldsymbol{x})+\lambda_i<0\\ h_i(\boldsymbol{x}), & 若\ \sigma h_i(\boldsymbol{x})+\lambda_i\geqslant 0\end{cases} \tag{4-41}$$

从而

$$\begin{aligned}\lambda_i[h_i(\boldsymbol{x})+y_i^2]+\frac{\sigma}{2}[h_i(\boldsymbol{x})+y_i^2]^2&=\begin{cases}-\dfrac{\lambda_i^2}{2\sigma}, & 若\ \sigma h_i(\boldsymbol{x})+\lambda_i<0\\ \dfrac{1}{2\sigma}\{[\lambda_i+\sigma h_i(\boldsymbol{x})]^2-\lambda_i^2\}, & 若\ \sigma h_i(\boldsymbol{x})+\lambda_i\geqslant 0\end{cases}\\&=\frac{1}{2\sigma}\{[\max\{0,\lambda_i+\sigma h_i(\boldsymbol{x})\}]^2-\lambda_i^2\}\end{aligned}$$

所以可以在函数 $\widetilde{L}_\sigma$ 中消去变量 $\boldsymbol{y}$，得

$$\min_{\boldsymbol{x},\boldsymbol{y}} \widetilde{L}_\sigma(\boldsymbol{x},\boldsymbol{y},\boldsymbol{\lambda}) = \min_{\boldsymbol{x}} f(\boldsymbol{x}) + \frac{1}{2\sigma}\sum_{i=l+1}^{m}\{[\max\{0,\lambda_i+\sigma h_i(\boldsymbol{x})\}]^2-\lambda_i^2\}$$

所以对于仅含不等式约束的优化问题，可以定义其增广拉格朗日函数为

$$L_\sigma(\boldsymbol{x},\boldsymbol{\lambda}) = f(\boldsymbol{x}) + \frac{1}{2\sigma}\sum_{i=l+1}^{m}\{[\max\{0,\lambda_i+\sigma h_i(\boldsymbol{x})\}]^2-\lambda_i^2\}$$

上述关于 max 的复合函数也是可微的，我们可以用第 3 章的无约束优化算法对其进行求解.

再来看此时乘子的修正公式与终止准则. 由式(4-41)知乘子的修正公式为

$$\begin{aligned}\lambda_i^{k+1} &= \lambda_i^k+\sigma[h_i(\boldsymbol{x}^k)+(y_i^k)^2] \\ &= \begin{cases}0, & 若\ \sigma h_i(\boldsymbol{x}^k)+\lambda_i^k<0 \\ \lambda_i^k+\sigma h_i(\boldsymbol{x}^k), & 若\ \sigma h_i(\boldsymbol{x}^k)+\lambda_i^k\geqslant 0\end{cases}\end{aligned}$$

而终止准则应为

$$\varepsilon > \left\{\sum_{i=l+1}^{m}[h_i(\boldsymbol{x})+y_i^2]^2\right\}^{\frac{1}{2}} = \left\{\sum_{i=l+1}^{m}\left[\min\left\{-h_i(\boldsymbol{x}),\frac{\lambda_i}{\sigma}\right\}\right]^2\right\}^{\frac{1}{2}}$$

综合前面两种情况，对于一般的非线性优化问题(4-26)，可以定义其增广拉格朗日函数为

$$L_\sigma(\boldsymbol{x},\boldsymbol{\lambda}) = f(\boldsymbol{x}) + \sum_{i=1}^{l}\lambda_i h_i(\boldsymbol{x}) + \frac{\sigma}{2}\sum_{i=1}^{l}[h_i(\boldsymbol{x})]^2 + \frac{1}{2\sigma}\sum_{i=l+1}^{m}\{[\max\{0,\lambda_i+\sigma h_i(\boldsymbol{x})\}]^2-\lambda_i^2\}$$

对应的乘子修正公式为

$$\lambda_i^{k+1} = \lambda_i^k+\sigma h_i(\boldsymbol{x}^k) \quad (i=1,2,\cdots,l)$$

$$\lambda_i^{k+1} = \max\{0,\lambda_i^k+\sigma h_i(\boldsymbol{x}^k)\} \quad (i=l+1,l+2,\cdots,m)$$

求解问题(4-26)的算法与等式约束情况类似，每次迭代需要求解无约束优化问题

$$\min_{\boldsymbol{x}} L_\sigma(\boldsymbol{x},\boldsymbol{\lambda}^k)$$

且终止准则可选为

$$\sum_{i=1}^{l}[h_i(\boldsymbol{x}^k)]^2 + \sum_{i=l+1}^{m}\left[\min\left\{-h_i(\boldsymbol{x}^k),\frac{\lambda_i^k}{\sigma}\right\}\right]^2 < \varepsilon^2$$

具体算法框架不再赘述.

【例 4-12】 用增广拉格朗日函数法求解下述优化问题：

$$\begin{cases}\min\ x_1^2+2x_2^2 \\ \text{s.t.}\ \ x_1-x_2\leqslant -1\end{cases}$$

解 构造增广拉格朗日函数为

$$L_\sigma(\boldsymbol{x},\lambda) = x_1^2+2x_2^2+\frac{1}{2\sigma}\{[\max\{0,\lambda+\sigma(x_1-x_2+1)\}]^2-\lambda^2\}$$

$$= \begin{cases}x_1^2+2x_2^2+\dfrac{1}{2\sigma}[\lambda+\sigma(x_1-x_2+1)]^2-\dfrac{\lambda^2}{2\sigma}, & 若\ x_1-x_2+1\geqslant -\dfrac{\lambda}{\sigma} \\ x_1^2+2x_2^2-\dfrac{\lambda^2}{2\sigma}, & 若\ x_1-x_2+1< -\dfrac{\lambda}{\sigma}\end{cases}$$

当 $x_1-x_2+1<-\dfrac{\lambda}{\sigma}$ 时，令 $\dfrac{\partial L_\sigma(\boldsymbol{x},\lambda)}{\partial x_1}=\dfrac{\partial L_\sigma(\boldsymbol{x},\lambda)}{\partial x_2}=0$，得 $x_1=x_2=0$. 但点 $(0,0)^{\mathrm{T}}$ 不满

足 $x_1-x_2+1<-\frac{\lambda}{\sigma}$，故 $(0,0)^{\mathrm{T}}$ 不是 $L_\sigma(\boldsymbol{x},\lambda)$ 的局部极小点.

当 $x_1-x_2+1\geqslant -\frac{\lambda}{\sigma}$ 时，令

$$\frac{\partial L_\sigma(\boldsymbol{x},\lambda)}{\partial x_1}=2x_1+\lambda+\sigma(x_1-x_2+1)=0$$

$$\frac{\partial L_\sigma(\boldsymbol{x},\lambda)}{\partial x_2}=4x_2-\lambda-\sigma(x_1-x_2+1)=0$$

得 $x_1=-\frac{2(\lambda+\sigma)}{4+3\sigma}$，$x_2=\frac{\lambda+\sigma}{4+3\sigma}$，此时，$x_1-x_2+1=\frac{4-3\lambda}{4+3\sigma}>-\frac{\lambda}{\sigma}$，故 $\min\limits_{x} L_\sigma(\boldsymbol{x},\lambda^k)$ 的最优解为 $\boldsymbol{x}^k=\left(-\frac{2(\lambda^k+\sigma)}{4+3\sigma},\frac{\lambda^k+\sigma}{4+3\sigma}\right)^{\mathrm{T}}$. 由 λ^k 的修正公式知：

$$\begin{aligned}\lambda^{k+1}&=\max\{0,\lambda^k+\sigma(x_1^k-x_2^k+1)\}\\&=\max\left\{0,\frac{4(\lambda^k+\sigma)}{4+3\sigma}\right\}\\&=\frac{4(\lambda^k+\sigma)}{4+3\sigma}\end{aligned}$$

当 $\lambda^1<\frac{4}{3}$ 时，由数学归纳法知 $\lambda^k<\frac{4}{3}$，且 $\lambda^{k+1}-\lambda^k=\sigma\cdot\frac{4-3\lambda^k}{4+3\sigma}>0$. 所以 $\{\lambda^k\}$ 单调递增有上界，故有极限. 当 $k\to\infty$ 时，$\lambda^k\to\frac{4}{3}$，$\boldsymbol{x}^k\to\boldsymbol{x}^*=\left(-\frac{2}{3},\frac{1}{3}\right)^{\mathrm{T}}$，$\boldsymbol{x}^*$ 为原问题的最优解.

习题 4

1. 已知约束优化问题：

$$\begin{cases}\min\ f(\boldsymbol{x})=-3x_1^2-x_2^2-2x_3^2\\ \text{s.t.}\ \ c_1(\boldsymbol{x})=x_1^2+x_2^2+x_3^2-3=0\\ \qquad c_2(\boldsymbol{x})=-x_1+x_2\geqslant 0\\ \qquad c_3(\boldsymbol{x})=x_1\geqslant 0\\ \qquad c_4(\boldsymbol{x})=x_2\geqslant 0\\ \qquad c_5(\boldsymbol{x})=x_3\geqslant 0\end{cases}$$

试验证点 $\boldsymbol{x}^*=(1,1,1)^{\mathrm{T}}$ 为 KKT 点.

2. 求出问题

$$\begin{cases}\min\ 4x_1-3x_2\\ \text{s.t.}\ \ 4-x_1-x_2\geqslant 0\\ \qquad x_2+7\geqslant 0\\ \qquad -(x_1-3)^2+x_2+1\geqslant 0\end{cases}$$

的 KKT 点，并判断其是否是最优解.

3. 利用凸规划最优性条件求解约束优化问题：

$$\begin{cases}\min\ f(\boldsymbol{x})=(x_1-3)^2+(x_2-1)^2\\ \text{s.t.}\ \ c_1(\boldsymbol{x})=-x_1^2+x_2\geqslant 0\\ \qquad c_2(\boldsymbol{x})=2x_1+x_2-3=0\end{cases}$$

4. 求解下面的二次规划问题：

$$\begin{cases}\min\ x_1^2+2x_2^2+x_3^2+x_3-2x_1x_2\\ \text{s. t.}\ \ x_1+x_2+x_3=4\\ \qquad 2x_1-x_2+x_3=2\end{cases}$$

5. 用起作用指标集方法求解下述问题：

$$\begin{cases}\min\ 9x_1^2+9x_2^2-30x_1-72x_2\\ \text{s. t.}\ \ -2x_1-x_2\geqslant-4\\ \qquad x_1,x_2\geqslant 0\end{cases}$$

取初始可行点 $\boldsymbol{x}^0=(0,0)^{\mathrm{T}}$.

6. 用起作用指标集方法求解下述问题：

$$\begin{cases}\min\ x_1^2-x_1x_2+x_2^2-3x_1\\ \text{s. t.}\ \ -x_1-x_2\geqslant-2\\ \qquad x_1,x_2\geqslant 0\end{cases}$$

取初始可行点 $\boldsymbol{x}^0=(0,0)^{\mathrm{T}}$.

7. 用惩罚函数法求解下述问题：

$$\begin{cases}\min\ -x_1-x_2\\ \text{s. t.}\ \ 1-x_1^2-x_2^2=0\end{cases}$$

8. 用惩罚函数法求解下述问题：

$$\begin{cases}\min\ f(\boldsymbol{x})=-x_1x_2\\ \text{s. t.}\ \ g_1(\boldsymbol{x})=-x_1-x_2^2+1\geqslant 0\\ \qquad g_2(\boldsymbol{x})=x_1+x_2\geqslant 0\end{cases}$$

9. 证明引理 4-3.

10. 用障碍函数法求解下述问题：

$$\begin{cases}\min\ f(\boldsymbol{x})=(x_1+1)^3/3+x_2\\ \text{s. t.}\ \ x_1\geqslant 1,x_2\geqslant 0\end{cases}$$

11. 考虑下列问题

$$\begin{cases}\min\ x_1x_2\\ \text{s. t.}\ \ g(\boldsymbol{x})=-2x_1+x_2+3\geqslant 0\end{cases}$$

写出该问题的对数障碍函数 $B_L(\boldsymbol{x},r)$，并采用障碍函数法求解此问题.

12. 用增广拉格朗日函数法求解下述问题：

$$\begin{cases}\min\ f(\boldsymbol{x})=x_1+\dfrac{1}{3}(x_2+1)^2\\ \text{s. t.}\ \ x_1\geqslant 0\\ \qquad x_2\geqslant 1\end{cases}$$

13. 用增广拉格朗日函数法求解下述问题：

$$\begin{cases}\min\ f(\boldsymbol{x})=\dfrac{1}{2}x_1^2+\dfrac{1}{6}x_2^2\\ \text{s. t.}\ \ x_1+x_2=1\end{cases}$$

14. 设 $g(\boldsymbol{x})$ 是 $\mathbf{R}^n$ 上的连续可微函数，证明函数 $f(\boldsymbol{x})=[\max\{0,g(\boldsymbol{x})\}]^2$ 也是连续可微的.

第 5 章　多目标规划

在经济规划、金融决策、工程设计、军事建设等社会活动中，人们遇到的更多情况是同时追求多个目标，而不是单一目标的最优化问题. 这类问题称为多目标优化问题，其模型称为多目标规划. 本章首先简略介绍多目标规划的基本概念及性质，然后给出求解多目标规划的算法.

5.1　多目标规划的基本概念

5.1.1　多目标规划问题

在许多实际问题中，衡量一个设计方案的好坏的标准往往不止一个，例如，在投资问题中，一般希望投入资金最少，风险最低而要求收益最大；在飞机的优化设计中，不仅要求飞机的总质量最轻，还要求耗油量最少；在通信基站的分布设计中，一方面要求覆盖最大的区域，同时还要求基站的数目尽可能的少，以达到节省成本的目的；而多目标规划正适应了这样的要求.

【例 5-1】 某制药厂将使用一种原料生产两种固状药品 M 和 N. 根据以往采集的数据资料，对其进行整理分析后可知：生产单位数量的药品 M，N 所消耗的时间分别为 5 小时和 4 小时；原材料消耗量分别为 10 kg 和 8 kg；两种药品的药效不同，两种药品的销售利润存在差异，单位数量的药品 M 的利润是 3 元，单位数量的药品 N 的利润是 2 元. 两种药品的市场需求调查报告显示，药品 M 的需求量大于药品 N 的需求量，但不超过药品 N 的需求量的 1.5 倍. 在下一个生产周期，该制药厂希望生产设备的工作时间不超过120 小时，原材料总消耗量不超过 150 kg，试确定下一个生产周期的生产计划.

解　设 x_1，x_2 分别表示药品 M 和 N 的生产数量，两种药品的设备总占用时间为 $w_1=5x_1+4x_2$，两种药品的原材料总消耗量为 $w_2=10x_1+8x_2$，两种药品的总利润为 $w_3=3x_1+2x_2$. 根据问题的要求，建立如下模型：

$$
\begin{cases}
\min\ w_1 = 5x_1 + 4x_2 \\
\min\ w_2 = 10x_1 + 8x_2 \\
\max\ w_3 = 3x_1 + 2x_2 \\
\text{s. t.}\ \ x_1 - 1.5x_2 \leqslant 0 \\
\qquad x_1 - x_2 \geqslant 0 \\
\qquad 5x_1 + 4x_2 \leqslant 120 \\
\qquad 10x_1 + 8x_2 \leqslant 150 \\
\qquad x_1, x_2 \geqslant 0
\end{cases}
\tag{5-1}
$$

其中,称 x_1,x_2 为决策变量,称 w_1,w_2,w_3 为目标函数.

这种目标函数多于一个的数学规划,我们称之为多目标规划,记作(VP).为了表述方便,给出多目标规划的基本形式:

$$
(\text{VP})\begin{cases}
\min\ f_1(\boldsymbol{x}) \\
\min\ f_2(\boldsymbol{x}) \\
\quad\vdots \\
\min\ f_p(\boldsymbol{x}) \\
\text{s. t.}\ \ g_i(\boldsymbol{x}) \leqslant 0, i \in I = \{1,2,\cdots,m\} \\
\qquad h_i(\boldsymbol{x}) = 0, i \in E = \{1,2,\cdots,l\} \\
\qquad \boldsymbol{x} \in X \subset \mathbf{R}^n
\end{cases}
\tag{5-2}
$$

其中 $\boldsymbol{x}=(x_1,x_2,\cdots,x_n)^{\mathrm{T}}$,$p\geqslant 2$,$m,l$ 为非负整数.令 $\Omega=\{\boldsymbol{x}\in X: g_i(\boldsymbol{x})\leqslant 0, i=1,2,\cdots,m; h_i(\boldsymbol{x})=0, i=1,2,\cdots,l\}$,则(VP)简记为

$$
(\text{VP})\begin{cases}
\min\ \boldsymbol{F}(\boldsymbol{x}) \\
\text{s. t.}\ \ \boldsymbol{x}\in\Omega
\end{cases}
\quad 或\ \min_{\boldsymbol{x}\in\Omega}\boldsymbol{F}(\boldsymbol{x})
\tag{5-3}
$$

称 $x_i(i=1,2,\cdots,n)$ 为决策变量,$f_i(\boldsymbol{x})(i=1,2,\cdots,p)$ 为第 i 个目标函数;称集合 Ω 为(VP)的可行域,$\boldsymbol{x}\in\Omega$ 是(VP)的可行解(或可行点);$g_i(\boldsymbol{x})\leqslant 0(i=1,2,\cdots,m)$ 为不等式约束;$h_i(\boldsymbol{x})=0(i=1,2,\cdots,l)$ 为等式约束.

定义 5-1 若(VP)中每个目标函数 $f_i(\boldsymbol{x})(i=1,2,\cdots,p)$ 都是凸集 $X\subset\mathbf{R}^n$ 上的凸函数,并且可行域 $\Omega\subset X$ 也是凸集,则称多目标规划(VP)为凸多目标规划.

特别地,若(VP)中每个目标函数和所有的约束函数是线性的,则称多目标规划(VP)为线性多目标规划.显然,线性多目标规划是凸多目标规划,例 5-1 的模型即为线性多目标规划.

5.1.2 多目标规划的解

多目标规划本质上是向量空间中的向量集的极值问题,涉及向量的序关系,本章只给出最基本的向量序的定义.

定义 5-2 设 $\boldsymbol{a}=(a_1,a_2,\cdots,a_p)^{\mathrm{T}}$,$\boldsymbol{b}=(b_1,b_2,\cdots,b_p)^{\mathrm{T}}$ 是 $\mathbf{R}^p$ 中的两个向量.

(1)若 $a_i=b_i$,$i=1,2,\cdots,p$,则称向量 $\boldsymbol{a}$ 等于向量 $\boldsymbol{b}$,记作 $\boldsymbol{a}=\boldsymbol{b}$.

(2)若 $a_i\leqslant b_i$,$i=1,2,\cdots,p$,则称向量 $\boldsymbol{a}$ 小于等于向量 $\boldsymbol{b}$,记作 $\boldsymbol{a}\leqq\boldsymbol{b}$.

(3)若 $a_i\leqslant b_i$,$i=1,2,\cdots,p$,且至少有一个是严格不等式,则称向量 $\boldsymbol{a}$ 小于向量 $\boldsymbol{b}$,记作 $\boldsymbol{a}\leqslant\boldsymbol{b}$.

(4)若 $a_i<b_i,i=1,2,\cdots,p$，则称向量 $\boldsymbol{a}$ 严格小于向量 $\boldsymbol{b}$，记作 $\boldsymbol{a}<\boldsymbol{b}$.

类似可定义 $\boldsymbol{a}\geqq\boldsymbol{b}$，$\boldsymbol{a}\geqslant\boldsymbol{b}$ 和 $\boldsymbol{a}>\boldsymbol{b}$.

显然，当 $p=1$ 时，上述定义的向量序和实数序是一致的. 这里我们需要注意符号"$\geqq$"与"$\geqslant$"、"$\leqq$"与"$\leqslant$"的区别.

多目标规划的解

多目标规划的解有许多种，其中最常用的、研究比较早的解，就是由 T. C. Koopmans 提出的有效解和 Karlin 提出的弱有效解.

定义 5-3　设 $\boldsymbol{x}^*\in\Omega$，$\boldsymbol{F}(\boldsymbol{x})=(f_1(\boldsymbol{x}),\cdots,f_p(\boldsymbol{x}))^{\mathrm{T}}$，如果对任意的 $\boldsymbol{x}\in\Omega$，均有

$$\boldsymbol{F}(\boldsymbol{x}^*)\leqq\boldsymbol{F}(\boldsymbol{x})$$

即对每个 $i\in\{1,2,\cdots,p\}$，均有 $f_i(\boldsymbol{x}^*)\leqslant f_i(\boldsymbol{x})$，则称 $\boldsymbol{x}^*$ 是(VP)的绝对最优解，其全体记为 Ω_{ab}.

绝对最优解是多目标规划最理想的一种解，若令 $\Omega_i=\arg\min\limits_{\boldsymbol{x}}\{f_i(\boldsymbol{x}):\boldsymbol{x}\in\Omega\}$，也就是第 i 个目标的最优解集，则 $\Omega_{\mathrm{ab}}=\bigcap\limits_{i=1}^{p}\Omega_i$，但可惜的是这种解通常不存在.

定义 5-4　设 $\boldsymbol{x}^*\in\Omega$，$\boldsymbol{F}(\boldsymbol{x})=(f_1(\boldsymbol{x}),\cdots,f_p(\boldsymbol{x}))^{\mathrm{T}}$，如果不存在 $\boldsymbol{x}\in\Omega$，使得

$$\boldsymbol{F}(\boldsymbol{x})\leqslant\boldsymbol{F}(\boldsymbol{x}^*)$$

则称 $\boldsymbol{x}^*$ 是(VP)的有效解(或 Pareto 解)，其全体记为 Ω_{pa}.

定义 5-5　设 $\boldsymbol{x}^*\in\Omega$，$\boldsymbol{F}(x)=(f_1(\boldsymbol{x}),\cdots,f_p(\boldsymbol{x}))^{\mathrm{T}}$，如果不存在 $\boldsymbol{x}\in\Omega$，使得

$$\boldsymbol{F}(\boldsymbol{x})<\boldsymbol{F}(\boldsymbol{x}^*)$$

则称 $\boldsymbol{x}^*$ 是(VP)的弱有效解(或弱 Pareto 解)，其全体记为 Ω_{wp}.

有效解和弱有效解的含义就是，在"$\leqslant$"和"$<$"的意义下，再也找不到比它们更好的可行解. 由定义 5-4 和 5-5 可知，有效解也是弱有效解.

绝对最优解、有效解、弱有效解所对应的目标向量统称最优向量.

若令 $\boldsymbol{F}(\Omega)=\{\boldsymbol{F}(\boldsymbol{x})\in\mathbf{R}^p:\boldsymbol{x}\in\Omega\}$，$\mathbf{R}^p_+=\{\boldsymbol{x}\in\mathbf{R}^p:\boldsymbol{x}\geqslant\mathbf{0}\}$，$\mathbf{R}^p_{++}=\{\boldsymbol{x}\in\mathbf{R}^p:\boldsymbol{x}>\mathbf{0}\}$，则有下面性质：

性质 5-1

$$\boldsymbol{x}^*\in\Omega_{\mathrm{pa}}\Leftrightarrow\boldsymbol{F}(\Omega)\cap\{-\mathbf{R}^p_+ +\{\boldsymbol{F}(\boldsymbol{x}^*)\}\}=\{\boldsymbol{F}(\boldsymbol{x}^*)\}$$

$$\boldsymbol{x}^*\in\Omega_{\mathrm{wp}}\Leftrightarrow\boldsymbol{F}(\Omega)\cap\{-\mathbf{R}^p_{++} +\{\boldsymbol{F}(\boldsymbol{x}^*)\}\}=\varnothing$$

【例 5-2】　用图解法求多目标规划

$$\begin{cases}\min\ (x,y)^{\mathrm{T}}\\ \text{s. t. }\ x+y\geqslant0\\ \qquad x+y\leqslant2\\ \qquad 0\leqslant y\leqslant1\end{cases}\tag{5-4}$$

的绝对最优解 Ω_{ab}，有效解 Ω_{pa} 和弱有效解 Ω_{wp}.

解　令可行域 $\Omega=\{(x,y)^{\mathrm{T}}:x+y\geqslant0,x+y\leqslant2,0\leqslant y\leqslant1\}$. 首先画出多目标规划(5-4)的像集如图 5-1 所示.

$$\begin{aligned}\boldsymbol{F}(\Omega)&=\{(f_1(x,y),f_2(x,y))^{\mathrm{T}}:(x,y)\in\Omega\}\\&=\{(x,y)^{\mathrm{T}}:x+y\geqslant0,x+y\leqslant2,0\leqslant y\leqslant1\}\end{aligned}$$

显然，$\boldsymbol{F}(\Omega)=\Omega$，也就是多目标规划(5-4)的最优向量与最优解一致.

因为

$$\Omega_1 = \arg\min_{(x,y)}\{x : x+y\geqslant 0, x-y\leqslant 2, 0\leqslant y\leqslant 1\} = \{(-1,1)^{\mathrm{T}}\}$$

$$\Omega_2 = \arg\min_{(x,y)}\{y : x+y\geqslant 0, x-y\leqslant 2, 0\leqslant y\leqslant 1\} = \{(x,0)^{\mathrm{T}} : 0\leqslant x\leqslant 2\}$$

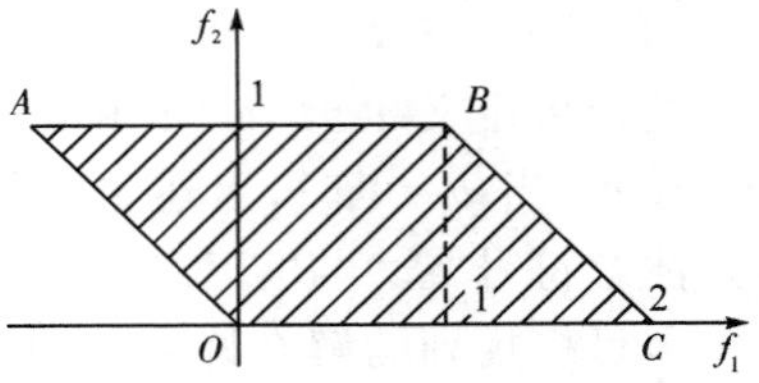

图 5-1

所以 $\Omega_{ab}=\Omega_1\cap\Omega_2=\varnothing$.

观察线段 OA 上的点 $(x^*,y^*)^{\mathrm{T}}$，满足这样的性质：找不到 $\boldsymbol{F}(\Omega)$ 中的点 $(\tilde{x},\tilde{y})^{\mathrm{T}}$，使得 $(\tilde{x},\tilde{y})^{\mathrm{T}}\leqslant(x^*,y^*)^{\mathrm{T}}$ 成立.

再观察线段 OC 上的点 $(x^*,y^*)^{\mathrm{T}}$，满足这样的性质：找不到 $\boldsymbol{F}(\Omega)$ 中的点 $(\tilde{x},\tilde{y})^{\mathrm{T}}$，使得 $(\tilde{x},\tilde{y})^{\mathrm{T}}<(x^*,y^*)^{\mathrm{T}}$ 成立.

由此可知：

$$\Omega_{pa}=\{(x,y)^{\mathrm{T}} : x+y=0, -1\leqslant x\leqslant 0\}$$

$$\Omega_{wp}=\{(x,y)^{\mathrm{T}} : x+y=0, -1\leqslant x\leqslant 0\}\cup\{(x,0)^{\mathrm{T}} : 0\leqslant x\leqslant 2\}$$

【例 5-3】 求 $\min\limits_{\boldsymbol{x}\in\Omega}\boldsymbol{F}(\boldsymbol{x})=(f_1(\boldsymbol{x}),f_2(\boldsymbol{x}))^{\mathrm{T}}$ 的绝对最优解 Ω_{ab}，有效解 Ω_{pa} 和弱有效解 Ω_{wp}. 其中 $\boldsymbol{x}=(x_1,x_2)^{\mathrm{T}}\in\mathbf{R}^2$，$f_1(\boldsymbol{x})=x_1+2x_2$，$f_2(\boldsymbol{x})=-x_1-x_2$，$\Omega=\{(x_1,x_2)^{\mathrm{T}} : -1\leqslant x_1\leqslant 1, -1\leqslant x_2\leqslant 1\}$.

解 首先求单目标规划(P_1)和(P_2).

$$(\mathrm{P}_1)\ \min_{\boldsymbol{x}\in\Omega} f_1(\boldsymbol{x})=x_1+2x_2$$

最优解集 $\Omega_1=\{(-1,-1)^{\mathrm{T}}\}$.

$$(\mathrm{P}_2)\ \min_{\boldsymbol{x}\in\Omega} f_2(\boldsymbol{x})=-x_1-x_2$$

最优解集 $\Omega_2=\{(1,1)^{\mathrm{T}}\}$，故 $\Omega_{ab}=\Omega_1\cap\Omega_2=\varnothing$.

若用定义来求此题的有效解和弱有效解，则不容易直接观察到. 我们可用性质 5-1 来求有效解和弱有效解.

画出可行域 Ω，如图 5-2 所示.

计算 $\boldsymbol{F}(\boldsymbol{A})=(1,0)^{\mathrm{T}}$，$\boldsymbol{F}(\boldsymbol{B})=(3,-2)^{\mathrm{T}}$，$\boldsymbol{F}(\boldsymbol{C})=(-1,0)^{\mathrm{T}}$，$\boldsymbol{F}(\boldsymbol{D})=(-3,2)^{\mathrm{T}}$. 画出像集 $\boldsymbol{F}(\Omega)$ 如图 5-3 所示，由性质 5-1 可知 $\Omega_{pa}=\Omega_{wp}=$ 折线 $B'C'D'$.

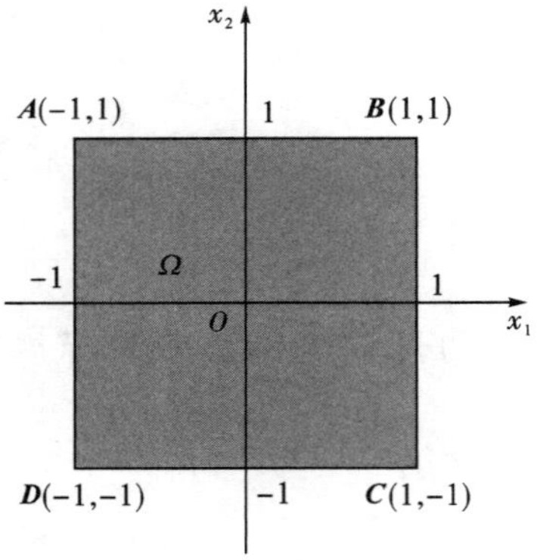

图 5-2

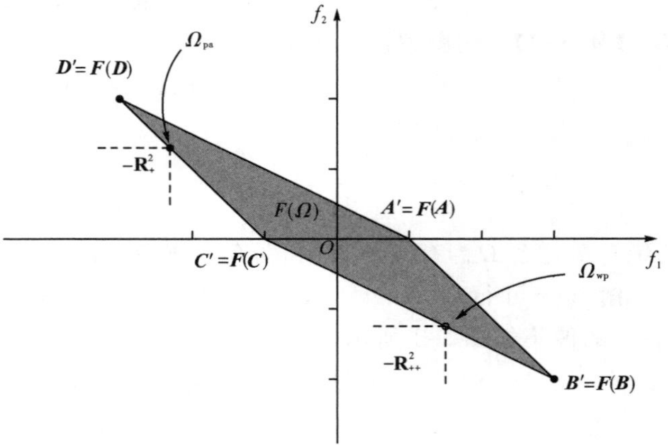

图 5-3

在直观上，有效解和弱有效解是除绝对最优解外，人们最易接受的、也是最理想的解，但这种解也有明显的缺陷. 例如,多目标规划$\min\limits_{x\in \mathbf{R}}\{x,-x\}$的有效解集和弱有效解集为整个实数域,这说明,这种解的范围太大,无法令人满意. 正因如此,人们在有效解基础上加以限制,给出各种意义下的其他解,如真有效解等,这里我们不做具体描述.

5.1.3　多目标规划的最优性条件

和单目标规划一样,多目标规划的最优性条件,如有效解和弱有效解存在的必要条件和充分条件,不仅可以用来判断一个可行解是否为有效解或弱有效解,还可以通过它建立对偶理论和稳定性理论等,因此对它的研究是十分必要的. 本节考虑 $\boldsymbol{x}\in \mathbf{R}^n$ 的情形.

定理 5-1　(**F-J 必要条件**)假设 $\boldsymbol{F}(\boldsymbol{x})=(f_1(\boldsymbol{x}),\cdots,f_p(\boldsymbol{x}))^{\mathrm{T}}$,$\boldsymbol{G}(\boldsymbol{x})=(g_1(\boldsymbol{x}),\cdots,g_m(\boldsymbol{x}))^{\mathrm{T}}$,$\boldsymbol{H}(\boldsymbol{x})=(h_1(\boldsymbol{x}),\cdots,h_l(\boldsymbol{x}))^{\mathrm{T}}$ 中的每个分量函数在 $\boldsymbol{x}^*\in\Omega$ 处可微,若 $\boldsymbol{x}^*$ 是(VP)的有效解或弱有效解,则存在 $\bar{\boldsymbol{\lambda}}\in\mathbf{R}^p$,$\bar{\boldsymbol{u}}\in\mathbf{R}^m$,$\bar{\boldsymbol{v}}\in\mathbf{R}^l$,使得

$$\begin{cases}\nabla_x L(\boldsymbol{x}^*,\bar{\boldsymbol{\lambda}},\bar{\boldsymbol{u}},\bar{\boldsymbol{v}})=\bar{\boldsymbol{\lambda}}^{\mathrm{T}}\nabla\boldsymbol{F}(\boldsymbol{x}^*)+\bar{\boldsymbol{u}}^{\mathrm{T}}\nabla\boldsymbol{G}(\boldsymbol{x}^*)+\bar{\boldsymbol{v}}^{\mathrm{T}}\nabla\boldsymbol{H}(\boldsymbol{x}^*)=\boldsymbol{0}\\ \bar{\boldsymbol{u}}^{\mathrm{T}}\boldsymbol{G}(\boldsymbol{x}^*)=0\\ \bar{\boldsymbol{\lambda}}\geqq\boldsymbol{0},\bar{\boldsymbol{u}}\geqq\boldsymbol{0},(\bar{\boldsymbol{\lambda}},\bar{\boldsymbol{u}},\bar{\boldsymbol{v}})\neq\boldsymbol{0}\end{cases}\tag{5-5}$$

其中 $L(\boldsymbol{x},\boldsymbol{\lambda},\boldsymbol{u},\boldsymbol{v})=\boldsymbol{\lambda}^{\mathrm{T}}\boldsymbol{F}(\boldsymbol{x})+\boldsymbol{u}^{\mathrm{T}}\boldsymbol{G}(\boldsymbol{x})+\boldsymbol{v}^{\mathrm{T}}\boldsymbol{H}(\boldsymbol{x})$称为(VP)的 Lagrange 函数,$\nabla\boldsymbol{F}(\boldsymbol{x})=\begin{pmatrix}\nabla f_1(\boldsymbol{x})^{\mathrm{T}}\\ \vdots\\ \nabla f_p(\boldsymbol{x})^{\mathrm{T}}\end{pmatrix}$称为向量映射 $\boldsymbol{F}$ 的 Jacobi 矩阵. 同理,$\nabla\boldsymbol{G}(\boldsymbol{x})=\begin{pmatrix}\nabla g_1(\boldsymbol{x})^{\mathrm{T}}\\ \vdots\\ \nabla g_m(\boldsymbol{x})^{\mathrm{T}}\end{pmatrix}$,$\nabla\boldsymbol{H}(\boldsymbol{x})=\begin{pmatrix}\nabla h_1(\boldsymbol{x})^{\mathrm{T}}\\ \vdots\\ \nabla h_l(\boldsymbol{x})^{\mathrm{T}}\end{pmatrix}$分别是向量映射 $\boldsymbol{G}$,$\boldsymbol{H}$ 的 Jacobi 矩阵.

式(5-5)称为多目标规划(VP)的 Fritz John 条件,简称 F-J 条件. 满足 F-J 条件(5-5)的点称为(VP)的 Fritz John 点,简称 F-J 点.

在定理 5-1 中,向量 $\bar{\boldsymbol{\lambda}}$ 的分量可以取 0 值,这使得 F-J 条件(5-5)可能与目标函数无关,下面给出 $\bar{\boldsymbol{\lambda}}$ 不为 $\boldsymbol{0}$ 的必要性条件.

定理 5-2　(**必要条件**)设 $f_i(\boldsymbol{x})(i=1,2,\cdots,p)$,$g_i(\boldsymbol{x})(i=1,2,\cdots,m)$,$h_i(\boldsymbol{x})(i=1,2,\cdots,l)$均可微,$\Omega$ 为多目标规划(VP)的可行域,$\boldsymbol{x}^*\in\Omega$,$\nabla f_i(\boldsymbol{x}^*)(i=1,2,\cdots,p)$,$\nabla g_i(\boldsymbol{x}^*)(i\in I_g(\boldsymbol{x}^*))$,$\nabla h_i(\boldsymbol{x}^*)(i=1,2,\cdots,l)$线性无关,若 $\boldsymbol{x}^*$ 是(VP)的有效解,则存在 $\bar{\boldsymbol{\lambda}}\in\mathbf{R}^p$,$\bar{\boldsymbol{u}}\in\mathbf{R}^m$,$\bar{\boldsymbol{v}}\in\mathbf{R}^l$,使下式

$$\begin{cases}\nabla_x L(\boldsymbol{x}^*,\bar{\boldsymbol{\lambda}},\bar{\boldsymbol{u}},\bar{\boldsymbol{v}})=\bar{\boldsymbol{\lambda}}^{\mathrm{T}}\nabla\boldsymbol{F}(\boldsymbol{x}^*)+\bar{\boldsymbol{u}}^{\mathrm{T}}\nabla\boldsymbol{G}(\boldsymbol{x}^*)+\bar{\boldsymbol{v}}^{\mathrm{T}}\nabla\boldsymbol{H}(\boldsymbol{x}^*)=\boldsymbol{0}\\ \bar{\boldsymbol{u}}^{\mathrm{T}}\boldsymbol{G}(\boldsymbol{x}^*)=0\\ \bar{\boldsymbol{\lambda}}>\boldsymbol{0},\bar{\boldsymbol{u}}\geqq\boldsymbol{0}\end{cases}\tag{5-6}$$

成立,其中 $I_g(\boldsymbol{x}^*)=\{i:g_i(\boldsymbol{x}^*)=0,i=1,2,\cdots,m\}$.

式(5-6)称为多目标规划(VP)的 Kuhn-Tucker 条件,简称 K-T 条件. 满足 K-T 条件(5-6)的点称为(VP)的 Kuhn-Tucker 点,简称 K-T 点.

注意:若 $\boldsymbol{x}^*$ 是(VP)的有效解,则 $\boldsymbol{x}^*$ 必是单目标规划

$$\begin{cases}\min \sum_{i=1}^{p} f_i(\boldsymbol{x}) \\ \text{s.t. } g_i(\boldsymbol{x}) \leqslant 0, i = 1,2,\cdots,m \\ \quad h_i(\boldsymbol{x}) = 0, i = 1,2,\cdots,l \\ \quad f_i(\boldsymbol{x}) \leqslant f_i(\boldsymbol{x}^*), i = 1,2,\cdots,p \end{cases} \tag{5-7}$$

的最优点. $\boldsymbol{x}^*$ 是定理 5-2 意义下的(VP)的 K-T 点,本质上是问题(5-7)的 K-T 点.

定理 5-3 **(充分条件)**设 $f_i(\boldsymbol{x})(i=1,2,\cdots,p)$,$g_i(\boldsymbol{x})(i=1,2,\cdots,m)$为可微凸函数,$h_i(\boldsymbol{x})(i=1,2,\cdots,l)$为线性函数,$\boldsymbol{x}^* \in \Omega$,$\bar{\boldsymbol{\lambda}} \in \mathbf{R}^p$,$\bar{\boldsymbol{\lambda}} \geqslant \mathbf{0}$(或 $\bar{\boldsymbol{\lambda}} > \mathbf{0}$),如果存在$\bar{\boldsymbol{u}} \in \mathbf{R}^m$,$\bar{\boldsymbol{v}} \in \mathbf{R}^l$,使得$(\boldsymbol{x}^*, \bar{\boldsymbol{\lambda}}, \bar{\boldsymbol{u}}, \bar{\boldsymbol{v}})$满足(VP)的 K-T 条件:

$$\begin{cases}\nabla_x L(\boldsymbol{x}^*, \bar{\boldsymbol{\lambda}}, \bar{\boldsymbol{u}}, \bar{\boldsymbol{v}}) = \bar{\boldsymbol{\lambda}}^{\mathrm{T}} \nabla \boldsymbol{F}(\boldsymbol{x}^*) + \bar{\boldsymbol{u}}^{\mathrm{T}} \nabla \boldsymbol{G}(\boldsymbol{x}^*) + \bar{\boldsymbol{v}}^{\mathrm{T}} \nabla \boldsymbol{H}(\boldsymbol{x}^*) = \mathbf{0} \\ \bar{\boldsymbol{u}}^{\mathrm{T}} \boldsymbol{G}(\boldsymbol{x}^*) = 0 \\ \bar{\boldsymbol{u}} \geqq \mathbf{0} \end{cases}$$

则 $\boldsymbol{x}^*$ 必是(VP)的弱有效解(或有效解).

定理 5-3 说明,若(VP)是凸多目标规划,那么(VP)的可行解如果是 K-T 点,那么该点就是(VP)的有效解或弱有效解.

5.2 线性加权和法

多目标规划既然是研究多个目标函数同时优化的问题,这就决定了多目标规划的求解不会像单目标规划的求解那么直观,求解单目标规划的方法无法直接应用到多目标规划.因此,最容易想到的就是将多目标规划转化为一个或多个单目标最优化问题,进而求解就方便多了.

线性加权和法具有便捷性的模型和有优势的运算速度,是目前工程上最常使用的求解多目标规划的算法之一.线性加权和法的基本思想是根据决策者的意愿,以及各个目标函数在决策中的重要程度,分别赋予这些目标函数一个权数,并把权数作为对应的目标函数的系数,做线性组合来构成单目标规划的目标函数.具体方式为:

考虑多目标规划

$$\begin{cases}\min \boldsymbol{F}(\boldsymbol{x}) = (f_1(\boldsymbol{x}), f_2(\boldsymbol{x}), \cdots, f_p(\boldsymbol{x}))^{\mathrm{T}} \\ \text{s.t. } \boldsymbol{x} \in \Omega \subset \mathbf{R}^n \end{cases} \tag{5-8}$$

要求:假设 $f_1(\boldsymbol{x}), f_2(\boldsymbol{x}), \cdots, f_p(\boldsymbol{x})$具有相同的量纲,$\lambda_i$ 是赋予目标函数 $f_i(\boldsymbol{x})$的权数,做线性加权和得

$$U(\boldsymbol{x}) = \sum_{i=1}^{p} \lambda_i f_i(\boldsymbol{x})$$

则多目标规划(5-8)转化为如下单目标规划问题:

$$(\mathrm{SP})_{\lambda} \begin{cases}\min U(\boldsymbol{x}) = \sum_{i=1}^{p} \lambda_i f_i(\boldsymbol{x}) \\ \text{s.t. } \boldsymbol{x} \in \Omega \end{cases} \tag{5-9}$$

我们把单目标规划(5-9)的最优解称为多目标规划(5-8)的线性加权和意义下的最

优解.

定理 5-4　对于每个给定的 $\boldsymbol{\lambda}>\boldsymbol{0}$(或 $\boldsymbol{\lambda}\geqslant\boldsymbol{0}$),$\boldsymbol{\lambda}=(\lambda_1,\lambda_2,\cdots,\lambda_p)^{\mathrm{T}}\in\mathbf{R}^p$,则(5-9)中 $(\mathrm{SP})_{\lambda}$ 的最优解必是多目标规划(5-8)的有效解(或弱有效解).

定理 5-5　若多目标规划(5-8)是凸多目标规划,那么对于(5-8)的任意弱有效解(或有效解)$\boldsymbol{x}^*$,都存在一个 $\bar{\boldsymbol{\lambda}}\in\mathbf{R}^p$,$\bar{\boldsymbol{\lambda}}\geqslant\boldsymbol{0}$,使得 $\boldsymbol{x}^*$ 是相应的(5-9)中 $(\mathrm{SP})_{\bar{\lambda}}$ 的最优解.

定理 5-4 和定理 5-5 说明,线性加权和法可以求出多目标规划的有效解(或弱有效解),但不能保证求得所有的有效解(或弱有效解).对于凸多目标规划,线性加权和法可以求得全部弱有效解.

【例 5-4】　用线性加权和法求解多目标规划

$$\begin{cases}\min\ \boldsymbol{F}(\boldsymbol{x})=(f_1(\boldsymbol{x}),f_2(\boldsymbol{x}))^{\mathrm{T}}\\ \text{s. t.}\ \ -x_1+x_2\leqslant 3\\ \qquad\ x_1+x_2\leqslant 8\\ \qquad\ 0\leqslant x_1\leqslant 6,0\leqslant x_2\leqslant 4\end{cases}\tag{5-10}$$

其中,$\boldsymbol{x}=(x_1,x_2)^{\mathrm{T}}$,$f_1(\boldsymbol{x})=-5x_1+2x_2$,$f_2(\boldsymbol{x})=x_1-4x_2$.

解　给定权数 λ_1,λ_2,多目标规划(5-10)转化为

$$\begin{cases}\min\ U(\boldsymbol{x})=\lambda_1 f_1(\boldsymbol{x})+\lambda_2 f_2(\boldsymbol{x})=(-5\lambda_1+\lambda_2)x_1+(2\lambda_1-4\lambda_2)x_2\\ \text{s. t.}\ \ -x_1+x_2\leqslant 3\\ \qquad\ x_1+x_2\leqslant 8\\ \qquad\ 0\leqslant x_1\leqslant 6,0\leqslant x_2\leqslant 4\end{cases}\tag{5-11}$$

令 $\Omega=\{(x_1,x_2)^{\mathrm{T}}:-x_1+x_2\leqslant 3,x_1+x_2\leqslant 8,0\leqslant x_1\leqslant 6,0\leqslant x_2\leqslant 4\}$ 为多目标规划(5-10)的可行域,可行域如图 5-4 所示.

(1)若 $\lambda_1=0$,$\lambda_2=1$,单目标规划(5-11)为

$$(\mathrm{P}_1)\quad \min_{(x_1,x_2)^{\mathrm{T}}\in\Omega}\ x_1-4x_2$$

(P_1)的最优解为 $\boldsymbol{E}(1,4)$,相应的多目标规划(5-10)的最优向量为 $\boldsymbol{F}^{(1)}(\boldsymbol{E})=(3,-15)^{\mathrm{T}}$.

(2)若 $\lambda_1=1$,$\lambda_2=0$,单目标规划(5-11)为

$$(\mathrm{P}_2)\quad \min_{(x_1,x_2)^{\mathrm{T}}\in\Omega}\ -5x_1+2x_2$$

(P_2)的最优解为 $\boldsymbol{B}(6,0)$,相应的多目标规划(5-10)的最优向量为 $\boldsymbol{F}^{(2)}(\boldsymbol{B})=(-30,6)^{\mathrm{T}}$.

(3)若 $\lambda_1=\dfrac{1}{2}$,$\lambda_2=\dfrac{1}{2}$,单目标规划(5-11)为

$$(\mathrm{P}_3)\quad \min_{(x_1,x_2)^{\mathrm{T}}\in\Omega}\ -2x_1-x_2$$

(P_3)的最优解为 $\boldsymbol{C}(6,2)$,相应的多目标规划(5-10)的最优向量为 $\boldsymbol{F}^{(3)}(\boldsymbol{C})=(-26,-2)^{\mathrm{T}}$.

(4)若 $\lambda_1=\dfrac{1}{4}$,$\lambda_2=\dfrac{3}{4}$,单目标规划(5-11)为

$$(\mathrm{P}_4)\quad \min_{(x_1,x_2)^{\mathrm{T}}\in\Omega}\ -\frac{1}{2}x_1-\frac{5}{2}x_2$$

(P_4)的最优解为 $\boldsymbol{D}(4,4)$,相应的多目标规划(5-10)的最优向量为 $\boldsymbol{F}^{(4)}(\boldsymbol{D})=(-12,-12)^{\mathrm{T}}$.

问题的最优解如图 5-4 所示.

线性加权和法的优点是模型简单,加权后的单目标规划的全局最优解就是原问题的

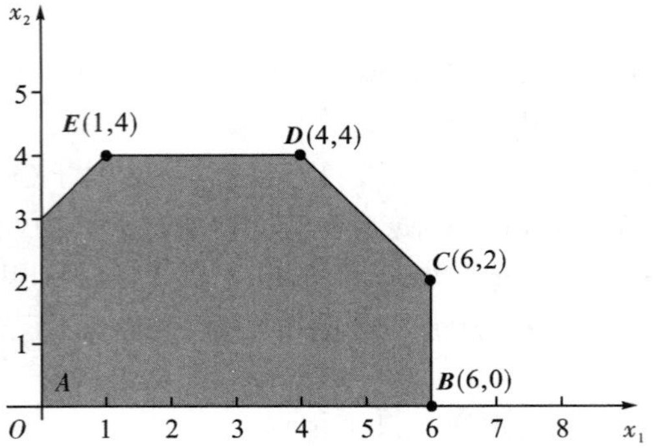

图 5-4

有效解或弱有效解，并且通过改变权数，可以得到不同的有效解或弱有效解. 但正如定理 5-4 和定理 5-5 所示，线性加权和法无法求出多目标规划像集的某些非凸部分的有效解或弱有效解，如图 5-5 所示.

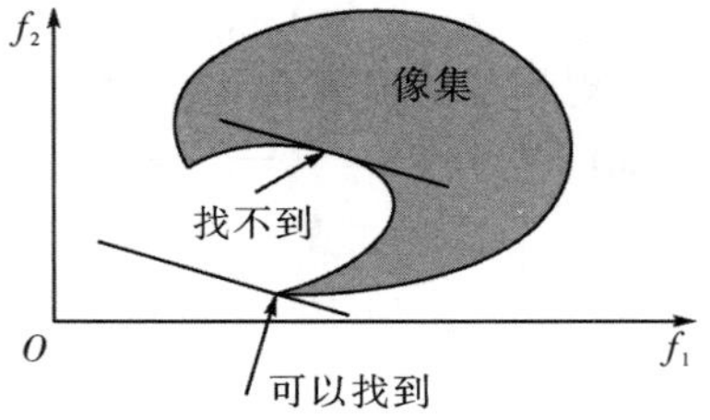

图 5-5

5.3 平方加权和法

平方加权和法的基本思想是使各目标分量按重要程度逼近最优值，它用平方加权的形式，使各目标尽可能逼近其想象中的最好的值. 其具体步骤如下：

算法 5-1　平方加权和法

步骤 1　首先求出多目标规划(5-8)的各个目标的想象中的最好值(或其近似值)f_i^0 $(i=1,2,\cdots,p)$. 通常是需要求解单目标规划

$$(\mathrm{P}_i)\begin{cases}\min\ f_i(\boldsymbol{x}) & i=1,2,\cdots,p\\ \text{s. t. } \boldsymbol{x}\in\Omega\end{cases}\tag{5-12}$$

步骤 2　给出每个单目标函数 $f_i(\boldsymbol{x})$ 相应的权数 $\lambda_i(i=1,2,\cdots,p)$.

步骤 3　令 $U(\boldsymbol{x})=\sum_{i=1}^{p}\lambda_i[f_i(\boldsymbol{x})-f_i^0]^2$，构造单目标规划

$$(\mathrm{SP})_\lambda\begin{cases}\min U(\boldsymbol{x})=\sum_{i=1}^{p}\lambda_i[f_i(\boldsymbol{x})-f_i^0]^2\\ \text{s. t. } \boldsymbol{x}\in\Omega\end{cases}\tag{5-13}$$

我们把单目标规划(5-13)中 $(\mathrm{SP})_\lambda$ 的最优解称为多目标规划(5-8)在平方加权和意义下的最优解.

注意：若权数 $\lambda_1=\lambda_2=\cdots=\lambda_p>0$，则此时也称平方加权和法为理想点法.

定理 5-6　对于每个给定的 $\boldsymbol{\lambda}>\mathbf{0}$（或 $\boldsymbol{\lambda}\geqslant\mathbf{0}$），$\boldsymbol{\lambda}=(\lambda_1,\lambda_2,\cdots,\lambda_p)^{\mathrm{T}}\in\mathbf{R}^p$，多目标规划(5-8)在平方加权和意义下的最优解必是多目标规划(5-8)的有效解(或弱有效解).

【例 5-5】　用平方加权和法求解

$$\begin{cases}\min\ \boldsymbol{f}(\boldsymbol{x})=(-x_1,-x_2)^{\mathrm{T}}\\ \text{s. t.}\ \ -x_1+x_2\leqslant 3\\ \qquad x_1+x_2\leqslant 8\\ \qquad 0\leqslant x_1\leqslant 6,0\leqslant x_2\leqslant 4\end{cases}$$

解　首先计算 f_1^0 和 f_2^0.

令可行域 $\Omega=\{(x_1,x_2)^{\mathrm{T}}:-x_1+x_2\leqslant 3,x_1+x_2\leqslant 8,0\leqslant x_1\leqslant 6,0\leqslant x_2\leqslant 4\}$，如图 5-6 所示，则

$$f_1^0=\min\{-x_1:(x_1,x_2)^{\mathrm{T}}\in\Omega\}=-6$$
$$f_2^0=\min\{-x_2:(x_1,x_2)^{\mathrm{T}}\in\Omega\}=-4$$

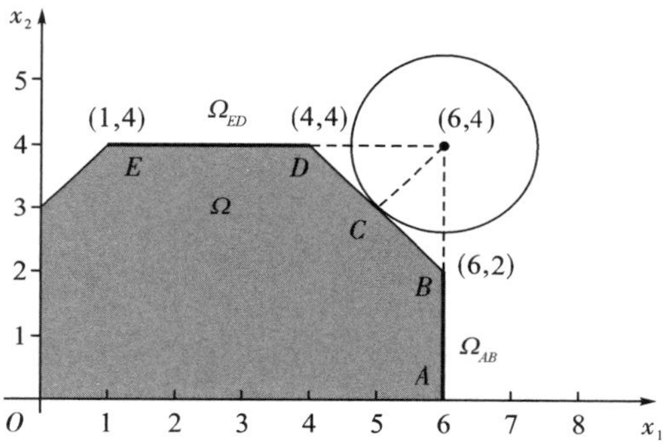

图 5-6

给定权数 λ_1 和 λ_2，用平方加权和法构造单目标规划

$$\begin{cases}\min\ \lambda_1(-x_1+6)^2+\lambda_2(-x_2+4)^2=\lambda_1(x_1-6)^2+\lambda_2(x_2-4)^2\\ \text{s. t.}\ \ (x_1,x_2)^{\mathrm{T}}\in\Omega\end{cases}$$

(1)若 $\lambda_1=0,\lambda_2=1$，相应的单目标规划为

$$\begin{cases}\min\ (x_2-4)^2\\ \text{s. t.}\ \ (x_1,x_2)^{\mathrm{T}}\in\Omega\end{cases}$$

平方加权和意义下的最优解不唯一，最优解集为集合 $\Omega_{ED}=\{(x_1,4)^{\mathrm{T}}:1\leqslant x_1\leqslant 4\}$.

(2)若 $\lambda_1=1,\lambda_2=0$，相应的单目标规划为

$$\begin{cases}\min\ (x_1-6)^2\\ \text{s. t.}\ \ (x_1,x_2)^{\mathrm{T}}\in\Omega\end{cases}$$

平方加权和意义下的最优解也不唯一，最优解集为集合 $\Omega_{AB}=\{(6,x_2)^{\mathrm{T}}:0\leqslant x_2\leqslant 2\}$.

(3)若 $\lambda_1=\dfrac{1}{2},\lambda_2=\dfrac{1}{2}$，相应的单目标规划为

$$\begin{cases}\min\ \dfrac{1}{2}(x_1-6)^2+\dfrac{1}{2}(x_2-4)^2\\ \text{s. t.}\ \ (x_1,x_2)^{\mathrm{T}}\in\Omega\end{cases}$$

平方加权和意义下的最优解为唯一解 $\boldsymbol{C}=(5,3)^{\mathrm{T}}$. 此时该解也是理想点法意义下的多目

标规划的最优解.

平方加权和法不仅能找到最接近"理想点"的解,同时也体现了"自报公议"的原则.首先,给出每个目标一个尽可能好的估计 $f_j^0(j=1,2,\cdots,p)$,然后进行评论公议,给出一组表明每个目标重要程度的权数 $\lambda_j(j=1,2,\cdots,p)$.因此该方法既可表达各自的愿望,又可通过公议消除个人的偏见.

5.4 极小极大法

5.4.1 经典的极小极大法

在实际生活中,决策者在做决策时,经常要考虑在最不利的情形或条件下,找到最为有利的决策.极小极大法就是受此启发而产生的,其基本思想是:如果想要寻找多个目标的最小值,只要把它们当中最大的目标规划的值变得越小就好.

具体步骤是:首先构造最大值函数 $U(\boldsymbol{x})=\max\limits_{1\leqslant i\leqslant p} f_i(\boldsymbol{x})$,然后通过极小化最大值函数 $U(\boldsymbol{x})$,构造如下单目标规划

$$(\mathrm{SP})\quad \min_{x\in\Omega} U(\boldsymbol{x})=\min_{x\in\Omega}\max_{1\leqslant i\leqslant p} f_i(\boldsymbol{x}) \tag{5-14}$$

我们称式(5-14)中单目标规划(SP)的最优解为多目标规划(5-8)在极小极大意义下的最优解.

定理 5-7 式(5-14)中单目标规划(SP)的最优解必是多目标规划(5-8)的弱有效解.

定理 5-8 若 $f_i(i=1,2,\cdots,p)$是严格凸函数,$\Omega\subset\mathbf{R}^n$ 是闭凸集,则式(5-14)中单目标规划(SP)的最优解是多目标规划(5-8)的有效解.

需要注意的是,即使多目标规划(5-8)中的每个目标函数都是光滑的(也就是函数是连续可微的),其最大值函数 $U(x)$也不保证是光滑的.例如,如图 5-7 所示,$\bar{\boldsymbol{x}}$就是最大值函数 $U(\boldsymbol{x})=\max\{f_1(\boldsymbol{x}),f_2(\boldsymbol{x})\}$的不可微点.

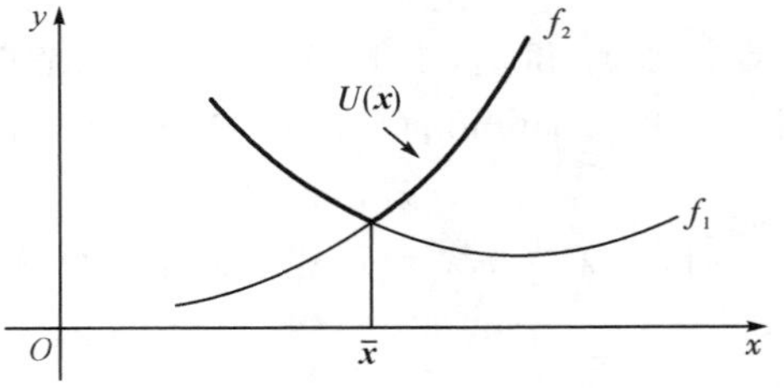

图 5-7

式(5-14)中单目标规划(SP)是一个非光滑优化问题,前几章介绍的基于梯度信息的光滑优化的算法不能直接使用.一种处理方式是选用非光滑优化算法,如割平面法、束方法(bundle method)、光滑化方法等.由于这些算法涉及非光滑分析的知识,这里我们不做具体描述.另一种处理方式是将问题(5-14)转化为如下光滑优化问题:

$$(\mathrm{SSP})\begin{cases}\min\ t\\ \text{s. t.}\ \ f_i(\boldsymbol{x})\leqslant t(i=1,2,\cdots,p)\\ \qquad \boldsymbol{x}\in\Omega\end{cases} \tag{5-15}$$

定理 5-9 式(5-14)中单目标规划(SP)与式(5-15)中单目标规划(SSP)是等价的.

证明 若$\bar{\boldsymbol{x}}$是(SP)的最优解,令$\bar{t}=\max\limits_{1\leqslant i\leqslant p}\{f_i(\bar{\boldsymbol{x}})\}$.显然有$\bar{\boldsymbol{x}}\in\Omega$ 且

$$f_i(\bar{\boldsymbol{x}})\leqslant\bar{t}\quad(i=1,2,\cdots,p)$$

这说明$\bar{\boldsymbol{x}}$一定是(SSP)的可行解. 又由于$\bar{\boldsymbol{x}}$是(SP)的最优解,对任意(SSP)的可行解$(\boldsymbol{x},t)$,有

$$\bar{t}=\max_{1\leqslant i\leqslant p}\{f_i(\bar{\boldsymbol{x}})\}\leqslant\max_{1\leqslant i\leqslant p}f_i(\boldsymbol{x})=t$$

因此,$(\bar{\boldsymbol{x}},\bar{t})$是(SSP)的最优解.

若$(\bar{\boldsymbol{x}},\bar{t})$是(SSP)的最优解,显然有$\bar{\boldsymbol{x}}\in\Omega$,对任意(SP)的可行解 $\boldsymbol{x}\in\Omega$,$(\boldsymbol{x},\max\limits_{1\leqslant i\leqslant p}f_i(\boldsymbol{x}))$一定是(SSP)的可行解. 由$(\bar{\boldsymbol{x}},\bar{t})$的最优性,得

$$\max_{1\leqslant i\leqslant p}\{f_i(\bar{\boldsymbol{x}})\}=\bar{t}\leqslant\max_{1\leqslant i\leqslant p}f_i(\boldsymbol{x})$$

这说明$\bar{\boldsymbol{x}}$是(SP)的最优解,定理得证.

经典的极小极大法求出的解,要么被决策者接受,要么被决策者拒绝. 由于在整个过程中,决策者并没有参与,故这种方法属于无偏好法,因此极小极大法不需要确定各个目标的权数. 但如果在决策过程中,需要体现各个目标的重要程度,我们也可以采用带权极小极大法,即将多目标规划转化为如下单目标规划

$$(\mathrm{SP})_{\lambda}\ \min_{x\in\Omega}U(\boldsymbol{x})=\min_{x\in\Omega}\max_{1\leqslant i\leqslant p}\lambda_i f_i(\boldsymbol{x})\tag{5-16}$$

其中 $\boldsymbol{\lambda}=(\lambda_1,\lambda_2,\cdots,\lambda_p)^{\mathrm{T}}\in\mathbf{R}^p$ 是由权数构成的权向量. 带权极小极大法有着和经典的极小极大法类似的性质与求解方法.

定理 5-10　对于每个给定的 $\boldsymbol{\lambda}=(\lambda_1,\lambda_2,\cdots,\lambda_p)^{\mathrm{T}}>\mathbf{0}$,则式(5-16)中单目标规划$(\mathrm{SP})_{\lambda}$ 的最优解必是多目标规划(5-8)的弱有效解.

5.4.2　基于极小极大思想的多目标规划牛顿法

前面我们介绍的方法都是将多目标规划标量化,通过求解参数化的单目标优化问题来获得相应的有效解或弱有效解. 在这一类方法中,参数事先通常未知,建模者或决策者必须选择它们. 但对某些多目标规划来说,这种选择会出现问题,其中几乎所有参数选择都可能导致单目标规划无下界,即无穷标量问题. 我们通过下面的例子说明这个问题.

【例 5-6】　观察多目标规划

$$\min_{x\in\mathbf{R}}\boldsymbol{F}(x)=(f_1(x),f_2(x))^{\mathrm{T}}$$

其中 $f_1(x)=\varepsilon\sqrt{1+x^2}-x$,$f_2(x)=\varepsilon\sqrt{1+x^2}$,$\varepsilon\in(0,1)$是常数. 令 $\lambda_1,\lambda_2\in(0,1)$,$\lambda_1+\lambda_2=1$,设标量化问题的目标函数为

$$f_{\boldsymbol{\lambda}}(x)=\lambda_1 f_1(x)+\lambda_2 f_2(x)=\varepsilon\sqrt{1+x^2}-\lambda_1 x$$

显然有

$$\lim_{x\to+\infty}\frac{f_{\boldsymbol{\lambda}}(x)}{x}=\varepsilon-\lambda_1$$

这说明当 $\lambda_1>\varepsilon$ 时,$f_{\boldsymbol{\lambda}}(x)\to-\infty$,是无下界的,相应的标量化问题是无穷的. 因此参数 λ_1 的安全选择范围是$(0,\varepsilon]$,其安全比例为$\dfrac{\varepsilon}{1-\varepsilon}$,当 ε 很小时,λ_1 的选择范围非常小,几乎所有这样的标量化问题无解. 因此,无参数化的算法得到人们的广泛关注. 特别是将单目标优化技术与多目标无参数化技术相结合,可以得到许多计算性能良好的多目标优化算法. 例如,牛顿法.

多目标规划的牛顿法的基本思想是:在当前迭代点处,通过极小化目标函数二次逼近的最大值函数,获得牛顿方向.再通过线搜索得到下一个迭代点,逐渐逼近原问题的解.

多目标规划

$$\min_{x\in \mathbf{R}^n} \boldsymbol{F}(\boldsymbol{x})=(f_1(\boldsymbol{x}),\cdots,f_p(\boldsymbol{x}))^{\mathrm{T}} \tag{5-17}$$

的稳定点的定义如下:

定义 5-6 称$\bar{x}\in \mathbf{R}^n$为多目标规划(5-17)的稳定点,如果

$$\mathrm{range}(\nabla \boldsymbol{F}(\bar{\boldsymbol{x}}))\cap(-\boldsymbol{R}_{++}^p)=\varnothing$$

其中 $\mathbf{R}_{++}^p=\{\boldsymbol{y}\in \mathbf{R}^p:\boldsymbol{y}>\mathbf{0}\}$,$\nabla\boldsymbol{F}(\bar{\boldsymbol{x}})=(\nabla\boldsymbol{f}_1(\boldsymbol{x}),\nabla\boldsymbol{f}_2(\boldsymbol{x}),\cdots,\nabla\boldsymbol{f}_p(\boldsymbol{x}))^{\mathrm{T}}$,$\mathrm{range}\nabla\boldsymbol{F}(\bar{\boldsymbol{x}})=\{\boldsymbol{y}\in \mathbf{R}^p:\boldsymbol{y}=\nabla\boldsymbol{F}(\bar{\boldsymbol{x}})\boldsymbol{x},\boldsymbol{x}\in \mathbf{R}^n\}$

显然,如果$\bar{x}$是多目标规划(5-17)的稳定点,则对任意的 $\boldsymbol{s}\in \mathbf{R}^n$,$\exists i_0=i_0(\boldsymbol{s})\in\{1,2,\cdots,p\}$,使得

$$\nabla f_{i_0}(\bar{\boldsymbol{x}})^{\mathrm{T}}\boldsymbol{s}\geqslant 0$$

算法 5-2 基于极小极大思想的多目标规划牛顿法

步骤 1 (初始化)选择 $\boldsymbol{x}^0\in \mathbf{R}^n$,$0<\sigma<1$,置 $k=0$,定义 $J=\left\{\frac{1}{2^n}:n=0,1,2,\cdots\right\}$

步骤 2 (确定方向)求解

$$\min_{\boldsymbol{d}}\max_{1\leqslant i\leqslant p} \nabla f_i(\boldsymbol{x}^k)^{\mathrm{T}}\boldsymbol{d}+\frac{1}{2}\boldsymbol{d}^{\mathrm{T}}\ \nabla^2 f_i(\boldsymbol{x}^k)\boldsymbol{d}$$

或

$$\begin{cases}\min\ \theta\\ \text{s. t.}\ \ \nabla f_i(\boldsymbol{x}^k)^{\mathrm{T}}\boldsymbol{d}+\frac{1}{2}\boldsymbol{d}^{\mathrm{T}}\ \nabla^2 f_i(\boldsymbol{x}^k)\boldsymbol{d}\leqslant\theta \quad (i=1,2,\cdots,p)\end{cases}$$

得解 $\boldsymbol{d}^k$,记

$$\theta_k=\max_{1\leqslant i\leqslant p}\left\{\nabla f_i(\boldsymbol{x}^k)^{\mathrm{T}}\boldsymbol{d}^k+\frac{1}{2}\boldsymbol{d}^{k\mathrm{T}}\ \nabla^2 f_i(\boldsymbol{x}^k)\boldsymbol{d}^k\right\}$$

步骤 3 (停止准则)如果 $\theta_k=0$,则停止,否则转步骤 4.

步骤 4 (线搜索)选择 $t_k\in J$ 是满足下式成立的最大的 t:

$$f_i(\boldsymbol{x}^k+t\boldsymbol{d}^k)\leqslant f_i(\boldsymbol{x}^k)+\sigma t\theta_k,i=1,2,\cdots,p$$

步骤 5 (校正)令 $\boldsymbol{x}^{k+1}=\boldsymbol{x}^k+t_k\boldsymbol{d}^k$,置 $k=k+1$,转步骤 2.

注意:如果多目标规划的每个目标函数是二阶可微的强凸函数,则牛顿法可以达到超线性收敛.

5.5 分层序列法

分层序列法是按目标重要性的顺序逐个进行最优化的一种分析决策方法,各个目标不是平等进行优化.因为多目标规划有 p 个目标,同时处理这 p 个目标是比较麻烦的.分层序列法的思想是按其重要程度排出顺序,然后依此顺序逐个进行最优化,最后求出满意解或满意解集.

分层序列法的具体步骤为:

算法 5-3　分层序列法

初始化：按目标的重要程度，确定多目标规划(5-8)中 p 个目标函数的顺序，不妨设为 $f_1(x),\cdots,f_p(x)$，令 $\Omega_1=\Omega$.

步骤 1　计算第 1 层单目标规划

$$(\mathrm{P}_1)\ \min_{x\in\Omega_1} f_1(\boldsymbol{x})$$

得解 $\boldsymbol{x}^1$，计算 $f_1^{(1)}=f_1(\boldsymbol{x}^1)$，令 $\Omega_2=\{\boldsymbol{x}\in\Omega_1: f_1(\boldsymbol{x})\leqslant f_1^{(1)}\}$.

步骤 2　计算第 2 层单目标规划

$$(\mathrm{P}_2)\ \min_{x\in\Omega_2} f_2(\boldsymbol{x})$$

得解 $\boldsymbol{x}^2$，计算 $f_2^{(2)}=f_2(\boldsymbol{x}^2)$，令 $\Omega_3=\{\boldsymbol{x}\in\Omega_2: f_2(\boldsymbol{x})\leqslant f_2^{(2)}\}$.

$$\vdots$$

步骤 $\boldsymbol{p}$　计算第 p 层单目标规划：

$$(\mathrm{P}_p)\ \min_{x\in\Omega_p} f_p(\boldsymbol{x})$$

得解 $\boldsymbol{x}^p$，即为所求解.

我们称分层序列法求得的最优解为多目标规划(5-8)的分层序列意义下的最优解.

定理 5-11　分层序列意义下的最优解必是多目标规划(5-8)的有效解.

为了叙述方便，假定本节中多目标规划目标函数的顺序即为排过序的顺序.

【例 5-7】　用分层序列法求解多目标规划

$$\begin{cases}\min \boldsymbol{F}(x,y)=(f_1(x,y),f_2(x,y))^{\mathrm{T}}=(x^2+2y^2,x^2-2y)^{\mathrm{T}}\\ \text{s.t. } (x,y)^{\mathrm{T}}\in\Omega=\{(x,y)^{\mathrm{T}}:x\geqslant0,y\leqslant1\}\end{cases}$$

解　首先求解单目标规划

$$(\mathrm{P}_1)\begin{cases}\min\ x^2+2y^2\\ \text{s.t. } x\geqslant0\\ \qquad y\leqslant1\end{cases}$$

得(P_1)的最优解$(0,0)^{\mathrm{T}}$，最优值 $f_1^{(1)}=0$，因为目标函数 $f_1(x,y)$是严格凸函数，Ω 是凸集，所以(P_1)有唯一解. 因此 $\Omega_2=\Omega\cap\{(0,0)^{\mathrm{T}}\}=\{(0,0)^{\mathrm{T}}\}$，这就说明$(\mathrm{P}_2)$的最优解一定是$(0,0)^{\mathrm{T}}$，由定理 5-11 知$(0,0)^{\mathrm{T}}$ 是原问题的有效解.

【例 5-8】　用分层序列法求解多目标规划

$$\begin{cases}\min \boldsymbol{F}(\boldsymbol{x})=(2x_1+2x_2+2x_3,x_1^2+(x_2-2)^2+x_3^2)^{\mathrm{T}}\\ \text{s.t. } (x_1,x_2,x_3)^{\mathrm{T}}\in\Omega\end{cases}$$

其中 $\Omega=\{(x_1,x_2,x_3)^{\mathrm{T}}:x_1+x_2+x_3\geqslant1,x_1\geqslant0,x_2\geqslant0,x_3\geqslant0\}$.

解　令 $\Omega_1=\Omega$，求解第 1 层单目标规划：

$$(\mathrm{P}_1)\begin{cases}\min\ 2x_1+2x_2+2x_3\\ \text{s.t. } x_1+x_2+x_3\geqslant1\\ \qquad x_1\geqslant0,x_2\geqslant0,x_3\geqslant0\end{cases}$$

易知(P_1)的最优值 $f_1^{(1)}=2$，集合$\{(x_1,x_2,x_3)^{\mathrm{T}}:x_1+x_2+x_3=1,x_i\geqslant0(i=1,2,3)\}$中的任意一个点均是$(\mathrm{P}_1)$的最优解. 因此

$$\Omega_2=\Omega_1\cap\{(x_1,x_2,x_3)^{\mathrm{T}}:2x_1+2x_2+2x_3\leqslant2\}$$

$$=\{(x_1,x_2,x_3)^{\mathrm T}:x_1+x_2+x_3=1,x_i\geqslant 0(i=1,2,3)\}$$

求解第 2 层单目标规划：

$$(\mathrm{P}_2)\begin{cases}\min\ x_1^2+(x_2-2)^2+x_3^2\\ \mathrm{s.\,t.}\ \ x_1+x_2+x_3=1\\ \qquad\ x_1\geqslant 0,x_2\geqslant 0,x_3\geqslant 0\end{cases}$$

得最优解 $\boldsymbol{x}^2=(0,1,0)^{\mathrm T}$，$\boldsymbol{x}^2$ 即为多目标规划的有效解.

用分层序列法求解线性多目标规划，可以利用单纯形方法的特点简化计算，具体方法通过例题简略介绍.

【例 5-9】 用分层序列法求解线性多目标规划

$$\begin{cases}\min\ \boldsymbol{F}(\boldsymbol{x})=(x_7+x_8,x_5,x_{10})^{\mathrm T}\\ \mathrm{s.\,t.}\ \ 2x_1+x_2+x_3-x_7=12\\ \qquad x_1+x_2+x_4-x_8=10\\ \qquad x_1+x_5-x_9=7\\ \qquad x_1+4x_2+x_6-x_{10}=4\\ \qquad x_i\geqslant 0\quad(i=1,2,\cdots,10)\end{cases}$$

解 令 $f_1(\boldsymbol{x})=x_7+x_8$，$f_2(\boldsymbol{x})=x_5$，$f_3(\boldsymbol{x})=x_{10}$.

(1)首先用单纯形方法求解第 1 层单目标规划：

$$(\mathrm{P}_1)\begin{cases}\min\ z=x_7+x_8\\ \mathrm{s.\,t.}\ \ 2x_1+x_2+x_3-x_7=12\\ \qquad x_1+x_2+x_4-x_8=10\\ \qquad x_1+x_5-x_9=7\\ \qquad x_1+4x_2+x_6-x_{10}=4\\ \qquad x_i\geqslant 0\quad(i=1,2,\cdots,10)\end{cases}$$

建立初始单纯形表格(表 5-1)：

表 5-1

x_1	x_2	x_3	x_4	x_5	x_6	x_7	x_8	x_9	x_{10}	$-z$
2	1	1	0	0	0	−1	0	0	0	12
1	1	0	1	0	0	0	−1	0	0	10
1	0	0	0	1	0	0	0	−1	0	7
1	4	0	0	0	1	0	0	0	−1	4
0	0	0	0	0	0	1	1	0	0	0

观察表 5-1，注意到(P_1)的目标函数系数构成的向量即为检验向量，且非负，说明此时该单纯形表格为最优单纯形表格(否则按单纯形方法迭代产生最优单纯形表格).

(2)考虑第 2 层单目标规划的目标，我们只需在表 5-1 的基础上做如下修改即可：

①把检验向量行(最底行)正元素所对应的列删去. 因为表 5-1 中检验向量为正时，对应的决策变量必是非基分量，一定为零，而第 2 层单目标规划的可行解必为第 1 层单目标规划的最优解，因此，第 2 层单目标规划的最优解中相应的分量也一定为零，既然一定是零，故可把相应的列删去.

②根据第 2 层单目标规划的目标函数 $f_2(\boldsymbol{x})=x_5$ 修改底层检验向量. 按此方法，得第 2 层单目标规划的表格(表 5-2)：

表 5-2

x_1	x_2	x_3	x_4	x_5	x_6	x_7	x_8	x_9	x_{10}	$-z$
2	1	1	0	0	0			0	0	12
1	1	0	1	0	0			0	0	10
1	0	0	0	1	0			−1	0	7
1	4	0	0	0	1			0	−1	4
0	0	0	0	1	0			0	0	0

由于表格 5-2 中基分量 x_5 对应的底行系数不为 0，底行不是检验向量. 用行变换得第 2 层单目标规划的初始单纯形表格(表 5-3)：

表 5-3

x_1	x_2	x_3	x_4	x_5	x_6	x_7	x_8	x_9	x_{10}	$-z$
2	1	1	0	0	0			0	0	12
1	1	0	1	0	0			0	0	10
1	0	0	0	1	0			−1	0	7
1	4	0	0	0	1			0	−1	4
−1	0	0	0	0	0			1	0	−7

按单纯形方法计算得最优单纯形表格(表 5-4)：

表 5-4

x_1	x_2	x_3	x_4	x_5	x_6	x_7	x_8	x_9	x_{10}	$-z$
0	$-\frac{7}{2}$	$\frac{1}{2}$	0	0	−1			0	1	2
0	$\frac{1}{2}$	$-\frac{1}{2}$	1	0	0			0	0	4
0	$-\frac{1}{2}$	$-\frac{1}{2}$	0	1	0			−1	0	1
1	$\frac{1}{2}$	$\frac{1}{2}$	0	0	0			0	0	6
0	$\frac{1}{2}$	$\frac{1}{2}$	0	0	0			1	0	−1

(3)同理去掉第 2 列，第 3 列，第 9 列，用第 3 层目标 $f_3(\boldsymbol{x})=x_{10}$ 修改最底行(表 5-5)：

表 5-5

x_1	x_2	x_3	x_4	x_5	x_6	x_7	x_8	x_9	x_{10}	$-z$
0			0	0	−1				1	2
0			1	0	0				0	4
0			0	1	0				0	1
1			0	0	0				0	6
0			0	0	0				1	−1

此时表格 5-5 不是初始单纯形表格，用行变换得初始单纯形表格(表 5-6)：

表 5-6

x_1	x_2	x_3	x_4	x_5	x_6	x_7	x_8	x_9	x_{10}	$-z$
0			0	0	−1				1	2
0			1	0	0				0	4
0			0	1	0				0	1
1			0	0	0				0	6
0			0	0	1				0	−3

表 5-6 中底行检验向量非负，因此为最优单纯形表格，得到分层序列意义下的最优

解：

$$x_1^*=6,\quad x_2^*=0,\quad x_3^*=0,\quad x_4^*=4,\quad x_5^*=1$$
$$x_6^*=0,\quad x_7^*=0,\quad x_8^*=0,\quad x_9^*=0,\quad x_{10}^*=2$$

由例 5-7 的计算过程，我们发现，如果分层序列法中的某个子问题(P_i)的最优解是唯一的，或者无解时，那么(P_i)后面的子问题的计算就没有任何意义了. 为了克服这一缺陷，我们可以对除(P_1)以外的每个子问题(P_i)进行松弛，设定子问题为

$$\mathrm{P}_i(\varepsilon_i)\quad\begin{cases}\min\ f_i(\boldsymbol{x})\\ \text{s. t.}\ \ \boldsymbol{x}\in\Omega_i=\{\boldsymbol{x}\in\Omega_{i-1}: f_{i-1}(\boldsymbol{x})\leqslant f_{i-1}^{(i-1)}+\varepsilon_{i-1}\}\end{cases}\quad(i=2,3,\cdots,p)$$

以确保子问题的可行域不是空集或独点集.

习题 5

1. 设商店有 A_1，A_2，A_3 三种糕点，单价分别为 16 元/kg，22 元/kg 和 25 元/kg. 现要筹办一次茶话会，要求用于买糕点的钱为 500 元，糕点的总质量不少于 10 kg，A_1 和 A_2 两种糕点的质量的总和不少于 7 kg. 问应如何确定最佳的买糕点方案.

2. 设多目标规划为

$$\begin{cases}\min\ \boldsymbol{F}(x)=(f_1(x),f_2(x))^{\mathrm{T}}\\ \text{s. t.}\ \ x\geqslant 0,x\in\mathbf{R}\end{cases}$$

其中 $f_1(x)=(x-1)^2+1$，$f_2(x)=\begin{cases}-x+4, & x\leqslant 3\\ 1, & 3<x\leqslant 4\\ x-3, & x>4\end{cases}$. 求单目标最优解集 Ω_1，Ω_2 和绝对最优解集 Ω_{ab}，有效解集 Ω_{pa}，弱有效解集 Ω_{wp}.

3. 求 $\min\limits_{x\in\Omega}\boldsymbol{F}(\boldsymbol{x})=(f_1(\boldsymbol{x}),f_2(\boldsymbol{x}))^{\mathrm{T}}$ 的有效解集和弱有效解集，其中 $f_1(\boldsymbol{x})=3x_1+x_2$，$f_2(\boldsymbol{x})=-x_1-2x_2$，$\Omega=\{(x_1,x_2)^{\mathrm{T}}:0\leqslant x_1\leqslant 1,0\leqslant x_2\leqslant 1\}$.

4. 证明：若 $\Omega_{\mathrm{ab}}\neq\varnothing$，则 $\Omega_{\mathrm{pa}}=\Omega_{\mathrm{ab}}$.

5. 证明：若 $\Omega\subset\mathbf{R}^n$ 是凸集，$\boldsymbol{F}(\boldsymbol{x})=(f_1(\boldsymbol{x}),\cdots,f_p(\boldsymbol{x}))^{\mathrm{T}}$ 的每个分量函数 $f_i(\boldsymbol{x})(i=1,2,\cdots,p)$ 在 Ω 上是严格凸函数，则 $\Omega_{\mathrm{pa}}=\Omega_{\mathrm{wp}}$.

6. 用线性加权和法求解多目标规划

$$\begin{cases}\min\ f(\boldsymbol{x})=(x_1,x_2)^{\mathrm{T}}\\ \text{s. t.}\ \ x_1+x_2\geqslant 3\\ \qquad x_1+x_2\leqslant 5\\ \qquad x_1\geqslant 0\\ \qquad 0\leqslant x_2\leqslant 2\end{cases}$$

其中权数设定为 $\lambda_1=\dfrac{2}{3}$，$\lambda_2=\dfrac{1}{3}$.

7. 求解多目标规划

$$\begin{cases}\min\ (f_1(x,y),f_2(x,y))^{\mathrm{T}}=(x+2y,-3x+4y)^{\mathrm{T}}\\ \text{s. t.}\ \ 0\leqslant x\leqslant 1,0\leqslant y\leqslant x\end{cases}$$

(1)用线性加权和法求解，$\lambda_1=\frac{3}{4}$，$\lambda_2=\frac{1}{4}$.

(2)用平方加权和法求解，$\lambda_1=\frac{3}{4}$，$\lambda_2=\frac{1}{4}$.

(3)用理想点法求解.

8. 分别用理想点法和平方加权和法求解多目标规划

$$\begin{cases}\min F(\boldsymbol{x})=(f_1(\boldsymbol{x}),f_2(\boldsymbol{x}))^{\mathrm{T}}\\ \text{s.t. } x_1-x_2\leqslant 4\\ \qquad x_1+x_2\leqslant 8\\ \qquad x_1\geqslant 0,x_2\geqslant 0\end{cases}$$

其中 $f_1(\boldsymbol{x})=x_1+2x_2$，$f_2(\boldsymbol{x})=2x_2$，$\lambda_1=\frac{1}{3}$，$\lambda_2=\frac{2}{3}$.

9. 用分层序列法求解多目标规划

$$\begin{cases}\min F(\boldsymbol{x})=(f_1(\boldsymbol{x}),f_2(\boldsymbol{x}))^{\mathrm{T}}\\ \text{s.t. } x_1-x_2\leqslant 4\\ \qquad x_1+x_2\leqslant 8\\ \qquad x_1\geqslant 0,x_2\geqslant 0\end{cases}$$

其中 $f_1(x)=x_1^2-x_2$，$f_2(x)=2x_2$.

第 6 章　随机规划模型

根据前面章节的学习，读者可以很容易列举出若干优化问题，如线性规划、二次规划、凸规划、非线性规划. 随机规划与上述问题类似，但没有具体表达式能概括一般的随机规划问题. 本章简略介绍随机规划的基本概念、性质和算法. 6.1 节介绍概率论基础知识. 6.2 节介绍不确定性优化模型. 6.3 节从两个实际优化问题出发，介绍随机规划模型. 6.4 节、6.5 节分别介绍两阶段和多阶段随机线性规划的基础理论. 最后，6.6 节简述求解随机规划问题的两种算法——随机对偶动态规划算法和渐近对冲算法.

6.1　概率空间与随机变量

随机规划基础知识

设 Ω 是抽象集合. 令 $\mathscr{F}$ 为 Ω 中的集合类，满足：

(1) 在标准集合论运算下封闭(例如，若 $A,B\in\mathscr{F}$，则 $A\cap B\in\mathscr{F}$，$A\cup B\in\mathscr{F}$ 且 $A\backslash B\in\mathscr{F}$).

(2) $\varnothing,\Omega\in\mathscr{F}$.

(3) 若 $A_i\in\mathscr{F}$，$i\in\mathbf{N}$，有 $\bigcup_{i\in\mathbf{N}}A_i\in\mathscr{F}$.

则称 $\mathscr{F}$ 为 σ 代数.

具有 σ 代数 $\mathscr{F}$ 的集合 Ω 称为样本或测度空间，记为 $(\Omega,\mathscr{F})$.

若 $A\in\mathscr{F}$，则称 $A\subset\Omega$ 为 $\mathscr{F}$-可测的.

若任意 $A\in\mathscr{F}$ 可由属于 G 的集合通过集合论运算生成，并且 G 中集合的可列并集属于 $\mathscr{F}$，则称 σ 代数 $\mathscr{F}$ 是由子集 G 生成的，即 $\mathscr{F}$ 是包含 G 的最小的 σ 代数.

定义在相同集合 Ω 上的两个 σ 代数 $\mathscr{F}_1$ 和 $\mathscr{F}_2$，若 $\mathscr{F}_1\subset\mathscr{F}_2$，则称 $\mathscr{F}_1$ 是 $\mathscr{F}_2$ 的子代数.

Ω 上的最小 σ 代数由两个元素 Ω 和 $\varnothing$ 组成，这种 σ 代数称为平凡的.

若 A 的任意 $\mathscr{F}$-可测子集是空集或它本身，则 $\mathscr{F}$-可测集 A 称为初等集.

若 σ 代数 $\mathscr{F}$ 是由不相交的初等集合族 $A_i\subset\Omega(i=1,2,\cdots,n)$ 生成的，则 σ 代数 $\mathscr{F}$ 是有限的，有 2^n 个元素.

由有限维空间 $\mathbf{R}^m$ 的开(闭)子集生成的 σ 代数称为 Borel σ 代数，Borel σ 代数中的元素叫作 Borel 集. 记 $\Xi\subset\mathbf{R}^m$ 的所有 Borel 子集的 σ 代数为 β.

若对每个集合 $A_i\in\mathscr{F}$，$i\in\mathbf{N}$，对所有 $i\neq j$ 满足 $A_i\cap A_j=\varnothing$，有

$$P(\bigcup_{i\in\mathbf{N}}A_i)=\sum_{i\in\mathbf{N}}P(A_i)$$

则函数 $P:\mathscr{F}\to\mathbf{R}_+$ 称为在$(\Omega,\mathscr{F})$上的(σ-可加)测度(measure).其中,假设对每个 $A\in\mathscr{F}$,特别是 $A=\Omega$,$P(A)$是有限的,则测度 P 称为有限的(finite).

非有限测度的一个重要例子是 $\mathbf{R}^m$ 上的 Lebesgue 测度.除非另有说明,否则我们假设所考虑的测度都是有限的.若 $P(\Omega)=1$,则测度 P 为概率测度 (probability measure).具有概率测度 P 的样本空间$(\Omega,\mathscr{F})$ 称为概率空间,记作$(\Omega,\mathscr{F},P)$.

若 $A\subset B,B\in\mathscr{F}$,且 $P(B)=0$,可推出 $A\in\mathscr{F}$,且 $P(A)=0$,则称 $\mathscr{F}$ 为 P-完备的(P-complete).

因为 σ 代数可以通过扩张完备化,所以不失一般性,我们可以假定考虑的概率测度是完备的.若 $P(A)=1$,或 $P(\Omega\backslash A)=0$,称事件 $A\in\mathscr{F}$ 是 P-几乎必然或 P-几乎处处发生的,我们有时也会说这件事以概率 1 发生.

若任意 Borel 集 $A\in\beta$ 的逆象 $V^{-1}(A):=\{\omega\in\Omega:V(\omega)\in A\}$ 是 $\mathscr{F}$-可测的,则称映射 $V:\Omega\to\mathbf{R}^m$ 是可测的.

从概率空间$(\Omega,\mathscr{F},P)$到 $\mathbf{R}^m$ 的可测映射 $V(\omega)$称为**随机向量**.映射 V 生成$(\mathbf{R}^m,\beta)$上的概率测度(也称为概率分布)$P(A)=P(V^{-1}(A))$.满足$P(\Xi)=1$的最小闭集$\Xi\subset\mathbf{R}^m$称为测度 P 的支撑.

我们可以把具有概率测度 P 的空间(Ξ,β)视为概率空间(Ξ,β,P),这个概率空间提供了所考虑的随机向量的所有相关概率信息.在这种情况下,我们记事件 $A\in\beta$ 的概率为$P(A)$.

可测映射(函数) $Z:\Omega\to\mathbf{R}$ 称为随机变量.其概率分布完全由累积分布函数$H_Z(z):=P\{Z\leqslant z\}$定义.注意,由于 Borel σ 代数是由半直线区间族 $(-\infty,a]$生成的,为了验证$Z(\omega)$的可测性,只需验证对所有 $z\in\mathbf{R}$,集合$\{\omega\in\Omega:Z(\omega)\leqslant z\}$的可测性.我们用大写字母表示随机向量(变量),如 V,Z 等.m 维随机向量 $V(\omega)$的坐标函数 $V_1(\omega),\cdots,V_m(\omega)$称为其分量.当考虑一个随机向量 V 时,我们经常把它的概率分布称为其分量(随机变量)$V_1,\cdots,V_m$的联合分布.

对于两个事件 A 和 B,在事件 B 发生的条件下,事件 A 发生的条件概率为

$$P(A|B)=\frac{P(A\cap B)}{P(B)}$$

其中 $P(B)\neq0$.现在设 X 和 Y 是具有联合质量函数 $p(x,y):=P\{X=x,Y=y\}$的离散随机变量.当然,由于 X 和 Y 是离散的,$p(x,y)$仅对有限个或可数个 X 和 Y 的值非零.X 和 Y 的边际质量函数分别为 $p_X(x):=P\{X=x\}=\sum_y p(x,y)$ 和 $p_Y(y):=P\{Y=y\}=\sum_x p(x,y)$.给定 $Y=y$,定义 X 的条件质量函数 (conditional mass function) 为

$$p_{X|Y}(x|y):=P\{X=x|Y=y\}=\frac{P\{X=x,Y=y\}}{P\{Y=y\}}=\frac{p(x,y)}{p_Y(y)}\tag{6-1}$$

其中,$p_Y(y)>0$,X 和 Y 相互独立当且仅当对所有 X 和 Y 满足 $p(x,y)=p_X(x)p_Y(y)$,等价于对所有满足 $p_Y(y)>0$ 的 y,有 $p_{X|Y}(x|y)=p_X(x)$.

若 X 和 Y 是具有联合概率密度函数 $f(x,y)$ 的连续分布,则给定 $Y=y$ 的 X 的条件概率密度函数定义和式 (6-1) 类似,对所有满足 $f_Y(y)>0$ 的 y,有

$$f_{X|Y}(x|y):=\frac{f(x,y)}{f_Y(y)}$$

这里 $f_Y(y):=\int_{-\infty}^{+\infty}f(x,y)\mathrm{d}x$ 是 Y 的边际概率密度函数. 在连续的情况下，给定 $Y=y$ 的 X 的条件期望的定义为对所有满足 $f_Y(y)>0$ 的 y，有

$$E[X\mid Y=y]:=\int_{-\infty}^{+\infty}xf_{X|Y}(x\mid y)\mathrm{d}x$$

离散情况的定义方式类似.

注意 $E[X|Y=y]$是 y 的函数，记 $h(y):=E[X|Y=y]$. 让我们用 $E[X|Y]$表示随机变量 Y 的函数，例如，$E[X|Y]:=h(Y)$. 则有如下重要公式：

$$E[X]=E[E[X|Y]]$$

例如，在连续的情况下，有

$$E[X]=\int_{-\infty}^{+\infty}\int_{-\infty}^{+\infty}xf(x,y)\mathrm{d}x\mathrm{d}y=\int_{-\infty}^{+\infty}\int_{-\infty}^{+\infty}xf_{X|Y}(x\mid y)\mathrm{d}xf_Y(y)\mathrm{d}y$$

因此

$$E[X]=\int_{-\infty}^{+\infty}E[X\mid Y=y]f_Y(y)\mathrm{d}y$$

上述定义可以直接推广到 X 和 Y 是两个随机向量的情况.

给定随机变量序列$\{X_n\}$ 和随机变量 X，常用收敛性有如下几种刻画方式.

• 如果 $P\{\lim\limits_{n\to\infty}X_n=X\}=1$，则称 X_n 几乎处处收敛(almost sure convergence)于 X[也称为以概率 1 收敛(convergence with probability)于 X]，记为

$$X_n\xrightarrow{\text{a. s.}}X$$

• 如果$\lim\limits_{n\to\infty}P\{|X_n-X|>\varepsilon\}=0$，$\forall\varepsilon>0$，则称 X_n 依概率收敛(convergence in probability)于 X，记为

$$X_n\xrightarrow{\text{p}}X$$

• 如果 $E[|X_n-X|^2]\to0$，则称 X_n 均方收敛(mean-square convergence)于 X，记为

$$X_n\xrightarrow{\text{m. s.}}X.$$

• 如果 $E[f(X_n)]\to E[f(x)]$，则称 X_n 依分布收敛(convergence in distribution)于 X，记为

$$X_n\xrightarrow{\text{dist}}X\text{ 或 }X_n\Rightarrow X$$

上述收敛有如下关系：

• $X_n\xrightarrow{\text{a. s.}}X$ 或 $X_n\xrightarrow{\text{m. s.}}X\Rightarrow X_n\xrightarrow{\text{p}}X\Rightarrow X_n\xrightarrow{\text{dist}}X$.

• 几乎处处收敛的等价条件为

$$\lim_{n\to\infty}P\{\sup_{k\geqslant n}|X_k-X|>\varepsilon\}=0,\forall\varepsilon>0$$

• 几乎处处收敛的充分条件为

$$\sum_{n=0}^{\infty}P\{|X_n-X|>\varepsilon\}<+\infty,\forall\varepsilon>0$$

6.2　不确定性优化模型

本节从订货问题出发，讨论不确定性优化模型. 不确定性优化模型包括鲁棒优化模型、期望值模型和分布鲁棒优化模型.

【例 6-1】 某公司决定订购 x 单位某商品以满足需求量 d，进货价格为 c 元每单位（$c>0$）. 若进货量 x 小于实际需求量 d，则需要补货. 补货价格为 b 元每单位，且补货价格比原始进货价格高，即 $b>c$. 若进货量 x 大于实际需求量 d，则需存储商品，存储价格为 h 元每单位. 现公司拟决定订购数量 x，使得总花费最少.

分析　对于给定的进货量 x，公司总花费为

$$F(x,d)=cx+b[d-x]_++h[x-d]_+$$

其中，cx，$b[d-x]_+$，$h[x-d]_+$ 分别为进货费用、补货费用、存货费用. 公司的目标是使得总花费 $F(x,d)$ 最小，即

$$\min_{x\geqslant 0} F(x,d)$$

一般情况，公司需要在需求量 d 知晓之前决定订货量 x. 因此，公司在制订决策时，d 是一个未知量. 根据处理未知量方式的不同，决策者得到不同的优化模型.

情况Ⅰ　假设 d 的上下界已知，$d\in[l,u]$，模型为

$$\min_{x}\max_{d\in[l,u]} F(x,d) \tag{6-2}$$

上述优化问题中的 max 体现了公司对未知量 d 的一种处理方式：最坏情况下考虑目标函数的最优. 该类优化问题称为**鲁棒优化模型**（robust optimization）.

将函数 $F(x,d)$ 整理成如下等价形式：

$$F(x,d)=\max\{(c-b)x+bd,(c+h)x-hd\}$$

显然，$F(x,d)$ 是一个分片线性函数. 简单分析可知

$$\max_{d\in[l,u]} F(x,d)=\max\{F(x,l),F(x,u)\}$$

因此，问题（6-2）等价于

$$\min_{x\in[l,u]}\{\psi(x):=\max\{cx+h[x-l]_+,cx+b[u-x]_+\}\}$$

由分片线性凸函数性质，鲁棒优化问题（6-2）的最优解满足：

$$h(x-l)=b(u-x)\Leftrightarrow x^*=\frac{hl+bu}{h+b}$$

情况Ⅱ　假设公司决策者除了区间信息 $d\in[l,u]$ 以外，还知道 d 的统计信息，即 d 是概率分布已知的随机变量. 这种假设是可能的. 若公司决策可以重复，可用历史数据估计 d 的概率分布. 为区分，我们用 D 表示随机变量，d 表示随机变量的实现. 现公司决策者拟利用 D 的概率分布信息制订决策. 模型为：

$$\min_{x\geqslant 0} f(x):=E[F(x,D)] \tag{6-3}$$

上述模型是随机优化中经典的**期望值模型**，它适用于决策过程可以重复的情况.

接下来，我们分析问题(6-3)的解. 考虑 D 的累积分布函数

$$H(x):=P\{D\leqslant x\}$$

则

$$E[F(x,D)] = bE[D] + (c-b)x + (b+h)\int_0^x H(z)\mathrm{d}z$$

根据问题（6-3）的最优性条件：

$$(b+h)H(x)+c-b=0$$

可得最优解为 $\bar{x}=H^{-1}(\kappa)$，其中 $\kappa:=\dfrac{b-c}{b+h}$.

$H^{-1}(\kappa)$在数理统计中称为分位数. 分位数的定义为：

左 κ-分位数：$H_{\mathrm{L}}^{-1}(\kappa):=\inf\{t:H(t)\geqslant\kappa\}$.

右 κ-分位数：$H_{\mathrm{R}}^{-1}(\kappa):=\sup\{t:H(t)\leqslant\kappa\}$.

对连续随机变量情况，左 κ-分位数等于右 κ-分位数，将其记为 $H^{-1}(\kappa)$.

在多数情况，对于 D 的观测值 d，$F(\bar{x},d)$ 与 $E[F(\bar{x},D)]$有很大差异. 因此，对于决策不能重复的情况，期望值模型不适用.

情况Ⅲ 针对决策不能重复的情况，一个更合理的模型是控制 $F(x,d)$不太高，即

$$F(x,d)\leqslant\tau,\ \forall\, d\in[l,u] \tag{6-4}$$

注意到 $F(x,d)$ 是分片线性函数，式(6-4)等价于

$$\begin{cases}(c-b)x+bd\leqslant\tau\\(c+h)x-hd\leqslant\tau\end{cases},\quad \forall\, d\in[l,u]$$

进一步可得

$$\frac{bd-\tau}{b-c}\leqslant x\leqslant\frac{hd+\tau}{c+h},\ \forall\, d\in[l,u]$$

显然，当$\dfrac{\tau}{c}\in(l,u)$时，上述不等式无解. 同时，式(6-4) 要求对于任意 $d\in[l,u]$，不等式均成立，这一要求往往过于严格. 例如，设计大坝、房屋时不要求抵御所有洪水、地震，而是要求抵御百(千)年一遇的情况. 这种思想可以用概率约束来刻画，即

$$P\{F(x,D)>\tau\}\leqslant\alpha$$

将概率约束引入问题（6-3）可得

$$\begin{cases}\min\limits_{x\geqslant0} f(x):=E[F(x,D)]\\ \text{s. t.}\ \ P\{F(x,D)>\tau\}\leqslant\alpha\end{cases}$$

上述概率约束可转化为

$$\begin{aligned}P\{F(x,D)\leqslant\tau\}\leqslant\alpha &\Leftrightarrow P\left\{\frac{(c+h)x-\tau}{h}\leqslant D\leqslant\frac{(b-c)x+\tau}{b}\right\}\leqslant\alpha\\ &\Leftrightarrow H\left(\frac{(b-c)x+\tau}{b}\right)-H\left(\frac{(c+h)x-\tau}{h}\right)\geqslant1-\alpha\end{aligned}$$

概率约束也可以和前面定义的左 κ-分位数相联系. 给定随机变量 D 和 $0\leqslant\alpha\leqslant1$，定义风险价值函数(value at risk)为

$$\mathrm{VaR}_\alpha(D):=H_{\mathrm{L}}^{-1}(1-\alpha)=\inf\{t:H(t)\geqslant1-\alpha\}=\inf\{t:P\{D\leqslant t\}\geqslant1-\alpha\}$$

则

$$P\{F(x,D)>\tau\}\leqslant\alpha\Leftrightarrow\mathrm{VaR}_\alpha(F(x,D))\leqslant\tau$$

作为一种风险度量，$\mathrm{VaR}_\alpha(D)$被广泛用于金融机构的风险管理. 但是，从最优化角度，$\mathrm{VaR}_\alpha(D)$通常不是凸函数. 同时，从风险度量角度，$\mathrm{VaR}_\alpha(D)$不是一致风险度量(coherent risk measure). 如果风险函数 $\rho(D)$ 满足

- 凸性：对于随机变量 D, D' 和 $t \in [0,1]$，有
$$\rho(tD+(1-t)D') \leqslant t\rho(D)+(1-t)\rho(D')$$
- 单调性：如果 D 几乎处处小于D'，则 $\rho(D) \leqslant \rho(D')$.
- 平移不变性：对于任意常数 $\alpha \in \mathbf{R}$，$\rho(D+\alpha)=\rho(D)+\alpha$.
- 正齐次性：对于任意 $t \geqslant 0$，$\rho(tD)=t\rho(D)$.

则称风险函数 $\rho(D)$是一致的.

定义条件风险价值函数(conditional value at risk)为
$$\mathrm{CVaR}_\alpha(D) := E[D \mid D \geqslant \mathrm{VaR}_\alpha(D)]$$
条件风险价值函数是 $\mathrm{VaR}_\alpha(D)$的凸近似，且是一致风险度量. 因此，有时可以将非凸的概率约束 $P\{F(x,D)>\tau\} \leqslant \alpha$ 替换为更严格的约束
$$\mathrm{CVaR}_\alpha(F(x,D)) \leqslant \tau$$

情况Ⅳ　随机优化模型中一个重要的因素是随机变量的概率分布. 在实际问题中，经验数据估计、专家咨询是估计随机变量概率分布的常用方法. 当数据不充分时，决策者可以考虑如下**分布鲁棒优化模型**. 首先，利用历史数据构造包含随机变量真实概率分布的一个集合 $\mathscr{P}$，然后考虑如下极大极小优化问题：
$$\min_{x \geqslant 0} \sup_{P \in \mathscr{P}} E_P[F(x,D)] \tag{6-5}$$
其中，$E_P[F(x,D)]$表示相对于概率分布 P 的数学期望. 如果 $\mathscr{P}$ 包含所有$[l,u]$上的单点概率分布，分布鲁棒优化模型 (6-5) 与鲁棒优化模型 (6-2) 等价. 同时，分布鲁棒优化模型和一致风险度量也具有紧密的联系.

6.3　随机规划模型

本小节主要讨论期望值模型 (6-3). 我们首先讨论生产制造问题和投资组合问题.

1. 生产制造问题

制造商生产 n 种产品，共有 m 个组件需要第三方供应，每单位产品 i 需要 a_{ij} 单位的组件 j，产品的需求为随机变量 $\boldsymbol{D}=(D_1, D_2, \cdots, D_n)$. 在 $\boldsymbol{D}$ 已知之前，制造商以单价 c_j 预订组件 j. $\boldsymbol{D}$ 已知之后，制造商需要制订生产计划以满足部分或全部的需求. 假设每单位产品 i 的额外生产费用为 l_i，售价为 q_i，剩余组件的残余价值 $s_j \leqslant c_j$. 制造商应如何进购组件使损失最小？

(1)生产过程：设组件 j 需进购 x_j 且需求 $\boldsymbol{D}$ 已知. 记生产 z_i 单位的产品 i，相应组件 j 的剩余数量为 y_j. 对于 $\boldsymbol{D}$ 的一组实现 $\boldsymbol{d}=(d_1, d_2, \cdots, d_n)$，制造商的生产过程可以用线性规划问题刻画：

$$
\begin{cases}
\min\limits_{z,y} \sum\limits_{i=1}^{n}(l_i - q_i)z_i - \sum\limits_{j=1}^{m} s_j y_j \\
\text{s. t.} \quad y_j = x_j - \sum\limits_{i=1}^{n} a_{ij} z_j \quad (j = 1,2,\cdots,m) \\
\qquad 0 \leqslant z_i \leqslant d_i \quad (i = 1,2,\cdots,n) \\
\qquad y_j \geqslant 0 \quad (j = 1,2,\cdots,m)
\end{cases}
\tag{6-6}
$$

其中,目标函数的第一部分刻画收益,第二部分刻画组件剩余价值;第一个约束表示为剩余组件数量与消耗组件数量之和等于进购组件数量,第二个约束表示生产的产品数量不超过需求量.记 $\boldsymbol{A}=(a_{ij})_{n\times m}$,上述优化问题可整理为如下简洁形式:

$$
\begin{cases}
\min\limits_{z,y} (\boldsymbol{l}-\boldsymbol{q})^{\mathrm{T}}\boldsymbol{z}-\boldsymbol{s}^{\mathrm{T}}\boldsymbol{y} \\
\text{s. t.} \quad \boldsymbol{y}=\boldsymbol{x}-\boldsymbol{A}^{\mathrm{T}}\boldsymbol{z} \\
\qquad \boldsymbol{0}\leqslant\boldsymbol{z}\leqslant\boldsymbol{d} \\
\qquad \boldsymbol{y}\geqslant\boldsymbol{0}
\end{cases}
$$

(2)订购过程:显然,生产过程受到订购数量和实际需求的影响.记生产过程优化问题(6-6)的最优值为 $Q(\boldsymbol{x},\boldsymbol{D})$,则进购问题可建模为

$$
\min_{\boldsymbol{x}\geqslant\boldsymbol{0}} \boldsymbol{c}^{\mathrm{T}}\boldsymbol{x}+E[Q(\boldsymbol{x},\boldsymbol{D})] \tag{6-7}
$$

其中,目标函数的第一部分为进购组件费用,第二部分为在给定进购数量下生产计划的期望花费.问题(6-6)和问题(6-7)构成两阶段随机规划问题.问题(6-6)构成第二阶段优化问题,问题(6-7)构成第一阶段优化问题.第一阶段变量 $\boldsymbol{x}$ 的决定是在随机需求 $\boldsymbol{D}$ 已知之前,称为 here-and-now 决策变量;第二阶段变量 $\boldsymbol{z},\boldsymbol{y}$ 的决定是在随机需求 $\boldsymbol{D}$ 已知之后,称为 wait-and-see 决策变量.第二阶段的最优值函数 $Q(\boldsymbol{x},\boldsymbol{D})$ 是一个随机变量,其分布依赖于第一阶段的变量 $\boldsymbol{x}$,因此只有理解了第二阶段优化问题的性质,才能求解第一阶段优化问题.

下面我们考虑多阶段模型.

(3)多阶段模型:考虑制造商有 T 阶段的生产计划,需求是一个随机过程 $\boldsymbol{D}_t(t=1,2,\cdots,T)$.与两阶段模型不同,多阶段模型中每一阶段(除最后 T 阶段)的剩余组件可以存储到下一阶段使用.为了方便,我们假设存储花费在全部阶段中是相同的,其中每单位部件 j 存储费用为 h_j.和两阶段问题类似,在每一阶段制造商需要决策订购组件的数量和生产计划,且订购组件数量不依赖于该阶段的需求量,但依赖于以往的需求量信息(通过以往剩余组件体现):

$$
\boldsymbol{D}_{[t]}=(\boldsymbol{D}_1,\boldsymbol{D}_2,\cdots,\boldsymbol{D}_t)
$$

记

$$
\boldsymbol{x}_{t-1}=(x_{t-1,1},x_{t-1,2},\cdots,x_{t-1,n})
$$

为第 t 阶段的订购组件数量,其不依赖于该阶段需求量 $\boldsymbol{D}_t$;

$$
\boldsymbol{y}_t=(x_{t,1},x_{t,2},\cdots,x_{t,m}),\quad \boldsymbol{z}_t=(z_{t,1},z_{t,2},\cdots,z_{t,n})
$$

分别为第 t 阶段的生产产品数量和剩余组件数量.

当 $t=T$ 时,生产阶段问题可建模为

$$\begin{cases} \min\limits_{z_T, y_T} (\boldsymbol{l}-\boldsymbol{q})^{\mathrm{T}} \boldsymbol{z}_T - \boldsymbol{s}^{\mathrm{T}} \boldsymbol{y}_T \\ \text{s. t.} \quad \boldsymbol{y}_T = \boldsymbol{y}_{T-1} + \boldsymbol{x}_{T-1} - \boldsymbol{A}^{\mathrm{T}} \boldsymbol{z}_T \\ \qquad \boldsymbol{0} \leqslant \boldsymbol{z}_T \leqslant \boldsymbol{d}_T, \boldsymbol{y}_T \geqslant \boldsymbol{0} \end{cases}$$

其中，$\boldsymbol{d}_T$是 $\boldsymbol{D}_T$ 的实现，第一个约束表示当期剩余组件数量与当期消耗组件数量之和等于当期订购组件数量与上期剩余组件数量之和. 记该问题的最优值函数为 $\overline{Q}_T(\boldsymbol{x}_{T-1}, \boldsymbol{y}_{T-1}, \boldsymbol{d}_T)$，其依赖于订购组件数量、上期剩余组件数量和 $\boldsymbol{D}_T$ 的实现 $\boldsymbol{d}_T$. 和两阶段问题类似，最优值函数应该以期望的形式传递到上一阶段. 注意到 $\boldsymbol{x}_{T-1}, \boldsymbol{y}_{T-1}$ 依赖于 $\boldsymbol{D}_{T-1}$，因此，在 $T-1$ 阶段，制造商关心如下的条件期望：

$$Q_T(\boldsymbol{x}_{T-1}, \boldsymbol{y}_{T-1}, \boldsymbol{d}_{[T-1]}) := E\{\overline{Q}_T(\boldsymbol{x}_{T-1}, \boldsymbol{y}_{T-1}, \boldsymbol{D}_T) : \boldsymbol{D}_{[T-1]} = \boldsymbol{d}_{[T-1]}\}$$

且需要求解问题：

$$\begin{cases} \min\limits_{z_{T-1}, y_{T-1}, x_{T-1}} (\boldsymbol{l}-\boldsymbol{q})^{\mathrm{T}} \boldsymbol{z}_{T-1} + \boldsymbol{h}^{\mathrm{T}} \boldsymbol{y}_{T-1} + \boldsymbol{c}^{\mathrm{T}} \boldsymbol{x}_{T-1} + Q_T(\boldsymbol{x}_{T-1}, \boldsymbol{y}_{T-1}, \boldsymbol{d}_{[T-1]}) \\ \text{s. t.} \quad \boldsymbol{y}_{T-1} = \boldsymbol{y}_{T-2} + \boldsymbol{x}_{T-2} - \boldsymbol{A}^{\mathrm{T}} \boldsymbol{z}_{T-1} \\ \qquad \boldsymbol{0} \leqslant \boldsymbol{z}_{T-1} \leqslant \boldsymbol{d}_{T-1}, \boldsymbol{y}_{T-1} \geqslant \boldsymbol{0} \end{cases}$$

其中，目标函数前三部分分别为生产、存储、订购费用，最后部分体现了 $T-1$ 阶段的决策对 T 阶段的影响.

故总体来说，在 $t=T-1, T-2, \cdots, 1$，我们要解决问题：

$$\begin{cases} \min\limits_{z_t, y_t, x_t} (\boldsymbol{l}-\boldsymbol{q})^{\mathrm{T}} \boldsymbol{z}_t + \boldsymbol{h}^{\mathrm{T}} \boldsymbol{y}_t + \boldsymbol{c}^{\mathrm{T}} \boldsymbol{x}_t + \boldsymbol{Q}_{t+1}(\boldsymbol{x}_t, \boldsymbol{y}_t, \boldsymbol{d}_{[t]}) \\ \text{s. t.} \quad \boldsymbol{y}_t = \boldsymbol{y}_{t-1} + \boldsymbol{x}_{t-1} - \boldsymbol{A}^{\mathrm{T}} \boldsymbol{z}_t \\ \qquad \boldsymbol{0} \leqslant \boldsymbol{z}_t \leqslant \boldsymbol{d}_t, \boldsymbol{y}_t \geqslant \boldsymbol{0} \end{cases} \tag{6-8}$$

其中

$$Q_{t+1}(\boldsymbol{x}_t, \boldsymbol{y}_t, \boldsymbol{d}_{[t]}) := E\{\overline{Q}_{t+1}(\boldsymbol{x}_t, \boldsymbol{y}_t, \boldsymbol{D}_{[t+1]}) : \boldsymbol{D}_{[t]} = \boldsymbol{d}_{[t]}\}$$

记问题 (6-8) 的最优值函数为 $\overline{Q}_t(\boldsymbol{x}_{t-1}, \boldsymbol{y}_{t-1}, \boldsymbol{d}_{[t]})$. 倒推至 $t=1$ 阶段，则初始问题为

$$\min_{\boldsymbol{x}_0 \geqslant \boldsymbol{0}} \boldsymbol{c}^{\mathrm{T}} \boldsymbol{x}_0 + E[\overline{Q}_1(\boldsymbol{x}_0, \boldsymbol{y}_0, \boldsymbol{D}_{[1]})]$$

其中，$\boldsymbol{y}_0$是初始库存(一般为 0)，$\boldsymbol{x}_0$ 是初始订单量. 上述优化问题似乎和优化问题 (6-7) 类似，但有本质的不同. $\overline{Q}_1(\boldsymbol{x}_0, \boldsymbol{y}_0, \boldsymbol{D}_{[1]})$ 没有给出一个容易计算的形式，它是递归优化系统的一个结果.

2. 投资组合问题

给定资金W_0和 n 只股票，对第 i 只股票投入的资金为 x_i，其中 $i=1,2,\cdots,n$. 每一只股票都有独立的投资回报率 R_i(每一个阶段)，且 R_i 在进行投资决策时是未知的(或不明确的)，这里我们把 R_i 视为随机变量. 投资一个阶段以后的总资产为

$$W_1 = \sum_{i=1}^{n} \xi_i x_i$$

其中 $\xi_i := 1 + R_i$. 这里，我们规定对投资的约束是总投资量不能大于现有资金W_0(即不能借钱投资)，即

$$\sum_{i=1}^{n} x_i \leqslant W_0$$

如果进一步假设投资现金(如定期存款,确定性收益)也算作 n 种投资中的一种,那么可以将上述不等式约束改为等式约束

$$\sum_{i=1}^{n} x_i = W_0$$

如何分配资金W_0才能使收益最大化呢？本部分一共讨论了五种模型,其中后四种模型是对第一种模型的改进.

(1)第一种模型:将投资回报的数学期望作为目标函数进行建模.

$$\begin{cases} \max\limits_{x \geqslant 0} E[W_1] \\ \text{s. t.} \ \sum_{i=1}^{n} x_i = W_0 \end{cases} \tag{6-9}$$

这里我们有

$$E[W_1] = \sum_{i=1}^{n} E[\xi_i] x_i = \sum_{i=1}^{n} \mu_i x_i$$

其中

$$\boldsymbol{x} = (x_1, x_2, \cdots, x_n)$$
$$\mu_i := E[\xi_i] = E[1 + R_i] = 1 + E[R_i]$$

显然,问题 (6-9) 的最优解决方案是:将所有资金全部投资到投资回报率的数学期望最大的那只股票上.从实际的角度看,这样的解不符合要求.这种把“所有鸡蛋都放到一个篮子里”的做法有很大的风险.如果实际回报率很差,该种投资行为损失巨大.

(2)第二种模型:构建一个效用函数来代替投资回报函数.用一个非降的凹函数 $U(W_1)$ 来表示资金的效用,并考虑如下的优化问题:

$$\begin{aligned} &\max_{x \geqslant 0} E[U(W_1)] \\ &\text{s. t.} \ \sum_{i=1}^{n} x_i = W_0 \end{aligned} \tag{6-10}$$

这个方案对效用函数有一定的要求.举例来说,可以将 $U(W)$定义为

$$U(W) := \begin{cases} (1+q)(W-a), & \text{若 } W \geqslant a \\ (1+r)(W-a), & \text{若 } W < a \end{cases}$$

其中 $r > q > 0$ 且 $a > 0$.这里可以把涉及的参数进行如下的理解:a 表示在投资结束后需要支付的钱数;q 表示当$W > a$ 时,可以用额外多出的钱 $W - a$ 进行投资的利率;r 表示当 $W < a$ 时,需要借的钱的利率.从参数的大小关系可以看出,我们更加偏向于厌恶损失.对于上述效用函数,问题 (6-10) 可以用下述两阶段随机线性规划模型来描述:

$$\begin{cases} \max\limits_{x \geqslant 0} E[Q(\boldsymbol{x}, \boldsymbol{\xi})] \\ \text{s. t.} \ \sum_{i=1}^{n} x_i = W_0 \end{cases}$$

其中 $Q(\boldsymbol{x}, \boldsymbol{\xi})$ 是下面优化问题的最优值:

$$\begin{cases} \max\limits_{y,z\in\mathbf{R}_+} (1+q)y-(1+r)z \\ \text{s. t.}\ \sum\limits_{i=1}^{n}\xi_i x_i = a+y-z \end{cases}$$

(3)第三种模型：在问题 (6-10) 的基础上对投资风险进行控制. 描述风险的方法有很多种，方差是最为常用的一种. W 的方差为

$$\text{Var}[W]=E[W^2]-(E[W])^2$$

因此，在问题 (6-10)中引入一个新的约束条件：$\text{Var}[W_1]\leqslant v$，其中 v 是一个大于零的特定常数，这样就体现了控制风险的思想. 因为 W_1 是关于随机变量 ξ_i 的线性函数，所以有

$$\text{Var}[W_1] = \boldsymbol{x}^{\text{T}}\boldsymbol{\Sigma x} = \sum_{i,j=1}^{n}\sigma_{ij}x_i x_j$$

其中，$\boldsymbol{\Sigma}$ 是随机向量 $\boldsymbol{\xi}$ 的协方差矩阵. 因此，风险约束的优化问题为

$$\begin{cases} \max\limits_{\boldsymbol{x}\geqslant\boldsymbol{0}} \sum\limits_{i=1}^{n}\mu_i x_i \\ \text{s. t.}\ \sum\limits_{i=1}^{n}x_i = W_0 \\ \qquad \boldsymbol{x}^{\text{T}}\boldsymbol{\Sigma x}\leqslant v \end{cases} \tag{6-11}$$

由于协方差矩阵 $\boldsymbol{\Sigma}$ 是半正定的，因此约束 $\boldsymbol{x}^{\text{T}}\boldsymbol{\Sigma x}\leqslant v$ 是凸二次的，从而问题 (6-11)是凸优化问题. 该问题至少有一个可行解，即将所有资金全部投资到固定收益资产上，此时 $\text{Var}[W_1]$的值为零，且由于问题的可行域是紧的，问题必有最优解. 同时，注意到 Slater 条件成立，原问题与其对偶问题

$$\min_{\lambda\geqslant 0}\ \max_{\boldsymbol{x}\geqslant\boldsymbol{0},\sum_{i=1}^{n}x_i=W_0} \left\{\sum_{i=1}^{n}\mu_i x_i - \lambda(\boldsymbol{x}^{\text{T}}\boldsymbol{\Sigma x}-v)\right\}$$

之间的对偶间隙为零. 因此，存在 Lagrange 乘子 $\lambda\geqslant 0$，使得问题 (6-11) 等价于

$$\begin{cases} \max\limits_{\boldsymbol{x}\geqslant\boldsymbol{0}} \sum\limits_{i=1}^{n}\mu_i x_i - \lambda\boldsymbol{x}^{\text{T}}\boldsymbol{\Sigma x} \\ \text{s. t.}\ \sum\limits_{i=1}^{n}x_i = W_0 \end{cases}$$

上述问题的目标函数视为对投资回报期望和投资风险的兼顾.

(4)第四种模型：在控制投资回报期望不小于某个特定数值 τ 的基础上，使得投资回报的方差最小，具体模型为

$$\begin{cases}\min\limits_{\boldsymbol{x}\geqslant \boldsymbol{0}} \boldsymbol{x}^{\mathrm{T}}\boldsymbol{\Sigma x} \\ \text{s. t.} \quad \sum\limits_{i=1}^{n} x_i = W_0 \\ \qquad \sum\limits_{i=1}^{n} \mu_i x_i \geqslant \tau \end{cases} \tag{6-12}$$

对于给定的参数 τ,可以证明问题(6-12)和问题(6-11)等价.

(5)第五种模型:利用机会约束控制风险,具体模型为

$$\begin{cases}\max\limits_{\boldsymbol{x}\geqslant \boldsymbol{0}} \sum\limits_{i=1}^{n} \mu_i x_i \\ \text{s. t.} \quad \sum\limits_{i=1}^{n} x_i = W_0 \\ \qquad P\{\sum\limits_{i=1}^{n} \xi_i x_i \geqslant b\} \geqslant 1-\alpha \end{cases}$$

对于一个给定的 b,概率约束控制收益 W_1 的值小于 b 的概率不大于 α. 上述问题的概率约束可以写为风险值约束的形式,即

$$\mathrm{VaR}_\alpha\left(b-\sum_{i=1}^{n}\xi_i x_i\right)\leqslant 0$$

(6) 多阶段投资组合选择:假设允许在每个阶段 $t=1,2,\cdots,T-1$ 调整投资策略,但不能投入新的资金,每一个阶段都需要决定现有资金 W_t 在 n 只股票上的分配. 令 $\boldsymbol{x}_0=(x_{10},x_{20},\cdots,x_{n0})$ 为初始分配量,且仍有 x_{i0} 非负和等式 $\sum\limits_{i=1}^{n} x_{i0}=W_0$ 成立. 回报率 R_{1t}, $R_{2t},\cdots,R_{nt}(t=1,2,\cdots,T)$ 组成了一个分布已知的随机过程. 令 $\xi_{it}:=1+R_{it}(i=1,2,\cdots,n;t=1,2,\cdots,T)$. 在阶段 $t=1$,我们可以重新分配在每只股票上的投资,投资量为 $\boldsymbol{x}_1=(x_{11},x_{21},\cdots,x_{n1})$. 此时我们已经知道第一阶段的实际回报,所以在重新决策时应该用上这个已知信息. 因此,$t=1$ 时的第二阶段决策,实际上是随机变量 ξ_1 观测值的函数,即 $\boldsymbol{x}_1=\boldsymbol{x}_1(\xi_1)$. 同样,在阶段 t 的决策 $\boldsymbol{x}_t=(x_{1t},x_{2t},\cdots,x_{nt})$ 是阶段 t 之前所得到的信息 $\boldsymbol{\xi}_{[t]}=(\xi_1,\xi_2,\cdots,\xi_t)$ 的函数. 一列函数 $\boldsymbol{x}_t=\boldsymbol{x}_t(\boldsymbol{\xi}_{[t]})(t=1,2,\cdots,T)$($x_0$ 为常量)定义了一个决策过程的可行策略. 策略可行的含义是满足模型的约束,即满足非负约束 $x_{it}(\boldsymbol{\xi}_{[t]})\geqslant 0(i=1,2,\cdots,n;t=0,1,\cdots,T)$ 以及资金总量约束

$$\sum_{i=1}^{n} x_{it}(\boldsymbol{\xi}_{[t]})=W_t$$

在阶段 $t=1,2,\cdots,T$,我们的资金总量 W_t 取决于 t 阶段以前的随机变量的实际值以及我们的决策,因此

$$W_t=\sum_{i=1}^{n}\xi_{it}x_{i,t-1}(\boldsymbol{\xi}_{[t-1]})$$

假设我们的目标是最大化最后一个阶段资金效用函数的期望,即考虑如下问题

$$\max E[U(W_T)] \tag{6-13}$$

这是一个多阶段随机规划问题.

将上述多阶段问题从最后一阶段向前倒推,此时 $t=T-1$, $\boldsymbol{\xi}_{[T-1]}=(\xi_1,\xi_2,\cdots,\xi_{T-1})$ 的实际值已知,并且 $\boldsymbol{x}_{T-2}$ 已经被决定,因此我们需要求解问题

$$\begin{cases}\max\limits_{\boldsymbol{x}_{T-1}\geqslant\boldsymbol{0},W_T} & E\{U(W_T)\mid\boldsymbol{\xi}_{[T-1]}\}\\ \text{s. t.} & W_T=\sum\limits_{i=1}^n\xi_{iT}x_{i,T-1},\sum\limits_{i=1}^n x_{i,T-1}=W_{T-1}\end{cases}$$

其中 $E\{U[W_T]\mid\xi_{[T-1]}\}$ 表示给定 $\boldsymbol{\xi}_{[T-1]}$ 时 $U[W_T]$ 的条件期望. 上述问题的最优值记为 $Q_{T-1}(W_{T-1},\boldsymbol{\xi}_{[T-1]})$,最优值取决于 W_{T-1} 和 $\boldsymbol{\xi}_{[T-1]}$. 以此类推,在阶段 $t=T-2,\cdots,1$,我们考虑问题

$$\begin{cases}\max\limits_{\boldsymbol{x}_t\geqslant\boldsymbol{0},W_{t+1}} & E\{Q_{t+1}(W_{t+1},\boldsymbol{\xi}_{[t+1]})\mid\boldsymbol{\xi}_{[t]}\}\\ \text{s. t.} & W_{t+1}=\sum\limits_{i=1}^n\xi_{i,t+1}x_{it},\sum\limits_{i=1}^n x_{it}=W_t\end{cases}$$

其最优值记为 $Q_t(W_t,\boldsymbol{\xi}_{[t]})$. 最后,在阶段 $t=0$ 时求解问题

$$\begin{cases}\max\limits_{\boldsymbol{x}_0\geqslant\boldsymbol{0},W_1} & E[Q_1(W_1,\xi_1)]\\ \text{s. t.} & W_1=\sum\limits_{i=1}^n\xi_{i1}x_{i0},\sum\limits_{i=1}^n x_{i0}=W_0\end{cases}$$

对于服从一般分布的 ξ_t,该规划问题的求解是困难的. 但如果 ξ_t 是阶段相互相互独立的,即 ξ_t 与 $\xi_1,\cdots,\xi_{t-1}(t=2,\cdots,T)$ 相互独立,则问题在很大程度上可以简化. 当然对于经济模型来说,阶段独立的假设并不实际. 在这种情况下,相应的条件期望就成了期望,且 $Q_t(t=1,\cdots,T-1)$ 不取决于 $\xi_{[t]}$,即 $Q_{T-1}(W_{T-1})$ 是如下问题的最优值

$$\begin{cases}\max\limits_{\boldsymbol{x}_{T-1}\geqslant\boldsymbol{0},W_T} & E\{U[W_T]\}\\ \text{s. t.} & W_T=\sum\limits_{i=1}^n\xi_{iT}x_{i,T-1},\sum\limits_{i=1}^n x_{i,T-1}=W_{T-1}\end{cases}$$

对于 $t=T-2,\cdots,1$, $Q_t(W_t)$ 是如下问题的最优值

$$\begin{cases}\max\limits_{\boldsymbol{x}_t\geqslant\boldsymbol{0},W_{t+1}} & E\{Q_{t+1}(W_{t+1})\}\\ \text{s. t.} & W_{t+1}=\sum\limits_{i=1}^n\xi_{i,t+1}x_{i,t},\sum\limits_{i=1}^n x_{i,t}=W_t\end{cases}$$

下面我们讨论如何选择效益函数来简化求解过程.

考虑对数效用函数

$$U(W)=\ln W$$

则在阶段 $t=T-1$,优化问题为

$$\begin{cases}\max\limits_{x_{T-1}\geqslant 0} E\left\{\ln\left(\sum\limits_{i=1}^{n}\xi_{iT}x_{i,T-1}\right) \mid \boldsymbol{\xi}_{[T-1]}\right\} \\ \text{s. t.}\ \sum\limits_{i=1}^{n}x_{i,T-1}=W_{T-1}\end{cases} \tag{6-14}$$

将问题 (6-14) 中的 W_{T-1} 取为单位 1，可得如下优化问题：

$$\begin{cases}\max\limits_{x_{T-1}\geqslant 0} E\left\{\ln\left(\sum\limits_{i=1}^{n}\xi_{iT}x_{i,T-1}\right) \mid \boldsymbol{\xi}_{[T-1]}\right\} \\ \text{s. t.}\ \sum\limits_{i=1}^{n}x_{i,T-1}=1\end{cases}$$

记上述优化问题的最优值函数为 $v_{T-1}(\boldsymbol{\xi}_{[T-1]})$，则问题(6-14)的最优值函数 $Q_{T-1}(W_{T-1},\boldsymbol{\xi}_{[T-1]})$有如下表达式：

$$Q_{T-1}(W_{T-1},\boldsymbol{\xi}_{[T-1]})=v_{T-1}(\boldsymbol{\xi}_{[T-1]})+\ln W_{T-1}$$

此时，阶段 $t=T-2$ 的优化问题为

$$\begin{cases}\max\limits_{x_{T-2}\geqslant 0} E\left\{v_{T-1}(\boldsymbol{\xi}_{[T-1]})+\ln\left(\sum\limits_{i=1}^{n}\xi_{i,T-1}x_{i,T-2}\right) \mid \boldsymbol{\xi}_{[T-2]}\right\} \\ \text{s. t.}\ \sum\limits_{i=1}^{n}x_{i,T-2}=W_{T-2}\end{cases} \tag{6-15}$$

显然我们有

$$\begin{aligned}&E\left\{v_{T-1}(\boldsymbol{\xi}_{[T-1]})+\ln\left(\sum_{i=1}^{n}\xi_{i,T-1}x_{i,T-2}\right) \mid \boldsymbol{\xi}_{[T-2]}\right\} \\ &\quad = E\{v_{T-1}(\boldsymbol{\xi}_{[T-1]}) \mid \boldsymbol{\xi}_{[T-2]}\}+E\left\{\ln\left(\sum_{i=1}^{n}\xi_{i,T-1}x_{i,T-2}\right) \mid \boldsymbol{\xi}_{[T-2]}\right\}\end{aligned}$$

类似分析，问题(6-15) 的最优值为

$$Q_{T-2}(W_{T-2},\boldsymbol{\xi}_{[T-2]})=E\{v_{T-1}(\boldsymbol{\xi}_{[T-1]}) \mid \boldsymbol{\xi}_{[T-2]}\}+v_{T-2}(\boldsymbol{\xi}_{[T-2]})+\ln W_{T-2}$$

其中 $v_{T-2}(\boldsymbol{\xi}_{[T-2]})$是下述问题的最优值

$$\begin{cases}\max\limits_{x_{T-2}\geqslant 0} E\left\{\left(\sum\limits_{i=1}^{n}\xi_{i,T-1}x_{i,T-2}\right) \mid \boldsymbol{\xi}_{[T-2]}\right\} \\ \text{s. t.}\ \sum\limits_{i=1}^{n}x_{i,T-2}=1\end{cases}$$

对之前的阶段做类似分析，则在阶段 $t=T-1,\cdots,1,0$，需要求解的优化问题为

$$\begin{cases}\max\limits_{x_{t}\geqslant 0} E\left\{\ln\left(\sum\limits_{i=1}^{n}\xi_{i,t+1}x_{i,t}\right) \mid \boldsymbol{\xi}_{[t]}\right\} \\ \text{s. t.}\ \sum\limits_{i=1}^{n}x_{it}=W_{t}\end{cases} \tag{6-16}$$

问题（6-16）的最优解$\bar{\boldsymbol{x}}_t=\bar{\boldsymbol{x}}_t(W_t,\boldsymbol{\xi}_{[t]})$给出了一个最优策略.

特别地,第一阶段最优解$\bar{\boldsymbol{x}}_0$由以下问题的最优解给出

$$\begin{cases}\max\limits_{\boldsymbol{x}_0\geqslant\boldsymbol{0}} E\left\{\ln\left(\sum\limits_{i=1}^{n}\xi_{i1}x_{i0}\right)\right\}\\ \text{s. t. }\ \sum\limits_{i=1}^{n}x_{i0}=W_0\end{cases}\tag{6-17}$$

这里可将问题（6-13）的最优值 ϑ^* 表示为

$$\vartheta^*=\ln W_0+v_0+\sum_{t=1}^{T-1}E[v_t(\boldsymbol{\xi}_{[t]})]$$

其中$v_t(\boldsymbol{\xi}_{[t]})$是问题（6-16）在 $W_t=1$ 时的最优值,注意到 $v_0+\ln W_0$ 是问题（6-17）的最优值,其中 v_0是问题（6-17）在 $W_0=1$ 时的最优值.

如果随机过程 ξ_t 是阶段相互独立的,则问题(6-16)中的条件期望与相应的无条件期望相等,并且最优值 v_t不依赖 $\boldsymbol{\xi}_{[t]}$,且由下述问题的最优值给出:

$$\begin{cases}\max\limits_{\boldsymbol{x}_t\geqslant\boldsymbol{0}} E\left\{\ln\left(\sum\limits_{i=1}^{n}\xi_{i,t+1}x_{i,t}\right)\right\}\\ \text{s. t. }\ \sum\limits_{i=1}^{n}x_{it}=1\end{cases}\tag{6-18}$$

在阶段相互独立的情况下,最优策略可描述为:$t=0,1,\cdots,T-1$ 时,$\boldsymbol{x}_t^*=(x_{1t}^*,x_{2t}^*,\cdots,x_{nt}^*)$为问题(6-18) 的最优解. 由于对数函数的严格凹性,最优解是唯一的,则

$$\bar{\boldsymbol{x}}_t(W_t):=W_t\boldsymbol{x}_t^*\quad(t=0,1,\cdots,T-1)$$

定义了最优策略. 因此,当阶段相互独立且利用对数型效益函数时,多阶段随机规划问题(6-13)可以通过求解 T 个一阶段随机优化问题得到最优策略.

另外一种能够起到简化多阶段投资问题的效用函数是幂函数:

$$U(W):=W^{\gamma}$$

其中 $1\geqslant\gamma\geqslant0$, $W\geqslant0$. 再次假设随机过程 ξ_t 是阶段相互独立的,仍有 $Q_t(W_t)(t=1,2,\cdots,T-1)$只取决于 W_t. 用与对数效用函数相似的讨论,不难得出

$$Q_{T-1}(W_{T-1})=W_{T-1}^{\gamma}Q_{T-1}(1)$$

最优策略$\bar{\boldsymbol{x}}_t=\bar{\boldsymbol{x}}_t(W_t)$是下述问题的一个最优解:

$$\begin{cases}\max\limits_{\boldsymbol{x}_t\geqslant\boldsymbol{0}} E\left\{\left(\sum\limits_{i=1}^{n}\xi_{i,t+1}x_{it}\right)^{\gamma}\right\}\\ \text{s. t. }\ \sum\limits_{i=1}^{n}x_{it}=W_t\end{cases}\tag{6-19}$$

即$\bar{\boldsymbol{x}}_t(W_t)=W_t\boldsymbol{x}_t^*$,其中 $\boldsymbol{x}_t^*$ 是问题（6-19）在 $W_t=1,t=0,1,\cdots,T-1$ 时的一个最优解. 特别地,第一阶段的最优解$\bar{\boldsymbol{x}}_0$可通过求解下述问题得到:

$$\begin{cases}\max\limits_{x_0\geqslant \mathbf{0}} E\left\{\left(\sum\limits_{i=1}^{n}\xi_{i1}x_{i0}\right)^{\gamma}\right\}\\ \text{s. t. } \sum\limits_{i=1}^{n}x_{i0}=W_0\end{cases}$$

相应多阶段随机规划问题（6-13）的最优值 ϑ^* 为

$$\vartheta^*=W_0^{\gamma}\prod_{t=0}^{T-1}\eta_t$$

其中，η_t 是问题（6-19）在 $W_t=1$ 时的最优值.

应该注意的是，上述多阶段随机规划问题的可短视性（分成 T 个一阶段问题求解）是罕见的，更现实的情况是交易成本的出现，这些都是与持有股票、基金数量变化相关联的成本. 交易成本的引入将破坏上述最优策略的可短视性.

6.4 两阶段随机线性规划

本小节，我们讨论两阶段随机线性规划：

$$\begin{cases}\min\limits_{x\in \mathbf{R}^n} \boldsymbol{c}^{\mathrm{T}}\boldsymbol{x}+E[Q(\boldsymbol{x},\boldsymbol{\xi})]\\ \text{s. t. } \boldsymbol{Ax}=\boldsymbol{b}\\ \qquad \boldsymbol{x}\geqslant \mathbf{0}\end{cases}\tag{6-20}$$

其中 $Q(\boldsymbol{x},\boldsymbol{\xi})$ 为如下第二阶段问题的最优值

$$\begin{cases}\min\limits_{y\in \mathbf{R}^m} \boldsymbol{q}^{\mathrm{T}}\boldsymbol{y}\\ \text{s. t. } \boldsymbol{Tx}+\boldsymbol{Wy}=\boldsymbol{h}\\ \qquad \boldsymbol{y}\geqslant \mathbf{0}\end{cases}\tag{6-21}$$

这里 $\boldsymbol{\xi}:=(\boldsymbol{q},\boldsymbol{h},\boldsymbol{T},\boldsymbol{W})$ 是第二阶段问题的数据. 如果 $\boldsymbol{W}$ 是一个固定的矩阵（非随机），式（6-20）～（6-21）称为固定补偿（fixed recourse）两阶段随机规划问题. 下面我们主要讨论固定补偿两阶段随机规划问题.

第二阶段问题（6-21）是一个线性规划问题，它的对偶问题可以写成如下形式：

$$\begin{cases}\max \boldsymbol{\pi}^{\mathrm{T}}(\boldsymbol{h}-\boldsymbol{Tx})\\ \text{s. t. } \boldsymbol{W}^{\mathrm{T}}\boldsymbol{\pi}\leqslant \boldsymbol{q}\end{cases}\tag{6-22}$$

根据线性规划对偶理论，问题（6-21）和（6-22）的最优值相等（除非两个问题都没有可行解）. 如果它们的共同最优值有限，那么每个问题都有一组非空的最优解.

定义

$$s_q(\boldsymbol{\chi}):=\inf\{\boldsymbol{q}^{\mathrm{T}}\boldsymbol{y}:\boldsymbol{Wy}=\boldsymbol{\chi},\boldsymbol{y}\geqslant \mathbf{0}\}\tag{6-23}$$

显然，$Q(\boldsymbol{x},\boldsymbol{\xi})=s_q(\boldsymbol{h}-\boldsymbol{Tx})$. 如果对于任意 $\boldsymbol{\chi}$，都存在 $\boldsymbol{y}\geqslant\mathbf{0}$，使得 $\boldsymbol{\chi}=\boldsymbol{Wy}$，则问题（6-20）～（6-21）称为完备的. 如果对于任意满足 $\boldsymbol{Ax}=\boldsymbol{b},\boldsymbol{x}\geqslant\mathbf{0}$ 的 $\boldsymbol{x}$，第二阶段问题（6-21）的可行集对于几乎所有的 $\boldsymbol{\xi}\in\Xi$ 都是非空的，则称问题（6-20）～（6-21）是相对完备的.

根据线性规划的对偶性理论，如果集合

$$\Pi(\boldsymbol{q}):=\{\boldsymbol{\pi}:\boldsymbol{W}^{\mathrm{T}}\boldsymbol{\pi}\leqslant\boldsymbol{q}\}\tag{6-24}$$

是非空的，那么

$$s_q(\boldsymbol{\chi})=\sup_{\boldsymbol{\pi}\in\Pi(\boldsymbol{q})}\boldsymbol{\pi}^{\mathrm{T}}\boldsymbol{\chi}\tag{6-25}$$

即 $s_q(\boldsymbol{\chi})$是集合 $\Pi(\boldsymbol{q})$ 的支撑函数. $\Pi(\boldsymbol{q})$ 是凸的、封闭的、多面体集合，有有限的极点.（此外，如果 $\Pi(\boldsymbol{q})$ 是有界的，那么它与它的极点的凸包相吻合.）因此，如果 $\Pi(\boldsymbol{q})$ 非空，那么 $s_q(\boldsymbol{\chi})$是一个正齐次的多面体函数. 如果集合 $\Pi(\boldsymbol{q})$ 为空，那么，式(6-23) 右侧的下限只能取两个值：$+\infty$ 或 $-\infty$. 在任何情况下，都不难直接验证函数 $s_q(\boldsymbol{\chi})$ 是凸函数.

定义由 $\boldsymbol{W}$ 的列生成的凸多面体锥为

$$pos\ \boldsymbol{W}:=\{\boldsymbol{\chi}:\boldsymbol{\chi}=\boldsymbol{W}\boldsymbol{y},\boldsymbol{y}\geqslant\boldsymbol{0}\}$$

直接由定义 (6-23) 可知 $pos\ \boldsymbol{W}$ 是 $s_q(\boldsymbol{\chi})$的有效域. 因此 $Q(\boldsymbol{x},\boldsymbol{\xi})$的有效域为

$$\{\boldsymbol{x}:\boldsymbol{h}-\boldsymbol{T}\boldsymbol{x}\in pos\ \boldsymbol{W}\}$$

定义 6-1 对于一个凸的下半连续的增广实值函数 $f:\mathbf{R}^n\rightarrow\overline{\mathbf{R}}$，如果 $f(\boldsymbol{x})$的有效域是闭凸多面体，且 $f(\boldsymbol{x})$在有效域上是分片线性函数，则称 $f(\boldsymbol{x})$为多面体函数.

命题 6-1 对于任何给定的 $\boldsymbol{\xi}$，函数 $Q(\boldsymbol{x},\boldsymbol{\xi})$是凸的. 如果集合$\{\boldsymbol{\pi}:\boldsymbol{W}^{\mathrm{T}}\boldsymbol{\pi}\leqslant\boldsymbol{q}\}$是非空的，且问题 (6-21) 对至少一个 $\boldsymbol{x}$ 是可行的，那么函数 $Q(\boldsymbol{x},\boldsymbol{\xi})$是多面体函数.

函数 $Q(\boldsymbol{x},\boldsymbol{\xi})$的可微性质可描述如下：

命题 6-2 假设对于给定 $\boldsymbol{x}=\boldsymbol{x}_0$ 和 $\boldsymbol{\xi}\in\Xi$，值 $Q(\boldsymbol{x}_0,\boldsymbol{\xi})$是有限的. 那么，$Q(\boldsymbol{x},\boldsymbol{\xi})$在 $\boldsymbol{x}_0$ 处是可微分的，且

$$\partial Q(\boldsymbol{x}_0,\boldsymbol{\xi})=-\boldsymbol{T}^{\mathrm{T}}\boldsymbol{D}(\boldsymbol{x}_0,\boldsymbol{\xi})$$

其中

$$\boldsymbol{D}(\boldsymbol{x},\boldsymbol{\xi}):=\arg\max_{\boldsymbol{\pi}\in\Pi(\boldsymbol{q})}\boldsymbol{\pi}^{\mathrm{T}}(\boldsymbol{h}-\boldsymbol{T}\boldsymbol{x})$$

是对偶问题(6-22)的最优解集.

由此可见，如果第二阶段最优值函数 $Q(\boldsymbol{x},\boldsymbol{\xi})$在至少一个点上有一个有限值，那么它在该点上是次可微的，且其次梯度可以由第二阶段问题的对偶问题的最优解表示.

下面我们分析 $\boldsymbol{\xi}$ 具有离散分布的情况. 假设 $\boldsymbol{\xi}$ 有如下 K 种可能取值：$\boldsymbol{\xi}_1,\boldsymbol{\xi}_2,\cdots,\boldsymbol{\xi}_K$，各自的概率为 $p_1,p_2,\cdots,p_K$. 那么

$$E[Q(\boldsymbol{x},\boldsymbol{\xi})]=\sum_{k=1}^{K}p_kQ(\boldsymbol{x},\boldsymbol{\xi}_k)$$

对于给定的 $\boldsymbol{x}$，期望值 $E[Q(\boldsymbol{x},\boldsymbol{\xi})]$等于以下线性规划问题的最优值

$$\begin{cases}\min\limits_{\boldsymbol{y}_1,\cdots,\boldsymbol{y}_K}\sum\limits_{k=1}^{K}p_k\boldsymbol{q}_k^{\mathrm{T}}\boldsymbol{y}_k\\ \text{s. t.}\ \left.\begin{aligned}\boldsymbol{T}_k\boldsymbol{x}+\boldsymbol{W}_k\boldsymbol{y}_k&=\boldsymbol{h}_k\\ \boldsymbol{y}_k&\geqslant\boldsymbol{0}\end{aligned}\right\}k=1,2,\cdots,K\end{cases}$$

如果对至少一个 $k\in\{1,2,\cdots,K\}$，系统

$$\boldsymbol{T}_k\boldsymbol{x}+\boldsymbol{W}_k\boldsymbol{y}_k=\boldsymbol{h}_k,\boldsymbol{y}_k\geqslant\boldsymbol{0}$$

无解，即相应的第二阶段问题 (6-21) 是不可解的. 那么，问题 (6-20) 的目标函数恒为 $+\infty$. 在上述离散情况，式(6-20)～(6-21) 可以写成如下大规模线性规划问题：

$$\begin{cases} \min\limits_{x\geqslant \mathbf{0},y_1,\cdots,y_K} \boldsymbol{c}^{\mathrm{T}}\boldsymbol{x}+\sum\limits_{k=1}^{K} p_k\boldsymbol{q}_k^{\mathrm{T}}\boldsymbol{y}_k \\ \text{s. t. } \left.\begin{aligned} \boldsymbol{T}_k\boldsymbol{x}+\boldsymbol{W}_k\boldsymbol{y}_k &= \boldsymbol{h}_k \\ \boldsymbol{y}_k &\geqslant \mathbf{0} \end{aligned}\right\} k=1,2,\cdots,K \\ \qquad \boldsymbol{A}\boldsymbol{x}=\boldsymbol{b} \end{cases}$$

显然，上述线性规划问题的规模依赖于样本个数 K.

命题 6-3 假设 $\boldsymbol{\xi}$ 服从离散分布，其分布律为

$\boldsymbol{\xi}$	$\boldsymbol{\xi}_1$	$\boldsymbol{\xi}_2$	$\cdots$	$\boldsymbol{\xi}_K$
P	p_1	p_2	$\cdots$	p_K

假设预期补偿成本 $E[Q(\boldsymbol{x},\boldsymbol{\xi})]$在至少一个点 $\bar{\boldsymbol{x}}\in\mathbf{R}^n$ 上为有限值，那么函数$E[Q(\boldsymbol{x},\boldsymbol{\xi})]$是多面体函数，且对于 $E[Q(\boldsymbol{x},\boldsymbol{\xi})]$有效域中的点 $\boldsymbol{x}_0$，有

$$\partial E[Q(\boldsymbol{x}_0,\xi)]=-\sum_{k=1}^{K} p_k\boldsymbol{T}_k^{\mathrm{T}}\boldsymbol{D}(\boldsymbol{x}_0,\boldsymbol{\xi}_k)$$

其中

$$\boldsymbol{D}(\boldsymbol{x}_0,\boldsymbol{\xi}_k):=\arg\max_{\boldsymbol{\pi}\in\Pi(\boldsymbol{q})}\{\boldsymbol{\pi}^{\mathrm{T}}(\boldsymbol{h}_k-\boldsymbol{T}_k\boldsymbol{x}_0):\boldsymbol{W}_k^{\mathrm{T}}\boldsymbol{\pi}\leqslant\boldsymbol{q}_k\}$$

基于上述次微分的刻画，我们有如下最优性条件：

命题 6-4 设$\bar{\boldsymbol{x}}$是问题 (6-20)～(6-21) 的可行解，那么$\bar{\boldsymbol{x}}$是问题(6-20)～(6-21) 的最优解，当且仅当存在 $\boldsymbol{\pi}_k\in D(\bar{\boldsymbol{x}},\boldsymbol{\xi}_k)(k=1,2,\cdots,K)$，$\boldsymbol{\mu}\in\mathbf{R}^m$，使得

$$\begin{aligned} &\sum_{k=1}^{K} p_k\boldsymbol{T}_k^{\mathrm{T}}\boldsymbol{\pi}_k+\boldsymbol{A}^{\mathrm{T}}\boldsymbol{\mu}\leqslant\boldsymbol{c} \\ &\bar{\boldsymbol{x}}^{\mathrm{T}}\Big(\boldsymbol{c}-\sum_{k=1}^{K} p_k\boldsymbol{T}_k^{\mathrm{T}}\boldsymbol{\pi}_k-\boldsymbol{A}^{\mathrm{T}}\boldsymbol{\mu}\Big)=0 \end{aligned} \tag{6-26}$$

最优性条件 (6-26) 可以利用命题 6-2 对 $E[Q(\boldsymbol{x},\boldsymbol{\xi})]$次微分的刻画及问题 (6-20) 的一阶最优性条件推导得到，也可以直接从如下大规模线性规划问题的最优条件得到：

$$\begin{cases} \min\limits_{x\geqslant \mathbf{0},y_1,\cdots,y_K} \boldsymbol{c}^{\mathrm{T}}\boldsymbol{x}+\sum\limits_{k=1}^{K} p_k\boldsymbol{q}_k^{\mathrm{T}}\boldsymbol{y}_k \\ \text{s. t. } \left.\begin{aligned} \boldsymbol{T}_k\boldsymbol{x}+\boldsymbol{W}_k\boldsymbol{y}_k &= \boldsymbol{h}_k \\ \boldsymbol{y}_k &\geqslant \mathbf{0} \end{aligned}\right\} k=1,2,\cdots,K \\ \qquad \boldsymbol{A}\boldsymbol{x}=\boldsymbol{b} \end{cases}$$

如果 $\boldsymbol{\xi}$ 不服从离散分布，则需要额外的条件来保证 $E[Q(\boldsymbol{x},\boldsymbol{\xi})]$的次可微性和拉格朗日乘子的存在性.

定理 6-1 记 $E[Q(\boldsymbol{x},\boldsymbol{\xi})]$的有效域为 Φ，设 $\bar{\boldsymbol{x}}$是问题 (6-20)～(6-21) 的可行解. 假设 $E[Q(\boldsymbol{x},\boldsymbol{\xi})]$是正常的，$\Phi\cap X\neq\varnothing$且 $\mathcal{N}_\Phi(\bar{\boldsymbol{x}})\subset\mathcal{N}_X(\bar{\boldsymbol{x}})$，其中 $X:=\{\boldsymbol{x}:\boldsymbol{A}\boldsymbol{x}=\boldsymbol{b},\boldsymbol{x}\geqslant\mathbf{0}\}$. 那么$\bar{\boldsymbol{x}}$ 是问题 (6-20)～(6-21) 的最优解，当且仅当存在一个可测函数 $\boldsymbol{\pi}(\boldsymbol{\xi})\in D(\bar{\boldsymbol{x}},\boldsymbol{\xi})$，

$\boldsymbol{\xi}\in\Xi$，向量 $\boldsymbol{\mu}\in\mathbf{R}^m$，使得

$$E[\boldsymbol{T}^{\mathrm{T}}\boldsymbol{\pi}]+\boldsymbol{A}^{\mathrm{T}}\boldsymbol{\mu}\leqslant\boldsymbol{c}$$
$$\boldsymbol{x}^{\mathrm{T}}(\boldsymbol{c}-E[\boldsymbol{T}^{\mathrm{T}}\boldsymbol{\pi}]-\boldsymbol{A}^{\mathrm{T}}\boldsymbol{\mu})=\boldsymbol{0}$$

非预期性是随机规划的一个重要概念，它体现了当前阶段的决策只依赖于过去的信息而不依赖于将来的信息. 下面我们介绍处理非预期性的基本方法，这些方法能够为算法设计提供帮助.

根据上面内容的分析，当 $\boldsymbol{\xi}$ 服从离散分布，其分布律为

$\boldsymbol{\xi}$	$\boldsymbol{\xi}_1$	$\boldsymbol{\xi}_2$	$\cdots$	$\boldsymbol{\xi}_K$
P	p_1	p_2	$\cdots$	p_K

两阶段随机线性规划(6-20)～(6-21) 可以写成如下大规模线性规划问题：

$$\begin{cases}\min\limits_{\boldsymbol{x}\geqslant\boldsymbol{0},\boldsymbol{y}_1,\cdots,\boldsymbol{y}_K} \boldsymbol{c}^{\mathrm{T}}\boldsymbol{x}+\sum\limits_{k=1}^{K}p_k\boldsymbol{q}_k^{\mathrm{T}}\boldsymbol{y}_k \\ \text{s. t. } \left.\begin{aligned}&\boldsymbol{T}_k\boldsymbol{x}+\boldsymbol{W}_k\boldsymbol{y}_k=\boldsymbol{h}_k\\&\boldsymbol{y}_k\geqslant\boldsymbol{0}\end{aligned}\right\}k=1,2,\cdots,K \\ \quad\ \boldsymbol{A}\boldsymbol{x}=\boldsymbol{b}\end{cases}$$

两阶段随机规划问题的非预期性体现在第一阶段的变量 $\boldsymbol{x}$ 不依赖于 $\boldsymbol{\xi}$. 通过引入非预期性约束，上述问题等价于

$$\begin{cases}\min\limits_{(\boldsymbol{x}_1,\boldsymbol{y}_1),\cdots,(\boldsymbol{x}_K,\boldsymbol{y}_K)}\sum\limits_{k=1}^{K}p_k(\boldsymbol{c}^{\mathrm{T}}\boldsymbol{x}_k+\boldsymbol{q}_k^{\mathrm{T}}\boldsymbol{y}_k) \\ \text{s. t. } \left.\begin{aligned}&\boldsymbol{T}_k\boldsymbol{x}_k+\boldsymbol{W}_k\boldsymbol{y}_k=\boldsymbol{h}_k\\&\boldsymbol{x}_k\geqslant\boldsymbol{0},\boldsymbol{y}_k\geqslant\boldsymbol{0}\\&\boldsymbol{A}\boldsymbol{x}_k=\boldsymbol{b}\end{aligned}\right\}k=1,2,\cdots,K \\ \quad\ \boldsymbol{x}_1=\boldsymbol{x}_2=\cdots=\boldsymbol{x}_K\end{cases}$$

如果去掉非预期性约束：

$$\boldsymbol{x}_1=\boldsymbol{x}_2=\cdots=\boldsymbol{x}_K$$

则上述问题可分解为如下 K 个小规模子问题进行求解：

$$\begin{cases}\min\limits_{\boldsymbol{x}_k\geqslant\boldsymbol{0},\boldsymbol{y}_k\geqslant\boldsymbol{0}} p_k(\boldsymbol{c}^{\mathrm{T}}\boldsymbol{x}_k+\boldsymbol{q}_k^{\mathrm{T}}\boldsymbol{y}_k) \\ \text{s. t. } \left.\begin{aligned}&\boldsymbol{A}\boldsymbol{x}_k=\boldsymbol{b}\\&\boldsymbol{T}_k\boldsymbol{x}_k+\boldsymbol{W}_k\boldsymbol{y}_k=\boldsymbol{h}_k\end{aligned}\right\}k=1,2,\cdots,K\end{cases}$$

为分析方便，定义 nK-维向量空间 $\mathscr{X}:=\mathbf{R}^n\times\cdots\times\mathbf{R}^n$ 和非预测子空间：$\mathscr{L}:=\{\boldsymbol{x}=(\boldsymbol{x}_1,\boldsymbol{x}_2,\cdots,\boldsymbol{x}_K):\boldsymbol{x}_1=\boldsymbol{x}_2=\cdots=\boldsymbol{x}_K\}$，则非预期性约束可表示为

$$\boldsymbol{x}\in\mathscr{L}$$

显然，非预期性约束也可记为

$$\boldsymbol{x}_k=\sum_{i=1}^{K}p_i\boldsymbol{x}_i\quad(k=1,2,\cdots,K)$$

定义空间 X 上的内积运算为

$$\langle \boldsymbol{x},\boldsymbol{y}\rangle := \sum_{i=1}^{K} p_i \boldsymbol{x}_i^{\mathrm{T}} \boldsymbol{y}_i, \boldsymbol{x},\boldsymbol{y} \in X \tag{6-27}$$

定义线性算子 $\boldsymbol{P}:X\to X$ 为

$$\boldsymbol{P}\boldsymbol{x} := \left(\sum_{i=1}^{K} p_i \boldsymbol{x}_i, \cdots, \sum_{i=1}^{K} p_i \boldsymbol{x}_i\right)$$

非预期性约束等价于

$$\boldsymbol{P}\boldsymbol{x}=\boldsymbol{x}$$

$\boldsymbol{P}$ 是正交投影算子，即 $\boldsymbol{PP}=\boldsymbol{P},\boldsymbol{P}^*=\boldsymbol{P},\boldsymbol{P}(\boldsymbol{P}\boldsymbol{x})=\boldsymbol{P}\boldsymbol{x}$，且

$$\langle \boldsymbol{P}\boldsymbol{x},\boldsymbol{y}\rangle = \left(\sum_{i=1}^{K} p_i \boldsymbol{x}_i\right)^{\mathrm{T}}\left(\sum_{k=1}^{K} p_k \boldsymbol{y}_k\right) = \langle \boldsymbol{x},\boldsymbol{P}\boldsymbol{y}\rangle$$

6.5 多阶段随机线性规划

在多阶段情形，随机数据 $\boldsymbol{\xi}_1,\boldsymbol{\xi}_2,\cdots,\boldsymbol{\xi}_T$ 按时间顺序在 T 阶段逐步得到.决策者的决策应该适应这个过程：

观测($\boldsymbol{\xi}_1$)→决策($\boldsymbol{x}_1$)→观测($\boldsymbol{\xi}_2$)→决策($\boldsymbol{x}_2$)→…→观测($\boldsymbol{\xi}_T$)→决策($\boldsymbol{x}_T$)

向量序列 $\boldsymbol{\xi}_t$ 可视为随机过程，即一列具有指定概率分布的随机变量，而 $\boldsymbol{\xi}_{[t]}=(\boldsymbol{\xi}_1,\boldsymbol{\xi}_2,\cdots,\boldsymbol{\xi}_t)$ 代表到时间 t 为止的随机过程. t 阶段的决策向量 $\boldsymbol{x}_t$ 依赖于已知的观测数据 $\boldsymbol{\xi}_{[t]}$，但不依赖于未来的观测数据，这是非预期性的基本要求.由于 $\boldsymbol{x}_t$ 依赖于 $\boldsymbol{\xi}_{[t]}$，决策序列也是随机过程.

我们称随机过程 $\boldsymbol{\xi}_t$ 是阶段独立的，如果 $\boldsymbol{\xi}_t$ 独立于 $\boldsymbol{\xi}_{[t-1]}$($t=2,3,\cdots,T$).称随机过程 $\boldsymbol{\xi}_t$ 是马尔可夫的，如果给定 $\boldsymbol{\xi}_{[t-1]}$ 的 $\boldsymbol{\xi}_t$ 的条件分布和给定 $\boldsymbol{\xi}_{t-1}$ 的 $\boldsymbol{\xi}_t$ 的条件分布相同.如果随机过程 $\boldsymbol{\xi}_t$ 是阶段独立的，那么 $\boldsymbol{\xi}_t$ 也是马尔可夫的.我们用同样的符号 $\boldsymbol{\xi}_t$ 表示随机变量和它的实现，根据上下文可以判断具体含义.

T 阶段随机规划问题的一种表达方式是如下嵌套形式：

$$\min_{\boldsymbol{x}_1\in\chi_1} f_1(\boldsymbol{x}_1)+E\left[\inf_{\boldsymbol{x}_2\in\chi_2(\boldsymbol{x}_1,\boldsymbol{\xi}_2)} f_2(\boldsymbol{x}_2,\boldsymbol{\xi}_2)+E\left[\cdots+E\left[\inf_{\boldsymbol{x}_T\in\chi_T(\boldsymbol{x}_{T-1},\boldsymbol{\xi}_T)} f_T(\boldsymbol{x}_T,\boldsymbol{\xi}_T)\right]\right]\right] \tag{6-28}$$

其中，$\boldsymbol{x}_t\in\mathbf{R}^{n_t}(t=1,2,\cdots,T)$ 是决策变量，$f_t:\mathbf{R}^{n_t}\times\mathbf{R}^{d_t}\to\mathbf{R}(t=1,2,\cdots,T)$ 是连续函数，$\chi_t:\mathbf{R}^{n_{t-1}}\times\mathbf{R}^{d_t}\to\mathbf{R}^{n_t}(t=1,2,\cdots,T)$ 是可测闭实值集值映射.第一阶段的数据，即向量 $\boldsymbol{\xi}_1$，函数 $f_1:\mathbf{R}^{n_1}\to\mathbf{R}$ 和集合 $\chi_1\subset\mathbf{R}$ 是确定的.称多阶段问题是线性的，如果目标函数和约束函数都是线性的.通常的表示方式为

$$f_t(\boldsymbol{x}_t,\boldsymbol{\xi}_t):=\boldsymbol{c}_t^{\mathrm{T}}\boldsymbol{x}_t,\quad X_1:=\{\boldsymbol{x}_1:\boldsymbol{A}_1\boldsymbol{x}_1=\boldsymbol{b}_1,\boldsymbol{x}_1\geqslant\boldsymbol{0}\}$$

$$X_t(\boldsymbol{x}_{t-1},\boldsymbol{\xi}_t):=\{\boldsymbol{x}_t:\boldsymbol{B}_t\boldsymbol{x}_{t-1}+\boldsymbol{A}_t\boldsymbol{x}_t=\boldsymbol{b}_t,\boldsymbol{x}_t\geqslant\boldsymbol{0}\},t=2,3,\cdots,T$$

这里，$\boldsymbol{\xi}_1:=(\boldsymbol{c}_1,\boldsymbol{A}_1,\boldsymbol{b}_1)$ 在第一阶段已知(因此不是随机的)，$\boldsymbol{\xi}_t:=(\boldsymbol{c}_t,\boldsymbol{B}_t,\boldsymbol{A}_t,\boldsymbol{b}_t)\in\mathbf{R}^{d_t}$($t=2,3,\cdots,T$)是随机向量，其中部分(或全部)元素是随机的.

下面我们讨论多阶段随机线性规划的两种表达方式.一种是从函数的角度看每一阶段的决策变量，另一种是从动态规划的角度写出递归方程.

从函数的角度，决策变量可写为$\boldsymbol{x}_t(\boldsymbol{\xi}_{[t]})(t=1,2,\cdots,T)$. 此时，可测映射 $\boldsymbol{x}_t:\mathbf{R}^{d_1}\times\cdots\times\mathbf{R}^{d_t}\to\mathbf{R}^{n_t}(t=1,2,\cdots,T)$称为可执行(或简单)策略($\boldsymbol{\xi}_1$是确定的).

称一个可执行策略是可行的，如果它满足可行性约束，即

$$\boldsymbol{x}_t(\boldsymbol{\xi}_{[t]})\in\chi_t(\boldsymbol{x}_{t-1}(\boldsymbol{\xi}_{[t-1]},\boldsymbol{\xi}_t)),t=2,3,\cdots,T$$

利用函数变量 $\boldsymbol{x}_t(\boldsymbol{\xi}_{[t]})(t=1,2,\cdots,T)$，我们可以用如下形式描述多阶段问题(6-28)：

$$\begin{cases}\min\limits_{\boldsymbol{x}_1,\boldsymbol{x}_2,\cdots,\boldsymbol{x}_T} E[f_1(\boldsymbol{x}_1)+f_2(\boldsymbol{x}_2(\boldsymbol{\xi}_{[2]}),\boldsymbol{\xi}_2)+\cdots+f_T(\boldsymbol{x}_T(\boldsymbol{\xi}_{[T]}),\boldsymbol{\xi}_T)]\\ \text{s.t. } \boldsymbol{x}_1\in\chi_1,\boldsymbol{x}_t(\boldsymbol{\xi}_{[t]})\in\chi_t(\boldsymbol{x}_{t-1}(\boldsymbol{\xi}_{[t-1]}),\boldsymbol{\xi}_t),t=2,3,\cdots,T\end{cases}$$

这是两阶段问题的自然扩展. 和两阶段随机优化类似，离散近似是算法设计较为常用的方法. 但是，多阶段随机优化问题需要的样本数随着阶段数 T 指数增长.

另一种表达方式是写出相应的动态规划方程. 考虑最后一阶段问题：

$$\min_{\boldsymbol{x}_T\in\chi_T(\boldsymbol{x}_{T-1},\boldsymbol{\xi}_T)} f_T(\boldsymbol{x}_T,\boldsymbol{\xi}_T)$$

记上述问题的最优值函数为 $\overline{Q}_T(\boldsymbol{x}_{T-1},\boldsymbol{\xi}_T)$. 则在 $t=2,3,\cdots,T-1$ 阶段，问题表述为

$$\begin{cases}\min\limits_{\boldsymbol{x}_t} f_t(\boldsymbol{x}_t,\boldsymbol{\xi}_t)+Q_{t+1}(\boldsymbol{x}_t,\boldsymbol{\xi}_{[t]})\\ \text{s.t. } \boldsymbol{x}_t\in\chi_t(\boldsymbol{x}_{t-1},\boldsymbol{\xi}_t)\end{cases}$$

其中

$$\overline{Q}_t(\boldsymbol{x}_{t-1},\boldsymbol{\xi}_{[t]})=\inf_{\boldsymbol{x}_t\in\chi_t(\boldsymbol{x}_{t-1},\boldsymbol{\xi}_t)}\{f_t(\boldsymbol{x}_t,\boldsymbol{\xi}_t)+Q_{t+1}(\boldsymbol{x}_t,\boldsymbol{\xi}_{[t]})\}$$

$$Q_{t+1}(\boldsymbol{x}_t,\boldsymbol{\xi}_{[t]}):=E\{\overline{Q}_{t+1}(\boldsymbol{x}_t,\boldsymbol{\xi}_{[t+1]})\mid\boldsymbol{\xi}_{[t]}\}\tag{6-29}$$

按倒序递归计算成本函数 $Q_t(\boldsymbol{x}_{t-1},\xi_{[t]})$，在第一阶段，我们需要求解如下问题：

$$\min_{\boldsymbol{x}_1\in\chi_1} f_1(\boldsymbol{x}_1)+Q_2(\boldsymbol{x}_1,\boldsymbol{\xi}_{[2]})$$

一个可执行策略 $\bar{\boldsymbol{x}}_T(\boldsymbol{\xi}_{[t]})$是最优解当且仅当对于 $t=1,2,\cdots,T$,下式成立：

$$\bar{\boldsymbol{x}}_t(\boldsymbol{\xi}_{[t]})\in\mathop{\arg\min}_{\boldsymbol{x}_t\in\chi_t(\bar{\boldsymbol{x}}_{t-1}(\boldsymbol{\xi}_{[t-1]}),\boldsymbol{\xi}_t)}\{f_t(\boldsymbol{x}_t,\boldsymbol{\xi}_t)+Q_{t+1}(\boldsymbol{x}_t,\boldsymbol{\xi}_{[t+1]})\}$$

其中，对于 $t=T$,Q_{T+1}省略.

在动态规划表示方式中，多阶段随机规划问题被分解为一系列由 $\boldsymbol{x}_t$ 和 $\boldsymbol{\xi}_{[t]}$标识的有限维问题. 它也可以视为两阶段问题 (6-20)～(6-21) 的推广. 虽然从动态规划角度看，多阶段随机规划问题决策变量是向量，但是，嵌套形式的最优值函数难以估计. 下面以估计$E\{\overline{Q}_{t+1}(\boldsymbol{x}_t,\boldsymbol{\xi}_{[t+1]})\mid\boldsymbol{\xi}_{[t]}\}$为例进行介绍.

- 对于给定 $\boldsymbol{\xi}_{[t]}$，生成 $\boldsymbol{\xi}_{t+1}$的 N_{t+1}个离散样本 $\boldsymbol{\xi}_{t+1}^1,\cdots,\boldsymbol{\xi}_{t+1}^{N_{t+1}}$(估计条件期望)；
- 对于每个给定样本 $\boldsymbol{\xi}_{t+1}^j(1\leqslant j\leqslant N_{t+1})$，计算近似函数 $Q_{t+1}(\boldsymbol{x}_t,\boldsymbol{\xi}_{[t+1]})$.

显然，上述过程受 $\boldsymbol{x}_t$ 的维数和 $\boldsymbol{\xi}_{[t]}$的影响. 在一定条件下，条件期望函数可以简化，比如随机过程 $\boldsymbol{\xi}_1,\boldsymbol{\xi}_2,\cdots,\boldsymbol{\xi}_T$ 是马尔可夫的，则上述方程给定 $\boldsymbol{\xi}_{[t]}$的条件分布和给定 $\boldsymbol{\xi}_t$ 的条件分布相同. 在这种情况下，函数 Q_t 依赖于 $\boldsymbol{\xi}_t$，而不依赖于 $\boldsymbol{\xi}_{[t]}$，于是 Q_t 可以写为 $Q_t(\boldsymbol{x}_{t-1},\boldsymbol{\xi}_t)$. 如果进一步，阶段独立性条件成立，那么每个期望函数 Q_t不依赖于随机过程 $\boldsymbol{\xi}_t$ 的实现，Q_t 可以写为$Q_t(\boldsymbol{x}_{t-1})$.

下面讨论多阶段随机线性规划问题. 令 $\boldsymbol{x}_1,\boldsymbol{x}_2,\cdots,\boldsymbol{x}_T$分别是 $1,2,\cdots,T$ 阶段的决策向

量，考虑下面的线性规划问题：

$$\begin{cases}\min\ \boldsymbol{c}_1^{\mathrm{T}}\boldsymbol{x}_1+\boldsymbol{c}_2^{\mathrm{T}}\boldsymbol{x}_2+\boldsymbol{c}_3^{\mathrm{T}}\boldsymbol{x}_3+\cdots+\boldsymbol{c}_T^{\mathrm{T}}\boldsymbol{x}_T\\ \text{s. t.}\ \ \boldsymbol{A}_1\boldsymbol{x}_1=\boldsymbol{b}_1\\ \qquad \boldsymbol{B}_2\boldsymbol{x}_1+\boldsymbol{A}_2\boldsymbol{x}_2=\boldsymbol{b}_2\\ \qquad \boldsymbol{B}_3\boldsymbol{x}_2+\boldsymbol{A}_3\boldsymbol{x}_3=\boldsymbol{b}_3\\ \qquad \vdots\\ \qquad \boldsymbol{B}_T\boldsymbol{x}_{T-1}+\boldsymbol{A}_T\boldsymbol{x}_T=\boldsymbol{b}_T\\ \qquad \boldsymbol{x}_1\geqslant\boldsymbol{0},\boldsymbol{x}_2\geqslant\boldsymbol{0},\boldsymbol{x}_3\geqslant\boldsymbol{0},\cdots,\boldsymbol{x}_T\geqslant\boldsymbol{0}\end{cases}\tag{6-30}$$

其中，$\boldsymbol{c}_1$，$\boldsymbol{A}_1$ 和 $\boldsymbol{b}_1$ 是已知的，向量 $\boldsymbol{c}_t$，矩阵 $\boldsymbol{B}_t$ 和 $\boldsymbol{A}_t$，向量 $\boldsymbol{b}_t(t=2,3,\cdots,T)$是随机的. 在多阶段情形，观测过程如下：

$$\begin{gathered}\text{决策}(\boldsymbol{x}_1)\\ \text{观测}\ \boldsymbol{\xi}_2:=(\boldsymbol{c}_2,\boldsymbol{B}_2,\boldsymbol{A}_2,\boldsymbol{b}_2)\\ \text{决策}(\boldsymbol{x}_2)\\ \vdots\\ \text{观测}\ \boldsymbol{\xi}_T:=(\boldsymbol{c}_T,\boldsymbol{B}_T,\boldsymbol{A}_T,\boldsymbol{b}_T)\\ \text{决策}(\boldsymbol{x}_T)\end{gathered}$$

我们的目标是设计决策过程，使得目标函数的期望值最小，最优决策在每个阶段 $t=1,2,\cdots,T$ 做出.

由于 $\boldsymbol{\xi}_{[T]}$ 的值和前面的决策向量 $\boldsymbol{x}_1,\boldsymbol{x}_2,\cdots,\boldsymbol{x}_{T-1}$ 已知，因此最后一阶段的决策问题是一个简单的线性规划问题：

$$\begin{cases}\min\limits_{\boldsymbol{x}_T}\ \boldsymbol{c}_T^{\mathrm{T}}\boldsymbol{x}_T\\ \text{s. t.}\ \ \boldsymbol{B}_T\boldsymbol{x}_{T-1}+\boldsymbol{A}_T\boldsymbol{x}_T=\boldsymbol{b}_T\\ \qquad \boldsymbol{x}_T\geqslant\boldsymbol{0}\end{cases}$$

这个问题的最优值函数依赖于上一阶段的决策向量 $\boldsymbol{x}_{T-1}$ 和数据 $\boldsymbol{\xi}_T(\boldsymbol{c}_T,\boldsymbol{B}_T,\boldsymbol{A}_T,\boldsymbol{b}_T)$，最优值函数记为 $\overline{Q}_T(\boldsymbol{x}_{T-1},\boldsymbol{\xi}_T)$. 在 $T-1$ 阶段，$\boldsymbol{x}_{T-2}$ 和 $\boldsymbol{\xi}_{[T-1]}$ 已知，我们要解决下面的随机规划问题：

$$\begin{cases}\min\limits_{\boldsymbol{x}_{T-1}}\ \boldsymbol{c}_{T-1}^{\mathrm{T}}\boldsymbol{x}_{T-1}+E[\overline{Q}_T(\boldsymbol{x}_{T-1},\boldsymbol{\xi}_T)\mid\boldsymbol{\xi}_{[T-1]}]\\ \text{s. t.}\ \ \boldsymbol{B}_{T-1}\boldsymbol{x}_{T-2}+\boldsymbol{A}_{T-1}\boldsymbol{x}_{T-1}=\boldsymbol{b}_{T-1}\\ \qquad \boldsymbol{x}_{T-1}\geqslant\boldsymbol{0}\end{cases}$$

上面问题的最优值依赖于 $\boldsymbol{x}_{T-2}$ 和数据 $\boldsymbol{\xi}_{[T-1]}$，最优值记为 $\overline{Q}_{T-1}(\boldsymbol{x}_{T-2},\boldsymbol{\xi}_{[T-1]})$.

一般地，在 $t=2,\cdots,T-1$ 阶段，问题为

$$\begin{cases}\min\limits_{\boldsymbol{x}_t}\ \boldsymbol{c}_t^{\mathrm{T}}\boldsymbol{x}_t+E[\overline{Q}_{t+1}(\boldsymbol{x}_t,\boldsymbol{\xi}_{t+1})\mid\boldsymbol{\xi}_{[t]}]\\ \text{s. t.}\ \ \boldsymbol{B}_t\boldsymbol{x}_{t-1}+\boldsymbol{A}_t\boldsymbol{x}_t=\boldsymbol{b}_t\\ \qquad \boldsymbol{x}_t\geqslant\boldsymbol{0}\end{cases}\tag{6-31}$$

它的最优值函数记为 $\overline{Q}_t(\boldsymbol{x}_{t-1},\boldsymbol{\xi}_{[t]})$.

第一阶段决策问题为

$$\begin{cases}\min\limits_{\boldsymbol{x}_1} \boldsymbol{c}_1^{\mathrm{T}}\boldsymbol{x}_1+E[\overline{Q}_2(\boldsymbol{x}_1,\boldsymbol{\xi}_{[2]})] \\ \text{s. t. } \boldsymbol{A}_1\boldsymbol{x}_1=\boldsymbol{b}_1 \\ \qquad \boldsymbol{x}_1\geqslant \boldsymbol{0}\end{cases} \tag{6-32}$$

所有后面的阶段($t=2,\cdots,T$)通过相应的期望值被吸收进 $\overline{Q}_2(\boldsymbol{x}_1,\boldsymbol{\xi}_{[2]})$. $\boldsymbol{\xi}_1$ 不是随机的，因此最优值函数 $Q_2(\boldsymbol{x}_1,\boldsymbol{\xi}_{[2]})$不依赖于 $\boldsymbol{\xi}_1$. 如果 $T=2$,那么问题(6-32) 和两阶段问题(6-20)相同.

动态规划方程的形式[与式(6-29)比较]为

$$\overline{Q}_t(x_{t-1},\boldsymbol{\xi}_{t-1})=\inf_{x_t}\{\boldsymbol{c}_t^{\mathrm{T}}\boldsymbol{x}_t+Q_{t+1}(\boldsymbol{x}_t,\boldsymbol{\xi}_{[t]}):\boldsymbol{B}_t\boldsymbol{x}_{t-1}+\boldsymbol{A}_t\boldsymbol{x}_t=\boldsymbol{b}_t,\boldsymbol{x}_t\geqslant\boldsymbol{0}\}$$

其中

$$Q_{t+1}(\boldsymbol{x}_t,\boldsymbol{\xi}_{[t]}):=E\{\overline{Q}_{t+1}(\boldsymbol{x}_t,\boldsymbol{\xi}_{[t+1]})\mid\boldsymbol{\xi}_{[t]}\}$$

可执行策略 $\overline{\boldsymbol{x}}_t(\boldsymbol{\xi}_{[t]})(t=1,2,\cdots,T)$是最优的，如果

$$\overline{\boldsymbol{x}}_t(\boldsymbol{\xi}_{[t]})\in\arg\min_{\boldsymbol{x}_t}\{\boldsymbol{c}_t^{\mathrm{T}}\boldsymbol{x}_t+Q_{t+1}(\boldsymbol{x}_t,\boldsymbol{\xi}_{[t]}):\boldsymbol{A}_t\boldsymbol{x}_t=\boldsymbol{b}_t-\boldsymbol{B}_t\,\overline{\boldsymbol{x}}_{t-1}(\boldsymbol{\xi}_{[t-1]}),\boldsymbol{x}_t\geqslant\boldsymbol{0}\}$$

对几乎所有随机过程的实现成立. 对于 $t=T$,Q_{T+1} 省略. 对于 $t=1$,$\boldsymbol{B}_t\,\overline{\boldsymbol{x}}_{t-1}$ 省略.

多阶段线性规划问题的嵌套表达可以写成下面的形式(与式(6-28) 相比):

$$\min_{\boldsymbol{A}_1\boldsymbol{x}_1=\boldsymbol{b}_1}\boldsymbol{c}_1^{\mathrm{T}}\boldsymbol{x}_1+E[\min_{\boldsymbol{B}_2\boldsymbol{x}_1+\boldsymbol{A}_2\boldsymbol{x}_2=\boldsymbol{b}_2}\boldsymbol{c}_2^{\mathrm{T}}\boldsymbol{x}_2+E[\cdots+E[\min_{\boldsymbol{B}_T\boldsymbol{x}_{T-1}+\boldsymbol{A}_T\boldsymbol{x}_T=\boldsymbol{b}_T}\boldsymbol{c}_T^{\mathrm{T}}\boldsymbol{x}_T]]]$$

假设在基本问题(6-30)中仅有 K 个不同情景(从第一阶段 $\boldsymbol{\xi}_1$ 到最后阶段 $\boldsymbol{\xi}_T$ 的一个观测值称为一个情景),每个以 k 为指标的情景对应概率 p_k,相应的决策序列为$\boldsymbol{x}^k=(\boldsymbol{x}_1^k,\boldsymbol{x}_2^k,\cdots,\boldsymbol{x}_T^k)(k=1,2,\cdots,K)$. 则问题 (6-30) 的松弛问题为

$$\begin{cases}\min \sum\limits_{k=1}^{K}p_k[\boldsymbol{c}_1^{\mathrm{T}}\boldsymbol{x}_1^k+(\boldsymbol{c}_2^k)^{\mathrm{T}}\boldsymbol{x}_2^k+(\boldsymbol{c}_3^k)^{\mathrm{T}}\boldsymbol{x}_3^k+\cdots+(\boldsymbol{c}_T^k)^{\mathrm{T}}\boldsymbol{x}_T^k] \\ \text{s. t. } \boldsymbol{A}_1\boldsymbol{x}_1^k=\boldsymbol{b}_1 \\ \qquad \left.\begin{array}{l}\boldsymbol{B}_2^k\boldsymbol{x}_1^k+\boldsymbol{A}_2^k\boldsymbol{x}_2^k=\boldsymbol{b}_2^k \\ \boldsymbol{B}_3^k\boldsymbol{x}_2^k+\boldsymbol{A}_3^k\boldsymbol{x}_3^k=\boldsymbol{b}_3^k \\ \qquad\vdots \\ \boldsymbol{B}_T^k\boldsymbol{x}_{T-1}^k+\boldsymbol{A}_T^k\boldsymbol{x}_T^k=\boldsymbol{b}_T^k\end{array}\right\}\quad k=1,2,\cdots,K \\ \qquad \boldsymbol{x}_1^k\geqslant\boldsymbol{0},\boldsymbol{x}_2^k\geqslant\boldsymbol{0},\boldsymbol{x}_3^k\geqslant\boldsymbol{0},\cdots,\boldsymbol{x}_T^k\geqslant\boldsymbol{0}\end{cases} \tag{6-33}$$

问题 (6-33) 中，允许所有决策向量依赖于所有随机数据，所以称之为松弛问题. 为了修正这个问题，加上下面的约束:

$$\boldsymbol{x}_t^k=\boldsymbol{x}_t^l,\quad \xi_{[t]}^k=\xi_{[t]}^l,\forall k,l;t=1,2,\cdots,T \tag{6-34}$$

问题 (6-33) 和非预期性约束 (6-34) 等价于原问题 (6-30).

每个情景对应一个决策向量$(\boldsymbol{x}_1^k,\boldsymbol{x}_2^k,\cdots,\boldsymbol{x}_T^k)$,该决策向量可以视为 $n_1+n_2+\cdots+n_T$维向

量空间的元素.所有决策向量($\boldsymbol{x}_1^k,\boldsymbol{x}_2^k,\cdots,\boldsymbol{x}_T^k$)($k=1,2,\cdots,K$)组成的空间是一个向量空间,记为 X,其维数为 $(n_1+n_2+\cdots+n_T)K$.

式(6-34) 的非预期性约束定义了一个线性子空间,记为 L. 在空间 L 定义标量积为

$$\langle \boldsymbol{x},\boldsymbol{y}\rangle := \sum_{k=1}^{K}\sum_{t=1}^{T} p_k(\boldsymbol{x}_t^k)^{\mathrm{T}}\boldsymbol{y}_t^k \tag{6-35}$$

令 $\boldsymbol{P}$ 是 X 到 L 的在标量积意义下的正交投影. 那么

$$\boldsymbol{x}=\boldsymbol{P}\boldsymbol{x}$$

是表达非预期性约束 (6-34) 的另一种方式.

6.6 常用随机规划算法

求解随机规划的一类方法是利用确定性问题近似随机规划问题,然后利用前面章节讨论的相应算法求解. 本小节主要介绍两种利用结构的算法:随机对偶动态规划(stochastic dual dynamic programming,SDDP)算法和渐进对冲(progressive hedging,PH)算法. 这两种算法都适用于多阶段随机规划问题,其中随机对偶动态规划算法基于前面介绍的动态递归表达方式,渐进对冲算法基于前面的关于非预期性约束的对偶理论.

6.6.1 随机对偶动态规划算法

回顾随机两阶段线性规划问题 (6-20)~(6-21):

$$\begin{cases}\min\limits_{\boldsymbol{x}\in\mathbf{R}^n} \boldsymbol{c}^{\mathrm{T}}\boldsymbol{x}+E[Q(\boldsymbol{x},\boldsymbol{\xi})]\\ \text{s. t. } \boldsymbol{A}\boldsymbol{x}=\boldsymbol{b}\\ \qquad \boldsymbol{x}\geqslant \boldsymbol{0}\end{cases} \tag{6-36}$$

其中 $Q(\boldsymbol{x},\boldsymbol{\xi})$ 为如下第二阶段问题的最优值

$$\begin{cases}\min\limits_{\boldsymbol{y}\in\mathbf{R}^m} \boldsymbol{q}^{\mathrm{T}}\boldsymbol{y}\\ \text{s. t. } \boldsymbol{T}\boldsymbol{x}+\boldsymbol{W}\boldsymbol{y}=\boldsymbol{h}\\ \qquad \boldsymbol{y}\geqslant \boldsymbol{0}\end{cases} \tag{6-37}$$

为了分析简单,考虑固定补偿情况,即 $\boldsymbol{W}$ 是一个确定矩阵. 由式 (6-24)、式(6-25),得

$$Q(\boldsymbol{x},\boldsymbol{\xi})=\sup_{\boldsymbol{\pi}\in\Pi(\boldsymbol{q})}\boldsymbol{\pi}^{\mathrm{T}}(\boldsymbol{h}-\boldsymbol{T}\boldsymbol{x})$$

其中

$$\Pi(\boldsymbol{q}):=\{\boldsymbol{\pi}:\boldsymbol{W}^{\mathrm{T}}\boldsymbol{\pi}\leqslant\boldsymbol{q}\}$$

设多面体集合 $\Pi(\boldsymbol{q})$ 的顶点为 $\{\boldsymbol{\pi}_1,\boldsymbol{\pi}_2,\cdots,\boldsymbol{\pi}_N\}$, 则

$$Q(\boldsymbol{x},\boldsymbol{\xi})=\sup_{1\leqslant j\leqslant N}\boldsymbol{\pi}_j^{\mathrm{T}}(\boldsymbol{h}-\boldsymbol{T}\boldsymbol{x})$$

给定$\bar{\boldsymbol{x}}_j(j=1,2,\cdots,N)$，集合的顶点可以通过如下问题的对偶变量确定：

$$\begin{cases}\min\limits_{\boldsymbol{y}\geqslant \boldsymbol{0}} \boldsymbol{q}^{\mathrm{T}}\boldsymbol{y} \\ \text{s. t. } \boldsymbol{T}\bar{\boldsymbol{x}}_j+\boldsymbol{W}\boldsymbol{y}=\boldsymbol{h}\end{cases}$$

假设通过上述问题求出了 N 个顶点：

$$\bar{\Pi}:=\{\boldsymbol{\pi}_1,\boldsymbol{\pi}_2,\cdots,\boldsymbol{\pi}_N\}$$

并记

$$\bar{Q}(\boldsymbol{x},\boldsymbol{\xi})=\sup_{\boldsymbol{\pi}_j\in\bar{\Pi}}\boldsymbol{\pi}_j^{\mathrm{T}}(\boldsymbol{h}-\boldsymbol{T}\boldsymbol{x})$$

显然 $\bar{\Pi}\subseteq\Pi$，所以

$$\bar{Q}(\boldsymbol{x},\boldsymbol{\xi})\leqslant Q(\boldsymbol{x},\boldsymbol{\xi}),\ \forall\ \boldsymbol{x}\in\mathbf{R}^n$$

记下述问题的最优解为$\bar{\boldsymbol{x}}$，最优值为 $\underline{v}$：

$$\begin{cases}\min\limits_{\boldsymbol{x}\in\mathbf{R}^n} \boldsymbol{c}^{\mathrm{T}}\boldsymbol{x}+E[\bar{Q}(\boldsymbol{x},\boldsymbol{\xi})] \\ \text{s. t. } \boldsymbol{A}\boldsymbol{x}=\boldsymbol{b} \\ \qquad \boldsymbol{x}\geqslant\boldsymbol{0}\end{cases} \tag{6-38}$$

则 $\underline{v}$ 为原问题(6-36)的最优值提供了下界. 另一方面，由于$\bar{\boldsymbol{x}}$是问题(6-38)的可行解，则 $\boldsymbol{c}^{\mathrm{T}}\bar{\boldsymbol{x}}+E[\bar{Q}(\bar{\boldsymbol{x}},\boldsymbol{\xi})]$ 为原问题(6-36)的最优值提供了上界. 因此，对于给定误差 $\varepsilon>0$，当

$$\boldsymbol{c}^{\mathrm{T}}\bar{\boldsymbol{x}}+E[Q(\bar{\boldsymbol{x}},\boldsymbol{\xi})]-\underline{v}=E[Q(\bar{\boldsymbol{x}},\boldsymbol{\xi})]-E[\bar{Q}(\bar{\boldsymbol{x}},\boldsymbol{\xi})]\leqslant\varepsilon$$

时，可以认为问题（6-38）是原问题（6-36）的很好近似. 否则，更新顶点集合

$$\bar{\Pi}:=\{\boldsymbol{\pi}_1,\boldsymbol{\pi}_2,\cdots,\boldsymbol{\pi}_N\}$$

综上所述，随机对偶动态规划算法求解两阶段随机规划步骤如下：

算法 6-1　随机对偶动态规划算法(两阶段)

步骤 1　给定 N 个可行解$\{\bar{\boldsymbol{x}}_j(j=1,2,\cdots,N)\}$(用来生成顶点).

步骤 2　对于每个$\bar{\boldsymbol{x}}_j$，求解下层问题（6-37）并计算对偶变量 $\boldsymbol{\pi}_j$.

步骤 3　利用$\{\boldsymbol{\pi}_j(j=1,2,\cdots,N)\}$构造近似函数 $\bar{Q}(\boldsymbol{x},\boldsymbol{\xi})$，求解近似问题(6-38)，记最优解为$\bar{\boldsymbol{x}}$，最优值为 $\underline{v}$.

步骤 4　求解下层问题（6-37），计算 $E[Q(\bar{\boldsymbol{x}},\boldsymbol{\xi})]$，如 $E[Q(\bar{\boldsymbol{x}},\boldsymbol{\xi})]-\underline{v}\leqslant\varepsilon$，则终止. 否则，转到步骤 1.

在步骤 3 和步骤 4 的求解过程中，需要处理 $E[Q(\bar{\boldsymbol{x}},\boldsymbol{\xi})]$. 如果 $\boldsymbol{\xi}$ 是离散型随机变量，则积分替换为求和. 一般情况，需要借助蒙特卡洛方法进行离散化近似.

下面我们介绍如何用 SDDP 算法求解多阶段随机线性规划问题（6-30）. 假设 $\boldsymbol{\xi}_1$，$\boldsymbol{\xi}_2,\cdots,\boldsymbol{\xi}_T$ 相互独立，则相应的动态规划问题为

$$Q_t(\boldsymbol{x}_{t-1},\boldsymbol{\xi}_t)=\inf_{\boldsymbol{x}_t\in\mathbf{R}^{n_t}}\{\boldsymbol{c}_t^{\mathrm{T}}\boldsymbol{x}_t+\mathcal{Q}_{t+1}(\boldsymbol{x}_t):\boldsymbol{B}_t\boldsymbol{x}_{t-1}+\boldsymbol{A}_t\boldsymbol{x}_t=\boldsymbol{b}_t,\boldsymbol{x}_t\geqslant\boldsymbol{0}\} \tag{6-39}$$

其中

$$\mathcal{Q}_{t+1}(\boldsymbol{x}_t):=E\{Q_{t+1}(\boldsymbol{x}_t,\boldsymbol{\xi}_{t+1})\},t=T,T-1,\cdots,2\quad(\mathcal{Q}_{T+1}(\boldsymbol{x}_T)\equiv 0)$$

递推到第一阶段，则优化问题为

$$\begin{cases} \min\limits_{x_1 \in \mathbf{R}^{n_1}} & \boldsymbol{c}_1^{\mathrm{T}} \boldsymbol{x}_1 + Q_2(\boldsymbol{x}_1) \\ \text{s. t.} & \boldsymbol{A}_1 \boldsymbol{x}_1 = \boldsymbol{b}_1 \\ & \boldsymbol{x}_1 \geqslant \mathbf{0} \end{cases}$$

和两阶段问题类似，SDDP 算法的主要思想是从下方近似补偿函数 $Q_{t+1}(\boldsymbol{x}_t)$. 记近似函数为 $\overline{Q}_{t+1}(\boldsymbol{x}_t)$，则第一阶段的问题近似为

$$\begin{cases} \min\limits_{x_1 \in \mathbf{R}^{n_1}} & \boldsymbol{c}_1^{\mathrm{T}} \boldsymbol{x}_1 + \overline{Q}_2(\boldsymbol{x}_1) \\ \text{s. t.} & \boldsymbol{A}_1 \boldsymbol{x}_1 = \boldsymbol{b}_1 \\ & \boldsymbol{x}_1 \geqslant \mathbf{0} \end{cases} \tag{6-40}$$

记问题 (6-40) 的最优解为$\underline{\boldsymbol{x}}_1$，最优值为 $\underline{v}$. 对于给定$\overline{\boldsymbol{x}}_{t-1}(t=2,3,\cdots,T)$和随机变量的观测值 $\boldsymbol{\xi}_2,\boldsymbol{\xi}_3,\cdots,\boldsymbol{\xi}_T$，求解问题 (6-39)，并记其最优解为$\overline{\boldsymbol{x}}_t(\xi_t)(t=2,3,\cdots,T)$. 显然，$\overline{\boldsymbol{x}}_t$ 是 $\boldsymbol{\xi}_{[t]}$ 的函数，且是多阶段问题的一个可行策略. 因此，

$$E\Big[\sum_{t=1}^{T} \boldsymbol{c}_t^{\mathrm{T}} \overline{\boldsymbol{x}}_t(\xi_{[t]})\Big]$$

为问题 (6-30) 的最优值提供了上界. 如果

$$E\Big[\sum_{t=1}^{T} \boldsymbol{c}_t^{\mathrm{T}} \overline{\boldsymbol{x}}_t(\boldsymbol{\xi}_{[t]})\Big] - \underline{v} \leqslant \varepsilon$$

则终止，否则，更新近似函数$\overline{Q}_{t+1}(\boldsymbol{x}_t)$. 算法具体如下：

算法 6-2　随机对偶动态规划算法(多阶段)

步骤 1　对于 $t=2,3,\cdots,T$，给定近似函数$\overline{Q}_t(\boldsymbol{x}_{t-1})=0$，最优值上界$\underline{v}=\infty$.

步骤 2　求解问题 (6-40)，得最优值下界 $\underline{v}$ 和近似最优解$\overline{\boldsymbol{x}}_1$.

步骤 3　如果 $\overline{v}-\underline{v}\leqslant\varepsilon$，则终止，否则，转到步骤 4.

步骤 4　更新上界：对于 $t=2,3,\cdots,T$，对于给定$\overline{\boldsymbol{x}}_1(t=2,3,\cdots,T)$和随机变量的观测值 $\boldsymbol{\xi}_2,\boldsymbol{\xi}_3,\cdots,\boldsymbol{\xi}_T$，求解问题 (6-39)，并记最优解为$\overline{\boldsymbol{x}}_t(\boldsymbol{\xi}_t)(t=2,3,\cdots,T)$. 更新上界：

$$\overline{v} := E\Big[\sum_{t=1}^{T} \boldsymbol{c}_t^{\mathrm{T}} \overline{\boldsymbol{x}}_t(\boldsymbol{\xi}_{[t]})\Big]$$

步骤 5　生成新近似函数.

步骤 5-1　给定点列 $\{\hat{\boldsymbol{x}}_{t-1,i}: t=1,2,\cdots,T-1; i=1,2,\cdots,n_t\}$. 对于 $t=T,T-1,\cdots,2$，对于$\hat{\boldsymbol{x}}_{t-1,i}(i=1,2,\cdots,n_{t-1})$，对于 $\boldsymbol{\xi}_{t,j}(j=1,2,\cdots,m_t)$，求解如下问题

$$\inf_{x_t \geqslant \mathbf{0}} \{\boldsymbol{c}_{i,j}^{\mathrm{T}} \boldsymbol{x}_t + Q_{t+1}(\boldsymbol{x}_t): \boldsymbol{B}_{t,j} \hat{\boldsymbol{x}}_{t-1,i} + \boldsymbol{A}_{t,j} \boldsymbol{x}_t = \boldsymbol{b}_{t,j}\}$$

记最优解和相应的对偶变量分别为$\overline{\boldsymbol{x}}_{t,i,j}$和$\overline{\boldsymbol{\pi}}_{t,i,j}$. 记

$$l_{t,i}(\boldsymbol{x}_{t-1}) := \overline{Q}_{t,i}(\overline{\boldsymbol{x}}_{t-1,i}) + \overline{\boldsymbol{g}}_{t,i}^{\mathrm{T}}(\boldsymbol{x}_{t-1} - \overline{\boldsymbol{x}}_{t-1,i})$$

其中

$$\overline{Q}_{t,i}(\overline{\boldsymbol{x}}_{t-1,i}) = \frac{1}{N_t} \sum_{j=1}^{N_t} \overline{\boldsymbol{c}}_{tj}^{\mathrm{T}} \overline{\boldsymbol{x}}_{t,i,j}, \quad \overline{\boldsymbol{g}}_{t,i} = -\frac{1}{N_t} \sum_{j=1}^{N_t} \overline{\boldsymbol{B}}_{tj}^{\mathrm{T}} \boldsymbol{\pi}_{t,i,j}$$

更新

$$\overline{Q}_t(\boldsymbol{x}_{t-1}) = \max\{l_{t,1}(\boldsymbol{x}_{t-1}), \cdots, l_{t,n_{t-1}}(\boldsymbol{x}_{t-1})\}$$

步骤 5-2　转到步骤 1.

随机对偶动态规划算法主要分为两步：得到近似解后计算新上界和更新每一阶段的近似函数. 计算上界是一个从前向后的过程. 给定第一阶段的决策后，依照 $\boldsymbol{\xi}_2$ 的估测值计算第二阶段的最优策略，然后依照第一阶段的决策和第二阶段的最优策略计算第三阶段的最优策略，一直到最后阶段 T. 更新近似函数是从后向前的过程. 依照给定的 $T-1$ 阶段的 n_{T-1} 个决策，计算近似函数 $\overline{Q}_{T-1}(\boldsymbol{x}_{T-1})$，依照给定的 $T-2$ 阶段的 n_{T-2} 个决策和新生成的近似函数 $\overline{Q}_{T-1}(\boldsymbol{x}_{T-1})$ 计算 $\overline{Q}_{T-2}(\boldsymbol{x}_{T-2})$，一直到 $\overline{Q}_1(\boldsymbol{x}_1)$. 更新近似函数的本质是利用给定点处的值和次梯度生成线性函数，然后利用线性函数求极大进行近似. 一种常用策略是选择 $n_t=1, t=1,2,\cdots,T-1$，即每次选择一个点，然后利用新生成的线性函数和前一步的近似函数求极大来生成新近似函数.

6.6.2　渐近对冲算法

为分析简单，我们不区分两阶段随机规划和多阶段随机规划，考虑如下一般优化问题：

$$\begin{cases}\min\limits_{x\in X} f(\boldsymbol{x}) \\ \text{s. t. } \boldsymbol{x}\in L\end{cases}$$

其中 X 是决策变量的一般约束，L 是决策变量 $\boldsymbol{x}$ 的非预期性约束. 和前面章节讨论类似，令 $\boldsymbol{P}$ 是 X 到 L 的正交投影，上述问题等价于

$$\begin{cases}\min\limits_{x\in X} f(\boldsymbol{x}) \\ \text{s. t. } \boldsymbol{Nx}=\boldsymbol{0}\end{cases}$$

其中 $\boldsymbol{N}=\boldsymbol{P}-\boldsymbol{I}$，$\boldsymbol{I}$ 表示同维数的单位矩阵.

定义 Lagrange 函数

$$L(\boldsymbol{x},\boldsymbol{\lambda})=f(\boldsymbol{x})+\langle \boldsymbol{Nx},\boldsymbol{\lambda}\rangle,\boldsymbol{x}\in X$$

其中，$\langle\cdot\rangle$ 由式(6-27)（两阶段）和式(6-35)（多阶段）定义. 注意到 N 是正交投影，则

$$L(\boldsymbol{x},\boldsymbol{\lambda})=f(\boldsymbol{x})+\langle \boldsymbol{N\lambda},\boldsymbol{x}\rangle,\boldsymbol{x}\in X$$

定义 $\boldsymbol{\Lambda}=\boldsymbol{N\lambda}$，则 $\boldsymbol{\Lambda}$ 属于 L 的正交补空间 $L^{\perp}$，且

$$L(\boldsymbol{x},\boldsymbol{\Lambda})=f(\boldsymbol{x})+\langle \boldsymbol{\Lambda},\boldsymbol{x}\rangle,\boldsymbol{x}\in X$$

相应的增广拉格朗日函数为

$$L_\gamma(\boldsymbol{x},\boldsymbol{\Lambda})=f(x)+\langle \boldsymbol{\Lambda},\boldsymbol{x}\rangle+\frac{\gamma}{2}\|\boldsymbol{Nx}\|^2=f(\boldsymbol{x})+\langle \boldsymbol{\Lambda},\boldsymbol{x}\rangle+\frac{\gamma}{2}\|\boldsymbol{x}-\boldsymbol{Px}\|^2,\boldsymbol{x}\in X$$

渐近对冲算法的迭代步骤为：

算法 6-3　渐近对冲算法

步骤 1　初始设置：$\boldsymbol{x}_0=\arg\min\limits_{x\in X} f(\boldsymbol{x}),\bar{\boldsymbol{x}}_0=\boldsymbol{Px}_0,\boldsymbol{\Lambda}_0\in L^{\perp}$.

步骤 2　计算：$\boldsymbol{x}_{k+1}=\arg\min\limits_{x\in X}\{f(\boldsymbol{x})+\langle \boldsymbol{\Lambda}_k,\boldsymbol{x}\rangle+\frac{\gamma}{2}\|\boldsymbol{x}-\boldsymbol{Px}\|^2\}$.

步骤 3　更新：$\boldsymbol{\Lambda}_{k+1}=\boldsymbol{\Lambda}_k+\gamma\boldsymbol{Px}_{k+1}$.

步骤 4　若满足终止条件，则终止，否则，转到步骤 2.

在步骤 2，由于没有非预期性约束，可以对于情景并行计算. 同时，渐近对冲算法可以看

成临近点算法（proximal point algorithm，PPA），渐近对冲算法的收敛性分析及参数选择可见 PPA 算法.

习题 6

1. 假设$(\hat{\boldsymbol{x}},\hat{\boldsymbol{u}})$是 $L(\boldsymbol{x},\boldsymbol{u}):=f(\boldsymbol{x})+\sum_{i=1}^{m}u_i g_i(\boldsymbol{x})$ 的鞍点. 证明$\hat{\boldsymbol{x}}$是下列问题的全局解：

$$\begin{cases}\min\ f(\boldsymbol{x})\\ \text{s.t. }\ g_i(\boldsymbol{x})\leqslant 0\quad (i=1,2,\cdots,m)\end{cases}$$

2. 考虑线段 $B:=\{(x,y)\in\mathbf{R}^2;3\leqslant x\leqslant 7,y=5\}$. 证明：对于 $\mathbf{R}^2$ 中的自然测度 μ，$\mu(B)=0$.

3. 假设线性规划问题 $\gamma(\boldsymbol{b}):=\min\{\boldsymbol{c}^{\mathrm{T}}\boldsymbol{x};\boldsymbol{A}\boldsymbol{x}=\boldsymbol{b},\boldsymbol{x}\geqslant\boldsymbol{0}\}$对所有 $\boldsymbol{b}\in\mathbf{R}^m$ 是可解的. 证明最优值函数$\gamma(\boldsymbol{b})$是 $\boldsymbol{b}$ 的分片线性凸函数.

4. 证明随机回报 $W_1=\boldsymbol{\xi}^{\mathrm{T}}\boldsymbol{x}$ 的方差由公式 $Var[W_1]=\boldsymbol{x}^{\mathrm{T}}\boldsymbol{\Sigma}\boldsymbol{x}$ 给出，其中 $\boldsymbol{\Sigma}=E[(\boldsymbol{\xi}-\boldsymbol{\mu})(\boldsymbol{\xi}-\boldsymbol{\mu})^{\mathrm{T}}]$是随机向量 $\boldsymbol{\xi}$ 的协方差矩阵，$\boldsymbol{\mu}=E[\boldsymbol{\xi}]$.

5. 设 D 是一个随机变量，它的累积分布函数为 $H(t)=P\{D\leqslant t\}$，$d_1,\cdots,d_N$ 是 D 的独立同分布样本，相应的经验累积分布函数为$\hat{H}_N(t)$. 令 $a=H^{-1}(\kappa)$和 $b=\sup\{t:H(t)\leqslant\kappa\}$ 分别为 $H(t)$的左侧和右侧 κ-分位数. 证明当 $N\to\infty$时，$\min\{|\hat{H}_N^{-1}(\kappa)-a|,|\hat{H}_N^{-1}(\kappa)-b|\}$以概率 1 趋于 0.

6. 令 $H(z)$是随机变量 Z 的累积分布函数，$\kappa\in(0,1)$. 证明在左侧分位数的定义 $H^{-1}(\kappa)=\inf\{t:H(t)\geqslant\kappa\}$中，最小值可以取得.

7. 随机两阶段问题的第二阶段约束为

$$\begin{pmatrix}1 & 3 & -1 & 0\\ 2 & -1 & 2 & 1\end{pmatrix}\boldsymbol{y}=\begin{pmatrix}-6\\ -4\end{pmatrix}\xi+\begin{pmatrix}5 & -1 & 0\\ 0 & 2 & 4\end{pmatrix}\boldsymbol{x}$$

$$\boldsymbol{y}\geqslant\boldsymbol{0}$$

其中 ξ 是随机变量，其支撑集为 $\Xi=[0,1]$. 检验给定的 $\boldsymbol{x}$ 能否产生一个可行的第二阶段问题.

第 7 章　机器学习中的优化方法

很多流行的机器学习模型归根结底都可以转化为一个数学优化问题，因此优化方法在机器学习中扮演着重要的角色. 由于机器学习模型往往用来处理庞大规模的数据集，因此所产生的优化问题通常是高维的、大规模的、不确定的. 为了求解这些问题，基于经典的优化方法，很多新的优化方法被提出和研究.

7.1　机器学习中常见的优化问题

我们首先通过一个简单的例子来介绍机器学习中常见的优化问题的形式. 下面我们考虑用监督学习来处理英文垃圾邮件分类问题，它的基本思想是这样的：选择 n 个常见的英文单词作为单词库，我们用向量 $\boldsymbol{a}\in\mathbf{R}^n$ 来表示一封邮件，其中分量 a_i 用来记录第 i 个常见的单词在该邮件中出现的次数，我们用向量$\boldsymbol{x}\in\mathbf{R}^n$来表示单词库中 n 个常见的英文单词的权重. 如果 $\boldsymbol{a}^{\mathrm{T}}\boldsymbol{x}\geqslant 0$，就认为该邮件是垃圾邮件；如果 $\boldsymbol{a}^{\mathrm{T}}\boldsymbol{x}\leqslant 0$，就认为该邮件不是垃圾邮件. 显然，这个问题的核心是如何找到一个合适的权重向量 $\boldsymbol{x}$. 机器学习中一个常用的方法是利用监督学习结合逻辑回归和优化方法来得到权重向量 $\boldsymbol{x}$. 给定一个训练数据集$\{(\boldsymbol{a}^i,b^i)\}_{i=1}^N$，其中包含 N 封事先人工标记过的邮件，$\boldsymbol{a}^i\in\mathbf{R}^n$ 表示第 i 封邮件的信息，$b^i\in\{1,-1\}$表示它是否为垃圾邮件. 这里，$b^i=1$ 表示第 i 封邮件被标记为垃圾邮件，$b^i=-1$ 表示第 i 封邮件被标记为非垃圾邮件. 对于这种二元分类问题，我们通常用如下的逻辑损失(logistic loss)函数来衡量权重分量的好坏：

$$f_i(\boldsymbol{x}):=\log[1+\exp(-b^i\cdot\boldsymbol{a}^{i\mathrm{T}}\boldsymbol{x})]$$

于是，我们可以利用训练数据集，通过求解如下的优化问题来得到合适的权重：

$$\min_{\boldsymbol{x}\in\mathbf{R}^n} f(\boldsymbol{x}):=\frac{1}{N}\sum_{i=1}^N f_i(\boldsymbol{x})=\frac{1}{N}\sum_{i=1}^N\log[1+\exp(-b^i\cdot\boldsymbol{a}^{i\mathrm{T}}\boldsymbol{x})]\tag{7-1}$$

为了避免过拟合或者希望 $\boldsymbol{x}$ 满足某种正则性，我们通常在上述优化问题的目标函数中加入一个正则项 $r(\boldsymbol{x})$，从而求解如下的复合优化(composite optimization)问题：

$$\min_{\boldsymbol{x}\in\mathbf{R}^n} f(\boldsymbol{x})+r(\boldsymbol{x})=\frac{1}{N}\sum_{i=1}^N\log[1+\exp(-b^i\cdot\boldsymbol{a}^{i\mathrm{T}}\boldsymbol{x})]+r(\boldsymbol{x})\tag{7-2}$$

在机器学习中，除了逻辑损失函数，还有其他一些常用的损失函数，例如，平方损失函数：

$$f_i(\boldsymbol{x})=(b^i-\boldsymbol{a}^{i\mathrm{T}}\boldsymbol{x})^2$$

铰链损失(hinge loss)函数：

$$f_i(x)=\max\{0,1-b^i(\boldsymbol{a}^{i\mathrm{T}}\boldsymbol{x})\}$$

常用的正则项有 ℓ_2 范数 $\|\boldsymbol{x}\|$、ℓ_1 范数 $\|\boldsymbol{x}\|_1$ 等. 当选取损失函数为平方损失函数且 ℓ_1 范数为正则项时，我们得到机器学习和统计中常用的 Lasso 模型：

$$\min_{\boldsymbol{x}\in\mathbf{R}^n}\frac{1}{N}\sum_{i=1}^{N}(b^i-\boldsymbol{a}^{i\mathrm{T}}\boldsymbol{x})^2+\lambda\|\boldsymbol{x}\|_1$$

当选取损失函数为铰链损失函数且 ℓ_2 范数为正则项时，我们得到著名的支撑向量机模型：

$$\min_{\boldsymbol{x}\in\mathbf{R}^n}\frac{1}{N}\sum_{i=1}^{N}\max\{0,1-b^i(\boldsymbol{a}^{i\mathrm{T}}\boldsymbol{x})\}+\lambda\|\boldsymbol{x}\|$$

机器学习中的优化问题通常是模型(7-1)或(7-2)的形式. 区别于一般的优化问题，求解机器学习中的优化问题的难点之一是：由于 N 表示数据集中数据的个数，它一般是非常大的数. 因此，即便是计算目标函数的一个梯度，计算量也是非常大的，这就使得经典的优化方法不再适用于求解此类问题. 在本章中，我们将首先介绍求解凸优化问题的经典优化方法，然后在此基础上介绍以随机梯度法为代表的求解机器学习中的优化问题的优化方法.

下面我们给出本章中常用的一些定义.

定义 7-1 我们称函数 $f:\mathbf{R}^n\to\mathbf{R}$ 是 μ-强凸的，如果存在常数 $\mu>0$，使得下列条件之一成立：

(1)对任意的 $\boldsymbol{x},\boldsymbol{y}\in\mathbf{R}^n$ 和 $\alpha\in[0,1]$，有

$$f[\alpha\boldsymbol{x}+(1-\alpha)\boldsymbol{y}]\leqslant\alpha f(\boldsymbol{x})+(1-\alpha)f(\boldsymbol{y})-\frac{\mu}{2}\alpha(1-\alpha)\|\boldsymbol{x}-\boldsymbol{y}\|^2$$

(2)f 是连续可微的，并且对任意的 $\boldsymbol{x},\boldsymbol{y}\in\mathbf{R}^n$，有

$$f(\boldsymbol{x})\geqslant f(\boldsymbol{y})+\nabla f(\boldsymbol{y})^{\mathrm{T}}(\boldsymbol{x}-\boldsymbol{y})+\frac{\mu}{2}\|\boldsymbol{x}-\boldsymbol{y}\|^2$$

(3)f 是二次连续可微的，并且对任意的 $\boldsymbol{x}\in\mathbf{R}^n$，有 $\nabla^2 f(\boldsymbol{x})-\mu\boldsymbol{I}_n$ 半正定，其中 $\boldsymbol{I}_n$ 是 n 阶单位矩阵.

定义 7-2 我们称函数 $f:\mathbf{R}^n\to\mathbf{R}$ 是 β-光滑的，如果 f 是连续可微的，并且 $\nabla f(x)$ 是 β-Lipschitz 连续的，也就是说，存在常数 $\beta>0$，使得对任意的 $\boldsymbol{x},\boldsymbol{y}\in\mathbf{R}^n$，有

$$\|\nabla f(\boldsymbol{x})-\nabla f(\boldsymbol{y})\|\leqslant\beta\|\boldsymbol{x}-\boldsymbol{y}\|$$

定义 7-2 中的条件等价于对任意的 $\boldsymbol{x},\boldsymbol{y}\in\mathbf{R}^n$，有

$$f(\boldsymbol{x})\leqslant f(\boldsymbol{y})+\nabla f(\boldsymbol{y})^{\mathrm{T}}(\boldsymbol{x}-\boldsymbol{y})+\frac{\beta}{2}\|\boldsymbol{x}-\boldsymbol{y}\|^2$$

如果 f 是二次连续可微的，那么定义 7-2 中的条件等价于对任意的 $\boldsymbol{x}\in\mathbf{R}^n$，有 $\nabla^2 f(\boldsymbol{x})-\beta\boldsymbol{I}_n$ 半负定.

粗略地说，定义 7-1 和定义 7-2 中的参数 μ 和 β 可以看作是海森阵 $\nabla^2 f(x)$ 的下界和上界. 我们称 $\kappa:=\dfrac{\beta}{\mu}$ 为函数 f 的条件数.

定义 7-3 我们称 $\boldsymbol{u}\in\mathbf{R}^n$ 是函数 $f:\mathbf{R}^n\to\mathbf{R}$ 在 $\boldsymbol{x}$ 处的次梯度，如果对任意的 $\boldsymbol{y}\in\mathbf{R}^n$，有

$$f(\boldsymbol{y}) \geqslant f(\boldsymbol{x})+\boldsymbol{u}^{\mathrm{T}}(\boldsymbol{y}-\boldsymbol{x})$$

我们称 f 在 $\boldsymbol{x}$ 处的所有次梯度构成的集合为 f 在 $\boldsymbol{x}$ 处的次微分，记为$\partial f(\boldsymbol{x})$.

考虑一个函数 $f: \mathbf{R}^n \rightarrow \mathbf{R}$，对于任意的点 $\boldsymbol{x} \in \mathbf{R}^n$，次微分$\partial f(\boldsymbol{x})$是一个闭凸集合. 当 f 在 $\boldsymbol{x}$ 处是可微的，那么次微分$\partial f(\boldsymbol{x})$是单点集$\{\nabla f(\boldsymbol{x})\}$. 也就是说，此时次微分$\partial f(\boldsymbol{x})$退化为 f 在 $\boldsymbol{x}$ 处的梯度.

考虑绝对值函数 $f(x)=|x|$，它在 0 点以外都是可微的，容易计算，它的次微分为

$$\partial f(x)=\begin{cases}[-1,1], & x=0 \\ \{1\}, & x>0 \\ \{-1\}, & x<0\end{cases}$$

考虑 l_1 范数 $f(\boldsymbol{x})=\|\boldsymbol{x}\|_1=\sum_{i=1}^n |x_i|$，设 $\boldsymbol{u} \in \partial f(\boldsymbol{x})$，那么 $\boldsymbol{u}$ 的分量u_i 满足

$$u_i \in \begin{cases}[-1,1], & x_i=0 \\ \{1\}, & x_i>0 \\ \{-1\}, & x_i<0\end{cases}$$

定义 7-4　考虑增广实值函数 $f: \mathbf{R}^n \rightarrow \mathbf{R} \cup\{+\infty,-\infty\}$，对于任意 $t>0$，我们称

$$\operatorname{prox}_{tf}(\boldsymbol{x}):=\arg \min_{\boldsymbol{y} \in \mathbf{R}^n}\left\{t f(\boldsymbol{y})+\frac{1}{2}\|\boldsymbol{y}-\boldsymbol{x}\|^2\right\}$$

为 f 在 $\boldsymbol{x}$ 处的临近映射(proximal mapping).

如果 f 是正常的凸函数，那么局部极小点$\arg \min_{\boldsymbol{y} \in \mathbf{R}^n}\{t f(\boldsymbol{y})+\frac{1}{2}\|\boldsymbol{y}-\boldsymbol{x}\|^2\}$存在并且唯一. 如果 $f \equiv 0$，那么容易计算它的临近映射为单位映射，即$\operatorname{prox}_{tf}(\boldsymbol{x})=\boldsymbol{x}$. 对于一个闭凸集合 $C \subseteq \mathbf{R}^n$，考虑如下的指示函数(indicator function)：

$$I_C(\boldsymbol{x}):=\begin{cases}0, & \boldsymbol{x} \in C \\ +\infty, & \boldsymbol{x} \notin C\end{cases}$$

容易计算，它的临近映射为 $\boldsymbol{x}$ 在 C 上的投影$\Pi_C(\boldsymbol{x})$，$\Pi_C(\boldsymbol{x}):=\arg \min_{\boldsymbol{y} \in C}\left\{\frac{1}{2}\|\boldsymbol{y}-\boldsymbol{x}\|^2\right\}$. 对于 l_1 范数 $f(\boldsymbol{x})=\|\boldsymbol{x}\|_1$，设 $\boldsymbol{u}=\operatorname{prox}_{tf}(\boldsymbol{x})$为它的临近映射，则分量 $u_i=\operatorname{sign}(x_i)\max\{|x_i|-t, 0\}$，其中 $\operatorname{sign}(x_i)$为如下定义的符号函数：

$$\operatorname{sign}(x_i)=\begin{cases}0, & x_i=0 \\ 1, & x_i>0 \\ -1, & x_i<0\end{cases}$$

7.2　经典的凸优化方法

在问题(7-1)或(7-2)中，如果 f 是凸的并且 $N=1$ 或者 N 比较小时，这些优化问题是相对比较容易求解的，已经有很多经典的优化方法可以用来求解. 在本节中，我们先介绍这些经典的凸优化方法. 然后，在这些方法的基础上，我们再考虑 N 非常大的情况以及

求解这些问题的优化方法.

7.2.1 投影次梯度方法

考虑问题

$$\min_{x\in C} f(\boldsymbol{x}) \tag{7-3}$$

我们假设：

(1)目标函数 f 在集合 C 上是 L-Lipschitz 连续的,即存在 $L>0$,使得对任意的 $\boldsymbol{x}$, $\boldsymbol{y}\in C$,有 $|f(\boldsymbol{x})-f(\boldsymbol{y})|\leqslant L\|\boldsymbol{x}-\boldsymbol{y}\|$.

(2)集合 C 是有界闭凸集,并且存在 $R>0$,使得对任意的 $\boldsymbol{x},\boldsymbol{y}\in C$,有 $\|\boldsymbol{x}-\boldsymbol{y}\|\leqslant R$. 假设投影 Π_C 是容易计算的,那么投影次梯度方法是求解问题(7-3)最基本的算法,它的迭代公式为

$$\boldsymbol{x}^{k+1}=\Pi_C(\boldsymbol{x}^k-\alpha_k\boldsymbol{d}^k) \tag{7-4}$$

其中 $\boldsymbol{d}^k\in\partial f(\boldsymbol{x}^k)$ 是 f 在 $\boldsymbol{x}^k$ 处的次梯度.

当 f 是凸函数时,可以证明投影次梯度方法是次线性收敛的,收敛速度为 $O\left(\frac{1}{\sqrt{t}}\right)$.

定理 7-1 假设 f 在 C 上是凸函数. 对任意的正整数 t,选取步长 $\alpha_k=\frac{R}{L\sqrt{t}}$,投影次梯度方法(7-4)产生的点列 $\{\boldsymbol{x}^k\}$ 满足

$$f\left(\frac{1}{t}\sum_{k=1}^{t}\boldsymbol{x}^k\right)-f(\boldsymbol{x}^*)\leqslant\frac{RL}{\sqrt{t}}$$

当 f 是强凸的,可以证明投影次梯度方法的收敛速度加快为 $O(1/t)$.

定理 7-2 假设 f 在 C 上是 μ-强凸的. 对任意的正整数 t,选取步长 $\alpha_k=\frac{2}{\mu(k+1)}$,投影次梯度方法(7-4)产生的点列 $\{\boldsymbol{x}^k\}$ 满足

$$f\left(\sum_{k=1}^{t}\frac{2k}{t(t+1)}\boldsymbol{x}^k\right)-f(\boldsymbol{x}^*)\leqslant\frac{2L^2}{\mu(t+1)}$$

注意到,在本节中目标函数 f 是非光滑的. 在之后我们会看到,当 f 是光滑的时候,本节中介绍的投影次梯度方法相应地变为梯度下降方法,收敛速度也会有一定程度上的改善.

7.2.2 梯度下降方法

考虑问题

$$\min_{x\in \mathbf{R}^n} f(\boldsymbol{x}) \tag{7-5}$$

其中 f 是连续可微的凸函数. 我们之前介绍过,求解问题(7-5)最基本的算法是如下的梯度下降方法

$$\boldsymbol{x}^{k+1}=\boldsymbol{x}^k-\alpha_k\nabla f(\boldsymbol{x}^k) \tag{7-6}$$

下面的定理告诉我们,当 f 是光滑的凸函数时,可以选取常数步长,使得梯度下降方法是收敛的,并且收敛速度为 $O(1/k)$.

定理 7-3　假设 f 在 $\mathbf{R}^n$ 上是凸的和 β-光滑的. 选取常数步长 $\alpha_k=\dfrac{1}{\beta}$，梯度下降方法(7-6)产生的点列 $\{\boldsymbol{x}^k\}$ 满足

$$f(\boldsymbol{x}^k)-f(\boldsymbol{x}^*)\leqslant\frac{2\beta\|\boldsymbol{x}^1-\boldsymbol{x}^*\|^2}{k-1}$$

其中 $\boldsymbol{x}^1$ 是算法的初始点.

当 f 是光滑的强凸函数，可以证明梯度下降方法是线性收敛的.

定理 7-4　假设 f 在 $\mathbf{R}^n$ 上是 μ-强凸的和 β-光滑的. 选取常数步长 $\alpha_k=\dfrac{2}{\mu+\beta}$，梯度下降方法(7-6)产生的点列 $\{\boldsymbol{x}^k\}$ 满足

$$\|\boldsymbol{x}^{k+1}-\boldsymbol{x}^*\|\leqslant\left(1-\frac{2}{\kappa+1}\right)\|\boldsymbol{x}^k-\boldsymbol{x}^*\|$$

其中，κ 是 f 的条件数.

在本节中我们考虑的是无约束优化问题，下面我们考虑求解带约束 $\boldsymbol{x}\in C$ 的优化问题的梯度算法.

7.2.3　投影梯度下降方法

当问题(7-3)中的目标函数 f 是光滑的时候，我们考虑如下的投影梯度下降方法

$$\boldsymbol{x}^{k+1}=\Pi_C(\boldsymbol{x}^k-\alpha_k\boldsymbol{\nabla} f(\boldsymbol{x}^k))\tag{7-7}$$

我们容易得到，投影梯度下降方法和上一节中的梯度下降方法有相同的收敛速度.

定理 7-5　假设 f 在 C 上是凸的和 β-光滑的. 选取常数步长 $\alpha_k=\dfrac{1}{\beta}$，投影梯度下降方法(7-7)产生的点列 $\{\boldsymbol{x}^k\}$ 满足

$$f(\boldsymbol{x}^k)-f(\boldsymbol{x}^*)\leqslant\frac{3\beta\|\boldsymbol{x}^1-\boldsymbol{x}^*\|^2+f(\boldsymbol{x}^1)-f(\boldsymbol{x}^*)}{k}$$

其中，$\boldsymbol{x}^1$ 是算法的初始点，κ 是 f 的条件数.

定理 7-6　假设 f 在 C 上是 μ-强凸的和 β-光滑的. 选取常数步长 $\alpha_k=\dfrac{1}{\beta}$，投影梯度下降方法(7-7)产生的点列 $\{\boldsymbol{x}^k\}$ 满足

$$\|\boldsymbol{x}^{k+1}-\boldsymbol{x}^*\|^2\leqslant\exp\left(-\frac{k}{\kappa}\right)\|\boldsymbol{x}^1-\boldsymbol{x}^*\|^2$$

7.2.4　条件梯度下降方法

考虑问题(7-3). 对于一些常见的集合 C，投影 Π_C 可能是不容易计算的，这时投影梯度下降方法就不再适用了. 求解这类问题最常用的一个方法是如下形式的条件梯度下降方法

$$\begin{gathered}\boldsymbol{y}^k\in\arg\min_{\boldsymbol{y}\in C}\boldsymbol{\nabla} f(\boldsymbol{x}^k)^{\mathrm{T}}\boldsymbol{y}\\ \boldsymbol{x}^{k+1}=(1-\alpha_k)\boldsymbol{x}^k+\alpha_k\boldsymbol{y}^k\end{gathered}\tag{7-8}$$

该方法最初是由 Frank 和 Wolfe 于 1956 年提出的，因此也称为 Frank-Wolfe 方法. 与投影梯度下降方法不同，该方法不需要计算集合 C 上的投影，而只需要计算一个线性函数在 C 上的局部极小点. 在某些情况下，这比计算投影更容易. 并且，我们可以看到，条件梯度下降方法与投影梯度下降方法有相同的收敛速度.

定理 7-7 假设 f 在 C 上是凸的和 β-光滑的. 选取常数步长 $\alpha_k=\frac{2}{k+2}$，条件梯度下降方法(7-8)产生的点列 $\{\boldsymbol{x}^k\}$ 满足

$$f(\boldsymbol{x}^k)-f(\boldsymbol{x}^*)\leqslant\frac{2\beta R^2}{k+1}$$

7.2.5 加速梯度下降方法

考虑问题(7-5). Nesterov 于 1983 年提出了一种加速梯度下降方法. 粗略地说，与梯度下降方法相比，在几乎不增加计算量的情况下，加速梯度下降方法的收敛速度可以加快一倍.

Nesterov 的加速梯度下降方法为

$$\begin{aligned}\boldsymbol{y}^k&=\boldsymbol{x}^k-\alpha_k\nabla f(\boldsymbol{x}^k)\\ \boldsymbol{x}^{k+1}&=(1-\gamma_k)\boldsymbol{y}^{k+1}+\gamma_k\boldsymbol{y}^k\end{aligned}\tag{7-9}$$

其中 γ_k 为如下的数列：

$$\lambda_0=0,\quad \lambda_k=\frac{1+\sqrt{1+4\lambda_{k-1}^2}}{2},\quad \gamma_k=\frac{1-\lambda_k}{\lambda_{k+1}}\quad (k=1,2,\cdots)$$

下面的定理告诉我们，当 f 是光滑的凸函数时，与梯度下降方法相比，加速梯度下降方法的收敛速度从 $O(1/k)$ 加快为 $O(1/k^2)$.

定理 7-8 假设 f 在 $\mathbf{R}^n$ 上是凸的和 β-光滑的. 选取常数步长 $\alpha_k=\frac{1}{\beta}$，加速梯度下降方法(7-9)产生的点列 $\{\boldsymbol{x}^k\}$ 满足

$$f(\boldsymbol{y}^k)-f(\boldsymbol{x}^*)\leqslant\frac{2\beta\|\boldsymbol{x}^1-\boldsymbol{x}^*\|^2}{k^2}$$

其中 $\boldsymbol{x}^1$ 是算法的初始点.

当 f 是光滑的强凸函数时，与梯度下降方法相比，加速梯度下降方法也是线性收敛的，但是参数从 $\exp(-1/\kappa)$ 变小为 $\exp(-1/\sqrt{\kappa})$.

定理 7-9 假设 f 在 $\mathbf{R}^n$ 上是 μ-强凸的和 β-光滑的. 选取常数步长 $\alpha_k=\frac{1}{\beta}$，加速梯度下降方法(7-9)$\left(\text{取}\gamma_k=\frac{1+\sqrt{k}}{1-\sqrt{k}}\right)$产生的点列 $\{\boldsymbol{x}^k\}$ 满足

$$f(\boldsymbol{y}^k)-f(\boldsymbol{x}^*)\leqslant\frac{\mu+\beta}{2}\|\boldsymbol{x}^1-\boldsymbol{x}^*\|^2\exp\left(-\frac{k-1}{\sqrt{\kappa}}\right)$$

其中 $\boldsymbol{x}^1$ 是算法的初始点，κ 是 f 的条件数.

7.2.6 临近梯度方法

在本节，我们考虑如下的复合优化问题

$$\min_{x \in \mathbf{R}^n} \varphi(x) := f(\boldsymbol{x}) + r(\boldsymbol{x}) \tag{7-10}$$

其中正则项 $r(\boldsymbol{x})$是下半连续正常凸函数. 我们假设 $r(\boldsymbol{x})$的临近映射是容易计算的. 那么求解问题(7-10)最常用的算法是如下的临近梯度方法：

$$\boldsymbol{x}^{k+1} = \mathrm{prox}_{\alpha_k r}(\boldsymbol{x}^k - \alpha_k \nabla f(\boldsymbol{x}^k)). \tag{7-11}$$

临近梯度方法

显然，如果 $r \equiv 0$，那么方法(7-11)退化为梯度下降方法(7-6). 如果 $r(\boldsymbol{x}) = I_C(\boldsymbol{x})$，那么方法(7-11)退化为投影梯度下降方法(7-7).

与梯度下降方法和投影梯度下降方法相同，当 f 是光滑的凸函数时，临近梯度方法的收敛速度为 $O(1/k)$；当 f 是光滑的强凸函数时，临近梯度方法是线性收敛的.

定理 7-10　假设 f 在 $\mathbf{R}^n$ 上是凸的和β-光滑的. 选取常数步长 $\alpha_k = \frac{1}{\beta}$，临近梯度方法(7-11)产生的点列$\{\boldsymbol{x}^k\}$满足

$$\varphi\left(\frac{1}{t}\sum_{k=1}^{t} \boldsymbol{x}^k\right) - \varphi(\boldsymbol{x}^*) \leqslant \frac{\beta}{2t} \| \boldsymbol{x}^0 - \boldsymbol{x}^* \|^2$$

其中 $\boldsymbol{x}^0$ 是算法的初始点.

定理 7-11　假设 f 在 $\mathbf{R}^n$ 上是μ-强凸的和β-光滑的. 选取常数步长 $\alpha_k = \frac{1}{\beta}$，临近梯度方法(7-11)产生的点列$\{\boldsymbol{x}^k\}$满足

$$\| \boldsymbol{x}^k - \boldsymbol{x}^* \|^2 \leqslant \left(1 - \frac{1}{\kappa}\right)^k \| \boldsymbol{x}^1 - \boldsymbol{x}^* \|$$

其中 $\boldsymbol{x}^1$ 是算法的初始点，κ 是 f 的条件数.

与加速梯度下降方法类似，我们可以构造如下的加速临近梯度方法：

$$\begin{cases} \boldsymbol{y}^{k+1} = \boldsymbol{x}^k + \dfrac{k-1}{k+2}(\boldsymbol{x}^k - \boldsymbol{x}^{k-1}) \\ \boldsymbol{x}^{k+1} = \mathrm{prox}_{\alpha_k r}\left[\boldsymbol{y}^{k+1} - \alpha_k \nabla f(\boldsymbol{y}^{k+1})\right] \end{cases} \tag{7-12}$$

当 f 是光滑的凸函数时，加速临近梯度方法的收敛速度从 $O(1/k)$加快为$O(1/k^2)$.

定理 7-12　假设 f 在 $\mathbf{R}^n$ 上是凸的和β-光滑的. 选取常数步长 $\alpha_k = \frac{1}{\beta}$，加速临近梯度方法(7-12)产生的点列$\{\boldsymbol{x}^k\}$满足

$$\varphi(\boldsymbol{x}^k) - \varphi(\boldsymbol{x}^*) \leqslant \frac{2\beta}{(k+1)^2} \| \boldsymbol{x}^0 - \boldsymbol{x}^* \|^2$$

当 f 是μ-强凸的，我们考虑如下的加速临近梯度方法：

$$\begin{cases} \boldsymbol{x}^k = \boldsymbol{y}^{k-1} + \dfrac{\alpha_k \gamma_k - 1}{\gamma_{k-1} + \mu\alpha_k}(\boldsymbol{z}^{k-1} - \boldsymbol{y}^{k-1}) \\ \boldsymbol{y}^k = \mathrm{prox}_{r/\beta}\left[\boldsymbol{x}^k - \dfrac{1}{\beta}\nabla f(\boldsymbol{x}^k)\right] \\ \boldsymbol{z}^k = \boldsymbol{y}^{k-1} + \dfrac{1}{\alpha_k}(\boldsymbol{y}^k - \boldsymbol{y}^{k-1}) \end{cases} \tag{7-13}$$

其中 $\gamma_k=\beta\alpha_k^2$，α_k 是下面方程的解：

$$\alpha_k^2=(1-\alpha_k)\alpha_{k-1}^2+\frac{1}{k}\alpha_k$$

定理 7-13 假设 f 在 $\mathbf{R}^n$ 上是 μ-强凸的和 β-光滑的. 加速临近梯度方法(7-13)产生的点列 $\{\boldsymbol{x}^k\}$ 满足

$$\varphi(\boldsymbol{y}^k)-\varphi(\boldsymbol{x}^*)\leqslant\left(1-\frac{1}{\sqrt{\kappa}}\right)^k\left[\varphi(\boldsymbol{x}^0)-\varphi(\boldsymbol{x}^*)+\frac{\gamma_0}{2}\|\boldsymbol{x}^0-x^*\|\right]$$

其中 $\boldsymbol{x}^0$ 是算法的初始点，κ 是 f 的条件数.

7.3 随机优化方法

考虑机器学习中常见的优化问题

$$\min_{x\in\mathbf{R}^n} f(\boldsymbol{x}):=\frac{1}{N}\sum_{i=1}^N f_i(\boldsymbol{x}) \tag{7-14}$$

我们知道，求解它的梯度下降方法为

$$\boldsymbol{x}^{k+1}=\boldsymbol{x}^k-\frac{\alpha_k}{N}\sum_{i=1}^N\nabla f_i(\boldsymbol{x}^k)$$

在该算法的每次迭代中，我们需要计算 N 个梯度 $\nabla f_i(\boldsymbol{x}^k)$. 在机器学习中，$N$ 通常是非常大的数，因此梯度下降方法的每一次迭代的计算量是巨大的. 因此，我们上一节介绍的经典的优化方法是不适合求解问题(7-14)的. 近年，人们发现随机优化算法求解这类问题是非常有效的. 简单来说，我们可以用如下的随机梯度下降方法来求解问题(7-14)：

$$\boldsymbol{x}^{k+1}=\boldsymbol{x}^k-\alpha_k\nabla f_{i_k}(\boldsymbol{x}^k) \tag{7-15}$$

其中 i_k 是从 $\{1,2,\cdots,N\}$ 中按照某种分布随机选取的. 显然，由于在每一次迭代中只需要计算一个梯度 $\nabla f_{i_k}(\boldsymbol{x}^k)$，因此随机梯度下降方法每一次迭代的计算量是梯度下降方法的 $1/N$.

对于一般的问题，如果目标函数 f 是强凸的，我们在前面的内容中介绍过，梯度下降方法是线性收敛的，即

$$f(\boldsymbol{x}^k)-f(\boldsymbol{x}^*)\leqslant O(\rho^k)$$

其中，$\rho\in(0,1)$. 那么，为了得到一个 ε-最优解，即 $f(\boldsymbol{x}^k)-f(\boldsymbol{x}^*)\leqslant\varepsilon$，梯度下降方法需要的总的计算量为 $O(nN\log(1/\varepsilon))$. 稍后我们会介绍，随机梯度下降方法的收敛速度为

$$E[f(\boldsymbol{x}^k)-f(\boldsymbol{x}^*)]=O\left(\frac{1}{k}\right)$$

因此，它的总的计算量为 $O(n/\varepsilon)$. 当 N 非常大时，显然有 $N\log(1/\varepsilon)>1/\varepsilon$. 也就是说，这时随机梯度下降方法的计算量要小于梯度下降方法. 如果我们考虑一个极端的例子，假设问题(7-14)中的每一个子函数 $f_i(\boldsymbol{x})$ 都是相同的，那么随机梯度下降方法只需要 $1/N$ 的计算量，就可以达到与梯度下降方法完全相同的效果. 在机器学习中，由于数据的重复性或冗余性，使得所产生的优化问题中的很多子函数 $f_i(\boldsymbol{x})$ 都有类似的性质，这是随机优化方法求解这类优化问题非常有效的原因之一.

7.3.1　随机梯度下降方法

我们考虑求解问题(7-14)的随机梯度下降方法(7-15). 当目标函数 f 是 μ-强凸的，在期望意义下它的收敛速度是 $O(1/k)$.

定理 7-14　假设 f 是 μ-强凸的，并且存在常数 $m_1>0$ 和 $m_2>0$，使得

$$E_{i_k}[\|\nabla f_{i_k}(\boldsymbol{x}^k)\|^2]\leqslant m_1+m_2\|\nabla f(\boldsymbol{x}^k)\|^2$$

我们选取如下的步长 α_k：

$$\alpha_k=\frac{\alpha}{\gamma+k}$$

其中参数 α,γ 满足 $\alpha>1/\mu$ 和 $\gamma\leqslant\dfrac{1}{\beta m_2}$. 那么，随机梯度下降方法(7-15)产生的点列 $\{\boldsymbol{x}^k\}$ 满足

$$E[f(\boldsymbol{x}^k)-f(\boldsymbol{x}^*)]\leqslant\frac{\nu}{\gamma+k}$$

其中

$$\nu:=\max\left\{\frac{\alpha^2\beta m_1}{2(\alpha\mu-1)},(\gamma+1)[f(\boldsymbol{x}^1)-f(\boldsymbol{x}^*)]\right\}$$

7.3.2　随机投影次梯度方法

考虑问题

$$\min_{x\in C} f(\boldsymbol{x}):=\frac{1}{N}\sum_{i=1}^{N}f_i(\boldsymbol{x}) \tag{7-16}$$

并且有如下的假设成立：

假设 7-1　我们假设

(1)每一个 f_i 在集合 C 上都是 L-Lipschitz 连续的.

(2)集合 $C\subseteq\{\boldsymbol{x}:\|\boldsymbol{x}\|\leqslant R\}$ 是有界闭凸集.

(3) $\{i_k\}$ 是独立同分布的随机变量序列，并且每一个 i_k 都是 $\{1,2,\cdots,N\}$ 上均匀分布的.

(4)用 $f_i'(\boldsymbol{x})$ 表示 f_i 在 $\boldsymbol{x}$ 处的一个次梯度.

我们考虑求解问题(7-16)的随机投影次梯度方法：

$$\boldsymbol{x}^{k+1}=\Pi_C[\boldsymbol{x}^k-\alpha_k f'_{i_k}(\boldsymbol{x}^k)] \tag{7-17}$$

具体来说，在每一个迭代点 $\boldsymbol{x}^k$ 处，我们首先以均匀分布在 $\{1,2,\cdots,N\}$ 内随机选取一个指标 i_k，然后计算函数 f_{i_k} 在 $\boldsymbol{x}^k$ 处的一个次梯度 $f'_{i_k}(\boldsymbol{x}^k)$，最后我们用式(7-17)计算下一个迭代点 $\boldsymbol{x}^{k+1}$. 由于 i_k 是随机选取的，因此所得到的迭代点列 $\{\boldsymbol{x}^k\}$ 是一个随机向量序列.

当 f_i 都是凸函数时，在期望意义下，随机投影次梯度方法的收敛速度为 $O(1/\sqrt{t})$.

定理 7-15　假设每一个 f_i 都是凸函数. 选取步长 $\alpha_k=\dfrac{2R}{L\sqrt{t}}$. 随机投影次梯度方法

(7-17)产生的点列$\{\boldsymbol{x}^k\}$满足

$$E\left[f\left(\frac{1}{t}\sum_{k=1}^{t}\boldsymbol{x}^k\right)\right]-f(\boldsymbol{x}^*)\leqslant\frac{2LR}{\sqrt{t}}$$

当f都是强凸函数时,在期望意义下,随机投影次梯度方法的收敛速度为$O(1/t)$.

定理 7-16 假设每一个f_i都是凸函数并且f是μ-强凸的.选取步长$\alpha_k=\frac{2}{\mu(k+2)}$.随机投影次梯度方法(7-17)产生的点列$\{\boldsymbol{x}^k\}$满足

$$E\left[f\left(\frac{2}{t(t+1)}\sum_{k=1}^{t}k\boldsymbol{x}^{k-1}\right)\right]-f(\boldsymbol{x}^*)\leqslant\frac{2L^2}{\mu(t+1)}$$

下面的定理给出一个经典的结论:当步长满足特定的条件时,随机投影次梯度方法是以概率1收敛到最优解的.

定理 7-17 假设每一个f_i都是凸函数并且最优解集X^*是非空的.如果步长满足

$$\sum_{k=0}^{\infty}\alpha_k=+\infty,\sum_{k=0}^{\infty}\alpha_k^2<+\infty \tag{7-18}$$

那么随机投影次梯度方法(7-17)产生的点列$\{\boldsymbol{x}^k\}$以概率1收敛到某个最优解$\boldsymbol{x}^*\in X^*$.

易知,满足条件(7-18)的一个步长选取为$\alpha_k=1/(k+1)$.另外,由$f'_{i_k}(\boldsymbol{x}^k)$的定义,我们知道$f'(\boldsymbol{x}^k)=E_{i_k}[f'_{i_k}(\boldsymbol{x}^k)]$是目标函数$f$在$\boldsymbol{x}^k$处的一个次梯度.虽然$f'(\boldsymbol{x}^k)-f'_{i_k}(\boldsymbol{x}^k)$关于$i_k$的期望为零,但是它的方差一般不为零.正是由于每一次迭代中,式(7-17)中的次梯度$f'_{i_k}(\boldsymbol{x}^k)$与目标函数的真实次梯度$f'(\boldsymbol{x}^k)$之间存在着误差,为了抵消这种误差带来的影响,步长$\alpha_k$必须趋近于零,从而才有可能使随机投影次梯度方法是以概率1收敛到最优解.

7.3.3 随机投影梯度方法

考虑问题(7-16),并且有如下的假设成立:

假设 7-2 我们假设

(1)每一个f_i在集合C上都是连续可微的.

(2)集合C是有界闭凸集且存在$R>0$,使得$\frac{1}{2}\|\boldsymbol{x}-\boldsymbol{y}\|^2\leqslant R^2$对所有的$\boldsymbol{x},\boldsymbol{y}\in C$成立.

(3)$\{i_k\}$是独立同分布的随机变量序列,并且每一个i_k都是$\{1,2,\cdots,N\}$上均匀分布的.

(4)随机梯度$\nabla f_{i_k}(\boldsymbol{x}^k)$的方差是有界的,也就是说,存在$\sigma>0$,使得对所有的$\boldsymbol{x}\in C$,有

$$E[\|\nabla f_{i_k}(\boldsymbol{x}^k)-\nabla f(\boldsymbol{x})\|^2]\leqslant\sigma^2$$

考虑求解问题(7-16)的随机投影梯度方法

$$\boldsymbol{x}^{k+1}=\Pi_C[\boldsymbol{x}^k-\alpha_k\nabla f_{i_k}(\boldsymbol{x}^k)] \tag{7-19}$$

如果目标函数f是光滑的,我们可以得到下面的随机投影梯度方法的收敛结果.

定理 7-18 假设f是β-光滑的凸函数.选取步长

$$\alpha_k\equiv\min\left\{\frac{1}{2\beta},\sqrt{\frac{R^2}{t\sigma^2}}\right\}$$

随机投影梯度方法(7-19)产生的点列$\{\boldsymbol{x}^k\}$满足

$$E\left[f\left(\frac{1}{t}\sum_{k=1}^{t}\boldsymbol{x}^{k+1}\right)\right]-f(\boldsymbol{x}^*)\leqslant\frac{2\beta R^2}{t}+\frac{2R\sigma}{\sqrt{t}}$$

下面，我们考虑小批量随机投影梯度方法. 在第k次迭代，我们先获得$m(m>1)$个独立同分布的随机变量$i_k^1,i_k^2,\cdots,i_k^m$，然后用$\frac{1}{m}\sum_{j=1}^{m}\nabla f_{i_k^j}(\boldsymbol{x}^k)$作为随机梯度. 那么，小批量随机投影梯度方法的迭代公式为

$$\boldsymbol{x}^{k+1}=\Pi_C\left[\boldsymbol{x}^k-\frac{\alpha_k}{m}\sum_{j=1}^{m}\nabla f_{i_k^j}(\boldsymbol{x}^k)\right]\tag{7-20}$$

定理 7-19　假设f是β-光滑的凸函数. 选取步长

$$\alpha_k\equiv\min\left\{\frac{1}{2\beta},\sqrt{\frac{mR^2}{t\sigma^2}}\right\}$$

小批量随机投影梯度方法(7-20)产生的点列$\{\boldsymbol{x}^k\}$满足

$$E\left[f\left(\frac{m}{t}\sum_{k=1}^{t/m}\boldsymbol{x}^{k+1}\right)\right]-f(\boldsymbol{x}^*)\leqslant\frac{2m\beta R^2}{t}+\frac{2R\sigma}{\sqrt{t}}$$

与随机投影梯度方法(7-19)相比，小批量随机投影梯度方法至少有以下优点. 首先，显然小批量随机投影梯度方法中$\frac{1}{m}\sum_{j=1}^{m}\nabla f_{i_k^j}(\boldsymbol{x}^k)$的方差更小，即

$$E\left[\left\|\frac{1}{m}\sum_{j=1}^{m}\nabla f_{i_k^j}(\boldsymbol{x}^k)-\nabla f(\boldsymbol{x}^k)\right\|^2\right]=\frac{1}{m}E\left[\left\|\nabla f_{i_k^1}(\boldsymbol{x}^k)-\nabla f(\boldsymbol{x}^k)\right\|^2\right]\leqslant\frac{\sigma^2}{m}$$

其次，在定理 7-18 中，将σ^2替换为$\frac{\sigma^2}{m}$，我们可以得到小批量随机投影梯度方法的收敛速度. 在定理 7-19 中，我们可以取更大的步长，而且t/m次迭代的小批量随机投影梯度方法(7-20)和t次迭代的随机投影梯度方法(7-19)是相同的. 最后，在每次迭代计算随机梯度$\frac{1}{m}\sum_{j=1}^{m}\nabla f_{i_k^j}(\boldsymbol{x}^k)$时，我们可以用并行计算，从而节省计算时间. 在实际应用中，我们也经常发现小批量随机投影梯度方法有更好的效果.

7.3.4　随机加速投影梯度方法

考虑问题(7-16)，并且假设 7-2 成立. 考虑如下的随机加速投影梯度方法

$$\begin{cases}\boldsymbol{y}^k=(1-\alpha_k)\boldsymbol{z}^{k-1}+\alpha_k\boldsymbol{x}^{k-1}\\ \boldsymbol{x}^k=\Pi_C\left[\boldsymbol{x}^{k-1}-\gamma_k\nabla f_{i_k}(\boldsymbol{y}^k)\right]\\ \boldsymbol{z}^k=(1-\alpha_k)\boldsymbol{z}^{k-1}+\alpha_k\boldsymbol{x}^k\end{cases}\tag{7-21}$$

当目标函数f是光滑的凸函数时，我们有如下的收敛速度.

定理 7-20　假设f是β-光滑的凸函数，并且存在$\sigma>0$，使得对所有的$\boldsymbol{x}\in C$，有

$$E\left[\left\|\nabla f_{i_k}(\boldsymbol{x})-\nabla f(\boldsymbol{x})\right\|^2\right]\leqslant\sigma^2$$

选取步长

$$\alpha_k=\frac{2}{k+1},\quad\frac{1}{\gamma_k}=\frac{2\beta}{k}\gamma\sqrt{k}$$

其中

$$\gamma=\left[\frac{2\sqrt{2}\sigma^2}{3R}\right]^{1/2}$$

则随机加速投影梯度方法(7-21)产生的点列$\{\boldsymbol{x}^k\}$满足

$$E[\varphi(\boldsymbol{z}^t)]-\varphi(\boldsymbol{x}^*)\leqslant\frac{4\beta R}{t(t+1)}+4\left[\frac{2\sqrt{2}R\sigma^2}{3t}\right]^{1/2}$$

7.3.5 随机加速临近梯度方法

考虑问题

$$\min_{x\in\mathbf{R}^n}\varphi(\boldsymbol{x}):=f(\boldsymbol{x})+r(\boldsymbol{x}),\text{其中 } f(\boldsymbol{x}):=\frac{1}{N}\sum_{i=1}^{N}f_i(\boldsymbol{x}) \tag{7-22}$$

考虑如下求解上述问题的随机加速临近梯度方法：

$$\begin{cases}\boldsymbol{y}^k=(1-\alpha_k)\boldsymbol{z}^{k-1}+\alpha_k\boldsymbol{x}^{k-1}\\ \boldsymbol{x}^k=\mathrm{prox}_{\gamma_k r}[\boldsymbol{x}^{k-1}-\gamma_k\nabla f_{i_k}(\boldsymbol{y}^k)]\\ \boldsymbol{z}^k=(1-\alpha_k)\boldsymbol{z}^{k-1}+\alpha_k\boldsymbol{x}^k\end{cases} \tag{7-23}$$

当目标函数f是光滑的凸函数时，我们有如下的收敛速度.

定理 7-21 假设f是β-光滑的凸函数，并且存在$\sigma>0$，使得对所有的$\boldsymbol{x}\in C$，有

$$E\left[\|\nabla f_{i_k}(\boldsymbol{x})-\nabla f(\boldsymbol{x})\|^2\right]\leqslant\sigma^2$$

选取步长

$$\alpha_k=\frac{2}{k+1},\quad \gamma_k=\gamma k$$

其中

$$\gamma=\min\left\{\frac{1}{4\beta},\left[\frac{3\|\boldsymbol{x}^0-\boldsymbol{x}^*\|^2}{4\sigma^2t(t+1)}\right]^{1/2}\right\}$$

则随机加速临近梯度方法(7-23)产生的点列$\{\boldsymbol{x}^k\}$满足

$$E[\varphi(\boldsymbol{z}^t)]-\varphi(\boldsymbol{x}^*)\leqslant\frac{4\beta\|\boldsymbol{x}^0-\boldsymbol{x}^*\|^2}{t(t+1)}+\frac{4\sigma\|\boldsymbol{x}^0-\boldsymbol{x}^*\|}{\sqrt{3t}}$$

其中$\boldsymbol{x}^0$是算法的初始点.

7.3.6 随机条件梯度方法

考虑问题

$$\min_{x\in C}f(\boldsymbol{x}):=\frac{1}{N}\sum_{i=1}^{N}f_i(\boldsymbol{x})$$

假设集合C是有界的闭凸集，并且直径为R. 我们考虑如下随机条件梯度方法. 具体

来说，在第 k 次迭代，先随机产生 n_k 个独立同分布的样本 $i_k^1, i_k^2, \cdots, i_k^{n_k}$，然后计算

$$\begin{cases} \nabla_k = \dfrac{1}{n_k}\sum_{j=1}^{n_k} \nabla f_{i_k^j}(\boldsymbol{x}^{k-1}) \\ \boldsymbol{y}^k = \arg\min_{\boldsymbol{y}\in C}\langle \nabla_k, \boldsymbol{y}\rangle \\ \boldsymbol{x}^k = (1-\alpha_k)\boldsymbol{x}^{k-1} + \alpha_k \boldsymbol{y}^k \end{cases} \tag{7-24}$$

当 n_k 逐渐增加的时候，我们有如下的收敛速度.

定理 7-22　假设每个 f_i 是凸的、L-Lipschitz 连续的、β-光滑的. 选取步长和批量大小分别为

$$\alpha_k = \frac{2}{k+1}, \quad n_k = \left[\frac{L(k+1)}{\beta R}\right]^2$$

那么，随机条件梯度方法(7-24)产生的点列 $\{\boldsymbol{x}^k\}$ 满足

$$E[f(\boldsymbol{x}^k)] - f(\boldsymbol{x}^*) \leqslant \frac{4\beta R^2}{k+2}$$

7.3.7　随机坐标下降方法

考虑问题

$$\min_{\boldsymbol{x}\in\mathbf{R}^n} f(\boldsymbol{x})$$

当自变量的维数 n 非常大时，获得梯度 $\nabla f(\boldsymbol{x})$ 的计算量是很大的，因此之前介绍的随机条件梯度方法很难实现. 我们可以利用下面介绍的随机坐标下降方法来求解该问题.

首先，对任意的 $i\in\{1,2,\cdots,n\}$，我们假设函数 f 是 β_i-光滑的，也就是说，存在 β_1，$\beta_2, \cdots, \beta_n$，使得对任意的 $\boldsymbol{x}\in\mathbf{R}^n$ 和 $u\in\mathbf{R}$，有

$$|\nabla_i f(\boldsymbol{x}+u\boldsymbol{e}_i) - \nabla_i f(\boldsymbol{x})| \leqslant \beta_i |u|$$

其中 $\nabla_i f(\boldsymbol{x}) = \dfrac{\partial f(\boldsymbol{x})}{\partial x_i}$，$\boldsymbol{e}_i$ 是第 i 个分量为 1，其他分量都为 0 的坐标向量. 随机坐标下降方法的形式为

$$\boldsymbol{x}^{k+1} = \boldsymbol{x}^k - \frac{1}{\beta_{i_k}}\nabla_{i_k} f(\boldsymbol{x}^k)\boldsymbol{e}_{i_k} \tag{7-25}$$

其中 $i_k\in\{1,2,\cdots,n\}$ 为一个随机变量，并且 $i_k=i$ 的概率为

$$p(i) = \frac{\beta_i}{\sum_{j=1}^{n}\beta_j}$$

当目标函数 f 是凸函数时，我们有如下的收敛速度.

定理 7-23　假设 f 是凸的、β_i 光滑的. 随机坐标下降方法(7-25)产生的点列 $\{\boldsymbol{x}^k\}$ 满足

$$E[f(\boldsymbol{x}^k)] - f(\boldsymbol{x}^*) \leqslant \frac{2D^2\sum_{i=1}^{n}\beta_i}{k-1}$$

其中

$$D:=\sup_{x\in Lev(x^1)}\|x-x^1\|, Lev(x^1):=\{x:f(x)\leqslant f(x^1)\}$$

当目标函数 f 是强凸函数时，我们有如下的线性收敛速度.

定理 7-24 假设 f 是 μ-强凸的、β_i 光滑的. 随机坐标下降方法(7-25)产生的点列 $\{x^k\}$满足

$$E[f(x^{k+1})]-f(x^*)\leqslant\left(1-\frac{1}{\kappa}\right)^k[f(x^1)-f(x^*)]$$

其中

$$\kappa:=\frac{\sum_{i=1}^n\beta_i}{\mu}$$

7.4 方差减少的随机优化方法

在上一节中，我们可以看到，即便是加速随机梯度方法，它也只是次线性收敛的. 为了获得线性收敛速度，我们一般要求算法中的步长是常数. 但是，前文我们介绍过，在随机梯度算法中，我们用 $\nabla f_{i_k}(x^k)$ 作为真实梯度 $\nabla f(x^k)$的随机近似，在算法的整个过程中，方差一直存在. 为了抵消方差带来的影响，我们通常要求步长趋近于零. 因此，为了获得更快收敛速度的随机优化方法，人们提出了很多方差减少的技巧，使得随机梯度的方差随着迭代的进行逐渐趋近于零，例如，随机方差减少梯度方法、随机平均梯度方法等.

7.4.1 随机方差减少梯度方法

考虑问题

$$\min_{x\in\mathbf{R}^n} f(x):=\frac{1}{N}\sum_{i=1}^N f_i(x)$$

在随机梯度下降方法(7-15)中，每一次迭代只需要计算一个迭代步长. 但是，在随机方差减少梯度方法(stochastic variance reduced gradient，SVRG)中，每一次迭代有一个内循环. 下面我们简要叙述 SVRG 的迭代过程.

在第 k 次迭代，首先令 $x_1^k=y^k$，然后计算真实梯度 $\nabla f(y^k)$. 对于 $t=1,2,\cdots,m$，令

$$x_{t+1}^k=x_t^k-\alpha[\nabla f_{i_t^k}(x_t^k)-\nabla f_{i_t^k}(y^k)+\nabla f(y^k)] \tag{7-26}$$

其中 i_t^k 是在$\{1,2,\cdots,N\}$上按均匀分布选取的随机变量. 最后，令

$$y^{k+1}=\frac{1}{m}\sum_{t=1}^m x_t^k$$

随机方差减少梯度方法的基本思想是：为了获得更好的随机梯度，我们用$\nabla f_{i_k}(x)-\nabla f_{i_k}(y)+\nabla f(y)$取代随机梯度下降方法(7-15)中的$\nabla f_{i_k}(x)$来近似真实梯度$\nabla f(x)$. 显然，当 x 和 y 都接近于最优解时，与$\nabla f_{i_k}(x)$相比，$\nabla f_{i_k}(x)-\nabla f_{i_k}(y)+\nabla f(y)$有更小的方差. 但是，由于$\nabla f(y)$的计算代价很大，我们要尽量避免经常计算它，因此就采用了内循环

的技巧，也就是说，每 m 次内循环才计算一次真实梯度 $\nabla f(\boldsymbol{y})$.

当目标函数 f 是光滑的强凸函数时，我们可以得到随机方差减少梯度方法是线性收敛的.

定理 7-25　假设每个 f_i 都是 β-光滑的凸函数，f 是 μ-强凸的，κ 是 f 的条件数. 取 $\alpha=\dfrac{1}{10\beta}$ 和 $m=20\kappa$. 随机方差减少梯度方法(7-26)产生的点列 $\{\boldsymbol{x}^k\}$ 满足

$$E[f(\boldsymbol{y}^{k+1})]-f(\boldsymbol{x}^*)\leqslant 0.9^k[f(\boldsymbol{y}^1)-f(\boldsymbol{x}^*)]$$

另一个非常著名的方差减少的随机优化方法是随机平均梯度方法(stochastic average gradient, SAG). 与 SVRG 不同，它不需要用到内循环，但是在整个算法过程中，它要一直存储 N 个 n 维向量. 下面我们简要叙述 SAG 的迭代过程.

在第 1 次迭代，选取初始点 $\boldsymbol{x}^0$，然后保存 $\boldsymbol{g}^i=\nabla f_i(\boldsymbol{x}^0)(i=1,2,\cdots,N)$. 在第 k 次迭代，考虑 $\boldsymbol{x}^k$ 和 N 个向量 $\boldsymbol{g}^i(i=1,2,\cdots,N)$. 随机选取一个指标 j，然后计算

$$\boldsymbol{x}^{k+1}=\boldsymbol{x}^k-\frac{\alpha}{N}\left[\nabla f_j(\boldsymbol{x}^k)-\boldsymbol{g}^j+\sum_{i=1}^{N}\boldsymbol{g}^i\right] \tag{7-27}$$

最后，更新 $\boldsymbol{g}^j=\nabla f_j(\boldsymbol{x}^k)$，其余的 $\boldsymbol{g}^i$ 保持不变.

7.4.2　随机方差减少临近梯度方法

随机方差减少梯度方法可以很容易被推广来求解如下的复合优化问题：

$$\min_{\boldsymbol{x}\in\mathbf{R}^n}\phi(\boldsymbol{x}):=f(\boldsymbol{x})+r(\boldsymbol{x}),\ \text{其中}\ f(\boldsymbol{x}):=\frac{1}{N}\sum_{i=1}^{N}f_i(\boldsymbol{x})$$

实际上，我们只需要将 SVRG 中的迭代式(7-26)替换为

$$\boldsymbol{x}_{t+1}^k=\mathrm{prox}_{\alpha r}\{\boldsymbol{x}_t^k-\alpha[\nabla f_{i_t^k}(\boldsymbol{x}_t^k)-\nabla f_{i_t^k}(\boldsymbol{y}^k)+\nabla f(\boldsymbol{y}^k)]\} \tag{7-28}$$

就得到随机方差减少临近梯度方法(Prox-SVRG).

定理 7-26　假设在 r 的有效域上，每个 f_i 都是 β-光滑的凸函数，f 是 μ-强凸的. 选取步长 $0<\alpha\leqslant\dfrac{1}{4\beta}$，并且选取足够大的 m，使得

$$\rho:=\frac{1}{\mu\alpha(1-4\beta\alpha)m}+\frac{4\beta\alpha(m+1)}{(1-4\beta\alpha)m}<1$$

随机方差减少临近梯度方法(7-28)产生的点列 $\{\boldsymbol{x}^k\}$ 满足

$$E[f(\boldsymbol{y}^{k+1})]-f(\boldsymbol{x}^*)\leqslant\rho^k[f(\boldsymbol{y}^1)-f(\boldsymbol{x}^*)]$$

如果我们选取 $\alpha=\dfrac{\theta}{\beta}$，其中 $\theta>0$，那么

$$\rho\approx\frac{\beta/\mu}{\theta(1-4\theta)m}+\frac{4\theta}{1-4\theta}$$

特别地，选取 $\theta=0.1$，$m=\dfrac{100\beta}{\mu}$，则得到随机方差减少临近梯度方法线性收敛的参数 $\rho=\dfrac{5}{6}$. 这时，我们容易计算出，得到 ε-最优解所需要的计算量为 $O\left[\left(\dfrac{\beta}{\mu}+N\right)\log(1/\varepsilon)\right]$.

7.4.3 随机方差减少条件梯度方法

考虑问题

$$\min_{x\in C} f(\boldsymbol{x}):=\frac{1}{N}\sum_{i=1}^{N} f_i(\boldsymbol{x})$$

假设集合 C 是有界的闭凸集，并且直径为 R. 随机方差减少条件梯度方法的基本步骤是：在第 k 次迭代，首先令 $\boldsymbol{x}^0=\boldsymbol{y}^{k-1}$，然后计算真实梯度 $\nabla f(\boldsymbol{x}^0)$. 在内循环中，对于 $t=1,2,\cdots,m_k$，按均匀分布选取一个小批量的样本集合 B_t，计算

$$\begin{cases}\nabla_t=\dfrac{1}{|B_t|}\displaystyle\sum_{i\in B_t}\left[\nabla f_i(\boldsymbol{x}^{t-1})-\nabla f_i(\boldsymbol{x}^0)+\nabla f(\boldsymbol{x}^0)\right]\\ \boldsymbol{v}_t=\arg\min\limits_{v\in C}\nabla_t^{\mathrm{T}}\boldsymbol{v}\\ \boldsymbol{x}^t=(1-\gamma_t)\boldsymbol{x}^{t-1}+\gamma_t\boldsymbol{v}_t\end{cases}\tag{7-29}$$

在内循环结束后，令 $\boldsymbol{y}^k=\boldsymbol{x}^{m_k}$.

定理 7-27 假设每个 f_i 都是 β-光滑的凸函数. 选取步长 $\gamma_k=\dfrac{1}{k+1}$，$m_k=2^{k+3}-2$ 和 $|B_t|=96(t+1)$. 随机方差减少条件梯度方法(7-29)产生的点列 $\{\boldsymbol{x}^k\}$ 满足

$$E[f(\boldsymbol{y}^k)]-f(\boldsymbol{x}^*)\leqslant\frac{\beta R^2}{2^{k+1}}$$

习题 7

1. 计算逻辑损失函数

$$f(\boldsymbol{x}):=\log[1+\exp(-b\cdot\boldsymbol{a}^{\mathrm{T}}\boldsymbol{x})]$$

的梯度与海森阵，并证明它为凸函数.

2. 证明：考虑 l_1 范数 $f(\boldsymbol{x})=\|\boldsymbol{x}\|_1$，设 $\boldsymbol{u}=\mathrm{prox}_{tf}(\boldsymbol{x})$ 为它的临近映射，那么分量 $u_i=\mathrm{sign}(x_i)\max\{|x_i|-t,0\}$.

3. 考虑集合 $C=\{\boldsymbol{x}:\|\boldsymbol{x}\|\leqslant\mu\}$，计算 C 的投影 $\Pi_C(\boldsymbol{x})$.

4. 证明：考虑 l_2 范数 $f(\boldsymbol{x})=\|\boldsymbol{x}\|$，那么

$$\mathrm{prox}_{tf}(\boldsymbol{x}):=\begin{cases}(1-t/\|\boldsymbol{x}\|)\boldsymbol{x}, & \|\boldsymbol{x}\|\geqslant t\\ 0, & \|\boldsymbol{x}\|<t\end{cases}$$

5. 考虑问题

$$\min_{x\in\mathbf{R}^n}\|\boldsymbol{A}\boldsymbol{x}-\boldsymbol{b}\|^2+\mu\|\boldsymbol{x}\|_1$$

写出求解该问题的临近梯度法和加速临近梯度法的主要迭代公式. 选取适当的维数 m 和 n，随机生成矩阵 $\boldsymbol{A}$ 和向量 $\boldsymbol{b}$，取 $\mu=0.01$，编写求解上述问题的临近梯度法和加速临近梯度法的程序.

6. 考虑问题

$$\begin{cases}\min\limits_{x\in\mathbf{R}^n}\|\boldsymbol{A}\boldsymbol{x}-\boldsymbol{b}\|^2\\ s.t.\ \ \|\boldsymbol{x}\|_1\leqslant\mu\end{cases}$$

编写求解该问题的条件梯度方法的程序. 其中矩阵 $\boldsymbol{A}$ 和向量 $\boldsymbol{b}$ 可按第 5 题生成，取 $\mu=0.01$.

7. 考虑问题

$$\min_{x\in\mathbf{R}^n}\frac{1}{N}\sum_{i=1}^{N}\log[1+\exp(-b^i\cdot\boldsymbol{a}^{i\mathrm{T}}\boldsymbol{x})]$$

选取适当的维数 n，选取较大的数 N，随机生成 N 个向量 $\boldsymbol{a}^i$ 和数 $b^i\in\{1,-1\}$，编写求解该问题的随机梯度方法、随机方差减少方法的程序.

8. 考虑问题

$$\min_{x\in\mathbf{R}^n}\frac{1}{N}\sum_{i=1}^{N}\log[1+\exp(-b^i\cdot\boldsymbol{a}^{i\mathrm{T}}\boldsymbol{x})]+\mu\|\boldsymbol{x}\|_1$$

选取适当的维数 n，选取较大的数 N，随机生成 N 个向量 $\boldsymbol{a}^i$ 和数 $b^i\in\{1,-1\}$，取 $\mu=0.01$，编写求解该问题的随机加速临近梯度方法、随机方差减少临近梯度方法的程序.

习题参考答案与提示

习题 1

1. 设购入第 j 种食品的数目为 $x_j(j=1,2,\cdots,n)$.

$$\begin{cases}\min \sum_{j=1}^{n} c_j x_j \\ \text{s. t.} \ \sum_{j=1}^{n} a_{ij} x_j \geqslant b_i \quad (i=1,2,\cdots,m) \\ \quad x_j \geqslant 0 \quad (j=1,2,\cdots,n)\end{cases}$$

2. 设采用第 j 种方案下料的钢板数为 x_j.

$$\begin{cases}\min \sum_{j=1}^{n} x_j \\ \text{s. t.} \ \sum_{j=1}^{n} a_{ij} x_j \geqslant b_i \quad (i=1,2,\cdots,m) \\ \quad x_j \geqslant 0, x_j \text{ 为整数} \quad (j=1,2,\cdots,n)\end{cases}$$

3. $\min \sum_{i=1}^{m}\left(y_i - a_1 - \dfrac{a_2}{1+a_3\ln(1+\mathrm{e}^{x_i-a_4})}\right)^2$.

4. 略.

5. (1)最优解$(x^*,y^*)^{\mathrm{T}}=\left(\dfrac{1}{2},0\right)^{\mathrm{T}}$,最优值 $z^*=5$.

(2)最优解集$\{(x,y)^{\mathrm{T}}:3x+2y=7,1\leqslant y\leqslant 2\}$.

(3)最优解 $\boldsymbol{x}^*=(1,0)^{\mathrm{T}}$,最优值 $z^*=\dfrac{1}{4}$.

习题 2

1. 零件 A:利用机床甲生产了 30 件,利用机床乙生产了 40 件;零件 B:利用机床甲生产了 50 件;零件 C:利用机床乙生产了 20 件,最低的总成本为 450 元.(提示:最优值唯一,但最优解不唯一)

2. 共生产航空汽油 5/3 万公升,其中第一与第二种汽油比例为 4∶1;车用汽油 20/3 万公升,其中第一与第二种汽油的比例为 1∶4.

3. 第一个投资三年的投资额分别为 125 万元,0 万元与 162.5 万元;第二到第四个投资各投 175 万元,150 万元与 100 万元.(提示:前两年的收益可以作为其后续年份的投资本金.)

4. (1)$\begin{cases}\min 3x_1-4x_2-x_3 \\ \text{s. t.} \ 3x_1+4x_2+x_3+x_4=9 \\ \quad 5x_1+2x_2+x_5=8 \\ \quad x_1-2x_2-x_4+x_6=-1 \\ \quad x_1\geqslant 0, i=1,2,\cdots,6\end{cases}$.　(2)$\begin{cases}\min -3x_1+x_2 \\ \text{s. t.} \ 2x_1+x_2-x_3=2 \\ \quad x_1+3x_2+x_4=3 \\ \quad x_2+x_5=4 \\ \quad x_i\geqslant 0, i=1,2,3,4,5\end{cases}$.

5. (1)非空. (2)空集. (3)非空.

6. (1)图略,最优值为 18, 最优解集为$\{\boldsymbol{x}=(6,0)^{\mathrm{T}}\}$.

(2)图略,最优值为 6,最优解集为$\{\lambda\boldsymbol{x}^1+(1-\lambda)\boldsymbol{x}^2:\boldsymbol{x}^1=(6,0)^{\mathrm{T}},\boldsymbol{x}^2=(0,2)^{\mathrm{T}},\lambda\in[0,1]\}$.

7. (1)非凸集. (2)凸集(非多面凸集). (3)多面凸集(无界).(提示:第一个不等式不起作用.)(4)凸多面体.

8. (1)正确.用凸集定义容易证明.

(2)错误.反例:$C_1:=\{x\in\mathbf{R}:x>1\}$,$C_2:=\{x\in\mathbf{R}:x<0\}$都是凸集,但它们的并$C_1\cup C_2=\{x\in\mathbf{R}:x>1$或$x<0\}$不是凸集.

(3)正确.用凸集定义容易证明.

9. 集合由三个闭半空间:$C_1=\{(x_1,x_2)^{\mathrm{T}}\in\mathbf{R}^2:x_2\geqslant 0\}$,$C_2=\{(x_1,x_2)^{\mathrm{T}}\in\mathbf{R}^2:x_1+2x_2\leqslant 4$,$C_3=\{(x_1,x_2)^{\mathrm{T}}\in\mathbf{R}^2:x_1+x_2\leqslant 2\}$的交构成,因此是一个多面凸集;三条边分别为$x_2=0(x_1\leqslant 2$部分$)$,$x_1+2x_2=4(x_1\leqslant 0)$,$x_1+x_2\leqslant 2(0\leqslant x_1\leqslant 2)$;两个顶点分别为$(0,2)^{\mathrm{T}}$,$(2,0)^{\mathrm{T}}$.

10. 图略

基底取系数阵(1,2)列,对应的基本可行解为$\boldsymbol{x}^1=(0,2,0,0)^{\mathrm{T}}$.

基底取系数阵(1,3)列,对应的基本可行解为$\boldsymbol{x}^2=(6,0,10,0)^{\mathrm{T}}$.(最优解)

基底取系数阵(1,4)列,对应的基本可行解为$\boldsymbol{x}^3=(1,0,0,5)^{\mathrm{T}}$.

基底取系数阵(2,3)列,对应的基本可行解为$\boldsymbol{x}^4=\boldsymbol{x}^1=(0,2,0,0)^{\mathrm{T}}$.

基底取系数阵(2,4)列,对应的基本可行解为$\boldsymbol{x}^5=\boldsymbol{x}^1=(0,2,0,0)^{\mathrm{T}}$.

基底取系数阵(3,4)列,对应的基本解为$\boldsymbol{x}^6=(0,0,-2,6)$.(不可行)

11. (1)最优解 $\boldsymbol{x}^*=\left(\frac{4}{3},\frac{11}{3}\right)^{\mathrm{T}}$,最优值$-\frac{29}{3}$.

(2)最优解 $\boldsymbol{x}^*=(4,2)^{\mathrm{T}}$,最优值 14.

(3)最优解 $\boldsymbol{x}^*=(15,0)^{\mathrm{T}}$,最优值 225.

(4)最优解 $\boldsymbol{x}^*=(0,2,0,1)^{\mathrm{T}}$,最优值 8(可选 x_2,x_4 为初始的基分量).

13. (1)最优解 $\boldsymbol{x}^*=(2.6,2.4,0)^{\mathrm{T}}$,最优值 24.8.

(2)最优解 $\boldsymbol{x}^*=(2,0,3)^{\mathrm{T}}$,最优值 7.

(3)最优解 $\boldsymbol{x}^*=(3,0)^{\mathrm{T}}$,最优值 9.

(4)最优解 $x^*=(0,8,0,-6)^{\mathrm{T}}$,最优值 2.

14. (1)$\begin{cases}\min\ -8u_1-4u_2\\ \text{s. t. }\ 2u_1+u_2+u_3=4\\ \qquad u_1+2u_2+u_4=3\\ \qquad 4u_1+u_5=1\\ \qquad u_1,u_2,u_3,u_4,u_5\geqslant 0\end{cases}$. (2)$\begin{cases}\min\ 12u_1+6u_2\\ \text{s. t. }\ u_1+2u_2-u_3=1\\ \qquad 4u_1+3u_2-u_4=3\\ \qquad 4u_1-u_2-u_5=2\\ \qquad u_1,u_2,u_3,u_4,u_5\geqslant 0\end{cases}$.

(3)$\begin{cases}\min\ -2u_1+12u_2+4u_3\\ \text{s. t. }\ -u_1+2u_2-u_4=4\\ \qquad -u_1+3u_2+u_3-u_5=-3\\ \qquad u_1,u_2,u_3,u_4,u_5\geqslant 0\end{cases}$. (4)$\begin{cases}\min\ 2u_1+14u_2-2u_3-2u_4\\ \text{s. t. }\ 4u_1-u_2-2u_3-4u_4+u_5=-3\\ \qquad -u_1-u_2+3u_3+u_4+u_6=4\\ \qquad 2u_1-3u_2-u_3-2u_4+u_7=-2\\ \qquad -u_1+u_2+2u_3+u_4+u_8=5\\ \qquad u_i\geqslant 0,i=1,2,\cdots,8\end{cases}$.

15. (1)正则解 $\boldsymbol{x}^0=(0,0,0,-8,-4)^{\mathrm{T}}$. (2)正则解 $\boldsymbol{x}^0=(0,0,-1,-3,-2)^{\mathrm{T}}$.

(3)最优解:$\boldsymbol{x}^*=(0,2,1.5,0,0)^{\mathrm{T}}$,$\boldsymbol{x}^*=\left(\frac{9}{16},\frac{1}{4},\frac{1}{16},0,0\right)^{\mathrm{T}}$,最优值为 7.5,33/4. (4)略.

16. (1)$\boldsymbol{x}^*=(1,2,0)^{\mathrm{T}}$,最优值为 11. (2)$\boldsymbol{x}^*=(1,0,0)^{\mathrm{T}}$,最优值为 5.

17. (1)基本解 $\boldsymbol{x}=(0,0,7,7)^{\mathrm{T}}$,检验数向量 $\boldsymbol{r}^{\mathrm{T}}=(-7,-8,0,0)$,可行,不正则.

(2)基本解 $\boldsymbol{x}=(0,7,0,-35)^{\mathrm{T}}$,检验数向量 $\boldsymbol{r}^{\mathrm{T}}=(1,0,8,0)$,不可行,正则.

(3)最优解为 $\boldsymbol{x}^*=(5,2,0)^{\mathrm{T}}$,最优值为 16.

习题 3

1. $\boldsymbol{d}_1$和$\boldsymbol{d}_3$不是下降方向,$\boldsymbol{d}_2$是下降方向.

2. 稳定点是 $\boldsymbol{x}=(-2,2)^{\mathrm{T}}$,不是局部极小点.

3. 稳定点是 $\boldsymbol{x}=(1,1)^{\mathrm{T}}$,是严格极小点.

4. 初始区间$[-0.7,-0.1]$,初始点-0.4.

5. 最优解$\alpha^*\approx0.7$.

6. 最优解$\alpha^*=-0.5$.

7. 最优解$\alpha^*=1$.

8. 最优解$\alpha^*\approx0.79$,第二次迭代后得到$\tilde{\alpha}\approx0.74$.

9. $\alpha^*=0.5$.

10. 最优解$\boldsymbol{x}^*=\left(\frac{1}{2},1\right)^{\mathrm{T}}$,第二次迭代后得到$\boldsymbol{x}^2=\left(\frac{2}{5},\frac{4}{5}\right)^{\mathrm{T}}$.

11. 最优解$\boldsymbol{x}^*=(\frac{1}{2},1)^{\mathrm{T}}$.

12. 最优解$\boldsymbol{x}^*=\left(\frac{3}{2},\frac{1}{2}\right)^{\mathrm{T}}$.

13. $\boldsymbol{A}$ 的共轭向量组$(1,0)^{\mathrm{T}}$,$(-\frac{3}{2},1)^{\mathrm{T}}$. $\boldsymbol{B}$ 的共轭向量组$(1,0,0)^{\mathrm{T}}$,$(-1,1,0)^{\mathrm{T}}$,$(-2,1,1)^{\mathrm{T}}$.

14. 最优解$\boldsymbol{x}^*=\left(0,\frac{1}{2}\right)^{\mathrm{T}}$.

15. 最优解$\boldsymbol{x}^*=(4,2)^{\mathrm{T}}$.

16. 最优解$\boldsymbol{x}^*=(4,2)^{\mathrm{T}}$.

习题 4

2. KKT 点 $\boldsymbol{x}^*=(1,3)^{\mathrm{T}}$,$\boldsymbol{\lambda}^*=\left(\frac{16}{3},0,\frac{7}{3}\right)^{\mathrm{T}}$,$\boldsymbol{x}^*$ 为最优解.

3. $\boldsymbol{x}^*=(1,1)^{\mathrm{T}}$.

4. 最优解 $\boldsymbol{x}^*=\left(\frac{21}{11},\frac{43}{22},\frac{3}{22}\right)^{\mathrm{T}}$,最优值 $f_{\min}=\frac{1\,925}{484}$.

5. 最优解 $\boldsymbol{x}^*=\left(\frac{1}{3},\frac{10}{3}\right)^{\mathrm{T}}$,最优值 $f_{\min}=-149$.

6. 最优解 $\boldsymbol{x}^*=\left(\frac{2}{3},\frac{1}{2}\right)^{\mathrm{T}}$,最优值 $f_{\min}=-\frac{11}{4}$.

7. 最优解 $\boldsymbol{x}^*=\left(\frac{1}{\sqrt{2}},\frac{1}{\sqrt{2}}\right)^{\mathrm{T}}$,最优值 $f_{\min}=-\sqrt{2}$.

8. $\boldsymbol{x}^*=\left(\frac{2}{3},\frac{\sqrt{3}}{3}\right)^{\mathrm{T}}$,$f(\boldsymbol{x}^*)=-\frac{2\sqrt{3}}{9}$.

10. $\boldsymbol{x}^*=(1,0)^{\mathrm{T}}$,$f(\boldsymbol{x}^*)=8/3$.

11. $B_L(\boldsymbol{x},r)=x_1x_2-r\ln g(\boldsymbol{x})$;最优解 $\boldsymbol{x}^*=\left(\frac{3}{4},-\frac{3}{2}\right)^{\mathrm{T}}$.

12. 最优解 $\boldsymbol{x}^*=(0,1)$,最优值 $f_{\min}=\frac{4}{3}$.

13. $\boldsymbol{x}^*=(1/4,3/4)^{\mathrm{T}}$.

习题 5

1. $\begin{cases} \min\ (16x_1+22x_2+25x_3,-x_1-x_2-x_3)^{\mathrm{T}} \\ \text{s. t. } 16x_1+22x_2+25x_3\leqslant 500 \\ \quad x_1+x_2+x_3\geqslant 10 \\ \quad x_1+x_2\geqslant 7 \\ \quad x_1,x_2,x_3\geqslant 0 \end{cases}$.

2. $\Omega_1=\{x:x=1\}$, $\Omega_2=\{x:3\leqslant x\leqslant 4\}$, $\Omega_{\mathrm{ab}}=\varnothing$, $\Omega_{\mathrm{pa}}=\{x:1\leqslant x\leqslant 3\}$, $\Omega_{\mathrm{wp}}=\{x:1\leqslant x\leqslant 4\}$.

4. 提示:因为 $\Omega_{\mathrm{ab}}\subset\Omega_{\mathrm{pa}}$,所以,反设存在 $\boldsymbol{x}^*\in\Omega_{\mathrm{pa}}$,但 $\boldsymbol{x}^*\notin\Omega_{\mathrm{ab}}$. 利用绝对最优解定义,证明 $\boldsymbol{x}^*$ 不是有效解,产生矛盾.

5. 提示:只需证明 $\Omega_{\mathrm{wp}}\subset\Omega_{\mathrm{pa}}$,用反证法,反设存在 $\boldsymbol{x}^*\in\Omega_{\mathrm{wp}}$,但 $\boldsymbol{x}^*\notin\Omega_{\mathrm{pa}}$,利用函数的严格凸性,证明 $\boldsymbol{x}^*\notin\Omega_{\mathrm{wp}}$,产生矛盾.

6. $\boldsymbol{x}^*=(1,2)^{\mathrm{T}}$.

7. (1) $\{(x,y)^{\mathrm{T}}:0\leqslant x\leqslant 1,y=0\}$.　(2) $\left\{\left(\frac{3}{4},0\right)^{\mathrm{T}}\right\}$.　(3) $\left\{\left(\frac{9}{10},0\right)^{\mathrm{T}}\right\}$.

8. $(0,0)^{\mathrm{T}}$, $(0,0)^{\mathrm{T}}$.

9. $(0,8)^{\mathrm{T}}$.

习题 6

1. 提示:利用平面内线的测度为 0.

2. 提示:参考线性规划部分(最优解在顶点取到).

3. 提示:参考协方差矩阵的定义.

4. 提示:参考离散型随机变量分位数的定义.

5. 提示:利用分布函数的右连续性.

6. 提示:参考线性规划部分(线性规划对偶理论).

习题 7

1. $\nabla f(\boldsymbol{x})=-b\left[1-\frac{1}{1+\exp(-b\cdot\boldsymbol{a}^{\mathrm{T}}\boldsymbol{x})}\right]a$

$$\nabla^2 f(\boldsymbol{x})=\frac{b^2\exp(-b\cdot\boldsymbol{a}^{\mathrm{T}}\boldsymbol{x})}{[1+\exp(-b\cdot\boldsymbol{a}^{\mathrm{T}}\boldsymbol{x})]^2}\boldsymbol{a}\boldsymbol{a}^{\mathrm{T}}$$

3. $\Pi_C(\boldsymbol{x})=\begin{cases}\dfrac{\mu\boldsymbol{x}}{\|\boldsymbol{x}\|}, & \|\boldsymbol{x}\|\geqslant\mu \\ \boldsymbol{x}, & \|\boldsymbol{x}\|\leqslant\mu\end{cases}$

参考文献

［1］ Bubeck S. Convex Optimization：Algorithms and Complexity［J］. Foundations and Trends in Machine Learning，2015,8(3-4):231-357.

［2］ Lan G. First-order and Stochastic Optimization Methods for Machine Learning［M］. Springer,2020.

［3］ Luenberger D G，Ye Y. Linear and Nonlinear Programming［M］. Springer Science＋Business Media,2008.

［4］ Nocedal J,Wright S. Numerical Optimization［M］. Springer，2006.

［5］ Powell M J D. A Fast Algorithm for Nonlinearly Constrained Optimization Calculations［A］. //Watson G A. Numerical Analysis. Berlin：Springer-Verlag，1977:144-157.

［6］ Shaprio A，Dentcheva D，Ruszczynski A. Lectures on Stochastic Programming：Modeling and Theory［M］. Second Edition. Society for Industrial and Applied Mathematics，2014.

［7］ 施光燕，钱伟懿，庞丽萍. 最优化方法［M］. 北京：高等教育出版社，2007.

［8］ 唐焕文，秦学志. 实用最优化方法［M］. 大连：大连理工大学出版社，2004.

［9］ 王宜举，修乃华. 非线性规划理论与方法［M］. 北京：科学出版社，2019.

［10］ 袁亚湘. 非线性优化计算方法［M］. 北京：科学出版社，2016.